Time Honored

A Global View of Architectural Conservation

永垂不朽

全球建筑保护概观

实施参数、理论与保护观念演变史

【美】 约翰・H・斯塔布斯 著

申 思 译

【美】 伯纳德・M・费尔登爵士 序

感谢世界文化遗产基金会的照片档案室
为本书提供图片

電子工業出版社
Publishing House of Electronics Industry
北京・BEIJING

Time Honored: A Global View of Architectural Conservation
978-0-470-26049-4
John H. Stubbs

版权贸易合同登记号 图字：01-2011-0630

图书在版编目（CIP）数据

永垂不朽：全球建筑保护概观 /（美）斯塔布斯（Stubbs,J.H.）著；申思译. — 北京：电子工业出版社，2016.6

书名原文：Time Honored：A Global View of Architectural Conservation

ISBN 978-7-121-28781-7

Ⅰ. ①永… Ⅱ. ①斯… ②申… Ⅲ. ①建筑物－保护－研究－世界 Ⅳ. ①TU-87

中国版本图书馆CIP数据核字（2016）第098971号

策划编辑：胡先福
责任编辑：胡先福
印　　刷：北京天宇星印刷厂
装　　订：北京天宇星印刷厂
出版发行：电子工业出版社
　　　　　北京市海淀区万寿路173信箱　邮编 100036
开　　本：889×1194　1/16　印张：27.25　字数：780千字
版　　次：2016年6月第1版
印　　次：2016年6月第1次印刷
定　　价：138.00元

凡所购买电子工业出版社图书有缺损问题，请向购买书店调换。若书店售缺，请与本社发行部联系，联系及邮购电话：（010）88254888，88258888

质量投诉请发邮件至zlts@phei.com.cn，盗版侵权举报请发邮件至dbqq@phei.com.cn。

本书咨询联系方式：电话（010）88254201；信箱hxf@phei.com.cn；QQ158850714；AA书友会QQ群118911708；微信号Architecture-Art

目　录

前　言

人们对于保护世界文化遗产（特别是建筑遗产方面）的重要性的认识已经达到了创纪录的水平，并且还在不断提升中。《永垂不朽：全球建筑保护概观》一书对这个现象背后的原因进行了探究，解释了国际建筑遗产保护实践是如何运作的，并对这个与全球利益紧密联系在一起的现象的未来走向进行了考虑。

对建筑师、景观建筑师、城市规划师，以及包括考古学家和博物馆学家等依赖遗产保护的其他领域从业者来说，通过让建筑环境得到最大限度的利用，以实现对历史建筑物及场所的保护，是一个非常重要的考虑因素。的确，至少保护那些具有代表性的人类制造的遗产，为了完成这项成就而耗费的不可计数的努力已经是一个世界范围内的焦点问题，因为这个问题会为我们时代中的人生和社会价值赋予特性。

修复和维护全球范围内的历史建筑是一个非常广泛的话题。当这本书因为两个主要原因而在1998年开始研究的时候，看起来似乎取得了一种平衡的局面：在这个课题上累积的经验和大量信息极大地改善了介入这个主题的方式。同样重要的事情是参与其中的政府机构、非政府机构以及公共成员的一致发展。他们在这个领域中的联合，成功证明了当他们一起工作的时候能够展示出非常强大的力量。由此产生的文化遗产保护系统（其种类远超过历史场所和建筑）正是今天我们工作和生活的世界所在。

作为描述全球各个不同地区中建筑保护实践的多部分系列的第一批著作，本书为进入这个庞大而多变的话题提供了一个通道。本书的总体目标是提供一种学习有关当代国际保护实践的普遍方式（不论读者是该领域中的学生、专家或者想要更多地了解这方面知识的充满兴趣的外行人），并突出强调已经在全球各个不同地区中建立的建筑保护方案。本书想要定义建筑保护领域的物理和概念参数、它的背景以及它今天作为世界建筑环境主要影响因素的地位。在短期内，会有更多侧重于从20世纪中期往前的建筑保护实践的著作正在策划中：在当代欧洲、美国、中东和非洲，以及在亚洲、大洋洲和极地区域。

在《永垂不朽》一书中，这个主题是通过一则介绍目标、特点、环境和专业术语的引言，一个总结了人类在保持建筑遗产方面长久经验的概要，和一个对其基本原理及其运用的演变的讨论而构成的。书中还从全球范围类选取了具有代表性的问题、解决方案以及新方向提议的案例。

《永垂不朽》一书同时从超过100个国家的建筑保护实践活动中的参与者和观察者的视角出发，再加上我从作为纽约项目（由世界文化遗产基金会主导，从1990年开始）现场负责人以及在哥伦比亚大学历史建筑保护研究生课程中超过20

年的教育经历中得到的经验。因为这个领域是概要的，所以在这种情况下就要求各种特殊兴趣和才能对其关注，我在这里要强调我只是许多参与者之一，而书中的观点仅代表我个人。的确，我去检查已经开工的现场项目的进程、去展望未来、去参与会议讨论、去提倡或者只是简单地去观察的次数越多，我就越来越意识到我的兴趣和行动不过是对若干世纪都施加了影响力的无数努力的一小部分而已，而正是这些努力才产生了我们今天了解并享受的历史建筑环境。如果《永垂不朽》能以任何方式让全球范围那些令人惊叹的艺术、建筑和文化遗产得到更多的保护，那它就实现了它的目的。

约翰•H•斯塔布斯

序 言

对我来说，建筑保护的主要吸引力是其自身的物理性。别人只需要环顾四周就可以看见它的需要；它是真实的，是属于特定场所的，也是具有相关性的。今天对遗产保护参与者的要求已经达到了前所未有的高度。这方面成功的案例（同时也必须要说明它的缺点）几乎在全球各个地方都可以见到。

《永垂不朽：全球建筑保护概观》是一本内容丰富又充满雄心壮志的著作，它提供了作者接近40年的地区和国际级别的建筑保护实践中的经验。约翰•H•斯塔布斯是土生土长的路易斯安那州人，他同时接受了建筑技术和历史建筑保护方面的培训。他在三所大学中教授这个课题的研究生课程，其中包括哥伦比亚大学。他曾为华盛顿特区的美国国家公园服务处的技术保护服务部工作过，随后又以修复专家的身份为纽约的拜尔•布林德•贝尔建筑及规划事务所工作了10年时间。斯塔布斯有接近20年的时间都在负责著名的世界文化遗产基金会（WMF）的现场项目。

我认为没有其他任何人能够写就这样一本书。他在国际文化遗产保护和修复研究中心（ICCROM）中完成了研究生课程的学习，随后他与杰出的教育家和历史遗产保护参与者詹姆斯•马斯顿•费奇之间的紧密合作毫无疑问地让他接触到了这个领域中的前瞻性思想。（我第一次遇见斯塔布斯是他于1977年访问ICCROM的时候。在WMF的邀请下，我和他最近于2004年在吴哥窟的项目上进行了合作。）

在普通的建筑和工程实践中，保护历史建筑的技术挑战可以从确定大型且令人烦恼的方案到通过解决问题和领导能力来简单地展示。但是，建筑保护在一个主要的方面中则是有别于现代建筑业的：它不可避免地需要处理历史以及时间衍生出的改变对建筑的影响。当与新建筑相比时，处理现有建筑就可以变成一个简单的问题——可是，在绝大多数情况下，它却是更加复杂的工作。文件材料、诊断以及解决方案的认知（以及处理不断变化着的变量）等问题成为它及它们自身的特性。在一个公共所有、托管的或者对这项工作有着不同喜好的个人所有的重要历史建筑上实施建筑保护方案，通常会带来额外的审查程序，而后者通常要求得到明确的回答。

在全球建筑保护实践发展的这个阶段，该做什么以及如何去做的问题已经非常明确了。我在我自己工作中阐述这些问题的时候，通过我接近半个世纪的时间、教授和写作经验，我对于包含建筑保护科学和实践在内的专业不断提升的成熟度感到非常吃惊。让我感到好奇的是，缺失了什么是一个单一发布资源，这可以为建筑保护实践——一个现在被认可的专业——如何以及为什么存在提供解释，并对其范围进行总结。《永垂不朽：全球建筑保护概观》为这些问题提供了迄今为止最佳、肯定也是最通用的回答。

一直以来，都需要对建筑保护如何成为一个普遍话题进行钻研，这种普遍不仅仅是在建筑专业中，同时也存在于今天的全球社会中。《永垂不朽》就是想要做到这点。本书的开篇部分内容通过定义这个领域及其结构、总结其更加引人注目的案例和超越时间的理论，以及诠释现在运用中面临的关键挑战和解决方案，介绍了整个主题的基础。本书按照四个精心选择的附件目录提供了大量的案例和说明，并带有数百幅有用的插图。本书的后续章节内容则是详细介绍了全球各地建筑保护的作用和方案。不论单独阅读本书还是与其他著作一起阅读，本书对那些渴望从头开始学习这门课题或者对这个领域的现有知识进行补充的读者来说，都不愧是一个极为有价值的资源。本书的综合性也证明了其作为参考书的价值所在。斯塔布斯以一种清新悦目的客观方法突出了他在这里展示的这个主题，更多的是以一种人类学家或者某些其他社会科学家的方式，而不是一个深深牵涉其中的倡导者和利益相关者的身份，正如他那充满深度的话语一样："为了保护而保护——这是我们时代的一个现象。"

相比于其他任何人，约翰•斯塔布斯在更多的场所中见证过和参与过更多的保护项目。在《永垂不朽：全球建筑保护概观》一书中，斯塔布斯记录并解释了在他不可计数的全球旅行中保护了什么，并从一个专家的角度提供了有关这个领域现在情况的第一手真实全面的评论和平衡描述。结果（通常是令人惊讶的）使我们安心，因为这种在文化遗产保护上的齐心协力是21世纪生活中至关重要和必不可少的方面。

伯纳德•M•费尔登

DUniv.DLit, Hon FAIA, FSA, FRIBA, AADipl

ICCROM名誉理事

诺维奇，英格兰

2008年3月

致　谢

《永垂不朽：全球建筑保护概观》一书在很大程度上是基于其他人的著作、教导和想法而完成的。虽然我努力地想要彻底的吸收，但不是所有的资源（诸如本书中提及的创造了建筑、场所和保护计划的人们）都被容纳在本书中。为了向那些提到和未提到的人致敬，特别是那些先驱研究者、思想家以及那些努力保护我们世界各地建筑遗产以使我们今天能够享受其中的人们，我需要向他们表达我诚挚的敬意。

首先要感谢本书的委托书，在他们的帮助下这本书才能送到邦妮•伯罕姆主席的手中。同时还要感谢我在纽约的世界文化遗产基金会的同事们，他们在我从1990年开始参与的全球各地的不计其数的建筑保护项目和计划中提供了很大的支持。没有这些帮助，这种描述世界范围内建筑保护实践的尝试是不可能实现的。另一位同样重要的人物是詹姆斯•马斯顿•费奇，他是我的老师、导师，也是我的好友，正是他的邀请让我于1998年接下了完成这本书的任务。我还要感谢马蒂卡•沙雯•费奇，她在我的写作之路上给我提供了各种的鼓励和帮助。

芝加哥的格拉汉姆基金会在本书的最后完稿阶段以及选择书中插图的时候给我提供了巨大帮助。纽约的塞缪尔•H•克雷斯基金会在研究的开始阶段中资助了我在罗马的研究任务。意大利热那亚的博利亚斯科基金会为完成本书的第一稿提供了场所。我还从琼•K•戴维森处得到了极为有用的经济和精神支持，这是通过获得了纽约的J•M•卡普兰基金会出版物项目的授权而实现的。

向我在哥伦比亚大学“建筑、规划和历史保护”研究生课程中遇到的同事、院长和曾经的学生表示最诚挚的感谢，尤其是以下诸位：丹增•洛桑•沙杜桑、布莱恩•科伦、桃乐西•丁斯莫尔、塔尼亚•加思、凯瑟琳•嘉文、詹尼佛•高、布鲁诺•莫尔登勒以及乔治•惠勒教授。在此特别感谢艾米丽•贡兹博格•马卡斯和罗伯•汤姆森，他们在研究、内容开发以及文本塑造方面给予了我极大的帮助。同样需要特别感谢的还有莎伦•德勒津斯基•格宁，在包括最后的手稿在内的多次书稿准备方面他给予了我很大帮助，同时他也是我在许多项目中的主要助手。

我要向我在世界文化遗产基金会的各个项目和计划中遇到并为我提供帮助的诸多朋友、主持人和同事表示感谢，尤其是阿米塔•拜格、安德里亚•巴尔迪奥利、诺玛•巴尔巴奇、南希•柏林纳、威廉•J•查普曼、乔纳森•福伊尔、伊恩•莫雷略、加埃塔诺•帕伦博、米歇尔•桑托罗和马克•韦伯。世界文化遗产基金会非常慷慨地允许我使用它们的照片档案，本书中有三分之一的插图均来自这里。遗产保护顾问阿琳•弗莱明提供了非常有用的保护章程和公告的纲要，这也构成了本书附录中的一部分内容。

我要特别感谢伯纳德•费尔登爵士、杰瓦特•埃德尔教授、布莱恩•法根和丽莎•阿克曼，他们对本书内容的提升提出了诸多有价值的建议，此外还有编辑和作家安•菲力欧，她在本书的各个阶段中都为内容的改进做出了巨大贡献。

我要将《永垂不朽：全球建筑保护概观》一书献给我的父母——金•斯塔布斯和苏•斯塔布斯以及我的妻子琳达•斯塔布斯，正是在他们的鼓励和支持下，本书才得以变为现实。

第一部分

不断变化的环境中的历史建筑保护

马丘比丘（约1460年），秘鲁东南部。

第 1 章

引 言

如果没有任何伟大的**历史建筑**或者场所的存在，那么世界上人类的生活又会有什么不同？如果帕特农神庙、庞贝古城或者圣索菲亚大教堂都不再存在了会变得怎么样？想象一下没有圣母院的巴黎、没有百花大教堂的佛罗伦萨、没有哭墙或者圆顶清真寺的耶路撒冷会变成什么样子。如果中国没有了长城或者故宫、如果印度没有了泰姬陵会是什么样子？如果芝加哥没有了其早期的摩天大楼、秘鲁没有了马丘比丘或者复活节岛没有了那些神秘的巨型石像又会变成什么样？除了这些标志性的历史建筑物和场所之外，如果我们日常生活中遇见的更加普通的历史建筑也没有了，那又会成什么样？想象一下，如果所有东西都是新的并不可能通过时间长河中的那些变化和发明而被区分出来，那在**建筑环境**中就没有任何东西可以让我们想起诞生于我们之前的事物。今天的世界又会变得如何不一样？

这些问题的答案就是我们今天所认知的文明将会不复存在。继承了这些文化遗产的文化会丧失其独特性以及它们的成就感。个人对他们所居住和造访的场所的历史感和记忆也会随之减弱。人们将会缺乏多样性，并对了解的之前的历史事件和场所感到不安。

对一个物体在时间长河中的实体位置和场所感，在很大程度上由其历史位置决定的，不论是单个建筑或者整个城市或者其所处的国家。想想罗马、伦敦、埃及和中国的**历史纪念物**[1]和文化，就可以知道这些物品有助于个人了解这些场所，并明白他或她在空间和时间中的位置。当地的标志性建筑物——不论是文化的还是自然的——可以提供类似的定位。河流、尖塔、广场、排屋都可以帮助个人了解他们所处的位置。这些物体在特定位置中占据的顺序和模式形成了一种环境背景，这对于在其中体验过的人们来说都是有意义的。

上面提到的许多建筑、纪念碑和场所都对历史产生了影响。所有这些都提供了关于我们祖先以及他们在艺术和建筑方面完成的那些精妙、自豪和额外工作的知识。[2]我们身边的历史建筑极大地丰富了人类经验，并使我们对于过去的认识变得更加容易理解。没有它们的存在，我们作为人类的身份——同时包括了个体性和集体性——将会变得不那么确定和不那么有意义。一直以来，认为共享历史和身份的概念是通过强调所属的共同感培养了改善的人类关系，都是令人信服的。

从保存艺术和建筑遗产的原因清单就可以说明如果没有这些提醒，今天的生活就不会变得如此多彩多姿、令人感兴趣或者鼓舞人心。

一名俄罗斯建筑历史学家对此进行了非常好的表述："历史建筑就是人类**文化遗产**的一种实体表现。它们是人类活动的产品，而这些活动是反映社会潮流、国家特性以及'时代精神'的。它们为研究人们、他们文化的相互影响以及由此产生的相互加强之间关系的发展提供了方式。作为人类创造性活动的一个化身，历史古迹是整个人类的**遗产**。"[3]

从其实际层面来说，一个不断使用的历史场所能够从许多不同的层面为其所在地增加有形的经济价值。修复、复原以及**保护**——也就是一座历史建筑的**保存**——使时间和材料的花费具体化了，而这些花费通常都会得到若干倍的回报，特别是考虑到在得到保护的历史建筑所在地中产生的间接经济效益。

世界范围内建筑遗产的每个部分——不论它是一个被认为具有"无与伦比的普遍价值"并被收录在联合国教科文组织（UNESCO）的世界文化遗产名录之中，还是只是我们每天日常生活中都会经过的一座老旧建筑——都将我们与过去更加有效地连接在一起，这是其他任何人类创造都无法比拟的。没有那些以实体证据形式出现的我们之前的人和物的记忆，今天生活的结构性和宁静感将会变得大不如前。

但任何由人类制造的结构，在不考虑时间的长度以及建造耗费的努力的情况下，都可以轻易地被清除，正如2001年9月11日的纽约世贸大厦就是一个极为引人注目的例证。世界文化遗产有保障的未来——也就是历史建筑、场地和**人文景观**都处于其最佳的有形和无形表现形式中——是绝不会得到任何保障的，不论它具有多高的价值。

幸运的是，对于世界自然及其文化遗产脆弱性的认知正在逐渐提升。保护所有类型遗产中的平行兴趣就是在世界范围内开发的。为促进文化和自然环境的保护提供帮助，则是公众和个人范围中高端遗产管理模型和系统的主旨。同样地，文化和自然遗产保护领域中出现了许多新的专家。他们中的每个人都在力求维持这些不可替代的自然和文化资源，以供人类现在和未来的使用和享受。文化遗产保护运动——最为引人注目的组成部分被称为建筑保护——谈及了一个至关重要的问题：将过去整合进未来中。

但考虑到建筑保护领域中的现有技术成熟度，拯救所有可以或者可能被拯救的建筑的可能性依然不大。根据估计，在20世纪中，全球历史建筑约有50%已经消失了。[4]考虑到这个数据，有人可能会问为什么人们会为建筑保护而吸引。到最后，这难道不是一个毫无希望的任务吗？其中部分信心在于某些人艰难取得的那些成功，而正是这些人帮助将建筑遗产传承到现在这一代人的手中。另外的信心则在于这项活动非同寻常的"公正性"。杰出的美国经济学家约翰•肯尼斯•加尔布雷思在1980年——那个时候很少有建筑保护案例可供参见——评论道："保护运动拥有一个巨大的好奇心。这里没有任何值得回顾的争论或者遗憾。保护主义者是这个世界上唯一总是在事后确认他们智慧的人。”[5]

本书旨在和读者共享从两个多世纪以来在保护建筑方面有组织的努力中得到的知识——尤其因为它们是与全球各地专业化最佳实践联系在一起的。从这点来说，在绝大多数国家的历史建筑和场所保护中都有许许多多著名的案例。同时，这些也构成了在其他地方的当代保护实践中实现定量和定性提高的基础，同时为了现在和未来而考虑。

今天对于保护历史建筑和场所的理念反映了一个相对新的学科和专业在建筑实践中的成熟。与艺术、考古、都市、人文景观和建筑保护相关的专家，尝试通过各种以保护为中心思想的行动来满足维护并呈现人类物质创作的这个重要而不可避免的需要。这些行动被杰出的美国保护教育家和该领域的先驱者詹姆斯•马斯顿•费奇称为“建筑世界中的监护人管理”。[6]

今天的文化遗产保护领域面临着由许多困难的问题造成的让人畏缩的多层面挑战：我们想要为未来而保护现有的什么建筑？我们认为什么东西的价值较高？我们是为了谁而维持这些遗产的？谁拥有过去？我们具体应该如何介入其中？使复杂性进一步增加的东西在于保护文化遗产的方法——以及审视过去的方法——也是在变化着的。另一位著名的美国历史保护专家和教育家对这个问题做了非常细致的描述：“我们的回答与我们以前习惯的回答不一样……每一天逝去的日子都为老旧的场所赋予了新的含义、为这个民族赋予了新的特性。”[7]

每个国家在建筑保护领域中面临的挑战都是其特定因果关系模式的结果。这些挑战有时会非常复杂，并看起来具有压倒性，所以只有有限数量的问题可以通过有限数量的方案得以解决。建筑保护领域在过去两个世纪中取得的成就——加上现在地方、国家和全球感兴趣的机构、组织和个人之间的连通性——为今天的参与者实现更宽阔、更高效的文化遗产保护规划提供了巨大的希望。事实上，21世纪的遗产保护有着明确的优势：之前没有哪代人能像我们一样掌握了更多的技术工具和方法去解决保护中面临的挑战。

不可避免的改变

仅20世纪的经历就足以证明人类和自然对建筑环境造成的毁坏会永久性地改变一个地方的特性。可能的自然灾害的多样性——暴风雨、火灾、地震和洪水——只会被可能的人为威胁超过，后者包括从善意的忽略和糟糕的规划到有意的破坏和战争。最近，这些传统的人为威胁又加上了一些更加现代化的种类，例如空气污染、旅游、大量改造规划以及越来越精密和强大的战争武器。

20世纪中的两次世界大战及其全面的破坏程度对建筑环境及其中居民造成的灾难性改变简直是不可思议的。在战后时代中，欧洲、亚洲和美洲城市景观的改变是史无前例的，在很多案例中甚至超过了战争年代破坏的程度。在其开创性

图1-1 德国德累斯顿市于1945年2月13、14日遭受过炸弹空袭后的场景，这是人类对世界建筑遗产造成的最强大也是最直接威胁的例证：蓄意的战争破坏。（akg图片有限公司，伦敦）

的著作《保存世界上的伟大城市》一书中，美国都市规划师和保护主义者安东尼•M•通格这样写道："在第二次世界大战结束半个世纪后，遍布欧洲各地（包括德国在内）的无数规划师都认为在战后随之而来的都市改造中破坏的历史建筑远多于上千万颗炸弹自身造成的破坏。"[8]

建筑环境始终是被创造用以容纳人口的；因此，通过回顾与世界人口增长和活动模式有关的少量事实，对于说明其对于城镇、城市区域以及剩余可居住的空地造成的后续压力是非常有益的。首先来关注人口增长：在1800年，世界人口被估计为9.78亿；在1900年是16.5亿；在2000年是60.7亿，而在2200年这个数字则会翻倍。[9]接着来关注人口分布：在21世纪早期，在城市中居住的人口有史以来第一次超过了在城市外居住的人口。联合国预计到2025年，约有全球总人口的61%，也就是有52亿人将会居住在城市区域中。[10]

在过去一个世纪中也见证了通信、运输系统、工业进程、数据管理和日常便捷方面的快速发展，而这些都是在之前时代中无法想象到的。这些发展在很大程度上都是所谓的第一和第二世界工业化国家的产物，改变和增长在那些国家中被视为发展的同义词。这种趋势产生的一个不可否认的结果就是造成了越来越多的全球性影响，虽然这种发展并没有消除财富和幸福之间的巨大不平衡，尤其是对那些发展中国家的居民而言。之前，富裕的增长模式已经是不均衡的；但是在现代，对世界自然和文化资源的需求都有了一致性的增加。

建筑环境改变的力量和残酷——尤其是当这种改变对大多数人都会产生负面影响的时候——在最近几十年中已经逐渐受到质疑。过去500年中文化遗产的大批量遗失产生的累积反应造就了现在这种**保护**我们重要并且幸存的建筑和自然环境的全球性关注，或者说运动。

在任何指定时间中拍摄一张世界动态历史建筑的静态快照都是不可能的。现存的无数历史建筑，加上早晚也会成为历史建筑的新建筑的指数级增长，使得任何进行这种精准定量调查的尝试都是毫无意义的。[11]但所有人工建筑之间的两个相似性使得从概念上描述现在这个建筑保护运动的全球性现象的特征变得有可能。第一个相似性是所有建筑的使用方法、建造方法和材料都是可以确定的，并且在类型学上是有限的。这意味着即使在考虑所有变量时，可能遇到的物理、材料和建造问题的数量都是有限的，相对应的解决措施的数量也是如此。因此，尽管只是近似，但通过对现有建筑血统进行定量和定性分析，就可以得到值得参考的经验。

第二个相似性是绝大多数人工创造物都是为——或者曾经是为——某个目的服务的，每一个目的都代表着时间、精力、材料和经济资源的支出。因此，绝大多数由人类完成的物理创造物都包含着一定程度的价值，不论是其材料性、象征性、经济性，或者单纯地归因其建造年代。领会任何创造物——不论是人工的还是天然的——的价值的最简单方法就是尝试去复制它。

在历史建筑存在的场所中，通常还存在着变化有限的经过时间检验的建筑传统。就拿住宅建筑为例，在波罗的海区域的传统木屋和中东的土砖当地建筑之间存在着相似的功能性。在跨越时光的特定建筑类型中通常都会存在令人惊讶的普遍相似性，这通过罗马附近的公元1世纪的古奥斯迪亚多层公寓式住宅与19世纪伦敦或纽约的公寓式住宅的对比就可以看出。基本功能的相似性在古庞贝城中被摧毁的中庭住宅、新墨西哥州查科峡谷中由石头和土坯搭建的印第安人居所以及北京胡同街坊中迅速消失的四合院中都可以发现。[12]

就其最广泛的意义来说，建筑保护都是围绕变化管理的。变化是一个不可避免的生命过程，每个有生命的生物都要与之抗衡的。预计和管理变化，不论是从个人而言还是从集体而言，都是人类关注的一个命题。未能做到这一点，则有可能意味着人类灭绝。但建筑也有生命；它们是在动态条件下被创造出来的，并且在进行整修翻新的时候也是处于一种动态之中。还要记住一点，建筑保护领域自

图1–2 对中国北京传统胡同街区的破坏，2007年。这种由数十座四合院组成的超级街区代表了一种适宜于北京气候的具有时代气息的建筑形式；它们反映了从15世纪早期开始进行的首都的宏伟规划。尽管北京是在它们全体的帮助下才成为了世界上最美丽城市之一，但在这个城市最近的现代化进程中，仅有屈指可数的胡同幸存。

身就是不断变化着的。调和变化是文化自然管理的核心问题，而处理这个问题的工具是以从观察和经验中得到的天生常识而开始的。

最近在电脑建模中取得的发展能够为几乎任何可以想象得到的场景提供极具现实价值的解决方案。相关的例子包括从对城镇、州以及整个国家可能的增长预计，到分析哥特式大教堂的结构失效点以及潜在生态灾难的影响研究。但是，这些工具也有它们自身的局限性，因为不是建筑环境中每一个可能的因果关系都是可以预测的。这是因为变量的特定组合或者顺序可能是无法预计的，虽然它们每一个单独拿出来都是可以进行预计的。

因此，在建筑保护这个相对年轻的领域中的经验累积，提供了预测当变化发生时可能会发生什么以及（可能是更重要）为什么变化会发生的最佳基础。在建筑环境中管理变化的因果关系方面的应用知识，对进入这个领域来说是必不可少的，如果要施加有效的补救措施的话。这些知识会因为评估历史价值和客观意义的能力而提高，同时也是将接受过建筑保护培训并有相关经验的人士与其他人区分开来的标志。这种理解热衷于对历史资源“做正确的事”的重要性上——因为很少会有第二次机会。

现代世界范围内重要的建筑遗产遭受的重大损失反过来为今天迅速增长的遗产保护领域提供了一个主要动力。拯救历史建筑和场所曾经只是少数古文物研究和提倡者的圈内兴趣，但现在世界范围内上千个团体都已经加入到这个广泛传播的涉及数百万人的运动之中了。源自保护文化遗产的正确逻辑的明显回归就是其最大的吸引力。毕竟，每个人都关心——至少在一定程度上——他们自己居住的场所。

绝大多数具有保护意识的个人可能都是因为目睹了他们自己社区所在地的文化遗产场所的遗失而建立这方面兴趣的。地标建筑、熟悉的环境以及珍贵的艺术作品的遗失所造成的累积效应，在全球范围内促进形成了一个广泛传播且不断增长的联合起来保护文化遗产场所的潮流。这一点在20世纪的最后30年中表现得尤为明显。那些因为上述原因而加入到这个运动的人们发现，他们自己成为了一个广泛传播的人类运动的一部分——一种新的文化，可以这么说。这个现象存在的证据在于这个事实，即建筑保护的语言、进程和目的在其出现的各个地方中都是极为相似的。其他证据在有价值的场所受到迫切威胁的时候也同样会为大众所知。

在21世纪开始的时候，建筑遗产保护运动已经成熟了。今天，它已经快速地合并进入一个日益全球化的关注问题之中，而这个问题正由数量不断增长的加入到当地和国家活动中的国际参与者致力解决；他们的主要目标是保护并呈现来源于历史的有形案例，因为这对个体和全球人类而言，一般都是有益且必不可少的需求。

虽然全球经济的一体化可以说在欧洲于15~16世纪开始的探索和殖民运动时就已经开始了，但直至最近才对其进行了标准化和规范化，正式的开始时间被确定为第二次世界大战后国际贸易壁垒被清除时。[13]在20世纪晚期还有一些具体的同时存在的因素——包括因特网的发展和冷战的结束——极大加速了这个进程，这是通过使通信和市场变得正常全球化而实现的。

全球化与文化遗产保护

从根本上来说，全球化就是一个由于政治和技术变革而造就的经济过程，其特点是增进国际贸易并协调全球金融体系。作为全球化社会理论早期倡导者的英国社会学家罗兰•罗伯森提出了一个更加广泛的定义，并认为这个概念“同时涉及了世界的紧缩以及世界作为一个整体的意识的增强。”[14]

世界经济的国际化意味着发展中国家同时会受到外国政府、跨国公司以及主要国际金融机构带来的正面和负面影响。这些主要的金融结构不仅控制世界贸易还能促进全球经济发展，包括了世界贸易组织、世界银行、国际货币基金会、泛美开发银行和欧洲复兴开发银行。资金被注入到当地社区中，当地居民的生活条件能够得到改善，但同时当地经济的自给自足会受到挑战，社会文化模式也会随之改变。世界银行参与的案例包括在摩洛哥费兹和坦桑尼亚桑对巴尔岛石头城的城市中心基础设施和复兴建设、罗马尼亚提古丘中由康斯坦丁•布朗库西设计的无尽圆柱纪念雕塑复合体的修复工作。欧洲复兴开发银行（EBRD）和泛美开发银行（IADB）同样为支持几个历史中心的项目而提供了低息长期贷款。著名的EBRD项目包括克罗地亚的萨格勒布和俄罗斯的莫斯科；IADB的著名项目包括哥伦比亚的卡塔赫纳和厄瓜多尔的基多。在德国政府对尼泊尔加德满都河谷巴克塔布尔的杜巴广场保护项目和中国政府对蒙古乌兰巴托和柬埔寨吴哥窟的建筑修复项目提供的支持中，都是采用了颇为类似的政府—政府拨款形式，通常条件更少。通常来说，这类拨款包括了技术和培训帮助，并且其平行目标均是为了改善贸易关系。

始终有重要的争论围绕着全球化受到政府、公司和国际机构控制和干预的程度。部分人辩称这些机构只是简单地启动并促进了一个不可避免的历史进程，他们认为变革是一个健康的、自然的并且无法避免的过程，如果管理到位就可以造就更好的全球居住条件。其他人则辩称发展中国家从更富裕的国家和机构中得到的大量贷款、援助和投资仅仅是全球财富的重新分配。全球化的支持者认为由一个国家加速增长带来的变革

图1-3 厄瓜多尔基多历史中心城区的圣·弗朗西斯科广场上的基础设施和若干建筑，这些建筑都是在得到泛美开发银行的贷款援助后才修复的。

图1-4 摩洛哥菲兹的古城区。在摩洛哥两个最为完整的历史城区中的一个的商业中心区进行的基础设施改善以及选择建筑修复，都是在世界银行的资金帮助下完成的。

能够促进进步，因此不应该被阻碍，而是应该进行引导。[15]

但是，怀疑论者对此进行了反击，并认为这是由从这个过程中不成比例的获利了的参与者精心安排的一个自私自利的进程。全球化的悲观看法则是将其视为一个不受控制的、会造成巨大且丧失人性的变化并引发迷失和破坏的现代化进程。这些观点中最极端的看法是由美国政治科学家和教授塞缪尔•P•亨廷顿在《文明的冲突》一书提出，他在书中认为现在的经济和政治进程正在带领整个世界走向一个带有文化断层的全球化冲突中。[16]

对我们自己在21世纪第一个10年中的回顾表明上述提及的所有对全球化的定

位都是真实并且正在继续进行的。回顾过去，全球化在20世纪下半叶的加速过程对于世界范围内的文化认同和文化资源管理有着直接和领先的影响。它具有一种能够减少文化多样性的均质化效应。文化的许多方面的确变成全球化了，尤其是美国贡献了以MTV、可口可乐和微软为代表的品牌。在炎热气候中穿着的传统带褶皱的宽松服装——就像男士穿的阿拉伯长袍——不得不让路于西方风格的定制服装，特别是那些无所不在的运动鞋、牛仔裤和T恤，即使这些服装实用性或者气候适应性较差。

全球化以及西方文化和价值观的入侵已经对社区造成了威胁，即他们引以自豪的艺术和文化传统正处于危险中，即使这些变化通常是他们自愿接受的，而不是强迫文化移入的结果。[17]问题不仅是传统方式和习惯——从农业生产和地区烹饪法到传统音乐和穿着方式——都发生了变化，而且它们代表的价值、生活方式和历史都会遗失或者被遗忘。例如，全球化的批评者就认为在伊斯坦布尔开设一家能为顾客提供咖啡外卖服务的星巴克咖啡店可能就会加速附近的当地咖啡店的倒闭，这反过来又会导致传承了若干世纪在土耳其咖啡馆中进行休闲的人际交流的文化习惯灭亡。这个公司的分店出现在故宫之中也是具有同样的讽刺意味，因为故宫直到一个世纪之前还因其是世界上外部影响最不可进入的场所而著名于世。

在全球化为诸多不同全球人口之间的具体的生活方式元素确立了标准的同时，它同时还导致了对世界文化多样性意识的提升，并帮助各个文化识别其独特性。对他人文化和遗产的一种更好的理解会出现在对自己所有的文化的意识和估计中。正如英国政治科学家玛丽•卡尔多建议的那样："全球化隐藏了一个复杂又自相矛盾的过程，这个过程实际上同时涉及了全球化和本地化、一体化和分支

图1–5 中国北京故宫博物院中的星巴克咖啡馆，2004年。

化、均质化和差异化。”[18]

最近对本土生活方式中的文化、国家和地区性认同和兴趣的意识，导致了全球范围内遗产保护的本地、国家和国际化投入的增加。特别鲜活的例子可以在许多国家中找到，例如印度尼西亚、柬埔寨和摩洛哥，这些国家都拥有非同寻常的——虽然直到最近也未受重视——文化或者自然资产。现在，巴厘岛、吴哥窟和菲兹独一无二的遗产在世界范围内已经众所周知。此外，由国家主导的旨在庆祝、保存和展示这些场所的改造计划刺激了其他附近的遗产所在地采取了类似的行动。

图1-6 通过与印度阿默达巴德的当地建筑保护机构一起合作，非营利组织在福特基金会的资金赞助下开发了一种创新的方法。在处理各个居民家庭的健康问题时，提出了健康和遗产项目，并对居民所在地中具有历史代表性的十八九世纪的havelis（印度宅邸，经过非常精细处理的庭院住宅）进行了改建。

相比于最新的居民安置区，全球贫困人口中的大多数生活在处于衰败条件中的旧城区。在涉及历史建筑的这类环境中，存在一种能够将社区复兴工作与遗产保护合并在一起的特殊机会。能够同时处理环境、社会和健康条件的整体式的居住和基础设施改善计划已经证明是非常有效的。从世界粮食计划——例如由联合国及其粮食农业组织管理的那些计划——中取得的经验证明，在贫困区域中同时进行的环境改善和遗产保护计划应当是富裕和贫穷国家在未来的首要选择。因此，对包括欧盟和联合国在内的那些世界政府和组织来说非常有意义的一件事就是应当进一步合作，以推进保护工作，并且为了所有人的利益而选择性地开发衰败程度更高的历史住宅区以及历史老城中心。

虽然全球遗产的概念意味着全世界的理解和肯定，以及最终依赖国家和当地参与的推动、保护和展示这些遗产的行动。通过像UNESCO的“世界文化遗产名录”和世界文化遗产基金会的“100个最可能消失的地点的监管清单™”这类全球性计划，各个政府和社团都被鼓励在他们自己的领域内确认并保护具有重要意义的地点。最理想的情况下，这些计划能够对当地授权和私人从业起到激励作用，这又能对当地经济形成真正的贡献。一个极佳的例子就是阿他托尼科的赫苏斯•纳扎雷努教堂，其位于墨西哥瓜纳华托州圣•米格尔•阿连德镇附近。这个教堂在1740—1776年修建，在其朴素的外表后面，这座教堂及其附属小教堂制定了一个极为精心安排的装饰规划，它是由墙壁和天花板壁画、银镶嵌品以及大量雕塑组成。这个艺术规划很好地反映了将哥特式宗教肖像和本土宗教信仰融合在一起的“混合主义”，同时也作为一个精神中心以及频繁的宗教朝圣之旅的终点。另外，这个场所也成为了著名的墨西哥独立路线的终点。在20世纪90年代中期，因为其附近的村庄几乎变得荒废，所以这座教堂遭受了屋顶漏水、地面湿气上升以及普遍性疏忽等问题。阿他托尼科的命运在1995年发生了变化，那个时候圣•米格尔•阿连德的当地支持者吸引了世界文化遗产基金会来到这里。在登上了1996年WMF为濒危场所制定的世界文化遗产监控清单并从美国运通公司获得了2万美元的启动资金后，一项缓慢但明确的教堂修复工作开始了，有时只是修复一个部件，但最终可以修复整个建筑。这个项目早期的一个关键合作人是Adopte una Obre de Arte，这是一家位于墨西哥城的非营利组织，他们也是在那个时候开始承担整体建筑修复项目。为了更多地参与其中，WMF为其从“威尔逊挑战”到“保护我们的遗产”的活动中都提供了资金，这反过来吸引了这些项目的其他支持者，这些支持者来自其他的基金会，以及远在洛杉矶和伦敦的私人捐赠者。经过近十年的努力，这个保护项目已经接近完工，对这个场所的兴趣和支持的凝聚效应在2008年9月阿他托尼科登上了UNESCO世界文化遗产清单时得到了进一步的延伸。[19]

国际遗产保护倡议组织的动机很少会受到质疑，尤其是当他们在建筑上独特的场地和优先保护项目清单得到财政资助的许诺时，不论这些赞助是直接还是间接的。部分所属地将这些行为视为家长式作风或者甚至霸权主义行为，但绝大多数人认识到可见性提高、技术援助和交换以及杠杆融资的相关益处是值得引入外国影响和援助的。这些在全球各地而不仅仅是在发展中国家中工作的组织已经证明了他们的公平性和有益性。

足智多谋并且深思熟虑的管理变化，通过一个开放而包含的过程并根据客观事实行动，这已经被证明为在全球化时代中协调人类对环境需要的最可行的方法。正如世界银行的遗产保护专家说的那样：“在某种意义上来说，文化遗产是一个基于对资源的简单共识和可持续使用的‘知识管理’。”[20]

对其他人种和场所（同时包括现在和过去）的不断扩展的知识为我们提供了一种改善的能力去解读并展示遗产场所，同时也为国际交换和合作提供了不断增多的机会。人类过去完成的奇迹——以及我们在理解并保护它们过程中面临的问题——正是前所未有的关注话题。

▲图1-7　墨西哥中北部阿他托尼科的赫苏斯·纳扎雷努教堂经过修复后的外表面，这座教堂在20世纪90年代大面积地遭受了地面湿气上升和屋顶漏水的困扰。

►图1-8　阿他托尼科教堂的内部天花板壁画，这是整个教堂极为精美的内部装饰特点之一，在修复后重见天日。

文化敏感性

在建筑遗产保护过程中，更多的是通过技术干预阻止或延缓自然衰退过程。这其中包含了一个充满挑战性的任务，那就是彻底领会和调节这个被观察的物体所代表的过去和现在的文化价值。保护需要假定一个有关建筑或者场地的态度，因此它的解读必须要能够反映这些文化敏感性。为了有效地做到这一点，不仅需要具备历史学家、建筑师、工程师和考古学家的基本技能，同时还要具备专业保护者、研究者、修复技工和项目实施者的能力。来自教育学家、博物馆专家、旅游专家、社会学家和人类学家的帮助也同样重要。这些专家和来自社会学科和人文学科的其他专家能够最好地理解这些受到保存的建筑和场所是为大众服务的。

在所有的文化中，遗产保护行动几乎始终是被包含在内的，这反映了拥有决定权的主流社会及其组织结构的复杂性。为什么保护一个物体或者一种传统首先需要能够达到目的并有利于当地群众？当智力、慈善和教育活动与更宽广的共同利益和行动结合在一起时，遗产保护的优点就会给现代生活的所有方面留下印象。

迄今为止，建筑保护项目对社区的社会经济性影响依然不能被很好地理解，因为变量和效益都是很难测定的。出于对当地风俗和特定场所的特殊性的自豪，地方精神——一种对场所的感觉——这个术语很难被定义。为这些无形概念设定准确的货币价值是完全不可能的。使这些消失的地标建筑的替代成本公式化的尝试也是有限的，因为这些替代永远不可能精确地按照原始方式进行，这是由于真实性缺乏造成的。尽管如此，对历史古迹的所有权和联想的自豪——这可以在它们的保护、维护和展示行动的延伸程度中反映出来——通常都是任何社会的一个明显特点。自豪和对场所维护的兴趣也是非常脆弱的，并会因为各种原因而迅速改变，这些原因包括从人口向外部迁移造成的创伤到考虑不周的规划决定。

通常来说，地方精神改变的发生都是非常微妙的。例如，在人流量极大的保护场所中的干预可能就是破坏性的，并会使当地的归属感失去方向感，即使这项工作是由当地发起的。那些由外国专家精心布置的工作也会产生没有帮助的印象，也就是一个场地需要引入外部所有权。一些最近由当地政府、外国非政府机构（NGO）以及半自治非官方机构（QUANGO）主导的建筑遗产保护行动以及相关活动，从根本上改变了当地居民对遗产古迹所在地的含义及目的的看法——但并不总是向好的方向发展。需要注意那些最近几年格外受到游客欢迎的场所，例如雅典卫城、埃及的国王谷、印度尼西亚的婆罗浮屠、北京的故宫以及意大利的威尼斯和佛罗伦萨。

从规划的最初阶段开始，文化遗产干预就应当尽可能客观地考虑它们的社会性、文化性和经济性含义。实现文化情感化和敏感性遗产保护管理的方式是通过出版刊物、培训计划、合作团队和交流计划等形式来共享相关经验的最佳做法。

尽管文化遗产保护面临着那些始终存在的挑战，但在其保护中始终存在一个高于一切的问题。保护的本能代表着一种特定的文化敏感性，如果没有实用目的的话。斯蒂法诺•比安卡是历史古迹支持计划的前任董事，这个计划是由位于日内瓦的阿贾•卡恩文化信托基金会发起的，他曾经对上述事实这样说道：

"今天我们赞赏的许多工业化之前的历史古迹体现出来的丰富性和多样性是来自一种对待过去看起来不连贯（如果不是粗心大意的话）的态度……可是当按照我们自己对保护的定义进行判断的时候，我们不得不承认这种累积起来的遗产的真正起源从根本上来说是反历史和非科学性的。"[21]

图1-9 海神庙是印度尼西亚巴厘岛上最古老的印度寺庙，本图是在一个宗教节日期间中拍摄的，这正是所谓活态遗产的一个实例。

图1-10 游客们正在从柬埔寨吴哥巴肯山上一座19世纪修建的寺庙上观看日落。

这里存在一个具体的矛盾之处：遗产保护是否应当破坏传统的（有机的）文化发育和死亡过程？按照今天对待遗产保护的原则来说，答案是肯定的，在异化过程发生的地方尤为如此——社会中的许多人都不能认识到其**物质文化**中更加深层次的价值和动机。因此，保护可以替代生活传统，虽然它缺乏繁衍的力量并且可能也无法再以一个整体融入社会之中。[22]

比安卡的观点指向了一个更大的问题：虽然部分遗产古迹保护措施有时候看起来似乎是不具备文化敏感性的，但当其遵从了保护做法中得到认可的原则时，它们可以比那些由当地团体制定的措施真实地反映出更大的文化敏感性。审视遗产保护运动过去取得的成就，可以让我们去评估其成就和失败，并了解它的哲学和方法是如何随着时间而演变的。现代遗产保护主义者认为持续的专业发展的必然性是由得到提高的措施进行支撑的，这些措施包括了新型保护材料和技术的小心使用，以及更加高效的工艺和项目组建过程。

通过包括WMF、UNESCO、国际古迹与遗迹理事会（ICOMOS）、国际文化遗产保护和修复研究中心（ICCROM）、国际博物馆协会（ICOM）、盖提文物保护中心（GCI）等组织主导的活动，国际文化遗产保护领域的专家们之间的联系紧密程度远胜于以往。由于越来越多的人认识到了文化遗产保护在社会性和经济性方面的好处，全世界范围内有越来越多的政府机构开始在这些工作上投入了大量的时间和资源。

随着专业服务需求的增加，文化遗产管理员、培训机构以及相关专业都对这种需求做出了回应。新的上课地点——从工作室到大学课堂再到完整的大学课程

图1-11 数代人为了维护历史古迹而做出的不计其数的努力与它们的存续有着直接关系。就其本身而言，包括其在政府中的倡导者、场地管理员、博物馆长、历史学家、修复技工和日常维护人员等在内的世界建筑遗产的日常监护人，他们都是文化遗产保护的无名英雄。图中这名工人正在粉刷北京故宫中的一堵区域分隔墙。

体系——能够在全球各地中更多的地方建立起来。这些积极的发展正在使前一代人取得的成就进一步扩展，这为当代文化遗产保护实践做好了准备。我们亏欠前辈的债务是应该被记住的，因为他们很可能是在与比我们今天面临的困难大得多的情况做斗争。今天，文化遗产保护的法律和运行框架取决于那些用于保护会吸引后面几代人注意的建筑、场地和物体的精力和资源。在整个历史长河以及全世界的每个角落，总会有不计其数被埋没的文化遗产保护运动的英雄，他们通常都是那些保护并维护了古老建筑、场地以及其他形式的世界文化遗产的无名男女。通过他们的努力，今天的保护者拥有了丰富的文化遗产可进行工作，并且能更好地为遗产保护中面临的挑战进行准备。

在文化遗产保护领域中存在着巨大的挑战，尤其是在作为其主要分支的建筑保护领域中。了解这些挑战与有想法和有意愿去面对它们同样重要。

注 释

1. *Random House Unabridged Dictionary*, 2nd ed. (New York: Random House, 1993), defines *monument* thus: from the Latin *monere*, "to remind"; "something erected in memory of a person, event, etc., as a building, pillar or statue; any building, megalith, etc., surviving from a past age and regarded as of historical or archaeological importance; an area or site of interest to the public for its historic significance, great natural beauty, etc., preserved and maintained by a government; any enduring evidence or notable example of something."
2. For example, the remains of ancient Rome inspired the art, architecture, and literature of the Renaissance. Historicism in the nineteenth century in Europe and the Americas was concerned with reviving past styles in architecture.
3. Alexander Halturin, "Monuments in Contemporary Life," in International Council on Monuments and Sites (ICOMOS), *Colloque sur les Monuments et la Societé / Symposium on Monuments and Society: Leningrad, URSS / USSR, 2–8 Septembre 1969* (Paris: ICOMOS, 1971), 21–22.
4. Anthony M. Tung, *Preserving the World's Great Cities: The Destruction and Renewal of the Historic Metropolis* (New York: Clarkson Potter, 2001), 414.
5. John Kenneth Galbraith, "The Economic and Social Returns of Preservation," in *Preservation: Toward an Ethic in the 1980s,* ed. National Trust for Historic Preservation (Washington, DC: Preservation Press, National Trust for Historic Preservation, 1980), 57.
6. James Marston Fitch, preface to *Historic Preservation: Curatorial Management of the Built World* (Charlottesville, VA: University of Virginia Press, 1990).
7. Robert E. Stipe and Antoinette J. Lee, eds. *The American Mosaic: Preserving a Nation's Heritage* (Washington, DC: US National Committee of the International Council on Monuments and Sites [US/ICOMOS], Preservation Press, National Trust for Historic Preservation, 1987), quote within by W. Brown Morton III, 41.
8. Tung, *Preserving the World's Great Cities*, 17.
9. United Nations Department of Economic and Social Affairs, Population Division, http://www.unesco.org.
10. During the twentieth century alone, the global urban population increased more than tenfold, and it is still growing.
11. Preservation planner Anthony Tung has derived some meaningful conclusions on estimates of the amount of loss to the built environment in his *Preserving the World's Great Cities*.
12. The same may be said of other building types, such as religious buildings, civic architecture, commercial structures, parks and plazas, city walls, street systems, bridges, and cemeteries. While the existence of such similarities may be convenient for general comparison purposes,

each building possesses its own history and distinct characteristics.

13. The globalization of the world economy in recent decades has been evidenced and perpetuated through the formation of political-economic alliances such as the ever-expanding European Union (EU), trilateral trade agreements such as the North American Free Trade Agreement (NAFTA), and membership trade organizations such as the Association of Southeast Asian Nations (ASEAN).
14. Roland Robertson, *Globalization: Social Theory and Global Culture* (London: Sage Publications, 1992), 8.
15. For example, George Soros argues in favor of globalization because it increases wealth and creates open societies. He suggests, however, that institutional reforms are necessary to ensure that the newly generated wealth is fairly distributed, arguing that "all the evidence shows the winners could compensate the losers and still come out ahead" (*George Soros on Globalization* [New York: Public Affairs, 2005], 9). He recommends removing biases from the market, sponsoring parallel social and poverty-reducing actions on a global scale, and ending "corrupt, repressive or incompetent governments" (ibid., 7).
16. Samuel P. Huntington, "The Clash of Civilizations?" *Foreign Affairs* 72, no. 3 (Summer 1993): 22.
17. Resistance to the spread of foreign influences has been heroic in some places. For example, in the 1990s in France, legal measures were taken to protect the French language from unwanted intrusions of foreign words.
18. Mary Kaldor, "Cosmopolitanism Versus Nationalism: The New Divide?" in *Europe's New Nationalism: States and Minorities in Conflict,* ed. Richard Caplan and John Feffer (New York: Oxford University Press, 1996), 42.
19. The effort over a 10-year period to research, document, and carefully restore Atotonilco brought to light the site's extraordinary historical and artistic significance. When complemented with a plan for the protection and operation of the site in the future, the church and its immediate surroundings were technically qualified for nomination to the UNESCO World Heritage List
20. Ismail Serageldin and June Taboroff, eds., *Culture and Development in Africa: Proceedings of an International Conference* held at the World Bank, Washington, DC, April 2 and 3, 1992 (Washington, DC: World Bank, 1994), 65.
21. Stefano Bianca, "Direct Government Involvement in Architectural Heritage Management: Legitimation, Limits, and Opportunities of Ownership and Operation," in *Preserving the Built Heritage: Tools for Implementation*, ed. J. Mark Schuster, with John de Monchaux, and Charles A. Riley II (Hanover, NH: University Press of New England, 1997), 14–15.
22. Ibid. See also information about the Maori concept of permanence in Chapter 15.

图2-1 构成捷克泰尔奇镇城市广场的数十座可追溯到哥特、文艺复兴和巴洛克时期的建筑中的每一座都有其特有的历史、特性和保护挑战。总的来说，这个城镇的建筑、宏大的广场以及周边围绕的农田创造出了一种远胜于各部分之和的场景，从而为其赋予了一种特殊的场所感。

第 2 章

什么是建筑保护?

作为土地耕作效应的一个方面可以在上面看到，那就是建筑环境成为人类在地球上存在的最明显表达。但将这种遗产以一种可辨别的比例进行概念化则是既简单又困难的。虽然人类创造的证据很容易就可以在全球各地中找到，但搞清楚这些大量不断变化的文化遗产的保护和解读目的则是一项非常复杂的工作。人类历史和广阔的人文地理环境在其许多方面都发生了复杂交织，这看起来创造出了无穷多个可能性，这种可能性体现在物理形态、条件、人为环境的环境上。每一个工艺品、建筑、城镇或者文化景观都有一个独一无二的故事、特性和重要性，这都能够反映创造它的文化、创造时间以及它的后续历史。相应地，每一个建筑遗产古迹都有其特定的保护挑战。

文化遗产的保护被定义为所有旨在为了未来进行研究、记录、保留和修复物体、场地或建筑中的文化性上的重要特性而通过最小程度的干预来进行保护文化遗产的所有行动。[1]首要也是最重要的是，它是一个想要确保文化遗产能够延续并在现在和未来使用的过程。[2]因此，**建筑保护**构成了处理历史建筑和古迹场所及其相关附属物（例如家具和家居用品）的修理、修复、维护和展示的行动和兴趣。

建筑保护被广泛认为更大、更多样的文化遗产保护——这也被称作文化遗产（或者资源）管理——领域中的主要活动。这个领域涉及所有形式的人类文化的**文件编制**和保护，包括有形的工艺品在内，例如建筑、考古场所、文化景观、艺术品和工艺品以及材料文化的其他物体。另外，文化遗产保护还需要处理人类活动的无形表现形式，包括方式和风俗（民俗），精神活动；以及土著居民的音乐、工艺、烹饪传统，上述所有这些都被认为**活态遗产**。建筑保护的不同做法和理论只有根据文化遗产管理中更宽泛的行为才能得到最好的理解。

任何想要全面定义建筑保护的尝试都是会令人产生错觉的，因为这个领域存在着不断进化的问题。由于在文化遗产新方面同时发生并且不断增长的兴趣，遗

图2-2 文化遗产保护的广阔范围包括作为其主要子类别的建筑保护。许多文化遗产类型中的一部分在中国云南省西部沙溪镇城市广场中经过修复的戏剧院的开幕式中进行了公开展示，许多特殊装扮的少数民族团体于2004年在那里通过他们的音乐、歌曲、舞蹈、传统舞蹈和宗教献祭行为进行了庆祝。

产保护的范围也在一直扩展。这种幅度和折中主义是有用的；可以在它们之中找到一个包括一切的态度——包容和并置不同的事实和事件，一个新的重要性。本书尝试调查并解释我们这个时代的一个现象——什么是被观察者描述为“现在这个几乎摆脱不了去保护实体形式的过去的欲望。出于宗教原因的保护行为就如同最初形式的坟墓一样古老。出于美观原因的保护行为就跟文明一样古老。但仅仅因为一个物体是古老的，就‘为保护而保护’而不考虑其宗教或者美感内容，正是我们这个时代中出现得非常多的事情。”[3]

今天，绝大多数国家都参与到不同程度的遗产保护行动之中，从博物馆中的细小物体到各个不同的独立建筑再到整个城市区域和文化景观。与这种背景相反的是，许多与这个领域相关的行动每天都在发生：重要的**历史物品**以刷新纪录的价格被出售，仅仅是作为古董家具；对于出口国家遗产的争论——尤其是出土文物的违法贸易——持续不断；经历过国内动乱的区域中的场所和物品引起了更加广泛的关注；著名的博物馆展览对人类共享遗产的普遍观点起到了促进作用。在每天新闻中报道的这些活动的绝对数量成为遗产运动在我们时代的流行性和有效性的证明。同样，想要回避与保护过去相关的质疑和问题也是不可能的。虽然部分人心中的思想斗争尚未结束，但永远不可能回到政府和开发商忽略建筑遗产的价值或者仅仅将其视为“发展过程”中一个不方便的阻碍物的时代。

命名法和共同认识

英式英语和美式英语之间的术语差别突出了建筑保护领域中的一个非常大的问题，那就是今天同时在使用历史悠久和较新的术语来描述干预的各种类型和级别。确定的术语包括**修复**、**改造**、**复制**、**复原和保护**。描述干预的具体类型的术语包括**稳定化**、**加固**、**增修**、**维修**、替换、复制以及延伸性或者**适应性使用**。从艺术保护和医药等相关和不相关领域中引入的术语包括**临摹**、**重写**、**裂陷**、重建以及建筑取证。为描述这个领域中的发展的问题而新造出来的术语包括**下层住宅高档化**、再次修复、博物馆化以及**可逆性**。描述这个领域各方面的确定性较差、更加非正式的美国俚语包括**翻修**、改造、翻修、修补、翻新以及迪斯尼化。在各种不同文化中开始广泛传播的罗曼斯语术语包括**稳定化**、**门面主义**、**上下转移**以及全体效果。

由于建筑保护专业的相对新奇——这个专业是从以意大利、法国、英格兰和德国为主的等国从18世纪晚期到20世纪早期的修复传统中演变而来的——因此现在绝大多数国家都认可并使用以罗斯曼语为基础的术语。这些术语很容易被识别。英语术语修复(restoration)、保护(conservation)、历史纪念物(historic monument)、**修复者**(restorer)和保护者(restorer)被翻译成意大利文分别是restauto、conservazione、monumento nazionale以及restauratore（-trice）；翻译成法文则是restauration、conservation、monument historique、restaurateur（-trice）以及conservateur（-rice）；翻译成德语则是Restaurierung、Konservierung、Baudenkmall、Restaurator（-in）以及Konservator；翻译成西班牙语是restauracion、conservacion、momumento、restaurador（-a）以及conservador（-a）。建筑保护领域的葡萄牙语是restauracao，波兰语是restauracja，俄罗斯语是restavratsia。

对于修复或者保护的必需工作有哪些，在世界各地的理解是有所不同的，这可以通过对西方（欧洲-美国）和东方（东亚）做法的对比得到生动的说明。东亚的修复和保护倾向于采用更加激进的干预手段，而西方则通常考虑进行改建和重建。具体的东方做法则是基于其存在已久的艺术和文化做法的传统，例如为了改善精神状态而进行的佛法修习或者非常古老的**残缺之美**的日本审美感，这种认为老旧、不完美甚至残破之处都有价值的信仰贯穿于每个物体上。虽然有关残缺之美的学术知识对西方保护主义者来说是有用的，但它的含义——及其运用——让几乎所有的日本保护主义者和鉴赏家都处于休息的状态。

这对于那些面临国际命名法差异的人们来说是一个可取之处，因为这个领域中的绝大多数术语及其所指物背后所代表的意义都是极为相似的。专业保护者和外行人在就建筑保护的目的和过程的沟通上都同样存在一些类似的困难之处，因为在这个领域中遇到的问题和可能性通常都是相似的。借用的术语、原理、过程以及国外立法模式和国际通用条例的使用都有助于将命名法、标准和做法协调至一个特定的程度。其结果就是，全球各地的专家越来越多地联合工作，并取得了不同凡响的舒适、和谐和成功。

建筑保护领域中用到四个必不可少的术语的详细定义如下：

保护："照顾场所以使其文化遗产价值能够得到安全保障的方法"，"保护可能涉及规模越来越大的干预手段：不干预、维护、稳定化、修理、修复、重建或者**适应**。在适合的情况下，保护过程可能被运用在建筑或者场地的一部分或者一个组件上。"[4]建筑保护同时还涉及保护建筑材料的应用科学。修复："让某样事物回归至其早前、原始、正常或者未受损失的状态中；对一座古老建筑的**改建**

或者复制……从而能够以其原始状态或者某个特定时间的外观形式进行展示。”[5]修复要求具备最大程度的研究和真实性，因为这个过程中可能会包括遗失元素的恢复或者复制或者清除后加的增添物。任何修复项目的目标都是为了通过展示其稍早时期的外观来重新创造历史古迹的美感和历史完整性。远多于其他任何形式的干预手段，一次成功的修复要求最为细致的研究和文件记录，因为这个过程经常涉及清除现有**组构**或者重新创造遗失的元素。只有当有足够的证据表明建筑组构的早期形态时，修复才是恰当的手段。[6]相关实例包括伦敦附近的温莎市政厅、巴黎附近的凡尔赛宫、河内的胡志明旧居、北京故宫中的部分乾隆花园，以及弗吉尼亚州的维农山庄。

改造：对历史建筑资源进行修整，以使其符合现代功能标准，这其中可能会涉及对新用途的适应。[7]在改造过程中，遗产中能够展示历史、建筑和文化价值的重要组分会被保留或者修复。改造同时也被定义为为避免建筑、场地或者建筑群在未来中发生变化或者衰败而采取的行动——包括清洁、固化、增加现代组件等。相关实例包括巴黎的吉美亚洲艺术博物馆、华盛顿特区的退休金大楼、新加坡的莱佛士酒店，以及俄罗斯圣彼得堡的高斯基•德沃购物中心。

适应性使用：对一个建筑、场地或者建筑群进行修整，以使其融入一个改变了的环境中。[8]适应性使用需要具备现代功能，也就是满足社会的需要，并能为都市环境做出正面贡献。这个手段应当被限制在仅仅对场所的**文化显著性**有最小程度影响，这才是最基本也是唯一可接受的。[9]相关实例包括纽约市的南街海港和埃利斯岛、伦敦的科文特花园、巴黎的奥赛美术馆、罗马的阿尔腾普斯宫、上海法租界的早期适应住宅的商业建筑，以及西班牙和葡萄牙许许多多的国营旅馆、小客栈以及波萨达斯旅馆（位于历史古堡、修道院和古城镇中的旅馆）。

上述定义的三个术语同时具备区别性和相似性。在很偶然的时候，它们可以互相交换着使用。例如，适应性使用通常包含了改造的含义。但是，了解有时候这个领域中的术语含义之间存在着细微的差别是非常重要的，尤其是在国际范围内研究和从事建筑保护实践的时候。本书的术语表（见第375页）包含了建筑保护领域中命名法的扩展定义。

由于其作为独立学科的起源是从18世纪后期开始的，因此建筑的修复、改造和保护工作依赖于不断增加的术语，而这些术语又来自这个领域的若干语言中。本书中使用英文术语建筑保护（architectural conservation）一词来泛指保护由人类创造或受其影响的历史建筑和场地的整个行业。这个术语开始逐渐在欧洲西部以及全世界其他地方中开始使用，不论是正式还是非正式的。

这个词在美国的对应词是建筑保留（architectural preservation），但实际上这是一个过时的术语，并且不能像“建筑保护”那样从字面上反映问题。因此，**历史古迹保留和建筑保护**这两个术语在美国也开始逐渐交换使用，因为外行人和专业人士在美国和世界文化遗产的保护措施的重要性方面拥有更加复杂的观点。[10]建筑保护者同时在美国和英国被用于描述从事建筑保护科学的人士。建筑保护者需要研究建筑材料的剥蚀和破坏情况，以及它们的科学补救措施。建筑保护主义者和建筑保护专家这两个术语在绝大多数国家中被认可，并且其使用程度远胜于建筑保留主义者。

建筑保护的起源和着眼点

感激建筑保护努力的果实是非常容易的，因为被保护的历史建筑和场所可以被世界的各地人民广泛的关注并且享受其中。人类始终会因为他们环境中有价值的财产或者方面的失去而感到困扰。这种“以保留为中心”的行动的起源——即使相对原始并且仅仅处于个人行动的层面——从理论上来说可以追溯到第一个人尝试去控制他居住环境中出现的不情愿的改变的时候。虽然没有人能够准确知道，但可以较为安全地假设这种“进行保护的本能”可以追溯到早期人类开始创造能够持续使用的物体和建筑的不久之后。研究者将持久的石器工具的最早创造追溯到公元前300万年；艺术和精神信仰的可持续表达的最晚证据至少可以追溯到公元前5万年，建筑和居所的建造和维护工作的最早证据可以追溯到公元前8000年。在这些日期中的某个时候——也就是从远古以来——人类开始对保护他们的实用性和象征性创造物感兴趣了。

建筑保护的历史可以被划分为现代之前阶段和现代阶段，大致的划分界限是于18世纪中期在英格兰开始的工业革命。我们目前对历史及其有形遗物的广泛兴趣在很大程度上要归因于人类对于遥远过去的认识，在西方传统中这种认识首先是在文艺复兴时期中首次得到认可。在中国，对遥远过去中的艺术创作物记录和保护的有形证据可以追溯到北宋时期（公元960—1127年），对古代青铜器的保存和收集在那个时期中开始形成。[11]对于传统的深深敬意使得中国的保护意识一直延伸进入20世纪之中，而在那个时候，中国及其周边邻国也在保护过去方面建立起了更加广阔的兴趣——一种包括建筑保护在内的兴趣。从15世纪开始，受过教育的欧洲人展示出了一种将人类历史视为人道主义时代一个元素的发展的理解，随后又在与艺术和科学领域的重要变化相呼应的情况下提出了理性时代的概念。这种对知识及其从文艺复兴时代开始流行传播的无拘无束的追求，意味着在过去的每一年中，人类对于其过去的了解都远胜过往（见第三部分）。

在过去的250年中，建筑遗产保护的现代领域已经随着历史学、博物馆学、考古学和生物学的发展而一并提高。这种提供是以欧洲上流社会关心的问题的形式开始的，这种关心侧重于拯救古代遗迹、重要的宗教建筑以及国家象征开始的，同时带有从鉴赏一个物体的精神重要性和实用价值到民族自豪感或者国家自豪感以及怀旧之情等不同的动机。适时地，纪念性较差、知名度较低以及历史和艺术重要性较低的建筑遗产实力也会被认为重要的。

从18世纪晚期开始，建筑修复逐渐蕴含了“为修复而修复”的含义。越来越多的以遗产为中心的个人旨在将历史建筑和场所按照他们认为的之前存在的形式进行修复。有许多国家都可以夸口说它们在几百年前就已经有了历史建筑修复和保护的实例。在美国这个全世界较年轻的一个国家中，历史建筑保护的最早已知案例可以追溯到1749年，瑞典旅行家费拉德尔菲对作为殖民时代遗迹的一个老旧木房的刻意保留进行了报道。[12]美国进行的第一个实质性并且具有影响力的建筑

◀图2-3　尽管美国相对年轻，但坚定不移的保护其建筑遗产的努力可以追溯到19世纪50年代早期，女性活动家组织起来修复并保护了弗农山庄，这是美国第一任总统乔治·华盛顿的家（图片由弗农山庄妇女协会提供）。

▶图2-4　创始人安·帕梅拉·坎宁安以及弗农山庄妇女协会的早期成员，1873年（图片由弗农山庄妇女协会提供）。

保护工作发生在一个世纪之后，弗农山庄妇女协会成功地拯救了美国第一任总统乔治•华盛顿的住宅。随着时间的推移，美国历史建筑和场所的修复、保留和展示也延伸到其他具有全国性和地方性重要意义的场所之中，并进一步发展到同时包括了历史聚居区和整个城镇。在绝大多数其他国家中也出现了进行更大规模和深度干预措施的类似演变过程；最大数量和范围的实例都可以在欧洲找到。

在20世纪的最后一个25年中，保护弱势建筑遗产也已经成为一个关注的问题。建筑保护主义者现在通过原始、本土以及传统的工艺、民俗以及农村和乡村生活的其他证据来评估农奴、奴隶、农民和工人的足迹——以及他们的文化表达。[13]现代文化遗产保护领域不仅涉及那些不属于精湛之作的建筑，同时也具有了一个持续增长的欢迎基础。但多少有些讽刺意味的是，那些引领在遗产保护中开发这些非传统领域的国家都是非常年轻的——尤其是澳大利亚和美国。[14]

建筑保护现在是一个高度整合的全球普遍关注的问题，它吸引了全球人口中的很大部分人的关注。这已经变成了一个带有许多兴趣中心的充满活力的独立领域，包括保护科学、博物馆学、教育、城市规划、旅游，甚至还包括了国际经济政策。这个现代社会现象的最佳阴晴表就是有越来越多的公共和机构为致力于历史建筑和场所保护而提供支持。[15]文化遗产的通俗文化魅力可以通过对现代旅游业的观察而很容易地确认，尤其是那些被称为遗产旅游的领域。现在全球许多地方都可以为专家提供先进的培训机会，例如土耳其的安卡拉（那里的中东技术大学在1964年成为了首个授予历史保护学位的大学）以及纽约市的哥伦比亚大学，后者在同一年中开始提供了历史保护的研究生课程。早在1958年的时候，建筑师和材料保护者就可以研习研究生培训课程，这个课程可以让学员参与一定程度的UNESCO支持的、由位于罗马的国际文化遗产保护和修复研究中心主导的建筑保护项目。今天在全球范围内，在建筑保护领域中已经有了许多能够授予相关学位的大学以及研究生教育机会（同见第15章）。

▶图2-5　在联合国教科文组织（UNESCO）的支援下，国际文化遗产保护和修复研究中心（ICCROM）于1958年在罗马设立了针对建筑保护领域的特殊专业培训课程。图中，一个建筑保护学习班的成员正在学习建筑摄影测量法的基本原理。

文化遗产保护和自然遗产保护的连接

保护文化遗产的全球性和地区性运动是与保护世界**自然遗产**的独立运动相平行的。环境保护也发展成一个正式建立起来了的专业学科，并在过去的一个世纪中获得了广泛的支持和参与。

世界生态遗产受到了与影响文化遗产相同的人类和自然力量的威胁，包括发展、污染、旅游和自然灾害。诸如文化遗产保护者这类保护生物学家保护场所的动机是在于它们的有形和无形价值，包括它们的环境效益、独特性或者代表性、美感质素、娱乐潜能、它们存在的认知感以及出于保存生物多样性和濒危物种的目的。[16]

虽然面对着同样的挑战并共享着为了下一代而维护场地的目标，但自然遗产保护和文化遗产保护领域很少能在欧洲和北美地区实现有效的合作。事实上，这两个领域为了资金和其他资源发生竞争，尤其是在那些同时具有自然和文化重要性的场所中。虽然历史建筑的生态环境通常都会被忽略和遭到掠夺，但人为构建的野生动物保护区和公园却通常被视为应当被清除的负面干预手段，为这些环境设定价值的人类文化通常都是被忽略的。[17]

自然和文化遗产保护中的传统差别在很大程度上来源于其从业者和捐助者的机构划分及其各自对应的政府机构；同时也存在着相互交流的缺乏，这是由于不同的学科关注重点、术语以及方法造成的。[18]

从全球角度来说，自然和文化场所都是受到1972年成立的“有关世界文化和自然遗产的世界人类遗产公约组织”所保护的，那些具有普遍重要性的场所都被包括在同一个世界遗产清单之中。这个共同的国际机构是由UNESCO进行建设和维护的，同时国际自然保护联盟（IUCN）和ICOMOS是其首席顾问，这个机构为建筑保护者和保护生物学家之间的合作以及博物馆馆长、档案学家以及涉及不同形式的遗产保护的其他专业人士的参与提供了一个框架。被认为混合了文化和自然遗产的场所——尤其是文化景观，可以为自然和建筑保护者提供机会使其联合行动，以实现他们的共同目标并相互学习对方的经验。现在对可追溯性的工作正在进行中，这其中就包括在一系列最开始仅仅因为其他更为主要的价值而被包括在内的世界文化遗产场地中的更多的场地元素，以及更宽阔的文化遗产问题。[19]

但是，只有国际组织、政府机构、当地机构以及专业人士全部扩大他们的议程表，以将其他人的问题纳入进来并组织试点项目和共享论坛来拓宽各个学科之间的沟通渠道——就像澳大利亚在艾尔斯巨石项目上那样的完成效率，遗产保护的整合和合作才是有可能实现的。

现代技术——尤其是电视、因特网以及大量的航空旅行网——滋养了对文化遗产保护兴趣扩散的发展。处于不同地理位置的专家和机构在操作目标、标准和方法的利用上惊人地一致，这其中的部分原因是快速和高效的信息传递。每一个专家——不考虑其所处位置——都可以从数量快速增长并且极易在这个领域中进行传播的创新型新方法和最佳实践技术中获益。国际会议和活动、出版物以及得到改善的运输和通信系统可以让信息以史无前例的速度传递给大量的国际听众。

从发现历史的这个过程开始，就已经可以实现不仅让历史领先我们，同时还让历史围绕并塑造我们。在全球各地中，各种不同的社会传统都成功地融入进现代生活之中，并帮助塑造国家认同感。同样地，这个领域也开始变得更加宽泛；早期年代中勉强起草的章程——例如《雅典宪章（1931年）》和《威尼斯宪章（1964年）》——已经按照新内容分别进行了扩充，这扩大了专业实践的框架，将在遗产价值、场所以及遗产清单方面的非西方概念也包括进来。相关实例包括《巴拉宪章》和《中国准则》(参见第9章)。

这个领域中扩大了的规模和复杂性已经遭遇到了建筑保护主义者面临的挑战——认识提高。理想的首选目标——虽然公认这不是最具实用性的——是尝试去拯救任何即使历史和艺术价值最低的手工艺品。这种模式假定每个遗留下来的物体、建筑或者场地的物理完整性和功能性都是有益的，并且值得被维护直至有其他否定性的证据出现。这种理想世界肯定永远不存在的。变化是不可避免的；尤其是艺术和建筑创作中使用的所有材料都处于分解的过程之中，不论分解发生的速度有多么缓慢。因此，折中考虑以及频繁发生而又通常困难的优先化需要都是需要的。

建筑保护领域的范围是非常广泛的，并且还在持续扩大，其涉及了从个人的手工艺品和建筑，到大规模城市环境和文化景观在内的每一件事。随着时间的流逝，每一样事务都在缓慢但又不可阻挡地以一种遗产保护主义者称之为移动冰川的方式逐渐变成历史。[20]在20世纪中，许多重要的事件帮助使得历史建筑和场地的保护成为了全世界数百万人参与的问题。两次世界大战之后的国家重建为建筑保护的支持立法的发展奠定了基础。全面覆盖分别在法国（1962年的

▼图2-6　位于澳大利亚中北部的艾尔斯巨石或者乌卢鲁，这是一个对当地土著居民非常神圣的地点，它同时也是名列UNESCO世界文化遗产清单的文化和自然遗产混合型地点的极佳实例。

"马尔罗法案")、英格兰(1953年的"历史建筑和古迹法案")、日本(1966年的"古都保护法",于1976年进行了修改)以及美国(1966年的"国家历史保护法案")中得以实现。今天,这些法案与许多由诸如UNESCO和国际古迹遗址理事会(ICOMOS)这类国际组织发布的国际遗产保护章程、规划和项目一起创造出了一个专业,这个专业不再只是主要与建筑专业捆绑在一起的附属,而是凭借其自身的力量已经成为一个高度自治并且至关重要的专业。

注 释

1. International Institute of Conservation-Canadian Group (IIC-GC) Code of Ethics and Guidance for Conservation Practice, 1989.
2. Bernard M. Feilden, *Conservation of Historic Buildings* (London: Butterworth Scientific, 1982), 3.
3. E. R. Chamberlin, *Preserving the Past* (London: J. M. Dent, 1979), ix, which in turn echoes the definition of restoration offered by a founder of the field, Eugène-Emmanuel Viollet-le-Duc, in *Dictionnaire raisonné de l'architecture française du XIe au XVIe siècle* (Paris: A. Morel, 1854–68).
4. ICOMOS New Zealand Charter sections 22 and 13, respectively.
5. *Random House Unabridged Dictionary*.
6. Australia International Council on Monuments and Sites (Australia ICOMOS), Burra Charter, article 19, adopted November 1999, http://www.icomos.org/australia/burra.html.
7. D. Bell, *The Historic Scotland Guide to International Conservation Charters* (Edinburgh: Historic Scotland, 1997), ICOMOS Canada, Appleton Charter, section B, 25.
8. *Random House Unabridged Dictionary*.
9. Australia ICOMOS, Burra Charter, articles 1.9, 21.1; New Zealand Charter, articles 22, 23, in Bell, *Historic Scotland Guide*.
10. In the United States, heritage conservation is called historic preservation, and conservationists are known as preservationists. The terms *architectural* and *historic preservation* will likely endure in the United States. The term *preservation* was employed in the formation of the country's laws on the subject and is also immortalized within the name of the US National Trust for Historic Preservation, the nation's largest membership organization concerned with preserving and presenting historic buildings.
11. Referred to as the Bogutulu collection of ancient bronzes, the emperor Sun He, who reigned during the Northern Song dynasty (960–1121 CE), especially prized bronzes from the Shang and Zhou dynasties (collectively ca.1600–256 BCE). Its possible predecessor in the West was the Mouseion ("museum") established in the third century BCE in Alexandria, Egypt. The ruling Ptolemaic dynasty built a special storage facility exclusively to house cultural treasures. There is no evidence, however, that inventories and typological analyses were made of the Mouseion's collection.
12. Charles E. Peterson, "Historic Preservation U.S.A: Some Significant Dates," *The Magazine Antiques*, February 1966, 226–32.
13. Fitch, *Historic Preservation*, 40.
14. Colonization of both Australia and the United States displaced indigenous peoples, legacies that both these countries also tried to preserve early on. In the United States, the first national

legislation for historic preservation was the Antiquities Act of 1908, which afforded protection to Native American heritage sites.

15. Chamberlin, *Preserving the Past*, ix.
16. Graeme Aplin, Heritage: Identification, Conservation, and Management (South Melbourne, Australia: Oxford University Press; 2002), 85–87.
17. Ibid., 6.
18. Howard Gilman Foundation and the World Monuments Fund, (New York: Howard Gilman Foundation and the World Monuments Fund, 1998), 12–15.
19. S. I. Dailoo and F. Pannekoek, "Nature and Culture: A New World Heritage Context," International Journal of Cultural Property 15 (2008): 25–47.
20. Michael Hunter, ed., Preserving the Past: The Rise of Heritage in Modern Britain (Stroud, Gloucestershire, UK: Alan Sutton, 1996).

AND ERECTED IN THE YEAR

第 3 章

我们要保护什么?

虽然有关什么建筑遗产应该被保护的决定有时候是充满争议的，但绝大多数人们都同意那些代表了其式样中最出色的以及拥有了最顶尖的历史和艺术重要性的遗产应当被保护。由于这些场地的名声和知名度——秘鲁的马丘比丘、伦敦的西斯敏斯特教堂、费城的独立厅、吉萨的金字塔以及阿格拉的泰姬陵——它们都被认为最值得进行保护的场地，即使不是全部。当然，首先这些场地都是一直延续至今的。事实上，历史遗迹的真实性（例如其原始组分的完整性）程度被部分人认为其最必不可少的特性，而这种真实性以及其他因素都是世界文化遗产清单要慎重考虑的。这是一个重要的争论话题——究竟哪种生动的交流已经持续进行了一段时间。

非西方社会中的古迹保护反映了其文化态度的深远影响。在《过去的未来》一书中，美国记者亚历山大•史蒂勒讨论了持续进行的以复制或者重建方式来保护古迹的中国和日本传统。这种做法的一个著名例子就是日本的伊势神宫，这个7世纪的木制神道教庙宇已经不再用于仪式目的，并且每隔20年就要翻修一次。尽管完全替换了这个庙宇的原始构造，但它还是被认为具有1300年的历史。日本永远会在周期性的时间中进行更新的文化信仰为对伊势时代的遗迹和价值的永久性认知提供了框架。然而，主要以西方观点进行运作的联合国科教文组织（UNESCO）可能会认为伊势神宫是不具备入选世界文化遗址清单的资格，因为现在神宫结构的构造既不是古代的，也不是**真实的**。

世界文化遗产清单的候选场地始终都是非常充裕的。虽然绝大多数历史场所的全球重要性不如上述提及的那些场地，但它们的保护也是同样的重要。几乎世界上的每个国家都有一个具有国家性或者局部性重要性的历史和建筑场地清单。因为老化是非常无情的——因此在过去的每一年中对新的场地进行保护也会变得值得。场地可能会在出乎意料的情况下实现重要性激增，这是由于外部的历史事件造成的，例如在乌克兰切尔诺比利发生的辐射事故或者在纽约伍德斯托克举行的音乐节。越来越多的情况是诸如日本广岛、波兰奥斯维辛这类带有负面含义的地点（或者物体）也在开始得到保护主义者以及造访博物馆的公众的注意。现在，UNESCO的动态世界文化遗产清单包括了那些仅仅因为它们的历史重要性而入选的场地，对这些场地的美感考虑就非常少。总的来说，这是一个容易想到的暗示，那就是全球各地的无可争议的历史和建筑地标是无处不在的。

判定什么应该被保护、什么不应该被保护是建筑保护领域中一个最为关键的问题。同时，这也是最为困难的一个问题。定义重要性和价值的标准通常较难使用，这是由于不断变化的全球背景和民众对待历史的不断演变的态度所造成的。历史哲学的微妙变化和对历史以及物体与场地含义的新认识使得遗产保护实践始终处于动态之中。看起来有指数级数量的物体、建筑和场地在过去的每个十年中被创造出来。再加上被忽略以及受到威胁的建筑遗产的巨大数量，这使得文化遗产管理者发现他们自己不可避免地正处于一个进行分类的位置上，也就是决定什么可以接受处理、什么时候可以接受处理以及哪种处理方式是最佳的。这是存在于这个领域中的一种真正迫切感。

决定应该去保护什么，也就是我们重视什么的问题。价值的概念反映了一个不断变化的当代社会。虽然今天在遗产保护中采用的专业做法都是带有从一代人传承至下一代人的一种特定目的的延续性，但这是与另一种真理的背景相反的：每一代人都其自己的方式。

跟以往一样，过去的继承者将会面临许多艰难的选择。满足所有相关方的愿望是否总是可能的？不知什么原因，我们必须如此，因为从过去留存下来的建筑迟早会吸引我们的注意——不论他们支持与否。这或许可以解释曾经得出的观察结论，即“历史保护并不仅仅只是凝视过去——要遵照过去的方式行事”。[1]

重要性和价值的判定

在建筑保护领域，历史文物或者场地的重要性就等于历史性、文化性、艺术性价值，而不是它们的货币价值或者更换成本。历史和文化重要性同时包含了过去的有形和无形领域，包括建筑环境以及在时间长河中赋予其形状和含义的无数力量。[2]

价值评估对于遗产保护主义者来说始终都是存在问题的。尽管有了扩大的当代知识基础——从某种程度上来说，这促进了在新的情况下进行主观判断——这种情况依然未能得到改善。例如，尽管欧洲在文化遗产保护方面有着悠久的历史，但在某些场所中的建筑保护的过程和重要性依然是模棱两可的。例如在许多欧洲的历史古镇中，仍然能在两个问题之间感觉到紧张：可以明显保护并提高从其祖先处获取的财产的优秀社会家务管理，以及“改善”所继承物品的权利。虽然一个社区可能会对由当地遗产保护法律及其对应的行政机构实现的受控变化的相对停滞感到满意，但其他人可能会对包括遗产保护在内的任何人为干预感到恐惧，并且可能会因为自然模式和对自然活力和生长的抑制而感到不安。此外，始终还会有部分人会对维持现状提出激烈的反对。这些涉及过去保留元素的价值和有用性的观点会造成一个不断前行而又没有明确解决方案的困境。

虽然建筑保护的专业领域首先是在西方国家有了主要发展，但欧洲-美洲文化价值感只是众多可选观点中的一个。每一个建筑保护专家都持有一个有关文化重要性的独立观点，而这个观点恰好能够反映他或她自己个人信仰系统。尽管如此，这些观点通常都被成批地引入到教学思想中，这是由于建筑保护挑战带来的选择

图3-1 一个石刻的佛教人物被泰国大城府一个寺庙中的圣树所侵蚀，这就是在一个具备额外特殊联系、价值和重要性的国家级遗产古迹中的聚生现象。

范围造成的。这些学派可以——通常确实是——处于截然不同的相反位置。1931年颁布的《雅典宪章》是针对建筑遗产保护的首份国际协议，它侧重于与欧洲纪念性建筑遗产联系在一起的西方文化遗产价值观。从那个时候开始，整个领域就被各种诠释目的和程序的章程和宣言给丰富起来了，这些章程和宣言制定了更加熟练的方法，而这些方法是同时能够接受多文化选择和非西方价值感的。

为了使遗产管理标准和指南能够保持其有用性，它们就必须能被理解被保护资源的重要性的观众所认可。随着这个领域变得更加复杂，也出现了一个无法预料的、同时可能也是非常严重的趋势：创造具有强大力量的“建筑精华”，这种建筑能够让以社会为基础的遗产支持者背离他们自己的历史。用加拿大遗产保护在最近几十年中，文化遗产的重要性以及与其联系在一起的价值已经成为越来越多的人感兴趣并进行探究的话题。纪念性和历史性场所的定义早已被扩大，因为拥有这些含义和理由的场所都是应当被欣赏和保护的。因此，遗产保护领域已经向着“以价值为导向的规划”的方向发展，这将文化重要性评价与涉及其中的各个感兴趣的团体整合在一起。

引领最近在遗产保护价值方面的重要关注的两个机构是澳大利亚的国际古迹遗址理事会（ICOMOS）和位于洛杉矶的盖提文物保护中心（GCI）。通过其公共倡导组织和赞助的出版物，澳大利亚ICOMOS鼓励就价值在遗产保护中的角色和重要性进行对话。澳大利亚的《巴拉宪章》——从其在1979年进行的最初讨论到其最近才完成修订并被采用的1999年版本——鼓励将保护理论和实践中有形价值较低的部分一并纳入其中，以及鼓励土著居民参与到对他们遗产的保护之中。这些工作在很多国家中都开始被研究和效仿。

GCI也使得遗产价值成为其研究规划和出版物的首选目标，包括就这个主题在1998年召开了一次多学科的研讨会。这个由保护专家参加的会议的成果包括一份名为《价值和遗产保护》的报告，这份报告对如何确定遗产价值以及价值在保护决定决策过程中的地位进行了探索。文化人类学家和社会学家也加入到GCI研究者的行列中，他们可以提供有关文化敏感性整合、冲突价值管理以及遗产古迹优先权方面的建议和指导。

这些先驱性项目和文件对当代保护实践起到了显著的帮助，因为它们明确并强调了这个领域的价值中心，以及使建筑保护变成了更具包含性的过程。专家和历史遗产所有者很可能接到如下的提醒，即这些历史古迹都是因其重要性而受到保护的，并且那些被认可的价值应当接受任何保护管理规划的指导。

专家弗里茨•潘涅库克的话来说就是“专家的神职现在正式地被放在人们和他们的过去之间。专家不再提供建议或者劝告——他们只做决定”。[3]

美国历史学家罗杰•肯尼迪引述了潘涅库克的观察结果。肯尼迪认为处理价值和重要性方面不断变化的概念的唯一方法就是承认连续性和社会性——历史范畴以及社会延伸——在人类实际活动中的关键角色。[4]所有作家在他们的假设中都是正确的，正如肯尼迪做的那样，“重要性的沟通可以在人们涉及其中并能够进行辨识的意味深长的当地历史中得到最好的完成”[5]（参见第5章）。

在任何情况下，主导的专家——可能是历史学家、建筑师、工程师、博物馆专家、考古学家、人类学家或者教育家——可能都会倾向于根据他或她各自的专业观点来决定重要性。历史和文化重要性可以根据对建筑、场所或者物体自身作为在所有事物都可能是重要的这一前提下的一个特定历史整体的研究而得出。[6]因为任何事物都有太多的有效方式可以进行判断，所以在做出决定之前必须尽可能多地考虑不同的观点：思考、重新认知以及重新评估都是非常重要的。

通过强调这个客观观点，英国保护顾问大卫•贝克认为每个物体、建筑和景观都要求采取与众不同的调查和护理技巧。它们同样属于过去人类活动的同一个连续体，对特定的场所感都有贡献，可以被登记在同一个记录系统之中，并且在保护和破坏之间都有着巨大的选择余地。[7]

曾经有人说过建筑保护既是一次自我参照又是一项反射性活动。[8]这个观点得到了遗产保护运动中文化方面的美国历史学家和年代史编者大卫•洛文塔尔的回应。在他的著作《过去是一个异国他乡》一书中，他对如果我们只是存在现在中又如何能够理解过去提出了质疑。大多数情况都是基于我们的想象，而这又不可避免地会受到研究过去的过程的影响并发生改变。“在学习历史的尝试中，我们不可避免地要让它成为我们现代自我的一部分。在这样做的时候，我们同时又让对于我们现代自我的认识变成过去的一部分。简单来说——过去、现在以和未来是自我参考的。”[9]

哲学家弗里德里希•尼采向对历史及其在当地社会中的作用的追求表示了敬意，他这样写道：“区别真正原始思想的东西并不是首先要去看见新的事物，而是要去看那些老旧、众所重视的事物……一定如此。”[10]这或许有助于解释现代社会中逐渐增加的遗产保护趋势。很明显，建筑遗产保护正在进入正确的方向中，它在至关重要、积极主动、包容一切方面的评价也是如此，但最重要的还是相关性。但是，为了维持并进一步巩固这个地位，需要具备更新的努力以及新鲜的思维。不幸的是，建筑遗产保护不应该被视为一个单独的周边活动，而应当成为像日常物品回收——我们中的绝大多数每天都会做的一些事——一样的惯例做法。

价值或者重要性的类型

当地、国家和国际遗产保护组织选择去保护那些不具备任何当代实用功能的毁坏建筑，例如位于土耳其帕加马和以佛所的图书馆遗迹、雅典卫城的开放的废墟、罗马的古罗马广场、古埃及法老王时代的废墟、存在几个世纪的印度简塔•曼塔露天天文台以及中国的长城等。很明显，这些场所的美感和历史意义对他们当地的保护者来说，超过了应当用一些更具功能性的事物来替代它们的任何逻辑结论。由此可见，有各种各样的方式来衡量建筑遗产的价值。

图3–2 位于印度斋普尔的18世纪简塔·曼塔天文台，这是这个类型建筑中在印度保存得最完整的一个，它也被视为一个历史科研用地。

里格尔与遗迹的含义[11]

在他于1903年发表的论文“古迹的现代膜拜：它的特点和它的起源”一文中，奥地利艺术历史学家和审美学家阿洛伊斯·里格尔（1858-1905年）尝试去定义建筑遗产并将其分类，同时对其不断变化的重要性以及在当代文化中的角色的问题进行探索。他在这篇论文中提出的术语和差别对由他那些德语国家之外的同时代人进行的讨论的影响非常小。但是，随着这篇论文被翻译成英文并于1982年再次发表，里格尔对后来20世纪对世界范围内古迹和建筑遗产的理解产生了重大影响。

里格尔定义了三种不同类型的古迹，他认为“在总结古迹含义的过程中形成三个连贯阶段”。[12]这三个分类都是越来越多的具有包容性和开放式的。

1. 第一个类型是有意识的古迹，它可以“唤起过去中一个特殊时刻或者时刻的复合物”，并且它的“纪念价值是由其制造者决定的”。[13]里格尔认为这种有意的古迹可以追溯到人类文化的开始阶段；他给出的实例包括位于哈利卡那索斯（现为土耳其的博德鲁姆市）的摩索拉斯陵墓以及罗马的图拉真纪念柱，它们能够让人回想起帝王。

2. 第二个类型是历史古迹，这个类型“被扩大以将那些仍然涉及某个特定时刻的建筑包括在内，但这些时刻的选择则是取决于我们的主观偏好”。[14]这些场所并没有像纪念碑一样进行建造，却在历史的过程中成为了古迹（因此，里格尔将它们称之为无意识的古迹）。对里格尔来说，历史这个术语代表了“存在过去但不再存在于现在的每一件事物”。[15]他给出的实例实际上包括了古罗马和古希腊时代中每一个幸存的建筑残垣，例如柱顶、门楣以及铭文。[16]

3. 最后，同样是无意识的年代价值古迹是里格尔给出的最广泛分类，包括“每一个不考虑其原始重要性和目的性的手工艺品，只要它能够显示相当长的时间周期的痕迹”。[17]在20世纪之初的时候，里格尔推测对年代价值的认知将会很容易地早于19世纪的日期。对建筑保护历史的后续研究已经证明他是正确的；这种形式的古迹有太多的例子，早在古典时代通过维特鲁威斯、鲍桑尼亚和斯特拉博的著作进入我们生活中之前就已经有了。

里格尔对古迹的三个分类是与他定义的三个纪念价值相对应的，这三种价值包括有意识的价值、历史价值和年代价值。此外，里格尔认可并定义了古迹的非纪念性的现代价值，包括使用价值、新奇价值以及相对艺术价值。使用价值包括将历史建筑维持在可使用程度的实用性需求，新奇价值包括了对于最新事物的现代偏好，相对艺术价值则是指因为过去历史中的特定方面和时期比现代造成的吸引力更大而引起的不断变化的品味。

虽然现代术语与里格尔的定义已经发生了少许变化，但他的整体前提仍然保持了其有效性。里格尔认为这些价值中的每一种都参与到我们对古迹解读的竞争中，并且它们的相对重要性将会决定我们对于任何给定场所的态度，以及我们是否需要去保护它的决定。

建筑遗产最常进行分类的价值类型包括普遍性、联想性、好奇心、艺术性、范例性、无形价值以及使用价值。另外，在做出涉及遗产保护的最终决定之前，价值或者重要性的不同类型之间通常会进行相互排序和对比。随着建筑遗产保护领域的发展，它已经更加接近一个涉及考古学、文化人类学以及文化地理学的综合领域，而文化遗产保护决定也开始更加密切地反映出这些领域中价值类型的复杂矩阵，这包括从最广泛和最容易被辨识的价值到更加专业和隐秘的价值。

图3-3 罗马的图拉真纪念柱被称为一个刻意的古迹，因为其建造者的目的在于纪念他自己。

普遍性价值

就古代遗迹而言，当创建世界七大奇迹名单的时候，相关概念是历史古迹在全世界范围内都是有价值的，并且也是构成世界文化遗产的一部分。[18]普遍性价值，今天这个更加宏伟的术语是从20世纪60年代开始的定义19世纪哲学中的“神圣”的式样（原型）并将它们运用在国际遗产保护实践的发展中的尝试的产物。[19]

在其于1972年UNESCO的保护世界文化和自然遗产公约（或者更简单地称为世界文化遗产公约）中开始使用时，需要对普遍性价值的概念进行澄清。[20]虽然这项公约并没有对普遍性价值进行特殊定义，但它明确地为世界文化遗产清单的包含物确定了详细的标准。如果要想要入选，则一个场所必须要符合下列标准的一部分：

1. 代表着人类创造性天赋的杰作；
2. 展示了人类价值在很长一个时间跨度或者在世界文化领域之中的重要交换，即与建筑或者技术、纪念性艺术、城镇规划或者景观设计的发展相关；
3. 具备了某个可能存在或者消失的文化传统或者文明的一种独一无二的——最低限度也是特殊的——证据；
4. 成为了一个能够诠释某个（多个）人类历史重要阶段的建筑或者建筑学或者技术集合或者景观的类型的显著实例；
5. 成为了一个能够代表某种（多种）文化在传统人类居所或者土地使用方面的显著实例，尤其当它在不可逆的改变的冲击下变得非常脆弱的时候；
6. 直接——或者有形的——与事件或生活传统联系在一起：理想、信仰或者具备与众不同的普遍性重要性的艺术或文学作品。[21]

依照这些标准，作为建筑师、建筑保护历史学家以及UNESCO顾问的尤卡•尤基莱托将主要重点放在“特定文化的真实［可信的］表现”之上。[22]他在《建筑保护历史》一书中对真实性和普遍性价值之间的复杂关系进行了如下诠释：

> “现代社会……对普遍重要性已经有了新的焦点。这并不是……来源于所有产物都与一个特定的观点或式样相似的概念，而是来源于每一个产物都是一个创造性和独特性的表达的观念……这些表达能够代表相对文化背景。就一个文化遗产资源来说，拥有普遍性价值并不意味着——就其自身而言——它是‘最好的’；相反，这意味着它分享着一种‘真正的’、原始的和可信的特定创造性质量，因其是人类常见、普遍遗产的一个组成部分。”[23]

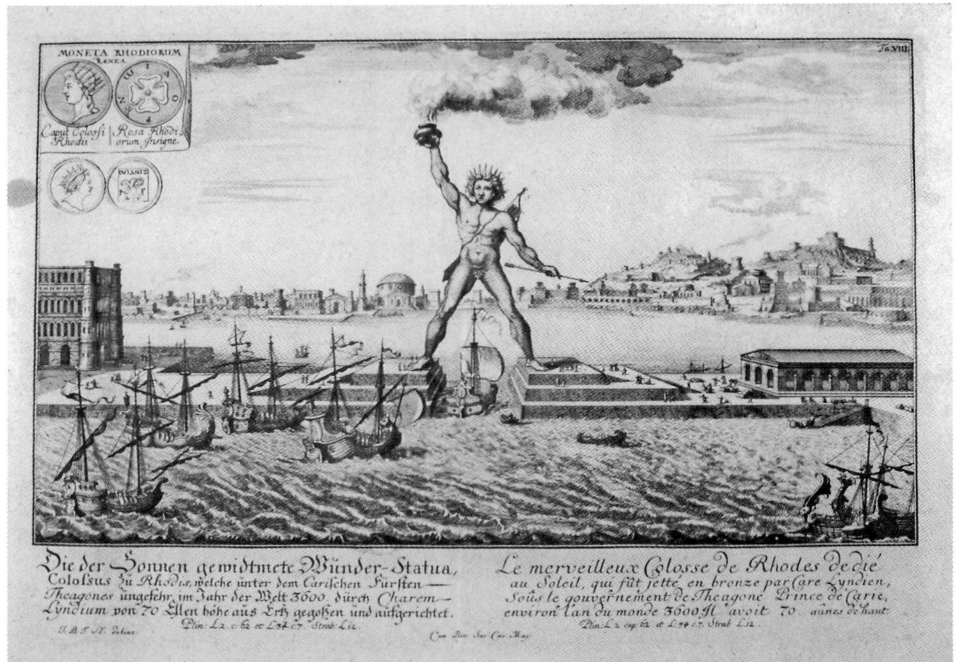

图3–4 18世纪早期，对古代世界七大奇迹中的四个（奥林匹斯山的宙斯神殿、罗德岛太阳神巨型雕像、底比斯金字塔[sic]、哈利卡尔那索斯的摩索拉斯陵墓）所做的图形猜测，这是具有普遍性价值或者重要性的历史建筑纪念物的首个清单。（约翰·伯恩哈德·费舍尔·冯·厄拉赫，entwurf einer historischen Architekur，1721年）

Tab.XIII.
Eine der Prächtigsten Ægyptischen Pyramiden, wovon
man die ruinen noch beÿ der berühmten Statt Thebæ findet.
Vne des plus magnifiques Pyramides Egyptiennes
dont on trouve les ruines auprés de la fameuse Ville de Thebe.

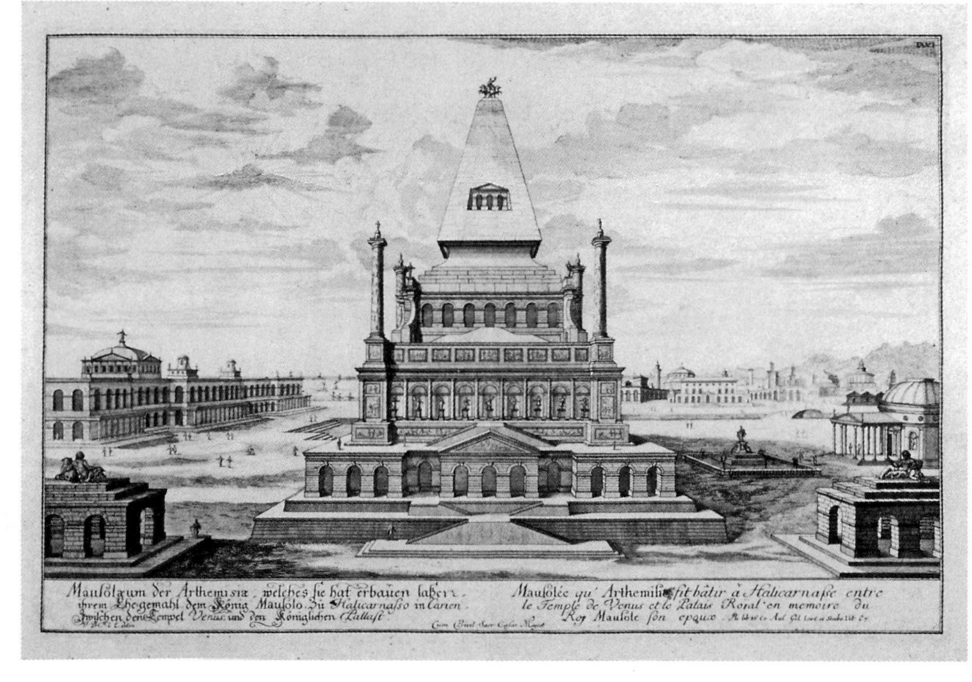
Mausolæum der Arthemisiæ, welches sie hat erbauen lassen,
ihrem Ehegemahl dem König Mausolo zu Halicarnasso in Carien,
zwischen dem Tempel Venus und den Königlichen Pallast.
Mausolée qu' Arthemise fit bâtir à Halicarnasse entre
le Temple de Venus et le Palais Royal en memoire du
Roy Mausole son epoux.

将这些重要性标准施加在古迹场所之上，并相应地确定它们的优选级别是存在问题的，因为尽管为了使这些性质具体化做了许多努力，但这个决定既是主观性的，又是相对性的——因此通常会产生争论。你只需要考虑世界文化遗产清单的提名，并选择方法去领会完成确定普遍性价值的工作具体如何困难（参见第15章）。预防性保护和场所维护中的过往经验导致在选择入选场地的时候会侧重有效的保护规划和可持续性。这个相对新的考虑增加了世界文化遗产清单选择的复杂性。同时，文化遗产古迹的更新和更广泛的类型也在被考虑之中。在2003年的时候，UNESCO宣布具备与众不同的“无形遗产价值”的场地也符合世界文化遗产清单的标准；其中的实例就包括南非西北部的理查德斯维德文化和植物景观，以及游牧民族那马部落的土地。

考虑到最近几年中加入这项公约的新成员国在不断增长，UNESCO在增加世界文化遗产清单的场所方面受到了持续增长的压力。2008年10月，这份清单总共包括了145个国家中的878个文化和自然遗产场所。达到标准的文化场所包括雅典的帕特农神庙以及中国的长城。自然场所的实例包括肯尼亚的乞力马扎罗山以及澳大利亚卡塔丘塔国家公园中的乌鲁鲁（艾尔斯巨石）。向世界文化遗产清单提交申请的场所首先必须要在其所在国内被视为具有最高的国家重要性。因此，具备自然、区域和当地重要性的场所首先是要被其所在国自身进行确认，确认指的是需要按照那些在全世界范围内都非常一致的国家性法律处理。[24]对于多少个具备普遍性价值的场所应当被收入在这个清单之中尚未有一致性的结论。

关联价值：历史性和纪念性

对一个文化遗产古迹的联想性价值的准确评价要求理解从其被创造到现在这段时间中的特定历史情况。不可避免地，与物体、建筑和场所联系在一起的历史含义是各有不同的，其中某些方面的重要性远胜于其他方面。被认为非常重要的场所的事件和细节取决于这些方面是何时、如何以及由谁进行解读的，还有在那个时期判断这些价值的标准。

历史性价值或者年代价值的概念发源于意大利的文艺复兴时代，那个时期中各种不同的社会、政治、宗教以及经济变革导致形成了对古代艺术的一种新的肯定，而这些古代艺术的形式逐渐被视为艺术真实和美感的标准。这个概念不是新的：若干世纪之前，早在12世纪的中国，宋代徽宗皇帝就已经通过收集并对收藏的青铜文物进行分类，展示了其对古代文物的欣赏。

就南宋的角色而言，它更多的是涉及了在完整的文化连续性中使传统艺术复兴的问题。正如将在第三部分中详述的内容所说，这类对长期消亡过去的兴趣是与文艺复兴对超过一千年前的古罗马遗迹的好奇心与使用类似的。文艺复兴的观点就现代观点来看并不是具有历史性的，因为它并没有认识到按年代顺序和文体

图3–5 柏林勃兰登堡门的主要联想从其在18世纪晚期被创造出来之后就发生过若干次的变化。1961—1989年，它是东柏林和西柏林之间主要检查点的大门。从其于2000年被修复后开始（如图所示），它就成为了德国统一的象征。

发展。但是，西方形成的对历史进行的客观性和整体性研究方法正是来自文艺复兴后期对古文物中遗产章节进行调查的经验。

在西方的18世纪后期和19世纪中，历史学家魂牵梦萦的目标是获得有关历史事实的全面知识。历史性价值是依赖于历史细节的，并且缓慢地将它自身转变成为"发展性价值"，后者是针对那些重要性低于发展模式的特定细节而言。在20世纪的第一个10年中，里格尔正确的推测出"如果19世纪是属于历史性价值的时代，那么20世纪看起来是属于年代价值的时代"。[25]

里格尔提出的"有意识的纪念性价值"是联想性价值的另一种形式。有意识建造的纪念物的创造者希望在未来后代的意识中保存下某个时刻，这可能使其永远变得非常重要。就其本身而论，一个有意识建造的纪念物就是希望能够实现永恒。但是，绝大多数历史纪念物的现代价值似乎永远与它们原始的纪念性价值无关。纪念物的含义以及它们想要纪念的记忆通常都会随时间而改变。

绝大多数具有建筑重要性和知名度的场所的含义都是随着时间的变迁而各有不同的。伊斯坦布尔的圣索菲亚大教堂、柏林的勃兰登堡门以及北京的天安门广场，都是因为它们在建成之后获得的各种联想而在今天备受重视的场所。随着含义的改变，这些被融入了社会历史重要性的场所，可以被神话成整个国家——如果不具有国际性的话——的象征。

里格尔定义的其他无意识纪念物要求在它们存在的过程中能够因为它们历史性联想而获得价值。这类实例包括文学性和艺术性标志建筑物，例如作家利奥•托尔斯泰在莫斯科的旧居、画家保罗•毕加索在西班牙马拉加的出生地，以及南非的罗本岛监狱，南非总统尼尔森•曼德拉曾被囚禁在此近20年。在若干城市社区中，纪念性标志都暗示了历史建筑的存在，不论它们现在仍旧存在还是早已无影无踪。位于伦敦威斯敏斯特区埃伯利街180号前方的一块蓝色牌匾上写着："沃尔夫冈•阿玛迪斯•莫扎特（1756-1791年）于1764年在这里完成了他的首篇交响曲。"在纽约城，飞行员内森•霍尔被英国人吊死的地方现在变成了一家咖啡馆。在这两个实例中，这些场地的美感价值都让位于它们的历史重要性以及它们的联想性价值。

但自相矛盾之处在于保护会使这个场所的价值变化复杂化：老化过程会给某件事物带来价值，而价值随后又会因为修复工程而降低或者被毁坏。现在主流的希望历史建筑和古迹能够保持原始状态的现代预期会加剧这个问题。里格尔对于年代价值的概念并没有预计到未来的保护者很少对因为艺术性而为一座建筑或者一个物体创造的老旧外观进行保护，而其他人则需要竭尽全力才能明白照原来的样子保存一个未修复的物体是因为它们的真实性和崇高性价值。对里格尔来说，"一个纪念物的原始状态被更加忠实地进行保存，则它的历史性价值就更高；外形损毁和腐朽衰败则会使它的价值降低"。[26]他明确地支持在能够反映它们获得历史性价值那个时期的外观的条件下对纪念物进行保护。[27]在历史性价值与对场地年代价值进行保护形成冲突的情况下，里格尔更看重年代价值，因为它是唯一一个可行的策略。[28]

好奇心价值

人们总是会对过去以及得到保护的建筑感到好奇；而古迹和古文物就可以满足这种愿望。虽然这在现代判断历史性价值的标准中很少有所提及，但所有历史建筑、古迹和古文物中都存在一定程度的好奇心价值。

因为作为过去岁月的纪念物而保持不同寻常的文物和古迹的价值是过去的做法。公元前1世纪罗马建筑师维特鲁威提到了一个早期的例子，他这样写道："在雅典的阿勒奥珀格斯山上，那里至今保存着一处带有泥质屋顶的古代遗迹。"而在他出生的罗马，维特鲁威则提到罗穆卢斯在首都的小屋则是"对过去流行的非同寻常的提示"。[29]因为它们的好奇心价值而被保护的场地可能也是神秘和精神场所，例如英格兰威尔特郡的巨石阵或者秘鲁纳斯卡镇的纳斯卡线条。

场地管理者和造访群众都非常清楚人群涌向亚洲的世界文化遗产古迹纯粹是因为好奇心使然。他们想要去看到、去学习、去触摸——如果可能的话——紫禁城代表了帝国过去的辉煌，现在已经全部开放了。谁不想亲眼看看中国皇帝非常私密的角落，或者孟加拉国、越南和柬埔寨前任帝国首都的国家圣殿呢？这就是为什么所有这些国家的文化和旅游部长将修复工作——通过改进过的保护和展示措施——放在首位的原因。

美学价值

很多时候，一个特定的建筑或者场所受到保护，仅仅是因为它非常精美并且观赏者可以从中得到非常大的乐趣。即使这些场所并不古老也不具备任何历史性联想，但绝大多数人都会认为罗马的圣•彼得大教堂或者大马士革的倭马亚大清真寺都是值得保护的。有时候，最初只是打算临时建造的建筑物因为它们的美学吸引力而被永久性地建造了。例如，在加利福尼亚州，旧金山城在1914年巴拿马太平洋博览会结束之后就没有清除美国建筑师伯纳德•R•梅贝克用木头和石膏搭建的美术宫。在20世纪60年代，这个建筑物几乎完全瓦解之后，重新使用混凝土进行了建造。

虽然根据美学质量来为老旧的艺术品和建筑物确定价值的做法已经不是什么新颖的东西，但它对遗产保护来说具有广泛的含义。在文艺复兴时代，对历史建筑或者人工制品美学特性的评估会从文物的视觉元素中引出一系列抽象概念。因此，在这个时期的西方国家中，对古典时代中的艺术品和建筑物的新式欣赏的发展，依赖于古代罗马艺术形式仅仅是客观的"真实"模式的信念之上。古代建筑遗迹中体现出来的其遗失原则的魅力可以凭借针对古罗马建筑保护的首个官方措施而得到例证：教皇保罗三世于1534年颁布的教皇诏书。

图3-6 意大利文艺复兴时期对古董的着迷在18世纪呈现出了一种新的含义，那个时候罗马是所有欧洲大陆教育旅行者的最终目的地，这些旅行者都是在寻求有关古典过去的知识、设计灵感以及可以装饰他们自己家里和博物馆的文物。图中所示即为一群学生正在罗马的卡皮托利尼博物馆中绘制古代雕塑。（版画由G·D·坎皮利亚所作，来自博塔里卡的皮托利尼博物馆，1755年）

图3-7 欧洲大陆教育旅行者在导游或者当地向导的帮助下正在对卢修斯·阿伦提乌斯的坟墓进行检查。（G·B·皮拉内西，《罗马文物II》，1757年）

到了18世纪中期的时候，西方国家中对历史艺术品和建筑物的欣赏达到了一种新的维度——一种对古雅的着迷。最开始这只是英国人的兴趣，但它很快传播到整个欧洲大陆。尽管合理性在启蒙时代中非常突出，但浪漫主义的成长精神开始在整个欧洲社会中出现了。浪漫主义者将他们的注意力转移到中世纪那些神秘而又能唤起回忆的形式上去，而这些形式又可以使他们从对主导了整个18世纪欧洲的普遍机械性和有序性本质的过多担忧中解脱出来。

浪漫主义敏感性从一个建筑或者场所的历史的理性事实转移到由正在衰败的人工制品的美感价值引起的“极端情绪”之上。[30]建筑遗迹的价值是由其引起的感情而决定的——例如精心设计的景观中那些令人愉快的装饰物。这种敏感性属于十八九世纪欧洲大陆教育旅行参与者引入到英格兰的若干影响之一，那个时候对每一个“有品位的”欧洲人来说，到意大利和希腊的旅行被认为一种非常重要且义不容辞的经历。[31]

古雅的传统概念以及对英国画家约翰•派珀称之为“令人愉快的衰败”的相关概念都属于建筑保护历史的整体部分。在1947年的《建筑评论》杂志中的同名文章中富于表现力地定义了令人愉快的衰败之后，派珀提出了一个新奇的建议（就20世纪40年代晚期而言），那就是他的同事认为保留“多余的”教堂的塔楼以及任何类似的有特色的建筑特性在任何新的开发规划中都是能够提供信仰并与总体规划形成对比的令人感兴趣的视觉点。[32]英国保护建筑师和教育家德里克•林斯特鲁姆认为派珀的观点是构建英国保护哲学和宣言的基础，“这个关于建筑和规划中视觉质量的引人注目的语言声明已经成为我们最近思考和立法的基础”。[33]

从19世纪开始，美感价值的决定已经真正成为历史建筑处理中的一个重要因素。里格尔将相对艺术价值定义为与古代社会中的当代事物之间的关系。相对艺术价值同时对19世纪早期的哥特文化复兴运动和前三个世纪中艺术和建筑方面典故性成语的兴趣重燃都有所贡献。对具备他们前辈的质量和技术的艺术家和建筑师的着迷是一种由来已久的传统，并且也肯定会一直延续到当今社会。20世纪的欧洲艺术家保罗•毕加索、亨利•莫尔以及康斯坦丁•布朗库西都承认他们从前辈中学到了许多东西。类似地，包括利昂•巴蒂斯塔•阿尔贝蒂、克劳德-尼古拉斯•勒杜、勒•柯布西耶以及路易斯•卡恩在内从文艺复兴时期开始的各个时期的建筑师都从建筑学的经典传统中获益匪浅。在东亚延续了几个世纪之久的艺术培训都要求对大师的作品进行复制，直到这个艺术家或者工匠被认为已经能够熟练地进行自我创作。这种历史作品可以作为后续作品一种范例的角色通常都是未得到正确评价的，即使那些负责对过去价值进行评定的专家也是如此。

范例性和指导性价值

具有美学重要性的文化遗产的实例被视为具有指导性价值的范例。历史建筑样本在它们能够揭示出过去的内容方面特别有帮助。包括在这个类型之中的原型建筑——代表着创新的场所——比如米开朗基罗为罗马坎皮多里奥（1546年）所构建的城市观念以及立面处理。亚伯拉罕•达尔比于1778年在英格兰希罗普郡煤溪谷竖立起的铁桥，是这个类型的建筑物首次在世界上出现，就像亚历山大•古斯塔夫•埃菲尔于1889年在巴黎建造的铁塔一样。以色列的但丘之门可以追溯到约公元前1800年，它是建筑学中使用真正拱形的已知建筑中最古老的。如果主要侧重于国家和当地级别，则建筑范例可以包括卡斯•吉尔伯特建造的熨斗大厦（1902年），这是纽约的第一座采用了钢筋结构和石质覆层的摩天大楼；埃里希•门德尔松在德国波茨坦建造的现代主义爱因斯坦塔（1921年）；以及中国山西省应县可以追溯到1056年的十层木制古塔。

因为它们的范例性特性而被赋予价值的场所不仅包括上述提及的那些场所，而且还包括一种特定建筑风格或者式样中格外出色或者罕见的存续实例——例如大马士革和开罗的奥斯曼帝国建筑以及莫斯科的20世纪早期俄罗斯前卫派建筑。原始建筑、场所以及手工制品的最后范例的保护通常必须要求具备一种重要性和紧急性的特殊感觉。

使用价值

一个能够满足某些目的而又不会长时期形成干扰的建筑或者场所可以被视为具备一种能够补充年代价值的特殊性质。使用价值属于一种应当被考虑的重要性，尤其是考虑到绝大多数建筑最终都成为功能退化的牺牲品，并且通常都会被更加高效的替换物所替代。[34]具有长期有效寿命的建筑更易实现自我保护。[35]由于它们可实行的用途，它们可能会成为它们这个类型中保存下来的最古老建筑。相关实例包括巴尔干半岛中最古老的药店，从1391年就开始经营的克罗地亚杜布罗夫尼克圣方济修道院；罗马靠近奥斯底亚港口附近一个自古以来就用于埋葬死人的区域；新墨西哥城阿科马的阿科马•普韦布洛，这个地方从12世纪开始就一直被用于居住。

图3-8 亚伯拉罕·达尔比于1778年在英格兰希罗普郡煤溪谷竖立起的铁桥，这是世界上首座纪念性单跨铁桥，因此它在建筑和工程历史中就具有一种范例性价值。

建筑的使用价值也可以指一个建筑或者场所在现代社会中的持续有效性，即使它的原始功能已经无法维持。一座位于市中心的可以被当作阁楼公寓或者种植庄园——可以进一步改建成为住宿加早餐酒店——而重新使用的工业建筑更有可能存续并得到保护。

然而，当结合其他价值一同进行审视的时候，与文化遗产联系在一起的价值还可以具备额外的含义。同样需要考虑的还有过去的有意识和无意识的稳定（参见第53页）。一个有意识稳定的实例，比如一座18世纪英国乡间住宅及其地面从第三级升级到第二级，而这又是由于英国文化遗产保护机构（英国政府设立的关于国内历史环境的咨询机构）公布了关于这座住宅的最新信息所造成的。一个对公共大众开发、其原始景观特性已经成熟并且更加令人愉快的场所，可能被认为一个无意识或者偶然发生的稳定的实例。

注 释

1. William C. Baer, "The Impact of Historical Significance on the Future," in *Preservation of What, for Whom? A Critical Look at Historical Significance*, ed. Michael A. Tomlan (Ithaca, NY: National Council for Preservation Education, 1998), 75.
2. David Aimes, "Introduction," in Tomlan, *Preservation of What, for Whom?* 6.
3. Frits Pannekoek, "The Rise of a Heritage Priesthood," in Tomlan, *Preservation of What, for Whom?* 30.

4. Roger Kennedy, "Crampons, Pitons, and Curators," in Tomlan, *Preservation of What, for Whom?* 20.
5. Ibid.
6. "Historical significance is determined from the study of the object itself as a document with the assumption that everything is potentially significant." Quoted from Richard Striner, "Determining Historic Significance: Mind over Matter?" in Tomlan, *Preservation of What, for Whom?* 10.
7. David Baker, *Living with the Past: The Historic Environment* (Bletsoe, Bedford, UK: D. Baker, 1983), 10.
8. Baer, "The Impact of Historical Significance on the Future," in Tomlan, *Preservation of What, for Whom?* 72.
9. Ibid., 75.
10. *Human, All Too Human: Parts One and Two (Menschlisches, allzumenschlisches),* trans. Helen Zimmerman and Paul V. Cohn (Amherst, NY: Prometheus Books, 2008; translated from *The Complete Works of Friedrich Nietzsche,* v. 6-7 [London: T. N. Foulis, 1909–1913]). Nietzsche's work was originally published in 1880.
11. The word *monument* comes from the Latin *monere*, "to remind." See the glossary for other definitions of *monument*, a word with several meanings.
12. Alois Riegl, "The Modern Cult of Monuments: Its Character and Its Origin," trans. Kurt W. Forster and Diane Ghirardo, *Oppositions* 25 (1982): 24.
13. Ibid., 23.
14. Ibid., 24.
15. Ibid., 21.
16. Riegl's specific examples of historical monuments included the Ingelheim Columns at Heidelberg Castle in Germany and the Campanile di San Marco in Venice.
17. Riegl, "Modern Cult of Monuments," 24.
18. The oldest known enumeration of the Seven Wonders of the Ancient World is referenced in the writings of Herodotus in the fifth century BCE. Despite their recognized importance, only one—the Great Pyramid of Giza—has survived to our time.
19. Alois Riegl was the first in the nascent profession of heritage protection to suggest in writing that some heritage monuments, sites, and works of art could be seen as having "universal" significance to humankind. The idea of universal heritage in relation to the legal consequences of warfare had been advanced earlier in 1758 by the Swiss jurist Emmerich de Vattel in his *Droit des gens,* ("The Law of Nations"). J. Jokilehto, "International Standards, Principles, Charters of Conservation" in Stephen Marks, ed., *Concerning Buildings*: Studies in Honor of Sir Bernard Feilden (Oxford and Boston: Butterworth-Heineman, 1996) 74.
20. The convention aimed to identify and protect the best examples of both man-made and natural sites for placement on the World Heritage List.
21. Criteria for listing natural heritage sites can be found on UNESCO's Web site, http://whc.unesco.org/en/criteria/.
22. Jukka Jokilehto, *A History of Architectural Conservation* (Oxford: Butterworth-Heinemann, 1999), 295–296.
23. Ibid.
24. Among the many nationally recognized, highly significant cultural heritage sites that are theoretical candidates for receiving the distinction and protection of a World Heritage listing are Charles Garnier's Palais Garnier, also known as the Opéra de Paris and the Opéra Garnier; A. W. N. Pugin's (with Sir Charles Barry) Houses of Parliament in London; James Oglethorpe's plan for the city of Savannah, Georgia; and Oscar Niemeyer's modern capital of Brazil, Brasília.

25. Riegl, "Modern Cult of Monuments," 29.
26. Ibid., 34.
27. Riegl's "cult of age value" opposes the restoration of monuments, and he warned against interfering with the natural weathering or deterioration of a site. Fifty years prior, British art critic and writer John Ruskin had passionately argued for preserving age value. Unfortunately, these highly evolved and rational arguments for natural weathering usually prove impractical if the continued use of a building is desired. Beyond this, Riegl suggested, "Permanent preservation is not probable because natural forces are ultimately more powerful than all the wit of man, and man himself is destined to inevitable decay."
28. Riegl, "Modern Cult of Monuments," 37. Although historic sites—such as the "living museums" of Hancock Shaker Village in Pittsfield, Massachusetts, or ***Skansen*** historic museum in Stockholm—are effective in countering obsolescence, copies or replicas tend to counter Riegl's argument as well. The Campanile di San Marco in Venice is a copy of the one that collapsed in 1902.
29. Vitruvius Pollio, *De Architectura* [Vitruvius: *The Ten Books on Architecture*], trans. Morris Hicky Morgan (Cambridge, MA: Harvard University Press, 1914), bk. II, chap. 1.
30. David Lowenthal, *The Past is a Foreign Country* (Cambridge: Cambridge University Press, 1985), 173.
31. Great Britain's associations with times past developed to the point that ruins, whether original or artificial, became objects of great interest, to be used as landscape design conceits wherever possible. In the mid-nineteenth century, honoring and preserving both the actual fabric and the spirit of Gothic designs in church restoration schemes became central to the English scrape versus anti-scrape debate. Broad segments of the population became interested in the question, which encompassed how best to treat genuine relics of the past.
32. John Piper, *Buildings and Prospects* (London: Architectural Press, 1948), 70.
33. Derek Linstrum, "Conservation and the British," *Commonwealth Foundation* (London) Occasional Paper XXXVIII (1976): 35.
34. Rome's Porticus Ottaviae is an example of a building having both age value and use value. Originally built in the first century BCE as part of a pagan temple complex and later converted to be the Christian Church of Sant'Angelo in Pescheria, it has served the same function from its construction until the present day.
35. Although it is often a certain historical event that triggers the takeover of such places by conservation agencies, which then preserve them and feature them for different purposes.

第 4 章

为什么要保护建筑物和场所?

为什么人们认为必须采取行动来保护不同寻常的建筑遗产以及它们为历史所做的贡献？这个问题——为什么要进行保护？——是与要保护什么的问题紧密联系在一起的。事实上，拯救建筑遗产的原因与它们为什么具有价值的原因是一致的。然而，进行保护的这些动机是可以分别进行评估的。在不考虑其功能性的时候，一个建筑学的伟大作品是一件与众不同的事物，它代表着它的建造者及其文化的创造能力。历史建筑具备教育价值，因为它们是人类成就以及过去生活方式的有形代表。它们能够例证这个场所的文化历史。正如杰出的英国保护建筑师伯纳德•菲尔登爵士所说的那样 ："创造文明的性质可以在这个文明留下的建筑中得到测定，这些建筑与他们流传下来的文学作品和音乐作品一样丰富。社会可能会消失，但文化产品则可以保留下来，为了解创造它们的人提供知识通道。"[1]

历史建筑构件能够反映出其建造时期的技术和环境。对建筑保护主义者来说，他们的主要目标是为了展示目的以及后续可能的研究而尽可能地保持原始建筑构件。

作为世界上最早出现的有组织的定居点的城镇和城市——从美索不达米亚平原的新月沃土地区到巴基斯坦的摩亨佐达罗市再到中国西安的半坡遗址——都是人类创新性的奇迹。从人们开始居住在城镇和城市之中开始，市集广场、主要街道和建筑以及水资源都为一个社会中的个人提供了重要的导向点。

在物理文化场所与其文化存在感之间存在着一种微妙的平衡。保护一个场所的历史遗迹也可以对独特的城市特性进行解释，并通过一种不断提升的自豪感和归属感来激励整个社区。文化和家庭传统、某种起源的暗示以及类似的环境和物体都作为回忆的标志，并据此提供一种重要的定位感。那些被剥夺了他们所属环境历史的人们缺乏他们自己历史的有形证据，而这种缺失感可以导致不稳定性以及一种对安全感的渴望。

建筑保护主义者与都市规划师最为重要的任务之一便是保护地方精神或者场所感——一个场所由于其地形以及其过去和现在的人类、文化和工业活动而确定的独特性质。这项任务涉及保存一个场所关键现有特性的物理完整性并维护其美

图4-1和图4-2 土耳其于2000年7月在紧邻其与叙利亚边界北部的地方建造了比雷塞克水坝，由于其中储藏的幼发拉底河水的升高，导致了大量城镇、定居点以及考古场所被淹没，其中包括哈尔费蒂的古老村落，如图所示。虽然其中的居民被重新安置在配备更加可靠的设施、经过更加精细安排的现代住所中，但年轻人和老年人都在抱怨缺失了友情、社区感以及构成他们生活的日常活动。

感连贯性以及价值，不论这个场所是由一座建筑、一个建筑体、一个包含若干历史街区的不断发展的社区还是由一个完整的历史古镇所组成的。

保护场所以及历史传统的规划还必须能够适应变化，尤其是那些能够改善人类健康以及基础便利性的变化。虽然在为了能够及时地回忆起某个固定时刻而对

减慢时间与稳定过去

在特定环境条件并得到维护的情况下，人类创造力的物质表现可以无限期地维持下去的概念已经成为全球遗产保护意识中的关键因素：罗马万神殿持久的结构稳定性以及可使用的状态能够证明这一点。凭借在其生命周期中对其始终施加的关注和保护，它几乎已经存在长达两千年了。在世界各地博物馆的稳定环境中保存的上百万件文物为物质文化遗产生命周期的延续可能性提供了丰富的证据。

文明的产物可以通过大自然以及人类的行为而免遭时间的破坏。在18世纪头十年中期，赫库兰尼姆和庞贝两座几乎被完整保存了若干世纪的古城被挖掘出来，它们都被埋藏在由于公元79年维苏威火山爆发而喷出的灰尘、石头以及泥土之下。现在，这些场所在意大利半岛关于第一个千年的早期岁月中的日常生活方面为研究者们提供了大量的重要信息。在许多墓地遗址中所取得的发现也是同样如此，例如埃及卢克索的国王谷。许多社会——埃及、中国以及印加——都为死亡精心准备了被认为在死后的生活中非常有用的物品，通常都是竭尽全力以确保这些坟墓可以“永久”维持下去。

至少有三种方式可以了解过去——记忆，过往大事的书面记载，以及手工艺品。[2]在这三者之中，手工艺品能为调查者提供关于过往的最具说明性的证据。因为它们都是有形的，并且充满年代证据，所以它们经常是对我们前辈的想象力以及智慧最具说服力的见证。

正如大卫·洛文塔尔在其著作《过去是一个异国他乡》一书中所说的那样：“任何历史学家只有通过有选择性塑造的可用资源才能连贯地传达过去的知识。”[3]在“有选择性塑造的”主要资源材料中，历史学家发现并呈现其精髓——态度、信仰、活动被创造的背景，以及它在被制造或者写作的历史的文化、社会和政治生活中的地位。但是，随着时间的推移，某个历史事件的一个人工制品以及一份书面记载的被感知的重要性通常会被修改和调整（有时候非常微妙，而有时则非常引人注目），以符合这个社会不断变化的价值和顾虑。“根植于一个历史资源之中的事实以及我们现在对这个资源的重要性的认知很少是准确相符的。因此，一个场所的意义或者重要性始终都是在进行重新解读的，因为意义和重要性都是我们人类好奇心的证明。”[4]

有助于确定一个人种所在地的实体里程碑式建筑的缺失或者受到威胁的缺失，通常会导致对它们价值的重新评估，以及尽可能以完整状态来保护它们的决定。在公元前3世纪，以有组织的方式对历史资源保护提出明确考虑的早期实例之一是位于埃及北部的亚历山大港。当时处于统治地位的托勒密王朝建造了一个特殊的储存设备，专门用于收藏文化遗产。它被命名为缪斯神庙，名字取自于希腊语中的“迷失于冥思之中”，同时它也是英语单词博物馆的基础。

迅速并广泛传播的对建筑的建筑重要性进行重新评估的行为的现代实例，是在2001年9月11日发生的恐怖袭击中倒塌的世界贸易中心双子塔。从它们于20世纪70年代早期建造开始，这个双子塔一直被绝大多数建筑批评家所摒弃，它被认为纽约市建筑格局的破坏物以及不和谐附加物。但随着它们的坍塌，它们成为了工程独创性的唯一实例，以及能够实现都市天际线美感平衡的重要元素。这个观点现在被许多批评家以及普通大众所认可，至少在当地如此。

历史建筑的外观进行保护方面做出了许多尝试，但绝大多数今天的遗产保护主义者认为对传统一致性的保护——随着时间而在历史古迹中呈现层状分布——更加重要。

拯救原型物品

根据詹姆斯•马斯顿•菲奇的说法："保护来自过去的建筑、场所以及工艺制品的主要原因就是为了要保护原型物品，这样未来的下一代人才可以看见过去究竟是什么样子的。这并不等于真实性或原始性。同样地，这也不存在对实际事物的直接观察的替代品，也就是'可以代表了一个物体［或者一个场所］以及一个观赏者能够拥有的时间和空间之中最短距离'的事物。"[5]

原型物品，或者说原始性，被认为重要的，这是由于它是具备真实性的。与某项工作联系在一起的**真实性**是独创并且真实的，不会被纳入艺术性或者创造性价值的考虑之中。[6]一件真实的艺术作品只可能拥有一个真正的原始性，虽然经常能够制做出它的复制品。

在其著作中——其中最为引人注目的是于20世纪30年代发表的论文《在机械复制年代中的艺术作品》——沃尔特•本杰明曾经一度对原作与复制品的意义提出了质疑，那个时候诸如摄影术这类新技术可以实现对艺术作品进行无限次的复制。[7]对本杰明来说，这意味着在许多情况下就不会存在具备特殊价值的唯一原作，并且其真实性更不容易进行确认——或许其重要性也远不如之前。最近，菲奇也对批量生产、大众传媒与对原始性的观点和重要性实现工业化的关系进行了描述。[8]但对菲奇来说，在这个随处可得的复制品使原型物品的存在变得不容易分辨的时代——因此会对其价值提出质疑——它的可辨识性与保护却变得更加重要。

虽然复制品与原型物品的近似物并不一样，但精心伪造的替代品几乎无法与原型物品区分开来的例子不在少数。这类例子的一个就是对德国哲学家约翰•沃尔夫冈•冯•歌德所出生的房屋的精确复制。在1999年，在其诞生250周年之际，一座复制房屋在位于德国魏玛市伊尔姆河畔公园的现存原始花园洋房110码（100米）之外的地方被建造起来。在这座复制房屋之中，他的书桌、椅子以及书写用品都是按照极为精准的程度进行了复制——甚至他书桌的磨损边角以及书桌表面上的墨水印迹都进行了复制。[9]这座房屋的完工，尤其是原型物与复制物相互借鉴对照，在保护专家和普通大众之间都造成了一种轰动。这个项目的创造者通过解释他们的目的而阐述了这个项目的合理性：首先，是为了以一种特殊的方式来纪念这位伟大的作家；其次，是为了减轻原始建筑中的人流量；第三，是为了强化公众对原物物品的欣赏程度；第四，则是为了拥有一个可能值得前往另一个地点去欣赏的额外展示品。[10]

在美洲大陆，弗吉尼亚州在20世纪20年代晚期对威廉斯堡殖民地的修复和改造是受到了美国慈善家约翰•D•小洛克菲勒在经济上以及充满目的性的支持。他将威廉斯堡殖民地称之为"一堂有关爱国主义教育、崇高目的以及对我们为了大众利益而无私奉献的先辈们的课程"。生动重现的威廉斯堡殖民地并不是一个真正的18世纪城镇，虽然为了使其实现这一点而耗费了大量精力。这些努力代表着为重现在美国独立战争期间被破坏的英国殖民地首都所做的一系列认真的尝试——因为受到了20世纪想象力的影响。同样地，当它于1931年向公众开放的时候，它在气味、尘土以及生活的真实性方面并未达到它在上个世纪的程度。威廉斯堡被描述为"没有全天候的生活来支撑它，而过去、现在和未来的连续感非常少"。[11]然而，它已经成为同时受到美国民众和外国游客非常欢迎的一个观光地点。这个还原的建筑和城镇位于其原始所在地的事实使得它变得非常真实，远胜于同类的其他历史古镇展示品。

▲图4-3 德国哲学家约翰·沃尔夫冈·冯·歌德于1749年出生于德国魏玛市伊尔姆河畔公园的一座房屋中，这座房屋于1999年——他逝世250周年纪念时进行了修复。为了进一步庆祝这个事件，一个对这座房屋及其周边环境的严谨而精准的全尺寸复制品——甚至复制了他书桌上的墨水印迹——在其距离原始房屋仅110码（100米）的地方被建造出来。（本图为一名摄影师为同一个框架中捕捉到这两座建筑物而拍摄的“拥挤的”照片。）这个项目的组织者对原始物品及其复制品为什么要处于相互可见的距离之中提供了若干解释，其中一个便是他们旨在唤起对真实性的关联进行思考。（©黑色星星/马克·西蒙）

◀图4-4 歌德书桌复制品的细节图。（©黑色星星/马克·西蒙）

遗产保护实践在对复制品的看法上已经越来越放松，这是因为复制品的数量众多以及它们能够起到很强说服力的作用。[12]宫殿和庙宇形式的复制在东亚建筑历史中也是非常普遍的做法，这可以使它们的类型保持一致。最近西方国家中尚未被打破的崇尚希腊和罗马经典建筑的传统，在引人瞩目并精心打造的建筑复制和复兴方面已经衍生出了一些令人惊叹的实例：例如爱丁堡、斯德哥尔摩、俄罗斯圣彼得堡以及华盛顿特区中经典建筑的重现。

针对具有国家重要性的事件而举行的一些庆典，使得这些相关象征的重新创造变得非常有必要。能同时例证社会历史以及运输历史的实例可以在两个海洋遗产项目中找到。爱尔兰韦克斯福德市对“饥荒之船”的复制——2001年为了纪念19世纪40年代发生土豆灾荒之后出现的大量爱尔兰人向新世界移民的历史事件；为纪念波斯顿倾茶事件而对一艘18世纪的运输船（原始船舶仍然停留在波斯顿港之中）进行复制，这一事件象征着1776年美国独立革命的开始。

历史、宗教和国家尊重

图4－5 大津巴布韦遗址（11～15世纪），这是一个UNESCO的世界文化遗产场所，它已经成为这个现代国家的同名物。

所有人类都认可并且——在某种程度上——尊重历史。世界文学作品中的很大一部分都充满了对过去的描述，并且对明显属于历史的事物或者场所几乎普遍都存在一种好奇心或者尊重。如果它们是最古老的，或者这类型中的最后一批，或者具备特殊的历史联想，那么它们还会更进一步地充满着特殊的含义。差不多每一个历史超过几代人的定居地中都至少有一个建筑或者场所被认为最古老的场所。类似的尊重经常在一个城镇中最古老的部分、最古老的树或者甚至年纪最大的活着的人身上有所展现，因为他或她可能拥有对这个场所的最古老的记忆。

当场所或者物体是根据精神信仰而创造的时候，它们就变得更加复杂并且充满了特殊含义。[13]相应地，对这些创造物的尊重和关心几乎始终理所当然地应该获得特殊待遇。[14]这一点适用于所有具备精神联想含义的自然以及人造场所。

用印度教圣人斯里•拉维•尚卡尔爵士的话来说就是：“为了所有的未来下一代，神圣场所让传说和传统保持活力。尊重包括纪念物、河流甚至树木——例如菩提树和印度楝树——在内的神圣自然场所对生态学有所影响；我始终有一种想要保护这些场所的愿望。”[15]

每一个城镇、定居地以及许多家庭都拥有值得尊崇的场所和物品；它们可以从进行礼拜的正式场所和墓地到可以传给下一代人的珍贵财产。除了实体物品在个人层面上能够具备的强有力的历史和精神联想之外，在被认为具有国家重要性的场所和物品的保护方面做出了大量集体努力。这一点可以通过许多能够有助于定义为了全球各个国家的国家利益而进行拯救的一个场所和一个人的文化特性的文化遗产场所以及文物得到例证。[16]南非南部的大津巴布韦遗址的存在和保护对于当地居民来说非常重要，以至于当他们于1980年从英国手中赢得独立权的时候，就以这个场所的名字命名了他们的国家。

反抗和民族自豪感是在波兰进行的大规模第二世界大战战后对华沙旧城区（“老城区”）进行重建以使其恢复到18世纪晚期外观背后的主要动机。由于阿道夫•希特勒的特殊指定，这个地方于1944年被大面积地破坏，以作为对其民族主义运动出现的惩罚；其中85%的建筑被夷为平地。1947—1965年，波兰政府对其进行了重建以纪念共产主义者以及波兰民族主义者对法西斯主义进行的抵抗。

美学鉴赏

对极具美感的成就表示尊重——或者至少表示好奇——是一个基本的人类心理。你只需要观察那些存在于现代社会之中的古老、高龄以及历史建筑以及它们身上具备的价值，就可以感受到历史在现代世界文化中的地位。

但除了那些著名的个体艺术家的更为精妙壮观的成就之外，对艺术技巧和工艺才能——例如罗马的马赛克镶嵌工艺、中国的玉雕工艺或者震颤派家具的设计与细木工作——的肯定与欣赏也在不断扩大，虽然它们的重要性较差，但一样令人非常着迷。这类具有内在价值的艺术创作物无疑也是具备审美价值的（并且经常也具备非常高的货币价值），这可以通过全球范围内针对这些文物而举办的永久性和临时性博物馆展出的不断增加——以及当代古董交易的繁荣——而得到例证。

最近，在对历史建筑、它们的配置以及它们可能所处的环境的各个方面的学术性和通俗性兴趣是越来越大。绝大多数建筑历史学家和建筑保护主义者按照特定时期的建筑形式来审视这个领域，而规划者和文化人类学家则会将这个建筑的用途、配置以及基础设施视为一个整体。其他观察者是由建筑保护科学家和技术历史学家组成，他们则可能对历史建造技术的细节或者历史的细微证据——例如一个物体上出现的铜绿——感兴趣（参见第8章）。

浪漫主义和怀旧之情

从文艺复兴时期开始，西方艺术、建筑和文学作品中就已经反映出了对历史及其传统的尊敬。主要兴趣是复兴从15世纪晚期的意大利开始的古典时代中的建筑和其他艺术形式。

从18世纪晚期开始，对历史过去的怀旧兴趣呈现出一种新的变化，这与当时快速的社会变化以及工业化的出现的历史背景是相反的。这种情绪在19世纪欧洲的历史主义时代中得到了极好的描述，被认为具有民族风格的物品都会得到追捧，并以一种新的建筑形式进行庆祝。最终，欧洲西部国家对带有若干不同趋势的无处不在的新古典复兴主义进行了回击，第一个也是最著名的就是哥特复兴主义。考古学和建筑学研究方面取得的成就也成为基础现代目的而追求过去的兴奋剂。书画式庭园（picturesque garden）这个英语单词在这个时期的欧洲中为众人所知。除了将使用真实或者重建的废墟作为焦点之外，建筑师和景观设计师通常将带有新建筑的自然环境与异国情调的历史建筑风格融合在一起，例如古典式、中世纪式、中式以及摩尔式。

对民族风格和艺术创作的自豪也可以代表潜在的社会力量。威廉•莫里斯是19世纪晚期的英国设计师、作家以及社会改革家，他主导了一个相比于现代生产方式，更加重视传统工艺的学术流派。在他取得的许多成就之中就包括于1877年成立了古代建筑保护协会，这被认为全球首个提倡保护历史建筑的会员组织。

在19世纪期间，这种对历史的物质遗迹以及用于制造它们的技术的不断增长的着迷，导致了更大的保护努力，这首先开始于欧洲并迅速传播到全球各地之中。对于工艺传统及其文字记录（这通常是紧跟发明和遗产保护的技术体系之后的）的兴趣，通过欧洲殖民活动而广泛传播到全球许多地区。今天，在亚洲的南部和东南部、非洲以及美洲部分地区遗留下来的欧洲风格的历史研究和文化遗产保护的遗产都可以证明这一点。

现代建筑和规划的缺点

在20世纪，新的建筑以及都市和郊区发展规划极大地改变了绝大多数国家的面貌，这通常会给它们的历史建造环境带来非常严重的后果。从数量上来说，过去一个世纪中所建造的新建筑的数量远多于之前所有世纪的总和。尽管现代建造业花费了大量的时间、精力和金钱，但某些特定区域中的新开发规划是存在缺陷的，并且相当多数量的建筑是存在问题的，这主要是因为使用了未经检验的材料、设计以及建造方法。因此，全球范围内的许多人已经对现代建筑和规划不报任何幻想，而这在不久之前还被认为目前解决世界都市问题以及满足人们渴望获得更加舒适生活的愿望的最佳解决方案。

对现代建筑的主要抱怨集中在它的规模、它毫无生气而又单调乏味的设计以及它通常不具备回应使用者需要的能力等方面。在前苏联，根据对效率以及人们渴望住在高层高密度的社区中的错误假设，建造了上万座多层公共住房建筑。第二世界大战战后规划充满了超大型、低效率以及不适合居住的空间，其中的许多都已经成为其所在国的国家尴尬。[17]这个时期中，全球各地建造了上千万座建筑；其中许多既不能证明其耐久性也无法为其中的居民提供很好的服务。

当引入的现代风格和建造方法意味着要对当地建筑传统造成全面的破坏，并且无法对当地环境要求进行回应的时候，现代建筑的错误就变得格外尖锐。将源自美国和欧洲西部的玻璃幕墙式摩天大楼设计引入到完全不同的物理环境——例如亚洲——中之后不能很好地发挥其作用的例子举不胜数。在世界接受国际风格的早期岁月中，通过悬壁结构或者其他遮挡装置来保护内部空间免遭外部阳光直射的做法是很少或者根本不存在的，即使这座建筑是位于沙特阿拉伯或者位于曼谷、吉隆坡或者新加坡这类热带地区。这种对当地环境条件的不敏感性仅仅因为能源效率就招致了大量的批评；许多现代建筑师和工程师都根据用于加热、空调以及照明的燃料会无限廉价的错误假设而设计了机械调节的室内空间。[18]不断发展的“绿色建筑”运动就是其中的一个回应（参见第7章）。

随着现代建筑和规划的缺陷逐渐被人们所认识，正确的工作就可以随之而来。现在的建筑保护运动会因为为现代建筑指明了一个新的方向而广受好评，因为它始终坚持历史建筑应当在任何可能的时候进行重新利用的概念已经许多年了。正如美国建筑历史学家维森特•斯库利曾经说过的那样：“历史保护运动——一个大规模流行的运动——已经成为人们将建筑从规划师和建筑师的手中夺回来的运动”。[19]事实上，许多美国里程碑式的法律都是在为拯救面临被劣等建筑方案所替代的特定场所而做出的公众努力之后才制定的。

图4–6 时间已经证明了许多新的建筑设计和现代建造技术并不比传统设计更好，至少从美感上来说，这可以从图中这座在波斯顿一座帝国风格大厦附近建造的主要被玻璃和灰泥所包裹的现代公寓建筑中得到例证。

毫不令人惊讶的是，现在建造业和建筑保护运动中一个增长最大的区域就是对20世纪建筑的复原。在不考虑其质量的情况下，那些会不可避免地要求进行更新以及修复的相对新的建筑的数量是非常巨大的。包括金属合金、塑料、专用密封剂和抛光剂以及新型玻璃在内的许多现代建造材料都要求使用新的研究以及修复技术。[20]

建筑保护最开始主要是历史学家所关心的问题，但它很快变得对每一个对美学和环境感兴趣的人来说都很重要。现在存在一个更健康、更强大的新型兴趣混合体，这个混合体能为使用和塑造人类建造环境提供一个改进并改善的文化生态。对可行的现代建筑的寻找已经让许多建筑师和规划师开始重新评估历史建筑设计和传统的价值。在这个阶段中，对历史建筑以及用于创造它们的工艺传统的保护已经是每个人都关心的问题。新型建筑应当更加尊重物理环境、连续性以及它为之服务的文化的最新要求，这增加了当代建筑设计和建造的难度。当今天对可持续性和能源效率的关注也一并加入进来的时候，现代建筑也就具备了一些需要实现的令人激动的新型目的，以及需要达到的期望。[21]

实用性

人们也会因为它们是有用的资源而保护历史建筑，不论它们是能够持续发挥其预计作用，还是能够容纳新型、当代的用途。只要一座建筑还能发挥其功效，并且能以合理的价格进行维护，人们就会修复它，这是人类的天性。通常为了延长某些建筑的有效性，会采用一些特殊的方法——礼拜的场所、民用建筑、纪念碑、宫殿、高等学府、具有代表性的本国建筑，以及诸如此类等。它们的所有者通常会基于简单而实用的原因去维护它们。这些在按照长期存在的思想而建造的建筑被英国建筑保护主义者约翰•厄尔定义为“可贺的纪念碑”，如果它们能够通过公众的详细审查并得到政治上的支持，那么它们早晚能够获得公共纪念碑的地位。[22]

通常来说，淘汰建筑——无法进行修复——的是外部应力。例如，当精心设计并且坚固建造的仓库和工业场所失去它们的原始功能时，它们还可以被用于其他目的。

20世纪70年代中激发出了对能源高效型建筑的兴趣。最近，需要减少与建筑业联系在一起的碳排放量的意识进一步促进了对现有建筑进行高效重复使用并扩展其用途的兴趣（参见第7章）。

旅游业

为了感受不同的文化并见证不同历史时期的第一手证据而去造访历史建筑和场所的欲望是保护这些场所的另一个原因。今天，国内和外国游客都希望在任何他们前往的地点附近能够找到得到保存的历史建筑和场所，因为这些地点能够定义这个场所的特性并增加他们的兴趣。文化旅游能够同时增加教育经历和税收。

虽然旅游业的经济重要性不能被夸大，但其对遗产保护的潜在负面影响却不能被低估。综合旅游业是全球第四大的产业；在2003年，它创造了超过7330亿美元的收入。[23]遗产旅游业是这个不断增长的行业中主要组成部分：它占据了综合旅游业总收入中的15%，并且这一数字在某些特定区域中要更高。[24]例如，所有前往欧洲的游客中的60%都会认为文化体验是他们旅行的目的之一。旅游业在许多有大量历史名胜古迹存在的国家中都是最大的产业，比如意大利。

不幸的是，旅游业不断增加的需求会导致对历史古镇、建筑以及场所无限制的商业开发，尤其是在发展中国家中，因为许多发展中国家都没有其他机会去实现当地经济开发。虽然旅游业对发展中世界的文化遗产倾注了史无前例的关注，但它的扩展还是引发了文化遗产管理领域中面临挑战最大的一个问题。对包括威尼斯、布拉格、泰姬陵、婆罗浮屠以及吴哥窟等在内的知名古迹来说，最为迫切的需要就是减轻它们现在所承受的压力。遗产旅游业的未来在很大程度上取决于

图4–7 有关遗产旅游业在综合旅游业受欢迎程度中所占比例的数据并没考虑到以下情况：短暂停留、过境以及公务旅客通常会选择得到妥善保护并能代表文化资本的场所。巴黎就是一个例子。

为了减轻这些最受欢迎场所的压力而提供值得造访的更多古迹场所，并且在现有场所中更加高效地管理为数众多的游客（参见第7章）。

作为旅游业中一个重要以及被特别认可的分类，遗产旅游的地位仅次于生态旅游、健康旅游以及休闲旅游。旅行社可以提供的诱人旅行包括埃及纪念碑、爱琴海古城以及欧洲大教堂，斯里兰卡的考古场所、圣地和欧洲的宗教圣地，甚至包括追寻中世纪基督教徒的朝圣之旅，以及到西班牙圣地亚哥•德•孔波斯特拉古城的“圣•詹姆斯之路”。改述英国作家L•P•哈特利的话则是：过去正在越来越明显地成为我们可以造访的另一个国度。[25]

英国考古学家伊恩•霍德尔认为，针对旨在了解历史的旅行的更加专业的术语应当是“时间旅游”[25]——而“可持续的时间旅游”则是更为出色的术语。但事实上，遗产旅游对过去和现在的关注几乎始终一样。人们选择去旅行的地方以及他们选择进行保护的场所，都对现代社会价值有着非常大的贡献。遗产旅游的全球吸引力又与霍德尔强调的对过去的所有权交织在一起，他这样说道：“没有人拥有过去，虽然我们都以时光旅行者的身份经历了这一切……我们对需要经历这一切的其他人负有责任。”[26]

注　释

1. Feilden, Conservation of Historic Buildings, xiii.
2. Lowenthal, Past is a Foreign Country, 187.
3. Ibid., 237.
4. W. Brown Morton III, "Managing the Impact on Cultural Resources of Changing Concepts of Significance," Preservation of What, for Whom? A Critical Look at Historical Significance, ed. Michael A. Tomlan (Ithaca, NY: National Council for Preservation Education, 1998), 145.
5. Fitch, Historic Preservation, x, Fitch's clarion rationale for conserving authenticity is rare even among the experts because he projects what the importance of the authentic (thing), or the prototype, will be to the future, not just to the present. The late Ecuadorian architect Hernán Crespo Toral echoed Fitch, stating the issue even more plainly: "We must fight to preserve authenticity during the restoration process, otherwise we will pass on to our descendants a pastiche of history." (World Monuments Fund Regional Conference on Architectural Restoration and Preservation, São Paolo, Brazil, May 2002.)
6. Literary critic and philosopher Walter Benjamin (1892–1940) has noted that in the pre-modern era, what mattered most was "cult value." Art value was only generated with the start of collections and exhibitions (Walter Benjamin, 'The Work of Art in the Age of Mechanical Reproduction," Illuminations: Essays and Reflections, ed. Hannah Arendt (London: Fontana-Collins, 1969), 219–254. Also, Jokilehto, A History of Architectural Conservation, 296.
7. Walter Benjamin, Illuminations: Essays and Reflections.
8. Fitch, Historic Preservation, chap. 1, 1–12.
9. Jan Otakar Fischer, "Ask Not Which House Is Real, but Which Is Not," New York Times, September 23, 1999.
10. The Goethe garden house facsimile was the idea of Lorenz Engell, dean of media studies at Bauhaus University, a man eager to provoke essential questions about authenticity. The intricacies of determining what is "real" have particular relevance in this postwar landscape, where great tracts of the national heritage were destroyed and had to be rebuilt.
11. Derek Linstrum, "The Conservation of Historic Towns and Monuments," Commonwealth Foundation Occasional Paper XXXVIII (1976): 19.
12. Wim Denslagen, "Restoration Theories, East and West," Transactions/Association for Studies in the Conservation of Historic Buildings (ASCHB) 18 (1993): 3–7.
13. Examples of places venerated for their religious significance and that are carefully protected include Mount Nebo in Jordan, where Moses is said to have first viewed the Holy Land; Jerusalem's Dome of the Rock, the seat of the Islamic faith; Jagannath Temple, one of India's key Hindu pilgrimage destinations; and the sites in Rome where Roman Catholic St. Peter was said to have been crucified and buried. Every country has its examples of highly venerated national historical symbols, among them Les Invalides, Napoleon Bonaparte's tomb in Paris; Kemal Atatürk's residence and tomb in Ankara, Turkey; and London's Westminster Abbey and St. Paul's Cathedral. In the United States, a memorial has been created at Plymouth Rock in Plymouth, Massachusetts, where the Pilgrims are said to have first landed.
14. As has been proven through archaeology, preserving and venerating objects and places having religious or cultic significance dates to prehistoric times.
15. His Holiness Sri Sri Ravi Shankar, speech at Museum of World Religions conference, Taiwan, November 10, 2001.
16. Occasionally, conserved historic buildings, sites, shrines, and objects represent not only respect for the past but also national glorification, furtherance of political goals, or substantiations of political legitimacy. Preserved sites that memorialize nationally or internationally significant events include battlefields and war sites: Yorktown and Gettysburg, Pennsylvania,

in the United States; Waterloo in Belgium; Verdun in France; Stalingrad in Russia; and Hiroshima in Japan.

17. Large numbers of residential buildings—referred to by locals as panelák (prefabricated concrete slab housing blocks)—and commercial buildings erected during the interwar and post–World War II years throughout Eastern Europe, as well as countless other low-quality buildings in thousands of towns and cities elsewhere in the world, have frequently proven to be substandard when compared with those constructed using both earlier and later building techniques.
18. Due to such miscalculations, builders, governments, and users alike are frequently disappointed in the final quality of modern architectural projects. Retrofitting or replacing failed parts of relatively new construction is now commonplace.
19. Vincent Scully, lecture, New York Landmarks Conservancy, New York, NY, March 23,1994.
20. This growing trend in the United States in rehabilitating buildings dating from the twentieth century is reflected in statistics published in building industry magazines such as the Dodge Reports.
21. The architecture of tomorrow might heed some recent lessons about looking backward in order to go forward. One such lesson is apparent in many postmodernist American and European designs of the 1970s and 1980s, when historic building motifs were used as appliqué to add recognizable character to modern architecture, thus making them more acceptable. In subsequent efforts to be au courant, postmodernist historicism was—and continues to be—emulated throughout the world, especially in developing countries. A more recent trend in architectural practice has been neotraditionalism, which involves the conscientious revivals of traditional styles updated with modern amenities. The present burgeoning green architecture movement toward more environmentally friendly and energy-efficient buildings, often using variations on traditional materials and construction techniques, offers a more useful and resourceful new direction.
22. John Earl, Building Conservation Philosophy (Reading, UK: College of Estate Management, 1996), 14.
23. Only the chemical, automotive products, and fuel industries have generated more revenue than tourism worldwide in recent years. United Nations World Tourism Organization (UNWTO), Tourism Highlights: 2006 Edition (Madrid: World Tourism Organization, 2006), 3; UNWTO, "Tourism and the World Economy," http://www.world-tourism.org/facts/tmt.html; and UNWTO, Cultural Heritage and Tourism Development (Madrid: World Tourism Organization, 2001): 4–5.
24. Ian Hodder. (Presidential Colloquium: The Politics of Archaeology in the Global Context, lecture, Archaeological Institute of America annual meeting, Dallas, Texas, January 4, 2000).
25. Based on the famous phrase, "The past is a foreign country: they do things differently there," which was used as the first sentence in L. P. Hartley's The Go-Between, London, 1953.
26. Hodder, Ibid.

第 5 章

谁拥有过去?

谁拥有过去？这个问题可能的回答对历史文化遗产地的管理以及它们的呈现都有深刻的含义。

对历史的解读是一个动态的过程。我们可以得到有关人类历史各个方面的大量知识，以及现在获取这些知识的容易程度已经从根本上改变了人类对历史的认知。现代学术性的历史研究——尤其是考古发现——对重新塑造看待历史的现代观点起到了举足轻重的作用。最近的伟大历史研究项目——对黑海文化命运的研究、在埃及国王谷发现的最新金字塔或者对柬埔寨大吴哥地区的古代人口进行的研究——中的任何一个都可以证实这一点。几乎每天都可以得到的新信息，迫使我们不停地修改我们之前认为的真相与事实的认识。

公众对历史的兴趣可以通过相关电视节目的数量以及对家谱的关注程度得到测定。媒体资源始终不停地给我们提供有关过去的新消息：古埃及人和古罗马人的日常生活、城市和文明的兴盛与衰败、历史上史诗般的军事成就，以及那些令人激动的历史古迹的第一手旅游咨询等。感谢互联网的出现，让追寻一个人的祖先变得永远不可能更容易了。

仅仅在20世纪之中，历史编纂学的方法——研究历史是如何被记录的学科——就发生了根本性的变化；与之相关的人类学、考古学、宗谱学以及建筑保护等相关领域也是如此。这些领域中的每一个都是起源于几个世纪之前的启蒙时代中提出的知识问题，但每一个领域又根据其特定领域中的需要、兴趣以及方法发展而得到了相应的改善。今天，文化遗产保护运动正在将从这些不同学科中获得的信息整合成一个新型、实用的跨学科应用。

对过去的不均匀认知——以及人们对其感兴趣的不同程度——意味着研究并解读历史的专家必须要明白过去是一个对每个人来说都不同的事物。从这种意义上来说，每个人都处在历史行业——包括建筑遗产保护——之中的口头禅必须改成：这是谁的历史?

具有普遍重要性的遗产

世界文化遗产以及具备与众不同的普遍性价值的场地——也就是暗示这个历史文化场所属于全世界所有人们的象征[1]——的概念由联合国教科文组织（UNESCO）在1972年颁布的世界文化遗产公约中提出并编制成文。[2]虽然它们得到了国际古迹遗址理事会（ICOMOS）的支持，并被无数遗产保护组织和机构所认可，但这些概念既不完美也不是没有争议的。普遍性、全球认可的文化遗产的概念以及其特定国际组织和标准在保护中不断提升的重要性引发了一些涉及所有权和责任性的重要问题。

UNESCO的基本原则——每个文化的遗产都是全世界的遗产——被用来在涉及历史古迹可以并且应当由外部人士而不是当地居民进行处理和保障未来方面的决定存在争议的时候提供支撑。[3]这种普遍性的同一原则被用来解释偶尔出现的令人棘手的问题，也就是世界文化遗产地清单中各个遗产地的当地居民因为外部人士认为有责任而放弃保护他们自己文化遗产的责任。作为对此的回应，1996年美洲各国在美洲大陆文化遗产保护及管理可靠性研讨会中规定："文化遗产的责任以及其归属的管理首先应当归属于形成这个遗产的文化共同体，其次才是那些维护它的人。"[4]

世界文化遗产地清单每年都会扩大，但它在上万个值得进行保护的场所面前仍然微不足道。这项公约明确的表示它的清单"并不是准备为所有具备巨大兴趣、价值或者重要性的场所提供保护，而是想要根据国际观点从中选取出一系列最为与众不同的场地"。[5]（参见第9章和第15章。）

制定这样一个列表的决定获得了这项公约中185个条约国的同意。如果它的担保国不能或者不愿承担各种不同的场所援助责任的话（一个与普遍性或者全球性遗产概念不一致的令人讽刺的想法），那么即使价值最高的场所也不能被列在清单中。

一般来说，掌握有关世界文化遗产地的历史事实是其担保国在提名过程中面临的最小的困难。而主要的挑战在于保护并呈现实体场所，并且决定哪种类型的造访体验对公众来说是适宜的。遗产地主权国必须通过定期的监控和控制手段来确保这个场地的安全。不幸的是，截止到2008年9月时，有30个世界文化遗产地被认为由于各种不同原因而面临危险，这些原因从与人类相关的原因和战争到生态环境造成的伤害和威胁。[6]

跨国合作已经成功地形成了若干国际保护规划，但不同项目规划的工作偶尔对其他工作造成破坏。由世界文化遗产地清单带来的增强了的全球注意力扩大了对一个场地的兴趣，这通常会被转化成游客造访量的提升——其所有相应的优点和缺点也会一并放大。

文化遗产保护领域中的特殊利益集团的兴趣和能力对遗产保护运动整体来说是至关重要的。那些曾经一度在一个地点中定居但又放弃了其物质遗产、现移居

图5–1 致力于保护伊斯兰教遗产的阿加汗文化信托基金会为名列UNESCO世界文化遗产地清单之中的叙利亚阿勒颇城堡的规划和保护工作提供了巨大的资金和技术援助。

国外的后裔有时候代表了一种文化移民，而这些人可以成为对遗产保护最为热衷的团体。特殊利益文化遗产组织的代表包括阿加汗文化信托基金会——它的使命是保护伊斯兰教遗产——以及卡洛斯特•古尔班基安博物馆的奖金计划，后者一直对于保护不论任何时候发现的海外葡萄牙遗产以及亚美尼亚建筑遗产充满兴趣（参见附录B）。

当它以具有民族自豪感的文物得到证明之后，历史就是最为明显的。然而，得到保护的国宝的实用性方面（例如它们具有的能够增加收入的旅游吸引力，以及它们对当地社会的鼓舞效应）不能被低估。每天都有数百万人观看诸如罗马斗兽场以及克林姆林宫这类著名的国家象征，不论是亲眼所见还是在媒体上所见。庆祝进入第三个千禧年的庆典将这些标志性建筑展示在全球数千万电视观众的眼前，这简直可等同于国家展示。一个国家象征物（例如泰姬陵、金字塔、帕特农神殿、埃菲尔铁塔或者自由女神像等）的每一次展示都会同时呈现出国家性和国际性重要性。全球建筑标志物中最为优秀的作品可能会分属于不同的国家，但它们都极为肯定地被认为属于全世界所有人民的。这些场所同时也被当地、国家和全世界的人们认为具有价值，并且属于人类继承的身份中的一部分。

对“谁拥有过去”这个问题的最佳答案可以通过在其自身的环境中检查这个场所或者文物而得到。一些与重叠遗产相关的所有权问题已经成为传说；作为三个大型宗教圣城的耶路撒冷的充满争议的宗教场所；塞尔维亚民族主义者对前南斯拉夫的穆斯林财产提出的所求；送回美洲印第安人祖先留下的骨骼残骸等。

2008年见证了附属于国际认可的建筑遗产所有权的两个非同寻常的发展。第一个是可以追溯到公元4世纪的78英尺（24米）高的阿克苏姆石质方尖碑回归埃塞俄比亚，这个方尖碑之前曾以碎块的形式被运至罗马，并于1937年被竖立在埃斯奎林山之上以纪念对前一年完成的埃塞俄比亚的征服，以及墨索里尼的“第三罗马帝国”的诞生。根据在很早之前签订的一个协定以及于2003年开始的技术工作，这座重达166吨的庞然大物被放平，并分作三块被拖回阿克苏姆的纪念中心，随后在一个加固的基座上重新组装起来，于2008年9月4日重新出现在国家庆典之中（参见图17-48a和b）。第二个发展则是对在7月中旬和8月间由于高棉普里维希神庙的新闻而造成的泰国和柬埔寨之间的国家政治紧张进行了极为成功地修复，这座入选了UNESCO世界文化遗产地清单的神庙位于柬埔寨普里维希省，而其边界则靠近泰国。尽管联合国国际法院已经于1962年对相关事宜做出了裁决，但泰国国内的团体仍然声称普里维希神是属于泰国的国家遗产；双方的军队都被派往这个区域之中，而在经过几个星期的国际外交努力之后，这种紧张局势得到化解。两个国家在这个问题上的具体协议细节在本书出版时尚未公布。

有更多与可移动遗产相关的案例存在，这是因为这些物品很容易被运输。涉及可移动纪念物的一个最为知名的所有权争端，就是希腊政府对帕特农神殿饰带的反复申诉，后者在1804年被埃尔金勋爵带到了英格兰。每年都可以听到无数要求归还文化遗产的其他类似呼声，这些呼声通常出现在其文化继承物在国家遗产保护系统建立之前就很容易遭到抢夺或者被廉价购买的国家。这些诉求通常变成了出台新保护法律的催化剂。

决定一个场所或者文物的历史性和/或艺术重要性的决定过程充满了各种困难，因为这些过程始终——在某种程度上——是主观性的。例如，今天有在美国国内现存超过300个印第安人文化和宗教团队对遗产问题持有不同的观点。当这些团体很小的时候，印第安人场所总会失去——这可能是由于他们处于政治分离的状态，他们无法形成一个强有力并且有凝聚力的、能够有效地为古迹保护而奔走的阵线。因此，非美国本土人民则不会熟悉这些社团对古迹重要性做出的决定中存在偏好。[7]同样的问题在全球数百个其他原住民族中也是普遍存在的。

所以涉及什么历史应当得到保护以及它应该如何被呈现的问题才是最为重要的。考虑到人类历史的巨大程度以及始终存在想要了解过去发生了什么的好奇心，文化遗产保护主义者的迫切需要就是熟悉历史及其研究方法。此外，遗产保护专家必须要能够客观并且睿智地判断哪些历史应该按照哪种方式进行呈现，并且能够证明它们的合理性。各种可选方案代表了来自本土居民以及历史学家、保护主义者、博物馆管理者、考古学家、人类学家、社会学家以及诸如建筑师和材料保护者这些技术专家在内的不同观点，只有当这些观点结合在一起的时候，才能最好地决定哪些遗产应当得到保护、如何进行保护以及由谁进行保护。

注 释

1. Apart from the precedent of the Seven Wonders of the Ancient World, which were presumably considered shared heritage in their day, the first mention in modern times of a historic monument or site being of universal significance—and thus "owned" by humankind in general—is credited to Austrian philosopher Alois Riegel.
2. UNESCO, World Heritage Convention, http://whc.unesco.org/en/conventiontext/.
3. Margaret MacLean et al., Proceedings of the Inter-American Symposium on Authenticity in the Conservation and Management of the Cultural Heritage of the Americas, (Washington, DC, and Los Angeles: US/ICOMOS, and the Getty Conservation Institute, 1999), xix.
4. Ibid.
5. UNESCO. Convention Concerning the Protection of the World Cultural and Natural Heritage, adopted by the General Conference at its seventeenth session, Paris, 16 November 1972 (Paris: UNESCO, 1972), http://whc.unesco.org/archive/convention-en.pdf.
6. Since 1995, the World Monuments Fund's World Monuments Watch program and its Watch List of 100 Most Endangered Sites have complemented the aims of the World Heritage List by helping to raise worldwide awareness about the importance of historic buildings and their conservation.
7. A concern first articulated in the United States by archaeologist Sherene Baugher, "Who Determines Significance of American Indian Sacred Sites and Burial Grounds?" in Preservation of What, for Whom? A Critical Look at the Historical Significance, 9.

第 6 章

历史、历史编纂学和建筑保护

因为过去是所有文化遗产的一个媒介，所以文化遗产保护领域就应当尽可能地去了解历史、历史方法以及对待历史的态度。遗产保护专家被认为应当精通上述内容，如果不是专家的话，则应当了解建筑、场所或者文物被创造的环境以及它是如何存续至今的。他或她同时也被认为能够使用相关信息来证实有关遗产的正式的、禁得起推敲的专业观点。这种知识将专家放置在了一个决定哪种历史元素以及主题应当在保护项目中被强调的关键位置上。从艺术及建筑历史中使用的方法和应用中获取的经验对于决定应当保护什么以及如何展示它是非常关键的。

历史和时光流逝：历史的事实、价值以及理念

历史的概念始终在不断演变，因为这是一种对人类尝试了解世界及其在其中位置的表达。英语单词历史（history）来源于“探究（inquiry）”一词的古希腊语，并且这个词也是与表示“去了解（to know）”的希腊语动词相关的。历史是对人类在时间历程中的存在所做的有序的、实事求是的、不言自明的解释。

韦氏字典将历史编纂学（historiography）一词定义为“历史的编写”、“历史著作的原理、理论和历史”以及“任何历史文献的主体，例如经典或者中世纪理论”。不同的历史编纂方法会在一个民族对历史古迹的欣赏和处理方面造成显著的影响。

历史学家会对人类活动的实体证据进行解读。物质和智力成果的巨大范围包括了带有某种目的性的产品，例如工具和机械；社会环境的遗迹，例如住宅、市政以及宗教建筑；以及所有我们称之为艺术的象征性和表现性产品。历史学家的解读技巧也会延伸至人类奋斗、冲突和成就的书面记录以及口头证明中。在最好的历史中，有关过去的叙述性融入在学者对影响的意识之中，这里的影响是指今天的观点和历史编纂学对很久之前发生的事件造成的影响。

◀**图6–1** 《寻爱绮梦》（1485年）是最早出版的建筑书籍中的一本，其作者被认为弗朗西斯科·科隆纳，书中有着大量同时来自现实和想象中的远古古典历史遗迹的木刻版画。

书写和绘画对文化遗产及其保护产生的影响

书写和印刷技术的发展在世界对过去的理解方面产生了根本性的影响，并因此对保护和解读过去的工作也产生了影响。虽然书写出现的历史已经超过了五千年，而活字印刷则是于11世纪在中国得到发明，但这项技术是完全不同形式的发明，它比导致了历史文化及其与当代文化不同的15世纪中期欧洲使用的字母表更简单。

同样地，从文艺复兴时期开始，欧洲西部已经建立起了一种对过去和现代的现代意识。历史被分隔成单独的时期，最终形成了能够准确评估之前时期中的工艺制品以及文化特性价值的能力。从15世纪开始，古代经典遗址被认为特殊的、值得进行研究并且需要进行保护的。[1]但在亚洲，很少有文化认为原始历史工艺制品具有巨大的重要性；古代物品反而是被使用和复制的。因此，印刷技术的广泛传播并未形成在西方国家中的那种影响力，而印刷技术提高了对过去的意识并促进了保护运动的发展。从印刷历史同时在东方和西方开始的时候，就绘制了许多包含了艺术性物品和建筑作品的插图。涉及建筑学的插画本于16世纪开始在欧洲国家的扩散是文体演变广泛而快速的传播以及对特定建筑、历史学家和保护主义者关注的问题进行书面记录的主要原因。[2]

大众文化和印刷媒体是在很晚之后才出现的——19世纪，这使得对过去的迅速增长的兴趣形成真正意义上的广泛传播。诸如尤金-伊曼纽尔·维奥莱特-勒-杜克、约翰·拉斯金以及威廉·莫里斯等致力于保护历史建筑以及相关物品的有影响力的思想家和从业者的观点和项目得到了广泛传播；他们对欧洲范围内的建筑保护工作产生了巨大影响。随着出版活动的增多，对历史的记录活动也相应增加，这反过来又促进了有关从过去遗留下来的元素的存在感以及对其比较和解读的机会的大众知识的扩张。在20世纪中，诸如电视和互联网这类新的媒介迅速了提高了人类对历史的认识，尤其是在与读者相距甚远的那些文化方面，因此也对世界范围内受到大众欢迎的文化遗产地的保护行动做出了巨大贡献。

通过历史的镜头来审视时间

历史学家的目的是描绘时间。[3]几个世纪以来，不论历史学家在描述和解读历史事件以及人工制造的文物时引入了什么样的价值，他们工作的目标仍然是一致的：为了以一种时光流逝的叙事形式表达一个充满意义的历史信息模式。当其存活的时候，这种模式不属于历史学家的研究对象，在他们侦测到它之前也是不为她或他的当代人所知的，这表明了历史学家为历史事件以及文化传统赋予含义的角色的重要性。

但是，一个历史事件会在什么时候发生呢？一代人或者几个世纪之前？或者它是否几乎是瞬时发生——也就是说一秒钟之前发生的事情？奥地利历史编纂者恩斯特•布莱萨赫提到心理学家认为“我们实际认为‘新的’、‘精神层面的’现在的时间跨度仅仅只有五分之一秒长”。因此，“人类的生命永远不是简单的仅仅生活在当下，而是生活在三个世界之中：一个是现在，一个是过去，一个是未来。”[4]当然，我们对现在的感知是相对的。当我们对我们自己进行思考的时候，现在可能是指这个时刻或者今年——但当我们对历史进行思考的时候，现在则可能是指最近这十年。从许多方面来说，我们对待过去的现代态度比我们对现在的感受或者我们对未来的概念复杂得多。

在每个文化之中，过去、现在和未来之间的联系也就是所谓的连续感。诸如老旧建筑以及工艺制品这类物质文物的连续存在可以将现在与过去联系起来，并为进入不确定的未来提供参照点。每一个历史文物或者场所都是同时存在于过去和现在的。引导我们辨认这些东西为古董或者文物的动机是会随着环境和历史、个体和文化以及历史意识和倾向的变化而变化的。[5]

在文化遗产保护的现代环境中，普遍同意建筑物在约两代人或者50 ~ 60年的时间之后能够具备一种年代感。如果想要名列美国国家历史名胜名录之中，一个建筑物或者区域必须至少有50年的历史，但申请标准对那些格外重要的较年轻场所也有一定的放宽。例如，佛罗里达州卡纳维尔角空军基地第一批宇航员发射进入太空中的一个设施就于1984年被加入到美国国家历史名胜名录之中，此时距离整个项目的结束仅23年。尽管这个场所相对年轻，但它的历史价值是不容置疑的。

在判断文化古迹登上其国家目录的合格性的时候，芬兰国家文物局通常都会忽视年代标准，他们认为事实上年代知觉在遗产保护决策过程中很少被认为一个决定性因素。因此，这个国家拥有几乎最为灵活以及可行的建筑遗产列表程序，至少在年代限制标准方面是如此。

美国建筑师凯文•林奇在他极为发人深省的著作《这个场所现在是什么时间？》一书中仔细分析了过去、现在和未来观点之间的相互关系，并阐述了它们对于环境规划和建筑保护方面造成的影响："现在……是一种心理结构，一种对及时事件和行动的有意识的独奏演唱会，一个对'我在忙什么'问题的答案更新……虽然它们更多是指更加遥远的事件，但过去和未来也只存在于这个同一时间之中，因为现在会处理回忆或者设想。"[6]

对这些概念的意识可以提高一个人对附属于历史建筑和古迹保护与展示的问题的敏感性。根据英国历史学家迈克尔•亨特的说法："现在的保护起源于过去的三个意识……那就是它与现在不同，它对我们的认同感来说是至关重要的，以及它的有形遗迹正在快速消失。"[7]他认为我们经常忘记变化的意识是相对新的，因为现在即使与最接近的过去都是有着相当大的不同，这是由于现代社会的快速变化造成的。因此，在今天的绝大多数世界中，变化越来越显著，很难避免从关于过去、现在和未来的认知的无数资源中接受不间断的暗示。这种相对性不断增长的衍生物就是对文化遗产保护的当代兴趣和责任，这也是本书的主题。

时间认知

历史时间是一个媒介，所有人类活动以及感受都可以通过它而得到组织。在西方社会中，时间被认为对事件链来说是一个线性结构，这里的事件是指从过去中的一个固定点开始向前开始发展、穿过现在并最终朝向未来目标。相反，传统亚洲社会将时间的流逝视为具有周期性的，这是自然和人类行为的一个连续而互相的重复。在十六七世纪中，测量时间并审视过去和现在的西方方式被传播至因为殖民活动或者由于贸易关系而受到强烈影响的遥远的国家和文化之中。其中最好的结果之一就是形成了现代世界对围绕整个地球并将全世界范围内对每日时间认识同步起来的24个不同时区的认知。

但是，对于时间每年的"起始点"尚未达成一致的认识。帝国时代的中国的时间会在每个王朝诞生的时候重新开始。西方社会熟悉并广泛使用的年代框架是格列高利历，这是由教皇格列高利十三世在对公元前46年颁布的罗马儒略历进行修改之后于公元1582年创造的。希伯来历将太阴年视为整个世界的开始，它的信徒相信在格列高利历启用前已经度过了3760年。伊斯兰历也是太阴历，它认为时间是从穆罕穆德于公元7世纪前往麦地那时开始的。中国传统农历是于公元前2953年出现的，它一直是东亚各国非常重要的文化参考。中国、日本和韩国是同时使用它以及现代西方历法的。在印度，格列高利历被广泛使用，但其官方民用历法是萨卡（或者印度教）历法，这种历法于1957年3月22日被启用，以协调印度教宗教历法。全球各地还有许多其他不同的当地流行的历法。这些实例仅覆盖了同时期的在用日历系统，并未准备去描述其他人类文明——例如古埃及人以及前哥伦布时代的玛雅人——在理解时间方面是如何的不同。

历史认知

图6－2 刚果卢巴人中被指定的长老使用“路卡萨（lukasa）”——或者说记忆板——以记忆术的方式来回忆历史。（图片由苏珊娜·K·贝内特以及非洲艺术博物馆提供。摄影师为杰瑞·L·汤普森。）

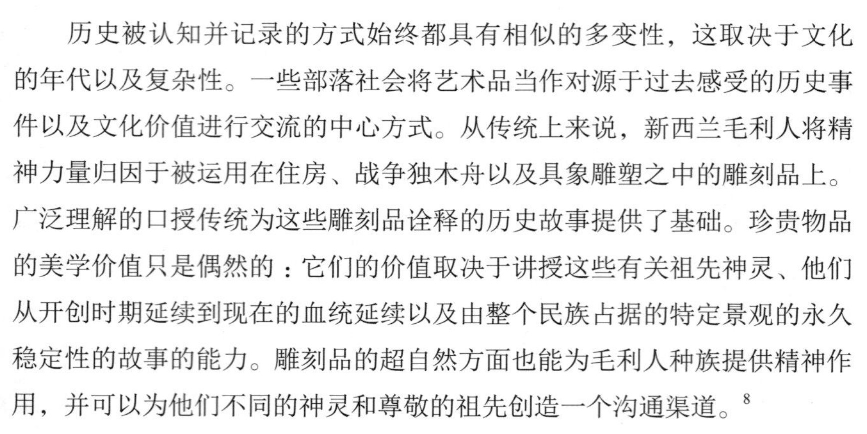

历史被认知并记录的方式始终都具有相似的多变性，这取决于文化的年代以及复杂性。一些部落社会将艺术品当作对源于过去感受的历史事件以及文化价值进行交流的中心方式。从传统上来说，新西兰毛利人将精神力量归因于被运用在住房、战争独木舟以及具象雕塑之中的雕刻品上。广泛理解的口授传统为这些雕刻品诠释的历史故事提供了基础。珍贵物品的美学价值只是偶然的：它们的价值取决于讲授这些有关祖先神灵、他们从开创时期延续到现在的血统延续以及由整个民族占据的特定景观的永久稳定性的故事的能力。雕刻品的超自然方面也能为毛利人种族提供精神作用，并可以为他们不同的神灵和尊敬的祖先创造一个沟通渠道。[8]

在刚果西南部，卢巴人的历史意识依然停留在口头传统，并使用珍贵的物品来支撑回忆。能够扮演这个角色的精心装饰和雕刻的物品数不胜数，从串珠项链和头饰到殖民地时期国王和首领的王座与物品。卢巴人记忆术物品实例中一个最为具体和具有诠释意义的就是路卡萨（lukasa），或者说记忆板。这个尺寸约为一个人类手掌大小的木板上面布满了由珠子、贝壳以及金属别针构成的复杂图形。这些编码符号构成了一个围绕可以代表一个主题或者一个重要场所元素组织而成的历史事件地图，例如皇家法院。通过故事或者歌曲，阅读者可以将回忆版解读给卢巴人。路卡萨设计的复杂性使得在对内容的阅读中具有相当大的多样性，正如恩斯特•布莱萨赫所说：“取决于阅读者以及他或她想要强调的要点的不同……根据一个回忆版进行的解读的多样性并不意味着出现错误、欺骗或者错误认知。相反，已经证明路卡萨解读其实是对看待历史的特定观点的极具说服力的论据和辩论。”[9]

虽然直到19世纪的时候，历史才成为了一个现代科学学科，但每个时期中的历史学家都在力求能够确认人类对世界造成的巨大影响的原因及其效果。但是，研究历史的方法——以及目的——从有记录的历史开始就已经发生了巨大的变化。随着书写技术于公元前4000年在美索不达米亚平原以及公元前1500年前后在中国得到发明，对时间开始的测定也就具备了新的意义。历史可以以一种更加理性和得到认可的方式被放置在年代顺序之中。

专业化之前的历史编纂学

希腊历史学家希罗多德被普遍认为历史编纂学这门学科的创始人。他于5世纪出版的著作《波斯战争》被另一部里程碑式的文学巨作所取代了——修西得底斯的《伯罗奔尼撒战争史》。这两位作家都将公共教育和公众激励视为高于一切的历史目的，并致力于准确历史解释带来的社会有效性。这种感悟得到了包括西塞罗在内的其他人士的支持，这些人士对于历史事件的评论通常对人类进步本性以及历史中更高道德目的进行哲学思辨。

这些问题可以通过保护历史建筑以及古代场所的无数实例而得到表现。在古希腊和罗马，会使用各种不同的技术对受损的纪念物进行修复，而这些技术则通常是被设计用来保护其原始式样的。[10]保护措施是同时受到了宗教信仰（维持其中蕴藏的受人尊敬的神性）以及实用性考虑（维护和修复的费用要低于替代建筑的费用）的促进，而现代遗产保护中涉及的美感性和历史性考虑则没有起到这种作用。

看待历史的欧洲学术性方法在15世纪中发生了变化，那个时期的文艺复兴作家已经从中世纪的宗教枷锁中解脱出来，并开始探索古代历史学家的著作。人文主义学者开始调查古典历史，这不仅是通过古代作家流传下来的著作，而且还通过遗迹、建筑残骸、雕刻铭文、墓碑以及硬币等。中世纪因为被认为无关于对历史动因和效应的理解而被排除在外，这个时期被认为野蛮的并被打上了充满嘲笑之情的“哥特时代”的标签——这个名字来源于一个野蛮人部落。

或许文艺复兴时期早期新式历史意识中最为深远的方面在于对待建筑以及其他某些早期文明产物的态度的转变。尽管中世纪的作家已经展示了他们对古罗马爱国纪念物（例如图拉真纪念柱）的兴趣，但15世纪的意大利仍然为更广阔范围内的建筑以及相对无关紧要的建筑组分赋予了一种新的纪念价值，例如门楣和柱顶。斯泼利亚（spolia）（最有价值的建筑组分）上的题字不是因为它们的固有信息内容而刻写，而是因为它们能够经得起几个世纪的岁月流逝。早在15世纪40年代中期的时候，古文物研究者费拉维奥•比翁多就通过古迹实地造访以及搜索文献证据而完成了14份地区管理调查，这些报告描述了大量的古代建筑，包括澡堂、圣殿、城门以及方尖塔在内。[11]

对于历史事件以及历史艺术性产物的最新兴趣基本上被限制在古希腊和古罗马的范围之中，这两个文明被认为文艺复兴当代社会的先驱。阿洛伊斯•里格尔对此观察到：“有史以来第一次，人们开始认识到了他们自己在作品和事件中的艺术、文化和政治活动的早期阶段，而这在过去之中已经存在了上千年。”[12]在东方社会，对于记录历史的兴趣则是采取了不同的路线。（参见第15章。）

在文艺复兴时期晚期的整个欧洲之中，令人震惊的发现一个接着一个的出现，这彻底地改变了对整个世界的认知。列奥纳多•达•芬奇在16世纪揭示了植物学、地质学以及机械工程学的新原则。根据感知观察，哥白尼、伽利略以及伊萨克•牛顿提出了物质宇宙的概念，而雷内•笛卡尔以及其他17世纪的哲学家则对塑造人类思想以及了解宇宙能力的基本原理进行了探索。宗教哲学之间的纠葛对艺术、政治以及思想争论产生了根本性的影响，而由极具勇气的水手发现的之前不为欧洲人所了解的大陆则为每个领域中的智力活动打开了新的思维方式。

在这个背景之中出现了依赖于观察和实验的看待世界的新型方式。因此也就出现了成为18世纪启蒙时代标志的革命性科学方法。[13]

在19世纪这个智力激荡年代的中期，西方历史著作是“被专业化的”并且首次在欧洲和美国大学中被划为一个单独的学科。在这个时期初期，哥廷根和柏林等地的德国大学中的学术性历史学家为历史这一现代学

图6–3 挖掘者正在测量庞贝古城的发现。在理性时代中，记录历史的方法发生了变化，考古学以及建筑保护学的现代学科也随之诞生（图片为赫库兰尼姆古城大门，约为1815年，绘制者为查尔斯·弗朗索瓦·梅佐斯，来自庞贝古城废墟，费尔明·迪多，巴黎，1809—1838年）。

科奠定了正式的基础，他们为了客观的判断历史的“真相”而采取了物理学科中的经验方法。采用书面资料以及物质证据成为一种系统性和关键性的趋势，文书档案也因此被创建，而出版活动则进一步的扩大。信息被按照一种扩大了历史范围并能呈现对事件的历史解读——“从更广阔、更复杂的原因方面”——的方式进行整合。[14]

19世纪的德国历史学家利奥波德•冯•兰克被普遍认为“科学性”历史的创始人。他声明他的目的并不是判断过去，而是“按照它真实发生的情况”去描述它，并从书面证据中将其重新构建出来。[15]坚信只有通过分析主要资料才能最好地理解过去，因此冯•兰克强调了一种涉及“历史感以及一种历史完全不同于现在的意识”的方法。[16]不同于早期古文物研究者以及启蒙时代的兴趣，这些历史主义拒绝对历史过去进行测定。

历史主义认为遗迹对整个19世纪欧洲思想的所有领域都尝试了极大的影响。对遗产保护主义者来说，“由于历史主义思想家对历史变化的独特性方面的观点带来的压力——这在19世纪中呈现出强烈的民族主义的言外之意——对作为其显著特性的国家和局部的原始性和发展起到了巨大的影响。当国家被视为能够凭借传统和连续性而丰富现在的时候，之前时代的有形遗迹也就具备了一种迫切的重要性，因为它是历史认同感的看护者。”[17]

在第一次世界大战以及两次世界大战的间隔期间，认为历史主义能够解决许多早期历史编纂思想中存在的模糊性问题的学者面临了一个延续至今的思想挑战。与欧洲国家的社会、文化、经济以及政治环境中发生的令人不安的变化不同，历史相对主义占据了中心舞台，并清除了“合理性的非常概念”。[18]跟随其逻辑性——如果激进的话——结论，历史相对主义者的推理“认为历史根本不是一种科学而是一个能够为毫无意义的生活赋予意义的创造性活动”。[19]绝大多数欧洲和美国学者在第二次世界大战后仍然坚持他们的历史主义导向，但他们对资料评估的客观性的论断则在对相对批评主义的回应中多少得到了缓和。

在20世纪60年代欧洲和北美洲的社会和政治剧变中，再一次对历史客观主义进行了激烈争论。到了70年代，后结构主义理论扩大了相对主义的概念，并宣布获取客观的历史知识是不可能的。一些历史学家则宣称“历史的终点”即将到来。

历史方法以及难以捉摸的精确度理想

对待历史资源的科学方法是从对其形式和内容进行精密分析开始的，这是为了判断其真实性。这是理性时代中的理性主义思想家在18世纪中采用的方式。就建筑学来说，围绕18世纪50年代罗马古典风格的真实资源上的问题就是这个现象的实例。为了判断一个历史记录的真实性，今天的历史学家可以采用各种不同的工具，其中的大部分最初都是为了在其他学科中（例如精准的年代测定技术就是为考古学而提出的）使用而开发的。对处理古代书面资料的历史学家来说，古文字学科——对古代字体的研究——为显示早已在羊皮纸和普通纸张碎片褪色的墨水印记提供了技术。[20]统计学工具已经被证明在近现代西方社会的人口统计学历史的编辑方面格外有效。[21]语言学家则为对不同文化中的语言演变提供了理解基础，并且使历史学家距离对历史文件含义的精准评估更近一步。经济历史和社会人类学为过去人们中可能存在的动机和关系提供了一些观点。

但即使凭借今天现有的各式各样的分析工具，历史编纂学的固有约束还是限制了任何历史学家可以达到的精准度。最为重要的限制就是在于历史自身的存在，也就是戴着“现代的精神眼睛”而成为他的观众。[22]不论作者以及他的观众是否共享同样的观点和价值，解读的双重过程会不可避免地在历史叙述性方面产生不准确度。

精确度方面的第二个限制在于西方历史叙述性中的线性本质，也就是鼓励采用历史是以一维平面的形式进行呈现的错误假设。作为一个有组织的策略，年代学是明确表征事件因果关系的必不可少的方式。但是，它并不能传达出历史丰富的复杂性——人类活动在时间长河中的连锁反应和重叠效应——并且为了保持连贯性而必须呈现出一种经过编辑的事件流。在20世纪70年代，开始采用后现代方法去尝试捕捉历史叙述性中存在的这种复杂性，这是通过将框架缩减到文化或者国家级别，并引入一个有组织的主题形式。最近，按照年代顺序的叙述技术作为一种能够提供背景环境并证明事件之间因果关系的有效手段而再度出现。即使考虑其限制，历史事件的连续顺序还是能够增强我们的理解，并为每个个人都会体验到的生活经历提供一个微妙而可靠的平行线。（有关与历史相关的非西方社会看法和意义的进一步讨论可参见第15章中“海外的欧洲遗产保护原理”部分内容。）

阻碍达到完美历史准确度的第三个因素是文化趋势，以及历史学家介绍历史事件的政治顾虑的影响，这可能是一个只有极少数历史学家才意识到的影响。19世纪欧洲历史学家是有选择性地处理历史事件，而其构建的叙述性也是明显倾向于支撑民族特性的。今天——尤其是在教育方面，历史在很大程度上成为了一种受到价值驱动的事业。虽然许多欧洲-美国教育家会否认这一点，但培养对国家成就的坚定不移的认可已经成为民族特性的一部分，而增强爱国理想仍然是西方文化中的历史事业的主要目标。[23]这种情况在其他文化中也是同样的。这一点在东亚国家中表现得最为明显，历史的商品化在过去的30年中已经越来越突出。

可能在对历史的全面描述方面最为重要的限制就是人类的不完美：所有事件中只有很小一部分被提到了，只有极少数的民族被记住了，残缺不齐的记录中也只有很少的碎片以可解释的形式被流传下来。[24]就可以为生活唤起生命（历史人物的理想和情感）的叙述性的维度来说，我们在很大程度上处于推测的范畴中。最后，正如乔治•库布勒在《时间的形状》一书中所写到的那样：“历史的完成是永远难以理解的。”[25]

复古主义：将过去放在基座上

复古主义这个术语出现在16世纪，收集古物并研究历史纪念物在那个时期中得到了广泛传播，从而使价值确认成为文艺复兴时期各人类学家的文化追求。（古代学者这个术语更适宜描述东方社会的古文物研究者。）对国家古代遗迹进行全面调查的最早尝试是在英国由威廉•卡姆登在其著作《不列颠帝国》一书中完成的，这本著作在1586-1606年连续出版了多个版本。那个时期的欧洲尚不知道这种收集并记录所有已知古代艺术和文学表现形式（铜器以及瓷器）的工作早已经由宋徽宗在北宋时期（960-1127年）就完成了。与卡姆登类似的努力也在其他国家中随之出现。

古代遗迹的吸引力——尤其是史前遗迹——取决于文化态度和价值的复杂分类。大卫•洛温塔尔列举出了对复古主义来说最为重要的古物价值：“悠久的年份、独特性、珍稀性、古代技能、已经失传的技艺，以及原始人类与自然和谐相处、将技术和艺术视为一体并所有物品同时具备实用性和美感的假设。”[26]现在，普遍认为——总的来说——早期复古主义诠释了对历史物品的价值性和稀有性展示出来的一种相当大的好奇心和出自本能的欣赏。最终，他们对于历史产物的细心考虑构成了作为一个单独学科的历史以及建筑保护领域的基础。

The MOST NOTABLE

ANTIQUITY

OF

GREAT BRITAIN,

Vulgarly called

STONE-HENG,

ON

SALISBURY PLAIN,

RESTORED,

By *INIGO JONES*, Esq; Architect General to the King.

To which are added,

The *CHOREA GIGANTUM*,

OR,

Stone-Heng Reftored to the *Danes*,

By Doctor *CHARLETON*;

AND

Mr. *Webb*'s Vindication of *Stone-Heng* Reftored,

In Anfwer to Dr. *Charleton*'s Reflections;

WITH

OBSERVATIONS upon the Orders and Rules of ARCHITECTURE in Ufe among the Antient *ROMANS*.

Before the whole are prefixed,

Certain MEMOIRS relating to the LIFE of *INIGO JONES*; with his Effigies, Engrav'd by *Hollar*; as alfo Dr. *CHARLETON*'s, by *P. Lombart*; and four new Views of STONE-HENG, in its prefent Situation: With above twenty other Copper-Plates, and a compleat INDEX to the entire Collection.

LONDON:

Printed for D. BROWNE *Junior*, at the *Black-Swan* without *Temple-Bar*, and J. WOODMAN and D. LYON, in *Ruffel-Street*, *Cavent-Garden*.

M. DCC. XXV.

◀**图6–4** 建筑师伊尼戈・琼斯在其对巨石阵的起源和意图的推测中诠释了17世纪中看待古代遗物的英国复古主义观点。扉页：“索尔斯堡平原上的英国最为知名的古代遗迹——其通俗名字为巨石阵……修复的，伊尼戈・琼斯（1725年）。

▼**图6–5** 包括威廉・卡姆登在内的其他人也对巨石阵十分好奇，同时也认为这是英国第一个真正的古代遗迹。卡姆登自己就这个主题写作的论文被收录在琼斯逝世后出版的巨石阵论文集中。

17世纪欧洲复古主义同时对艺术以及收藏家的行为产生了深远的影响。古罗马遗迹构成了油画中神圣以及神话人物团体的环境，并被渲染成夸张的宏伟建筑，正如里格尔所说的那样：“为了向旁观者传递出古代宏伟建筑和现代衰败景象之间存在的真正巴洛克式的反差。”[27]民族自豪感的培养可以通过对历史研究不断增长的兴趣而得到加强，这可以对尊敬历史及其当地物质遗迹的倾向。欧洲丰富的中世纪纪念物不再受到诽谤，而是不断受到了18世纪鉴赏家的关注。

随着欧洲工业时代在18世纪中的出现，关注度开始侧重于所有事物的“发展”和“可完美性”。对历史的流行关注度开始减退[28]，古代纪念物的损坏和破坏因为被容纳快速膨胀的人口而快速建造的道路和其他现代“改进项目”而加速出现。工厂呈倍数增加，城市以惊人的速度在发展，进入城市区域的移民形成了新的社会压力和经济理论。[29]

工业化在19世纪欧洲的持续发展与不断增长的科学重要性结合在了一起，因此在古代和现代之间造成了一种冲突。[30]诸如由威廉•莫里斯创建的古代建筑保护协会这类组织在提倡早期建筑保护主义者的实用性考虑的同时，还为传统主义者提供了一个交流的论坛。（参见第9章和附录B。）

与不断扩大的历史研究领域相同，复古主义最初也只是接受过良好教育人士的独占领域。然而到了19世纪，复古主义已经成为西方社会中一个普遍受到欢迎的消遣活动，这可以从有关历史主题书籍不断增长的市场需要、不断增加的博物馆数量以及历史协会的迅速蔓延中得到证明。最早出现、最具活力也最具影响力的协会是伦敦复古主义协会。这个协会成立于1580年，它最终被认为英格兰古代纪念物管理者的地位。就这个协会历史而言，其大多数时候都是这个国家最为活跃的压力集团，并会定期发动其会员去防止中世纪遗迹被拆除；这个协会列举出了今天它的会员中的若干突出的英国保护建筑师以及建筑历史学家。

随着20世纪的到来，历史及其工艺制品开始逐渐失去了它们光鲜的地位，因为复古主义不加批评的崇拜对象已经被越来越多严格、以事实为基础的历史方法所取代，而这些历史方法只会因为它们能够提供的信息才重视遗迹。许多现代历史学家都认同一个区别复古主义和历史资料的历史学定义："历史学家是从传统中得到一种意义，而复古主义者则只是以一种早已熟悉的形式对历史中的模糊部分进行重新创造、演绎或者重新颁布。"[31]然而，在20世纪大众媒体关注度的后半部分极大促进了对历史遗迹的兴趣流行程度，以致于全球人类始终能够接触到几乎全世界每个地方的历史。

作为了解历史必然性道路的考古学

自从其于18世纪开始创立之后，考古学这门学科已经为历史解读提供了大量的数据。它发展的社会环境则是由复古主义的普遍影响所提供的；事实上，早期

图6-6 查尔斯·托马斯·牛顿对辨认并收集哈利卡那索斯（位于现代土耳其的博德鲁姆市）摩索拉斯陵墓的存续碎片付出了艰辛的努力，他于1862年出版的《哈利卡那索斯、尼多斯和达伊等地的发现历史》一文中公布了他的发现，这代表了在对建筑纪念物的研究中使用的早期科学考古方法。

的考古学家本质上都是想要使用来自遥远历史中的浪漫主义回忆来填满他们陈列室的遗物收集者。

考古学的目的是为了凭借历史的物质遗迹来研究古代人类行为，具体手段则是采用被设计能够得到可核查的结果的现代技术和分析工具。它的特殊目标是四重的：开发文化历史，研究古代生活方式，解释为什么文化会在过去发生变化，以及为了下一代而保护考古记录。考古学同时受到——反过来也对其有所贡献——历史学、地理学、人类学、物理科学以及其他学科的帮助。这是一门即使稍微接触也能够有所收获的专业；考古研究工作和考古场地的保护都可能受到比历史建筑和古迹场所面临的严重得多的威胁。

在19世纪早期，考古学开始在欧洲、美洲和中东地区定义它自己的学科领域。即使那样，这个领域基本上仍然处于未发展地步，尽管诸如奥斯丁•亨利•莱亚德等于19世纪40年代对亚述帝国进行的系统研究以及奥古斯特•马里埃特等这些先驱者完成了许多开创性工作。弗朗索瓦•奥古斯特•费迪南德•马里埃特的长处更多在于办公室，而不是在这个领域中的工作……虽然他并不是一名特别细心的挖掘者，但他仍然是19世纪70年代一名优秀的埃及文物服务局第一助理，那时他负责使所有对埃及的挖掘和研究实现正规化、系统化并得到控制。

这个领域中的其他塑造者，包括在哈利卡那索斯（位于现代土耳其的博德鲁姆市）摩索拉斯陵墓的存续碎片的收集上付出了艰辛努力的查尔斯•托马斯•牛顿、恩斯特•库尔提斯，及其位于希腊萨莫色雷斯岛和奥林匹亚的认识到寻常发现的重要性并且对他们发掘的几乎所有的场所都进行保护了的德国同事。19世纪70年代海因里希•谢里曼由于受到荷马时代传说的影响而对位于特洛伊和迈锡尼的希腊文明的起源进行了调查，他所取得的轰动发现对于促进考古学作为一个令人激动并且极为有用的科学追求的概念的流行化做出了巨大贡献。在公众的眼中，英国考古学家霍华德•卡特凭借其于1929年在卢克索国王谷发现的图坦卡蒙墓而超过了谢里曼在迈锡尼井墓和特洛伊早期时代的发现。

考古学的确在18世纪晚期以及19世纪中得到了一定数量的很有希望的创新性科学方法以及领域技术的例证，这些东西甚至在今天依然令人叹为观止。尤为著名的是瑞士工程师卡尔•韦伯于18世纪50年代在赫库兰尼姆古城中所做的工作，他对进行的深入发掘做了一丝不苟的记录。英国考古学家奥古斯都•亨利•皮特-里弗斯被认为英国考古学之父。他是确认在古迹发掘过程中进行精确记录的价值的首批人士之一。他所做的艰苦卓绝、大规模的发掘活动在其位于威尔特郡克兰伯恩•蔡斯的面积为29000英亩的庄园中进行，其中包括了史前文明、罗马时期、撒克逊村庄、墓地以及古坟。作为一名前军人，皮特-里弗斯将军被誉为1882年颁布“古代纪念物保护法案”之后的不列颠在古代纪念物方面的首位检查员。

同一个时期中诞生的考古学方法方面的另一位伟大发现者是弗林德斯•皮特里，他在埃及的工作都是基于以下原则：“首先，关注正在被挖掘的纪念物，并尊重未来的参观者和挖掘者；其次，在挖掘和收集并描述每一件发现的物品的时候一定要小心翼翼；第三，对所有纪念物和挖掘工作进行准确的规划（书面记录）；[以及]第四，尽可能快地对所有挖掘工作进行全面发表。”[32]

东亚的考古学起源于某些世界上最古老文明的所在地。从19世纪晚期开始，现代考古学方法开始被使用在中国的黄河流域，同时也受到了被用于法属印度支那和英属印度的欧洲方法知识的影响。

在欧洲西部，建筑考古学在19世纪作为一个特殊的探讨领域被建立起来，这归因于重新出现的对古典和中世纪建筑风格的兴趣。作为文艺复兴时期拒绝认可“野蛮的”哥特式建筑的部分回应，教区教堂和大教堂成为接受考古学全面检查的首批欧洲古代建筑。这不是简单的复古主义，而是作为天主教复兴的建筑表现形式——以及福音派教会对此的反应。恢复被同等于一种道德和宗教责任。

因为考古发现的步伐在20世纪早期中被加速了，新的方法也随之出现。挖掘和研究系统的发展包括了今天仍然在使用的方法，例如考古网格、区域摄影以及对陶器和其他发现物进行类型分析等。在第二次世界大

图6–7 亚洲的现代考古学最初是由在欧洲和北美确定的方法构成的。其中部分发现的不同本质——诸如西安秦始皇陵中著名的兵马俑，这可以追溯到公元前3世纪——形成了一些中国仅有的考古学方法和古迹保护专业。

战之后，一系列新的技术被设计出来，以帮助实现精准的考古研究。这些技术演变成一系列复杂范围内高端技术：碳-14和钾氩纪年法、动物考古学、质子磁力仪，以及各种各样的考古勘探方法，包括磁力仪和电阻率以及透地雷达。

在20世纪早期那些重新定义了这个学科的理论和方法论的考古学家之中，没有任何人的影响力能够比得上V•戈登•蔡尔德，他侧重于新石器时期和城市革命等。我们时代的其他著名考古学家包括格雷厄姆•克拉克，他侧重于生态环境的研究；莫蒂默•惠勒，他在挖掘技术方面做出了贡献；戈登•威利，他因在美洲和文化历史方面的工作而众所周知；以及刘易斯•宾福德和伊恩•霍德，他们在理论方面有着巨大贡献。

图6-8 应用于考古学的现代技术包括获取的柬埔寨吴哥古城的透地雷达图像，这是于1994年11月从奋进者号航天飞机上拍摄的。结果揭示了有关古代特大都市方面的新信息，扩大了许多考古学家、历史学家、规划者和文化遗产专家的兴趣。（图片：JPL/美国宇航局）

图6-9 米塞利考迪亚实验室于1971年在威尼斯圣乔治岛上建立，这是那里的首个建筑保护实验室。建筑保护及相关实验是得到了位于纽约的塞缪尔·H·克雷斯基金会联合世界文化遗产基金会的共同资助。

今天，考古学的关注重点包括能够形成古迹以及工艺制品的文化和流传下来的物质遗迹。尤其是在过去十年中，考古学已经在文化遗产保护实践中广泛地确定了其地位。美国考古学家苏珊•阿尔科克和澳大利亚考古学家林恩•梅思科则将重点放在古代社会的遗产意识的实例方面。梅思科同时也提出了有关外国考古冒险的传统实践，以及它们对所在国及其文化的影响的问题。个体参与者和博物馆都对考古学在新收藏品来源方面的传统角色进行了重新思考，尤其是那些被送至外国的藏品。[33]这些趋势拖累了考古学在文化遗产保护范围中的发展，也对人类学和社会学的相关领域产生了影响。这些领域的跨学科本质始终都是存在的，但这个趋势现在全球化了，未来很光明，但会要求进行更多的跨学科分析，并从中获益。

保护学科和技术的显著作用

建筑保护作为一个专业于20世纪60年代在欧洲和美洲的出现，在很大程度上要归因于保护科学和技术的广泛发展。这个专业的技术方面是从少部分艺术品修复者、科学家、修复建筑师和工程师的工作中建立起来的，并且在许多方面已经成为今天这个领域的核心内容。建筑保护科学的专业化方法已经得到长足发展，并可以满足建筑纪念物保护的需要。这种发展——及其应用——是非常显著的：它能够达到并出色地满足这个迅速增长的需要，并且这一切都是在若干不同的场所中同时发展的。

欧洲和美洲的现代保护科学及其实际运用得益于四个主要的来源：与收藏和博物馆产品管理联系在一起的保护传统；过去一个世纪中的建筑行业；来自各个地方的观察和引入品；以及修复建筑师、化学家、工程师、考古学家以及手工艺人在解决技术问题方面的第一手经验。尤其是最后这一组人物，他们的工作就是在建筑保护项目中保护他们所涉及方面工作中的真正历史构件（物质和历史建筑系统）。

因为建筑保护实践的主要目标是减缓或者阻止衰减过程，也就是延长物品的寿命，这项任务经常涉及必须使用复杂的技术干预。使挑战性增加的地方在于每个建筑材料都有其自己特定的物理特性，并且每种材料都有其自己特定范围的可能解决方案。（参见第8章。）

建筑保护领域中全面的科学和技术方案在各种资料来源中得到了覆盖，而不是在这本书中。相关实例包括伯纳德·费尔登的《历史建筑的保护》、马丁·E·韦弗的《保护建筑》、由约翰·阿瑟斯特编辑的巴特沃斯-海涅曼系列论文、乔治奥·克罗奇的《建筑文化遗产的保护和结构修复》、哈罗德·詹姆斯·普伦德利思的《古董和艺术制品的保护》，以及大量的日记和少量的出版物，后一类包括保护技术协会的杂志（APT公告）、建筑保护日报、国际历史性及艺术性文物保护协会的出版物，以及技术保护服务局——美国国家公园管理局的一个部分——的技术简报系列。在这些资料来源和其他来源之中——包括在万维网上得到进行了精心索引编码的参考文献——建筑保护科学和方法方面始终在不断进化发展，得到了最佳的研究。（参见附录A和D。）

很有可能的一件事是建筑保护科学领域中最早出现的称职修复者从雕塑和油画以及在对早期建筑的修复或改造过程中偶尔出现的混合新旧的需要中学习到了工艺技术。对艺术品的修复和保护至少可以追溯到意大利的文艺复兴时期，那个时期的欧洲修复者就是在受损艺术品的修复和复原方面非常有经验的艺术家。[34]除了理论和技术的相关问题之外，这两者之中更广泛的含义也在一并发展。从始至终的问题包括如何去保护真实性、如何处理**脱漏**（遗失的元素）、如何区分新旧，以及如何有效地使用修复材料。这些问题对于一个项目能够同时在艺术品和建筑保护方面取得成功至关重要；因此毫不意外的是，随着这些方面的专业知识发展，修复和保护科学中的专业也在随之发展。

因为处理文物的艺术品-修复者专业技术已经凭借其自身能力而发展成为一个独立的学科（经常与博物馆联系在一起，并出现在教育机构的课程中），所以它的早期从业者——修复者、科学家以及技师——形成了处理**固定式遗产**（建筑物）的能力。现代欧洲艺术和建筑保护专业形成时期的早期知名人物包括瑞士-意大利人加斯帕雷和朱塞佩·佛萨提兄弟，他们在19世纪40年代中完成了对伊斯坦布尔圣索菲亚大教堂马赛克和油漆表面的修复工作。建筑保护科学和技术领域的下一代先驱者包括比利时人阿尔伯特·菲利波，以及布鲁塞尔皇家艺术遗产研究所的主管保罗·克雷斯曼；意大利人罗伯特·隆吉、皮耶罗·尚鲍勒西、切萨雷·布兰迪、乔治奥·托拉卡以及保罗和劳拉·莫拉；大英博物馆的哈罗德·詹姆斯·普伦德利思，他也是后来国际文物保护与修复研究中心的第一助理（1959—1971年）。美国的部分早期艺术和建筑保护专家包括来自的福格艺术博物馆[35]的乔治·斯托特和卢瑟福·格腾斯以及克雷格·休·史迈斯、谢尔登·凯克和劳伦斯·马耶夫斯基，他们都是与知名博物馆或者大学联系在一起的人士。[36]因为建筑保护中的大部分领域是从20世纪中期开始向前发展的，所以这些先驱者的工作变得非常重要，他们的学生以及其他后来者则继续对一直存在于今天的建筑保护科学和技术中的关键部分进行了定义，并使其流行化。

从20世纪80年代开始，保护科学的专业化课程就已经在国家或者地区机构中占有一席之地，例如巴黎的历史纪念物研究实验室、德国亚琛的亚琛工业大学（RWTH）地质学院、奥地利莫尔巴赫的奥地利古迹保护联邦办公室建筑保护中心、英国的英国文化遗产保护中心，以及佛罗伦萨著名的Opeficio delle Pietre Dure（OPD）。其他国家级或者大学级别的重大举措包括德国和奥地利开始于20世纪70年代并持续了超过十年的全国石质文物调查、罗马的Istituto Centrali per il Restauro、瑞典的Riksantikvarieambetet（国家文化遗产委员会）、土耳其安卡拉中东工程技术大学的保护设施，以及东京研究院。这些机构中的绝大多数曾经并且现在仍然是得到国家赞助的科学家和学者组织，这些成员主要负责国家纪念物保护中涉及的科学方面的工作。

在美洲方面，美国负责保护科学技术的国家机构在费城的独立公园中开始建造美国国家公园管理局要求的保护措施。在技术保护服务部（美国国家公园管理局下属的一个部门）的支持下，位于路易斯安那州纳契托什市的国家保护技术及培训中心现在能够提供这种服务。这个机构在加拿大的对应机构是加拿大文化遗产保护所；在墨西哥，则是位于楚鲁巴斯科的Instituto Nacional de Antropologia e Historia；在秘鲁，则是国家文化遗产局。除了这些机构及类似组织中的由国家主导的工作之外，其他超越国家的努力主要以两个关键形式存在：罗马的ICCROM实验室，他们为ICCROM参与到的国家和项目提供服务；以及由ICOMOS下属的国家和技术委员会构成的全世界范围内的科学和技术专家网络。（参见附录B。）

建筑行业也在保护技术的发展中起到重要作用，因为这个行业中负责产品制造商研发工作的专家会对市场需要进行回应。这个行业对石材、木材、玻璃和油画保护方面做出了巨大的贡献。各个独立的化学家、科学家和技术专家都因为他们对建筑业的兴趣而与这个领域联系在了一起。建筑修复和保护行业已经欧洲、美洲、东亚以及印度次大陆范围内得到了普遍传播，澳大利亚涉及建筑保护项目的专业出版物和提及在更多的主流建筑出版物中出现的次数已经有了大幅增加。

建筑保护科学中的知识传承是这个领域中最令人印象深刻的一个特点。例如，美国在20世纪60年代早期对欧洲进行的、旨在观察建筑保护做法的实地调查任务，带来了政府在可以成为范例的建筑保护实践——以及学校培训——方面做出承诺的确定消息。现在，由于工作关系而移居或者四处旅行的科学家和修复专家一直在和他们的同事共享新的想法。但到目前为止，保护科学和实践方面传递信息的最有效方式一直都是通过正式的教育培训。（参见第15章和第16章。）

现在，建筑保护科学和技术方面的实践是由了若干专业的利益集团承担的，包括国际古迹遗址理事会（ICOMOS）下属的科学委员会、国际文物及艺术品保护协会（IIC）以及文物保护技术协会（APT）。美国和国际舞台中两个主要的机构是位于洛杉矶的盖提文物保护中心（GCI）和位于加拿大的加拿大保存技术研究院（CCI）。

与材料保护科学的发展同样重要的是它的应用。跟所有优秀的学科一样，绝大多数技术保护应用都是通过实验获得的（石材清洗的发展就是一个很好的例子）。保护科学——科学方法应用的一个范例——是现在文化遗产保护的基础，因为保护科学家相互之间合作，并且会在专业会议和杂志上共享有关建筑业的信息。根据从每年进行的数千个通常规模很大——也很昂贵——的保护项目中得到的经验，保护科学和技术在整个文化遗产保护领域中起到了非常显著作用的原因是非常清楚的。

历史和遗产保护

与历史一样，被称为遗产的文化遗产关注历史事件、物质遗迹和人类关系。但是，这两者之间存在着不同的目的，这对历史建筑和场所的保护方面存在着重要的含义。除了历史学家受到的限制之外，对于历史“真相”的追求是历史学的神圣任务。而相反地，遗产则是从公共消费的角度出发，让历史以一种富集和娱乐的经验形式呈现，这样做就会出现通过有选择性地修改历史的既定事实而传递出一种未曾存在于历史之中的清晰度的行为。

19世纪中建筑文化遗产及其保护方面不断提高的意识是与历史学的专业化同时发生的。在欧洲西部，工业革命引发的不安以及过多的唯物主义可能会腐蚀精神价值的观点，对构成19世纪晚期特点的积极的修复活动起到来极大的推动作用。修复被认为在修正上一代人犯下的错误，并对能够反映建筑历史的腐朽、老旧以及风格上的混乱进行调整。

因为持续不断的工业化改变了欧洲的社会结构，并使城市人口剧增，所以建筑师和历史学家更加充分地认识到了精美的历史建筑群不可替代的价值，而这些历史建筑全部是由过去流传下来的。建立法律手段以保护历史建筑免遭始终存在的破坏危险的需要已经出现了，并且这在许多地方已经形成一种新的紧迫感。诸如约翰•拉斯金和威廉•莫里斯这类对粗暴的修复工程非常厌恶的批评家，对于历史建筑的历史整体性非常敏感，他们反对现在主流的修复措施。拉斯金主张尝试“提高”局部细节的清晰度以及表面处理的规则性，以免改变和减少整座建筑美学特点。莫里斯则指出了按照这种方式处理历史建筑的主观性和伪善性。（参见第14章。）

扭曲历史事实的可能性在21世纪中仍然存在；但是，这更多的是发生在恢复期中，而这种情况在具备主要历史重要性的事件已经发生的情况下被降至最低。即使这样，在那些被认为某个事实造就的历史古迹的场地中，保护决定看起来是很简单的。例如，华盛顿特区的福特剧院——美国总统亚伯拉罕•林肯于1865年4月14日在此遭刺杀身亡——就被按照那天晚上的样子进行了修复。第二次世界大战的第一枪是由德国军舰什列斯威-荷尔斯泰因号于1939年9月1日在波兰格但斯克15世纪的Vistulamouth要塞中打响的。这个事件的严重性导致了壮观的青铜纪念物的建造。虽然这些场地最终都被赋予了其他令人感兴趣的联想，但存在于历史中的这两个主要事实永远不会被抹去。

对处理那些带有更多层历史以及多个历史重要性联想的场所的遗产保护专家来说，决定哪个事件是应当被纪念的及其原因是一个复杂的问题。的确，所有历史建筑都远不只是一份简单的历史文档。与历史的文字事实之间的死板联系限制了它们被认为能够在其所处环境中发挥重要贡献的可能。考虑到一个古迹的复杂性并将有关过去的广泛而可得的信息包含在内的保护项目，能够更加全面地利用历史价值。用著名的比利时艺术历史学家以及ICCROM前任董事保罗•菲利波的话来说，历史保护可以缩小过去和现在之间的间隙。[37]

大卫•洛温塔尔则看得更远，他认为关于历史的统一观点能够促进某人作为某个民族成员的自豪感，并坚持这个民族的文化价值。他将遗产描述为对被呈现的历史进行的一个“信仰宣言”[38]，不论是通过历史建筑、战场重现、历史古镇还是无数其他当代文化遗产意识的表达。他这样写道：“文化遗产创造者追求能够设计出一种可以固定身份性并提高某些选定个人或者种族幸福感的历史。”[39]

凯文•林奇在其提出的“保护并不只是简单地保护老旧事物，而是要维持对这些事物的回应”[40]的注释上毫无疑问是正确的。文化遗产在今天的流行程度要归因于其将历史复杂性提炼成一种能够与现代价值进行交谈，并暗示它们能够持续而令人安心地延续至未来的能力。在其最好情况下，建筑和其他类型文化遗产的保护可以——林奇继续讲述道——精心制做出一种有价值的“时间的社会形象，它能够放大、赞美现代并使其充满活力，同时还能够提高其与过去以及尤其是与未来的重要联系”。[41]

延伸阅读

Breisach, Ernst. Historiography: Ancient, Medieval & Modern. 2nd ed. Chicago: University of Chicago Press, 1994.

Choay, Françoise. The Invention of the Historic Monument. Translated by Lauren M. O'Connell. Cambridge: Cambridge University Press, 2001.

Conti, Alessandro. Storia del restauro e della conservazione delle opera d'arte. Milan: Biblioteca Electra, 1988.

Denslagen, Wim, and Neils Gutschow, eds. Architectural Imitations: Reproductions and Pastiches in East and West. Maastricht, Netherlands.: Shaker Publishing, 2005.

Fitch, James Marston. Historic Preservation: Curatorial Management of the Built World. Charlottesville, VA: University of Virginia Press, 1990.

Getty Conservation Institute. Research on the Values of Heritage. Los Angeles: Getty Conservation Institute, 2000. http://www.getty.edu/conservation/field_projects/values/.

Huntington, Samuel P. The Clash of Civilizations and the Remaking of World Order. New York: Simon & Schuster, 1998.

Jokilehto, Jukka. A History of Architectural Conservation. Oxford: Butterworth-Heinemann, 1999.

Kubler, George. The Shape of Time: Remarks on the History of Things. New Haven, CT: Yale University Press, 1962.

Laurence Kanter, "The Reception and Non-Reception of Cesare Brandi in America," Future Anterior: Journal of Historic Preservation; History, Theory and Criticism 4, no. 1 (Summer 2007): 31–34; Frank G. Matero, "Loss, Compensation, and Authenticity: The Contribution of Cesare Brandi to Architectural Conservation in America," Future Anterior 4, no. 1 (Summer 2007): 45–63.

Lowenthal, David. The Heritage Crusade and the Spoils of History. Cambridge: Cambridge University Press, 1998.

————. The Past is a Foreign Country. Cambridge: Cambridge University Press, 1985.

Lynch, Kevin. What Time Is This Place? Cambridge, MA: MIT Press, 1972.

Marks, Stephen, ed. Concerning Buildings: Studies in Honor of Sir Bernard Feilden. Oxford: Butterworth Heinmann, 1996.

Meskell, Lynn, ed. Archaeology Under Fire: Nationalism, Politics and Heritage in the Eastern Mediterranean and Middle East. London: Routledge, 1998

Riegl, Alois. "The Modern Cult of Monuments: Its Character and Its Origin." Translated by Kurt W. Forster and Diane Ghirardo. Oppositions 25 (Fall 1982): 21–51.

Robertson, Roland. Globalization: Social Theory and Global Culture. Thousand Oaks, CA: Sage Publications, 1992.

Schama, Simon. Landscape and Memory. London: Harper Collins, 1995.

Stanley-Price, Nicholas, M. Kirby Talley, Jr., and Allesandra Melucco Vaccaro, eds. Historical and Philosophical Issues in the Conservation of Cultural Heritage. Readings in Conservation. Los Angeles: Getty Conservation Institute, 1996.

Stille, Alexander. The Future of the Past. New York: Farrar, Straus and Giroux, 2002.

Tomlan, Michael A., ed. Preservation of What, for Whom? A Critical Look at Historical Significance. Ithaca, NY: National Council for Preservation Education, 1998.

Tung, Anthony M. Preserving the World's Great Cities: The Destruction and Renewal of the Historic Metropolis. New York: Clarkson Potter, 2001.

UNESCO. Convention Concerning the Protection of the World Cultural and Natural Heritage [World Heritage Convention]. http://whc.unesco.org/pg.cfm?cid=175.

注　释

1. Alexander Stille, The Future of the Past, 312–39.
2. Even earlier if one takes into account works by Dante and Petrarch based on ancient texts.
3. George Kubler, The Shape of Time, 12.
4. Ernst Breisach, Historiography, 2.
5. Lowenthal, Past is a Foreign Country, 241.
6. Kevin Lynch, What Time Is This Place? 121–22.
7. Michael Hunter, "Preconditions of Preservation," in Our Past Before Us: Why Do We Save It? ed. David Lowenthal and Marcus Binney (London: Temple Smith, 1981), 17.
8. Bernie Kernot, "Maori Artists of Time Before," in Te Maori: Maori Art from New Zealand Collections, ed. Sidney Moko Mead (New York: Harry N. Abrams, 1984), 155.
9. Mary Nooter Roberts and Allen F. Roberts, "Mapping Memory," in Memory: Luba Art and the Making of History, ed. Mary Nooter Roberts and Allen F. Roberts (New York: Prestel USA, 1996), 144.
10. Jokilehto, History of Architectural Conservation, 3.
11. As Breisach comments, "[Flavio Biondo's] enthusiasm for the skilled use of nonliterary remainders of the past stimulated the rise of the antiquarian movement, which in time would enhance the scope of historiography, strengthen the importance and awareness of primary sources, and evoke in historians a sense of the wholeness of past life" (Breisach, Historiography, 156).
12. Riegl, "The Modern Cult of Monuments," 26–29.
13. As science presented developmental interpretations of natural phenomena, philosophers and historians increasingly argued for interpretations of history based on the idea of humankind's progress toward greater perfection. As Breisach said, "Past, present, and future were once more linked in a development with a common direction, this time not towards a spiritual goal"—as in the medieval past—"but towards human betterment in this world" (Breisach, Historiography, 205).

    An important competing view of history was proposed by Giambattista Vico (1668–1744) in his New Science 1725 (trans. Thomas Goddard Bergin, Max Harold Fisch, Cornell University, Ithaca, NY: 1970). Challenging the assumption that reason alone could reveal truth and lead to a permanent state of progress, Vico argued for a dynamic model of history based on the observation of human behavior in groups. Like Voltaire, Vico maintained that cultural practices were both learned and variable. Belief in an unchanging human nature was incorrect; different historical ages were expressed in a diversity of cultures, and monuments were the direct evidence of the human past. Vico's work formed a cornerstone for the development of the historicist view that became prominent in the nineteenth century.
14. Baker, Living with the Past, 28.
15. Martha Howell and Walter Prevenier, From Reliable Sources: An Introduction to Historical Methods (Ithaca, NY: Cornell University Press, 2001), 12.
16. Georg G. Iggers, "Historicism," in Dictionary of the History of Ideas: Studies of Selected Pivotal Ideas, ed. Philip P. Wiener (New York: Scribner, 1973–74), 2:458.
17. Hunter, "Preconditions of Preservation," in Lowenthal and Binney, Our Past Before Us, 28.
18. "The principal argument of the historical relativists," as historian Peter Novick describes it, "was that so far as they could see, historical interpretations always had been, and for various

technical reasons always would be, 'relative' to the historian's time, place, values, and purposes" (Novick, That Noble Dream: The "Objectivity" Question and the American Historical Profession [Cambridge: Cambridge University Press, 1988], 166).

19. Breisach, Historiography, 329.
20. Howell and Prevenier, From Reliable Sources, 46.
21. Ibid., 53.
22. Lowenthal, Past is a Foreign Country, 216.
23. David Lowenthal, The Heritage Crusade, 110.
24. Lowenthal, Heritage Crusade, 113.
25. Kubler, The Shape of Time, 12.
26. Lowenthal, The Past is a Foreign Country, 57.
27. Riegl, "The Modern Cult of Monuments," 31.
28. Hunter, "Preconditions of Preservation," in Lowenthal and Binney, Our Past Before Us, 26.
29. In its teleological design, Marx's theory of class struggle mirrored the structure of the revolutionary philosophy of history formulated by Georg Wilhelm Friedrich Hegel (1770–1831). Human history began when an abstract, impersonal Idea, or pure thought, first manifested itself in time as Spirit (geist). This manifestation, or thesis, took the concrete form of a particular society with its moral, cultural, and political "spirit," Hegel's famous zeitgeist.
30. According to Lowenthal, Victorian Britons took refuge against "the evils of rampant change and the dangers posed by the new industrial order" by "extravagantly re-creating architecture, art, and literature.... By the turn of [the twentieth] century the past had lost its exemplary and pedagogical justification but continued to supply intimate connections with pre-industrial ways of life" (Lowenthal, Past is a Foreign Country, 102).
31. Kubler, The Shape of Time, 13.
32. Glyn Daniel, 150 Years of Archaeology (London: Duckworth, 1978), 175.
33. The success rate of recent claims by ministries of culture in Turkey, Italy, Egypt, and other countries for the restitution of antiquities in foreign hands that are thought to have been illicitly acquired will likely continue to affect museum acquisition policies and the antiquities trade.
34. The Florentine artist Giorgio Vasari refers to restorations of both buildings and paintings in his Lives of the Artists (1568) (New York: Oxford University Press,1988).
35. George Wheeler (lecture, Historic Preservation Theory and Practice course, Columbia University Graduate School of Architecture, Planning and Preservation [GSAPP], New York, NY, November 10, 2006).
36. Namely the Fogg Art Museum at Harvard University, the Metropolitan Museum of Art in New York, and New York University.
37. Paul Philippot, "Restoration from the Perspective of the Humanities," in Historical and Philosophical Issues in the Conservation of Cultural Heritage, 225.
38. Lowenthal, The Heritage Crusade, 121.
39. Ibid., xi.
40. Lynch, What Time Is This Place? 53.
41. Ibid., 134.

第二部分

问题、原理和方法

作者注：由于这个主题长期性的本质，大量的观点实例将在这个部分的注释中做进一步的引述和详细解释。

今天的建筑保护领域面临着许多悖论。其中一个就是历史建筑和古迹的广泛肯定又造成了大规模旅游和物理干预（这个用途可能必须要求进行）的伴生威胁。当历史建筑和古迹得到复原或者修缮并被要求适应具有经济可行性的新用途时，必要的干预通常都是既激进又复杂的。世界文化遗产基金会董事长邦妮•伯罕姆对建筑保护专家所面临的特殊顾虑进行了描述，并认为他们的工作远比可移动遗产的保护更加复杂。伯罕姆的说法如下：

> [**文物保护中的**]主要问题在于真实性、完整性以及适宜的用途……然而建筑保护必须要处理两个特殊的额外问题：功能的连续性——在任何可能的时候对一个机构预计用途或者这个功能的视觉和建筑证据的保护；可持续性——在其原始环境中实现自给自足的社区用途。[1]

这些以及许多其他实用性和哲学性考虑会影响在建筑保护实践中做出的每一个决定。不仅今天的文化遗产保护领域要求对构成它的理论问题有一个明确的认识，而且可用的科学方法和技术方面不断累积的深厚知识对保护专业来说也是必不可少的。实现保持对最先进建筑保护技巧和技术的更新，要求勤奋，因为这个领域中的经验和知识——包括那些并未发挥作用的应用手段的信息——始终是在快速发展的。

图7–1 一名手工艺人正在修复高斯基市场外部的粉饰作品，这是一个位于俄罗斯圣彼得堡的历史中心市场建筑。

第 7 章

建筑遗产的危险

建筑保护工作由于建造环境受到了多重威胁而面临挑战。威胁建筑遗产的破坏力量同时包括自然力和人为的；但是，在最近几个世纪之中，人类对环境施加的效应已经被证明为更加复杂和更广泛。这些威胁可以是突如其来的，并且是戏剧性的，例如地震或者恐怖袭击，但更常见的是逐步并且很难察觉到的，例如石质建筑材料在污染物的作用下逐步变质，木头在潮湿气候中的腐朽，或者气候变化产生的效应。

为了做出一个准确而有效的保护诊断，了解是什么造成了文化遗产物质部分发生变质并变得脆弱是非常有必要的。找到因果关系的解决方案主要依赖于演绎推理、细心观察、培训和经验、科学分析以及常识。对各种不同解决方案进行测试和精心实验，能够带来不可估量的好处。

意识的演变

在被创做出的所有艺术和建筑作品之中，那些今天仍然代表了能够被流传下来的产物中非常一小部分的那一部分获得了更多的保护关注。即使在今天，每年仍然有相当多数量的世界历史建筑和古迹被破坏。但是在同时，最好、最具代表性以及最有力的艺术和建筑范例被保存下来的机率远胜过去，这是因为文化遗产保护运动不断提升的效力所导致的。

在过去，绝大多数文明都倾向于谴责他们的前辈，很少对文物和古迹上的连续破坏和更换进行预防。在日本和中国，每个后续的统治者或者王朝的习惯做法是建造一个新的宫殿——通常还包括一个新的首都。在帕特农神殿在雅典卫城中建造之前，这个地址上之前的两个神殿被相继夷为平地。在中世纪欧洲，无数的罗马式教堂让位于哥特式教堂，这反过来又广泛地被几个世纪之后以古典形式建造的教堂所整修或取代。在全球范围来说，一种信仰取代另一种信仰的宗教建筑

图7-2 一个先于伊斯坦布尔圣索菲亚大教堂存在的来自教堂的描绘基督教图案的柱顶盘；这个教堂可以追溯到公元415年。

实例非常多。[2]仅举一个例子，现在的圣索菲亚大教堂在伊斯坦布尔的所在地就是早期同一个和其他信仰共享的宗教建筑的所在地。这就是其他建筑形式以及城镇建筑的普遍情况；无数的早期居住地——现在几乎完全消失了——在巴黎、那不勒斯、北京、墨西哥城和纽约的城市中心脚下得到了蓬勃发展。

虽然如此，始终也有大量为保护文物、建筑和古迹而采取的以保护为主导思想的行动实例贯穿历史过程之中。正是这些经验的中和改变了对待历史建筑和艺术财富的流行态度。文艺复兴时期中的西方国家、19世纪中期的美洲以及部分亚洲国家所建立起的开明世界观，逐渐认识到了保护历史建筑的实用价值。在欧洲南部中以保护经典历史中更加与众不同的纪念物的偶然兴趣出现的行为，引发了修复从哥特时代开始的更具纪念性宗教建筑的潮流。保护所有历史时期的建筑典范的兴趣随后一并出现，并且逐渐地扩张成为包含了不断增加的建筑类型多样性，包括对著名历史人物或者事件有用的普通建筑以及不具备任何能为这个历史场所赋予特殊特性的特殊美感价值的建筑群。最终，建筑环境变得不可避免地与周边自然场所联系在一起，因为保护兴趣发展到将**历史园林**和人造景观的修复和保护一并包括在内。

由于新威胁的出现以及已知威胁发生的许多变化，划分历史建筑和古迹面临的危险类型变得非常困难（例如，供现代工业使用的地下水机械化泵抽行为会改变历史建筑之下的地下水位，并导致土壤的不均匀沉降，这反过来会导致包括墙壁、楼层以及屋面接缝等在内的其他建筑组分持续恶化，最终会对建筑的内部装饰产生影响）。当若干问题同时出现的时候，界定风险变得更加复杂（例如，天气引发的砌体破坏、不专业的早期修复以及糟糕的维护工作的组合），而这是会频繁发生的。[3]这其中还可能出现因果关系行为：地震后火灾，或者可能被重新使用的建筑组分由于它们在灾后清理过程中被清除而缺失。

不考虑历史建筑资源所面临的威胁类型，保护性法律和行政措施的制定和执行是找到解决大部分这些危险的一个途径。从20世纪60年代就开始一直在关注文化遗产保护问题的欧洲理事会[4]认为行政部门权利的划分是非常必要的。在许多情况下，政府性文化遗产保护的本质使其必须要涉及文化部、教育部、旅游部以及国内事务部，有时候还要包括国家经济部和对外事务部。一些国家已经授权宗教

图7-3 亚美尼亚大量的早期基督教建筑几乎都已经被毁于一旦。塔林大教堂（公元7世纪）以及大量类似场所在全国各地再次出现，这是由于20世纪60年代文化遗产旅游路线的再次兴起。

权威机构去监管这些历史宗教场所。[5]最好将监督行为中的这些额外部分视为施加额外的保护措施。

尽管这些行政责任得到了划分，但每个国家都需要为文化遗产保护提供额外赞助，这是一种希望将可预知的未来保持下来的形势。[6]文化遗产保护资金赞助的可用性通常都取决于每个层级政府的国家预算优选性，即使在最富裕的国家中也是如此。而具有讽刺意味的是，部分较贫穷国家（例如柬埔寨和亚美尼亚）中需要这些赞助的大量历史古迹能够为这些国家提供改善国家经济状态的最大希望——通过旅游业实现这一点。[7]

时间和大自然的破坏性行为

没有任何建筑能够逃避自然衰减的过程。所有建筑材料都会因与其他材料接触而随着时间逐渐腐朽，而某些材料——例如木材——则更易受到这种侵害。例如，在土耳其，十六七世纪的奥斯曼时期木制建筑就非常罕见，但又有许多同时期由石材建造的清真寺和宫殿被保存下来，这些建筑的建造出发点都是为了给人留下深刻印象，并能够更长久保存。

大自然的破坏性力量始终都会对文化、历史建筑和景观造成巨大的影响。这些力量的破坏性是不会随着时间而改变的，虽然现代预测技术可以减轻人类生命和财产的相关损失。[8]不幸的是，几天或者几个小时的提前警告对于减轻重要的不可移动建筑和景观的损失帮助不大。在地震多发带中采用更加激进的保护性措施——例如围绕物和结构加固[甚至是用减震器对整座建筑进行固定]——来保护建筑被认为非常有用的，虽然效果有限的情况也非常多。

最具破坏性的自然力量包括以下：

- 雪崩、山体滑坡以及冰川运动。在自然降水模式由于现代开发而被改变的丘陵地区对于山体滑坡特别敏感。
- 飓风、海啸、暴风以及暴风雨。[9]很明显，岛屿和沿海居民点受到这些威胁的损害更大。
- 地震。这在处于构造板块断裂带上的国家中会频繁发生。[10]
- 火山喷发。[11]火山通常位于构造板块边缘地带，虽然也有很多例外情况。
- 洪水。虽然由于暴雨而导致的洪水是一种自然现象，但它们也可以因为人类决定而引起或者加剧：农业土地面积的更改，河流上的筑坝，支流或者径流模式的改变。[12]
- 火灾。[13]火灾可以由发生在干燥景观上的雷击或者人类的疏忽而发生——发生可预防的火灾是极为可悲的事情。[14]

大自然对文化遗产的影响并不需要成为一种暴力威胁。除了大自然中突发破坏性力量的影响之外，与自然元素（包括阳光、风力、雨水以及温度变化）的长时间接触也会对建筑环境造成严重的损害。

气候效应是由当地地势和各种自然物理行为所决定的，这些行为包括太阳辐射变动、温度和热力膨胀、水汽作用以及风力侵蚀。[15]所有这些条件都是建筑保护专业应当考虑的，他们必须不仅仅考虑这些因素，而且必须了解这些极端条件可能会在较长时间周期中发生的罕见例子。

有效的建筑保护要求掌握保护科学方面的扎实知识，以及对建筑材料病理学的良好认识。例如，水分是历史建筑腐朽的罪魁祸首，不论它的来源是降雨、来自地面的上升湿气（水分通过建筑地基的毛细管作业而从地下向上升）、被迫的水分横向或者自下而上移动（受阻于液体静压力）或者凝结水分或者大气水分。水分在建筑材料中的运移不仅会使石膏和油漆罩面发生降解，而且还可能携带有害的盐分，这些盐分会使建筑变得难看，并且还可能时不时地造成破坏性剥落和风化。[16]

年度温度变化也是具有破坏性的，尤其是在遭受极端气候变化的地区。例如，周期性极端气候——从夏季超过86 ℉（30℃）到冬季低于-4 ℉（-20℃）——就对匈牙利大量建筑遗产中所使用的建筑材料和建造技术造成了巨大的压力。芬兰的伐木建筑就对斯堪的纳维亚半岛在寒冬时节中发生的冻融循环以及其相应的膨胀收缩变化特别敏感。

历史建筑的另一个自然危险是有机物：苔藓、霉菌、真菌、树木和植物。柬埔寨著名的尊奉树木的神殿——位于吴哥的塔布隆寺和圣剑寺（见图7.5）——就极具说服力地诠释了大自然无情的力量。几个世纪以来，热带地区的葡萄藤和树木已经在各个石制品之间的裂缝中扎根生长，随着它们的生长，逐渐使这些神殿中的大型建造组分分崩离析。

其他的自然破坏性媒介包括动物和昆虫，例如蛀虫、留粉甲虫、木蜂、白蚁和海蛀虫。动物和鸟类留下的天然残余物以及由这些残余物所造成的损坏也是有害的。

a

b

c

d

图7–4 建筑遗产所面临的若干自然威胁中的四种：（a）1968年路易斯安那州门罗市一座商业建筑因为火灾而被完全摧毁；（b）印度尼西亚泰乌农在2004年海啸之后遭受的洪水灾害；（c）墨西哥城遭受的地震灾害（1985年）；（d）生物腐蚀。（海啸照片：AFP摄影公司/CHOO Youn-Kong，2005年）

气候变化

在全球建筑遗产保护者都面临的所有风险——人为以及自然风险之中，从长远角度造成最严重威胁的风险可能就是气候变化。温室效应主要是由于碳氟化合物、二氧化碳以及甲烷气体排放至地球大气层而造成的。在最近几年中，全球气候变化已经被证明会逐渐改变全球所有地方的平均气温。改变速率仍然是一个充满争论的问题，虽然绝大多数人都会认同除非采取了足够的措施去解决这个问题，否则全球平均气温还要继续升高。

这个现象被认为对全球文化遗产有着主要影响，而影响方式则仍然需要通过大量的实验进行判定。最容易处于危险之中的建筑都是诸如威尼斯和新奥尔良市这类容易遭受洪水的处于低洼沿海地带的城市和城镇，而且这些问题都早已存在了。在这类严重问题中仍然泰然自若的地区包括孟加拉国和缅甸的沿海区域以及包括马尔代夫和印度洋和南太平洋中的岛国。在那些已经在过去妥善处理极端潮汐条件的地点中——例如荷兰和伦敦——那些昂贵的额外保护措施的前景是一个非常严重的问题。即使年平均气温的极其微弱的增加都已经被证明对极地区域的融冰和地处阿尔卑斯及喜马拉雅高海拔地区中的国家造成了影响。浅水水体的淤积、淡水资源的减少、灌溉模式的改变以及沙漠化的增多，都会对数以千计的容易受到侵害的人为塑造的环境——同时包括旧的和新的环境——造成影响。国际古迹遗址理事会（ICOMOS）是一个跨学科的机构，一直对气候变化对特定历史建筑材料、建筑类型学和非物质遗产的影响进行研究。[17]

在这些改变了社会经济条件的最主要问题之中，其中绝大多数情形对于历史文化遗产的保护来说都是好兆头。例如，可以想象下当维护历史古迹的人群由于可使用的淡水资源的减少或者事物及能源成本的增高而消失的时候会发生什么？这些古迹场所生存能力的降低——维护这些建筑的优先级——可能会导致它们的消亡。在那些经济资源已经受到限制或者面临过于沉重的负担（例如已经存在的食物供应不足、灾荒以及国内动乱）的国家中，文化遗产保护的优先权通常等同于零。

一个有关这些威胁的真正名副其实的分类目录，以及对每种威胁的讨论，都可以在保护建筑师和工程师伯纳德•费尔登的著作中找到，最为著名的是《历史建筑保护》。[18]在这本书中，他提出了许多在如何保护面临危险或者受到损害的建筑遗产方面至关重要的问题：这个物品的结构设计和组分材料的内在缺陷和优势分别是什么？会对组分材料产生影响的潜在自然劣化介质是什么？它们的反应速度有多快？会对组分材料或者结构产生影响的潜在人为劣化介质是什么？它们的影响从其根源上可以被降低到什么程度？[19]

人类的破坏性行为

时间和大自然在全球建筑遗产中表现出来的永久性和普遍性威胁，由于人类的存在而被不断放大。人类造成的伤害可以被分为以下三种类型：现代生活的附属效应（污染、经济、宗教、社会或者生活方式的改变），故意的行为（故意毁坏、战争或者与恐怖主义相关的破坏行为），以及疏忽（忽视、忽略、自然资源的恣意挥霍或者不灵敏或不足够的努力）。

图7-5 吴哥历史古城许多寺庙的树木和地表植被的生长已经以各种各样的方式对其纪念性遗迹造成了影响。它们可以提供有别于柬埔寨严苛气候条件的更加稳定的微环境天堂，并有益于对建筑的保护；然而，根系和树干生长以及倒下的树木也会对建筑造成损害。

现代生活的附属效应

现代生活的快速变化让全世界的文化遗产面临了为数巨大的危险。建筑保护领域与十八九世纪工业和技术革命以及随后出现的大量被称之为“现代化”的额外发展一同得到发展并不仅仅只是巧合。机械化、大批量生产、极大改善的通信和运输系统使得生活变化成为可能，一些得到部门政府赞助的开发项目生活则从根本上改变了历史建筑环境——同时向更好和更糟的方向发展。[20]其主要结果就是世界人口的空间分布发生了根本性变化——其中的绝大部分从郊区搬到了城市区域，这种不可改变的土地定居点模式变革在某些场所中已经存在了上千年。

由于现代化而造成文化遗产古迹场所的损毁是一个不可能简单解决的问题。对历史古迹和维持它们的生活方式造成危险的同种力量通常也是财政支持的来源以及促使保护兴趣不断提升的产生者。这不仅是指旅游业和不断增多的经济行为，同时也是指最近几十年中发生的社会和宗教变革。

根据将20世纪称为“破坏世纪”的安东尼•董的说法，全世界最大的大都市中的居住会有相当大的一部分将在这个时期中被系统性地拆除。董认为虽然在1900年的时候，全世界只有8个城市的人口超过了100万，但是这一数字到2000年就已经上升到323个，“而在21世纪早期，居住在城市中的人口将有史以来第一次超过居住在城市外的人口”。[21]长期以来，人口膨胀以及迁移带来的建筑需求加上建筑现代运动中的偏好和理想一直被认为对绝大多数都市建筑场所来说是有害的。另外，现代化、都市化以及工业化的副产物——例如污染以及经济和社会变革——对文化遗产产生的影响已经远不止世界城市之中。

技术变革

过去几个世纪中发生的技术变革的积极方面在于对健康、教育和便利设施等进行了广泛的改善，从而为数百万人提供了帮助。工业化的经济和社会发展几乎减轻了每一个人的生活负担。廉价的电脑、通信方式的革命性改变以及运输系统的全面改善，使得全世界各个遥远的地区都联系在一起。业余时间的新概念使得现在的工人将他们旅行目的地定在历史古迹场所的数量创下了历史记录。但不幸的是，不断增多的满足实现这些新生活方式以及工业化世界发展成本的需要——例如土地和资源探索和污染——已经对历史建筑环境造成了伤害。

运输系统

摩托化运输——现代生活的一个事实——已经对历史建筑环境产生了负面影响，可能远比其他单一因素造成的影响更加严重。历史城市聚居区、古镇以及城市根本没有预计到机动化交通的容量会以惊人的速度发展，尤其是客车数量。对基础设施进行调整以满足现代交通的需要（从合并新的交通干道到改善现有街道格局）的行为已经改变了几乎全世界所有历史古迹的特性，并经常会使居所和建筑容易遭受交通带来的负面影响——振动、噪声以及交通事故的风险。在都市规划历史中最为知名也是最具雄心的一个项目就是奥斯曼男爵在19世纪提出的巴黎道路规划，也就是将中世纪城市中的大部分面积改建成笔直而宽阔的林荫大道。美国以及世界各地在第二次世界大战后期进行的高速公路建造也导致了大量历史建筑和古迹的消失。

即使威尼斯中的小岛都无法免遭车辆振动和污染的侵害；其运河中运水车的密集数量导致了位于其水平面之中和之下的建筑地基的腐蚀。这一点可以通过沿着大运河周边建造的宫殿的劣化速度得到最佳诠释。它们每年的下降速度几乎是2/5英寸（1厘米）；而威尼斯其他各地的下降程度只是这个数字的十分之一。[22]

在20世纪50年代，伊斯坦布尔让主要的城市干道穿过城市的中心，为了不仅满足不断增大的交通量，并且修建更多有利可图的建筑而破坏了无数的河畔木制宫殿（yales）。这类城市更新会因为各种各样的原因而发生：为了容纳新的生活方式以及更大的人口密度、为了替换那些被认为已经被毁坏的区域以及为了纠正已经出现的健康问题等。全世界各个伟大的历史古城在这些类型的都市变更方面提供了无数的实例。在雅典，尤其是利卡维特斯和卫城周边地区，老旧的房屋被拆除以容纳以一种完全不同风格出现的新建筑。其结果就是整个区域的特性如同布拉卡区一样遭到了严重的损害。[23]安东尼•M•董在《世界伟大城市的保护：历史大都市的破坏和复兴》一书对这种情况进行了详细的描述。[24]

在过去的半个世纪中，对历史住所和商业区以及它们对其中居民的影响方面都产生了影响的病理学已经构成了都市规划理论和无数物理研究以及社会研究的基础。首先对老旧都市区域应当被全部拆除并以新建筑进行替换的这一主流理论提出质疑的一批人士出现在美国：简•雅各布斯的重要著作《美国大城市的死与生》以及凯文•林奇的《这个场所现在是什么时间？》。关于这个话题的欧洲出版物包括欧洲理事会中皮埃尔-伊夫•里根的《危险和风险：会使具有历史性和美学性价值的建筑区域和集群面临危险的因素分析》、唐纳德•阿普尔亚德的《欧洲城市保护》以及丹尼斯•罗德维尔的《历史城市保护与可持续性》。

部分城市中心的衰败最终刺激了保护性公共措施的出现。这方面的法国实例包括巴黎的玛莱区、阿维尼翁的巴兰塞区以及多尔多涅区莎拉小镇的市中心（城镇中心）。最开始，普遍认为所有这类事业耗费的成本可能比建造新建筑更高，但最终证明它们从长远角度来看更具经济性，并且能够为人们提供健康的生活和工作场所——不需要始终进行资本投入。事实上，能将新旧建筑融合在一起的成功都市重建方案数量的不断增多已经催生了更多的这种开发。

现代生活对历史建筑资源的最终负面影响来自航空运输。最开始，欧洲和美国上空的超音速航空器的气流速度规定仅仅只是为了避免干扰地面公众，但在最近几年中，飞机和直升飞机在城市和历史古迹等人口稠密区——例如柬埔寨的吴哥窟——上空的飞行已经被禁止。这种禁令的颁布既是为了防止对游客的体验造成干扰，也是为了保护古迹建筑物自身，这是因为振动会加速建筑的劣化。类似的限制在2001年9月11号之后开始在全球范围内变得更加普遍和严格，因为那个时候整个世界已经认识到普遍商业飞行器具有的破坏性潜能。

污　染

航空业产生的污染几乎存在于全世界每个城市之中，这是人身健康、自然和历史场所同时面临的一个主要危险。潮湿空气污染会加剧表面腐蚀以及在都市历史建筑外表上造成的不美观的灰尘和烟灰斑点效果。虽然像现在采取的清除并维护巴黎历史建筑的系统性作业能够帮助防止出现不整洁的外观以及未来的“石材病症”[25]，这种由污染导致城市衰败的生动案例可以在对位于雅克塔附近的巴黎圣母院精致的砂岩外表面的清理过程中轻而易举的发现。[26]航空污染物同时也会对新的和花园景观构成威胁，这点可以从位于北京的前皇家园林中存活下来的历史古树和植物材料中得到例证。

解决这个问题的重要尝试已经在许多国家之中开始进行了，主要是通过各式各样的污染控制措施，以及诸如京都议定书这类国际公约、在里约热内卢举行的地球高峰会议以及在巴厘岛举行的联合国气候变化大会，这些措施的目的都是旨在限制全球碳排放量以及温室效应程度。这些公约的遵守以及由各个国家环境保护机构制定的空气质量标准能够直接改善全球健康，并能更好地保护人类建筑环境。30年之前——在20世纪70年代的时候，美国通过立法化而在环境和建筑保护方面做出了卓越的贡献，也就是要求未来的联邦赞助项目在采取任何行动之前必须要以接受公共大众审查的环境影响报告（EIS）形式进行分析。理查德•尼克松总统于1971年签署颁布的11593号行政命令被认为在处理这些存在于规划安全、新的及受到保护的历史环境的问题方面迈出了无比珍贵的第一步。[27]类似的规划行动在现在的许多欧洲国家中都存在。

作为这些立法行动的结果，现在对大型开发方案的彻底检查更胜以往。来自EIS的一个附带好处就是大大改善了都市规划和遗产保护规划，这通常起来源于对其要求的服从。例如，在美国中应用得越来越多的“精明增长”技术就要求对未开发和已开发的土地进行更高效的利用，这些土地同时包括文化和自然**保护区域**的**地役权**。对土地进行充分利用的规划工作在荷兰、德国、斯洛文尼亚以及法国部分地区中已经成为司空见惯的事情达几个世纪之久，这种做法的结果则在今天中显现出来。世界上真正意义上实现了土地充分利用并且文化遗产传统也仅仅发生了很少改变的一些最后仅存案例可以在印度尼尼西亚的巴厘岛、不丹以及拉丁美洲和非洲的边远地区中找到。

虽然现在新的生态友好型技术——可生物降解的产品、无线保真（WiFi）、在罕见的屋顶表面上放置的太

图7-6 泰国曼谷的交通情况，这里的车辆拥堵情况非常严重，以至于部分交通信号的时限被设定每十分钟更改一次。从科学上认可污染物对历史建筑环境的负面影响已经不再是一个新的话题。在欧洲理事会1968年的报告中，法国城市规划专家皮埃尔-伊夫·里根就认为大气污染是历史建筑面临的大量复杂危害中的关键问题，尤其是其中的化学和细菌组分被水（降雨）溶解的时候，其产生的磨耗和老化效果会加倍，这一点在外部石质表面上表现得尤为突出。

图7-6 威尼斯城中由于空气污染而造成的石材变质又因为这个岛城的潮湿环境而加剧。但是在最近几年中，这个问题已经有所减少。

阳能板以及大量的其他能够支持可持续性发展的产品——的侵扰性通常要比其他技术低；但是其他装置仍然会对自然和建筑环境的美学特性造成负面影响，包括采石场、炼油厂以及可见度极高的风力发电站和通信塔站及其中继机构。尽管采用了新型能源高效技术，墨西哥城的车辆交通每个月都会向空气中排放1307951立方码（100万立方米）的一氧化碳，这同时会对都市面貌和城市生活质量造成极大的影响。相应的改善措施已采取：从20世纪70年代开始，旨在降低有害空气污染的巴黎法律已经极大地减少了其历史建筑外表的衰败。[28]最近几年中，包括伦敦和罗马在内的城市都采取一些大胆的措施来减少城市中心区的机动车数量，这也产生了相当大的积极效应。

社会和经济变革

工业化已经从根本上重新定义了社会，这引起了潜在有害的社会变更，而这种变革也是会对历史建筑环境造成影响的。从19世纪开始，拥有土地的乡村贵族和支撑他们产业的服务阶层之间的关系发生了快速变化。由于政治剧变和社会改革，求职者集中涌向都市中心。例如在欧洲，富裕的所有者放弃了过时的郊区庄园，转而选择了现代设施，或者认为大型房产的运作不再具有经济可行性，这是由于过高的运作成本和税务负担造成的。与其他地方一样，人口迁移同时对建造和自然环境带来了压力，因为农村迁移会耗尽所有的农村人口；为了满足高密度都市聚居地以及它们得到改善的就业前景，小型定居点和农场被放弃了。[29]随着作为经济变化进行回应而发生的人口变化的出现，农村社会几乎在每个国家中都已经开始衰退。

在20世纪，都市化的进程彻底得到加速。现在，城镇和城市人口在短短几年之间就翻一番已经不是罕见的事情了，就像曼谷、北京、新德里、伊斯坦布尔、莫斯科和柏林发生的那样。巴西圣保罗市的人口从1900年的约7万人迅速增长到20世纪70年代的1000万人，再到2005年的1800万人。

但是在某些国家中，更加富裕的城市居民已经开始移居到郊区——即使这只是第二个家——这会使许多废弃或者未充分利用的郊区住宅、农庄以及乡村设施得到拯救。不过，虽然这个过程可以为历史街区带来新的活力，但下**层住宅高档化**也会影响当地居民的传统生活方式。

旅游业

不断增多的业余时间和第二居所、大幅改善的交通状况、减少的工作时间、在家的时间更多——所有这些都已经成为生活的现实，至少对最近几年中全世界较富裕国家中的部分人口来说是这样的。大众旅游的相关景象对许多文化遗产场所来说是一把双刃剑。许多需要从旅游业中获得外国和当地财政收入的国家可能会支持经济开发，并发展成为一个东道主国家，但这不可避免地需要成本。

旅游污染一词流行于20世纪70年代，这是由杰出的英国建筑保护提倡者约翰•朱利叶斯•洛维奇在谈及如果有过多的游客涌入一个历史古迹时会发生什么情况时提出的。旅游污染对历史古迹的面貌来说是有害的，同时也会创造出一种负面体验，这一点威尼斯城的游客和居民可以证明。[30]最近，正在进行考虑的方案是向前往“精髓”旅游目的地的非居民出售门票，诸如威尼斯城以及佛罗伦萨市中心，这是为了抑制任何时候出现的游客数量。虽然这种激进的方法并未开始实施，但其中的考虑强调了游客在某些濒危古迹中的磨损情况有多么严重。

图7-8 威尼斯城由于成群的游客而遭受的过重负担——2008年高达1 400万的游客——已经同时影响到了城市的历史建筑及其不断减少的居民人口。

在实际历史资源的层面上，与旅游业相关的问题包括受到损坏的建筑表面装饰，例如20世纪70年代时西斯敏斯特教堂的青铜地面浮雕以及玛雅人在危地马拉雕刻的石柱上出现的情况（在这之后，游客和当地商人被禁止在这两个地方进行摩擦）；石雕偶像的偷窃，例如遍及柬埔寨各地的古代高棉神殿；以及肆意破坏，例如1972年发生的一名心理失常的人拿着一把锤子对未进行保护的米开朗基罗雕像——位于圣彼得大教堂的圣母怜子雕像——所做的事情那样。

不考虑位置和受欢迎程度，向公众开放的历史古迹都会对场所管理员和保护者带来不断的挑战，因为这些人必须要同时高效地保护和展示他们的场所。但在一个文化遗产古迹中管理游客并不是一件容易的事，相关趋势表明造访遗产古迹场所的游客数量以及接收这些游客的新地点的开办数量上都有稳定的增长。但是，允许超过古迹可容纳数量的游客进入其中会导致文化遗产资源的有形磨损、非常不均匀的造访模式、游客不满、负面宣传以及劣化，这些问题都不会有助于提高当地居民的生活。[31]虽然大众旅游可能会面临许多问题，但现在绝大多数的政府正努力在国际层面上推销他们的旅游目的地。最近，专业的遗产保护专家、旅游业专家、政府机构以及一些相关的旅游公司已经在制定可持续性旅游标准方面取得了重大进步，因为这是针对特殊场所的既定目标。[32]

通过旅游业的最近趋势以及旅游经济在全球经济领域中的地位来看，所有受欢迎的文化遗产旅游目的地都应具备可行的文化资源管理规划，也就是要将所有利益相关方的顾虑都纳入考虑之中，并且将文化遗产地的内在质量同时与对它们的实际和预计要求关联起来。在过去，做出了许多糟糕的决定，这些决定都是出于开发历史古迹的经济潜能而不是保护它们的必要性。例如，在秘鲁，位于安第斯山脉山峰之间的马丘比丘古代印加人所在地就只能通过阿瓜斯卡连特斯杂乱无章的贫民窟进入，在那里，必须购买门票、必须安排交通工具，而游客们也会被出售当地器皿的金属货架所包围。位于马丘比丘最高处的实际入口是一座特许经营的游客宾馆，但是这个著名场所中的经过精心设计的解说中心和博物馆距离太过遥远以至于绝大多数的游客都会完全错过。[33]

负责的文化遗产旅游会在以准确而迷人的方式对这个场所的价值和历史重要性进行解读的同时，也将它的经济价值整合进其所在区域之中。当其位于一个经济萧条区域附件的时候，一个广受环欢迎的历史资源可以维持甚至改善当地的生活质量。文化遗产旅游的就业机会可以使当地居民避免为了在其他地方寻找工作而放弃他们自己的城镇。当地参与能够为游客提供一个更广阔、更令人感兴趣而且通常也是更值得记忆的体验。无数的文化遗产保护项目已经证明只有当以一种统一的方式行动的时候，不同的社区团体才能发挥最高的效率，不考虑他们的人种或者宗教背景。这种凝聚力能够带来广泛的益处，并且可以拉平一个单独保护行为和一个重要社区的复兴之间的差距。为了这个目的，文化遗产保护专家必须始终努力去理解当地居民和其他从法律上与文化遗产古迹联系在一起的利益相关者的兴趣所在，以及这些使用者对这些古迹场所造成的影响。[34]

宗教差异

伴随现代化而在20世纪出现的世俗化也对建筑遗产产生了影响。宗教意识的改变通常也会要求建筑形式的改变。例如，在前苏联下属国家中信奉犹太和正统基督教的人口数量就在第二次世界大战期间和战后共产主义时期中就有了出人意料地下降。反过来，这种趋势又导致了历史犹太教会堂和教堂的数量因为遭到废弃和衰败或者有目的的破坏和拆毁而大幅减少。从冷战结束开始，这些信仰又得到恢复，这又刺激了在欧洲中西部对许多相关宗教场所开展的修复和保护工作。[35]

礼拜仪式改革以及一种信仰的信徒之间多种变化的态度也会对宗教建筑产生破坏性。1960—1980年，罗马天主教礼拜仪式变革要求主持牧师面朝参加集会的信徒，而不是面朝位于教堂后壁的祭坛，他也不再会被一个封闭的仪式围栏而隔离开来。为了适应新的教会法，许多具有历史重要意义的教堂内部的圣殿进行了重大调整。[36]另外，更加朴素的装饰诉求使得某些雕像和其他大型构建被移除了；诸如壁画和祭坛配饰这些艺术作品随后也消失了。[37]

不论新旧，重要的建筑始终都会从那些遇到它们的人中唤起一种情感回应。从漠不关心和善意的忽略——因为无知或者错误——到厌恶和贪婪，再到战争和恐怖主义的蓄意破坏，这些反应都会对建筑遗产产生影响。时间对未进行维护的建筑材料的影响是非常巨大的，这取决于宏观和微观气候条件、涉及的材料的特性以及

图7-9 立陶宛维尔纽斯市中心的遭到废弃的前犹太人定居区，这个地区是在1941年就被强制腾出来的，虽然这个定居区是1998年才出现的。

它们的装配方式。当一个建筑、古迹或者文物被其观看者所忽略的时候，它会恶化——也会再一次地衰败，而且这个过程以一个不断加快的速度正在发生。[38]

通常来说，普通市民并不了解建筑遗产和当代文化之间的关联性，其结果就是对历史古迹毫无兴趣，或者不能对它们表示出它们应得的尊重和关心。对于那些的确在乎这些场所的人来说，在这些建筑的维修费方面还存在一个感知责任的额外问题：经常出现的情况在于，人们认为历史建筑和古迹场所的保护、保存以及展示都是政府或相关机构的责任。全世界范围内的文化遗产场所的行政人员都将他们时间中的绝大部分花费在打消这个错误的观念——通过展示让公众参与进来，并为文化遗产保护提供支持。

设计缺陷

在偶尔的情况下，一个建筑会存在内在缺陷，这是由于错误的设计或者建造所造成的。对这些建筑进行修复可能会花费巨大，并会带来复杂的理论问题。作为世界著名的固有缺陷建筑实例，比萨斜塔于1178年开始倾斜，这甚至是早于其建造完工时间。在2001年的时候，对塔楼地基和基础实施了结构稳定施工——施工结束后的斜度为5.6°——这肯定是在其倒塌之前完成的。

延长由临时或者未经验证材料建造的建筑和艺术作品的寿命也会带来类似的问题。尤其是在过去一个世纪中所使用的许多新式建筑材料和构造体系已经被证

图7-10 从其建造时就开始倾斜的比萨斜塔可能是世界建筑设计缺陷历史上最为知名的实例。

明有效期是极为短暂的。作为20世纪50年代现代主义在纽约市的标志性建筑的利弗大厦在其建造完工仅40年之后，就要求使用更具弹力的金属拱肩和复制的彩色玻璃对其进行重新覆盖。从20世纪30年代开始在俄罗斯和东欧国家中竖立起来的无处不在的覆盖了透明釉陶的高层政府建筑现在的状况也不甚理想，因为这种石质替代品——尤其是没有进行妥善维护的时候——并不适宜于在严寒气候中使用。

未能妥善规划的适应性使用

即使历史性建筑有最好的适应性也会由于大规模的改建而变得容易受破坏，结果不管从视觉上还是建筑物本身都会变得很糟糕。更为重要的是，要理解修复历史性建筑的经济环境和市场变现能力。同一类型的项目成败都有可能，只是由于位置不同。比如在纽约的南街海港，20世纪80年代，市政府将11街区的十八九世纪的四层建筑物改建为商业空间和居住空间。该项目同时为一楼的商户将这些建筑物后面的庭院改作公共用地，将顶楼狭小的阁楼空间改造为开放式办公室。由于在曼哈顿下城附近区域有充足的现代办公区，海港的商业办公空间发展不是很好；但底商、多功能商业空间效果还不错。[39]

一个比较成功的例子是费城将各种不同的历史性建筑组合在一起以实现新的功能，包括以前的雷丁集贸市场和在历史区域中心的商业核心区，一些19世纪末期和20世纪早期的高层建筑与地下通道和人行天桥连接，形成多功能的会议设施。这一措施为当地居民和游客重新定义了他们认可的城市中心，也为整个城市的繁荣发展奠定了基础。

不匹配的扩建和新建筑

为创造新的或者扩展现有的商业目的而对历史建筑进行现代化改造，通常是包含不敏感性设计的新店面和外观、尺寸过大的窗户玻璃装配专业以及没有同情心的现代广告，这些都会同时对它们的特性和场所产生有害的影响。防止这些侵扰的出现是绝大多数当地建筑保护委员会的目标之一。[40]但是，有数百万具有历史和建筑特性的建筑和街区是没有得到这种保护。同样地，也不是所有的国家都已经建立起了这种监督和保护系统。

能够满足新型特殊功能的新式建筑可以增加传统都市

图7-11 明显是为了做出声明而建造的建筑，这座位于莫斯科格拉纳尼路的俄罗斯建筑协会新总部对最近遭受破坏的19世纪建筑进行了重新创造——在其基础之上引人注目的新建了楼层，因而这些新建楼层被当地居民描述成为它的“盖子”。

结构的价值，例如巴黎于1976年在其历史老城区玛莱区中建造的蓬皮杜中心一样。但是，更司空见惯的则是不那么成功的案例。在1994年，里斯本市在其三角形的16世纪贝伦区中建造了一个会议和文化中心及博物馆复合体建筑，而贝伦区中则包含了葡萄牙最为著名的历史建筑中的大部分。这座规模巨大并且极具视觉冲击力的贝伦文化中心有着非常大的争议，因为由这个城市中非常知名的曼努埃尔式热罗尼莫斯修道院、贝伦塔以及附近的贝伦圣母玛利亚教堂构成的整个历史城市聚居区都被从UNESCO的世界文化遗产清单中剔除了。

绝大多数在历史环境中建造的新式建筑带来的主要问题来源于规模的改变——同时包括面积和高度——以及对视觉和谐和视觉观点的改变。1973年在巴黎建造的蒙帕纳斯大楼就是新式高层建筑对附近的传统低层建筑造成侵扰的若干著名案例之一。这座689英尺（210米）高建筑的建造被证明产生了极大的争议，因为它导致了比在历史街区现行法律更严格的建筑高度限制的当地建筑法律的产生。

正如里斯本贝伦区的情况一样，历史街区经常会受到邻近新建筑的影响，这同时会对来自和看向这个街区的景色产生影响。在绝大多数国家中，避免这种情况被证明是非常困难的，甚至于许多建筑保护主义者已经放弃这些努力，转而接受较小的负面后果。[41]

不敏感的优选干预

考虑到较早时期的修复和复原工作太过笨拙而粗率，对由于之前的干预工作而遭到损坏或者外观被破坏的历史建筑进行重新修复的需要也就屡见不鲜。这通常涉及清除随意使用的混凝土，这都是发生在石材修复、结构稳定以及更高效和不显眼的加热、通风以及空调系统安装中会用到的。

这些类型的问题通常是经验匮乏以及使用不恰当材料而造成的结果。虽然重新修复会制造混乱并开销巨大，但不应该始终对方便的早期保护干预进行苛刻的评论。之前的建筑师和管理人员通常只是简单地想要最好利用他们在那个时期中能够获得的材料和信息。例如，在第二次世纪大战结束之后不久，俄罗斯圣彼得堡附近的沙皇别墅中的亚历山大皇宫就被安置了一个临时屋顶，因为那个时候资源极端紧缺。这个屋顶起到了保护建筑外观的作用，直至一个更加适宜的替代品在接近一个半世纪之后被建造出来。

图7–12 钢筋混凝土从20世纪70年代开始在庞贝古城中部分更加重要的建筑的上部楼层和屋顶建造中的应用，已经带来了许多严重的结构问题。这些新建筑的重量超过了较低的历史墙体结构的承重能力，它们的硬度也在这个地区发生的许多地震事件中造成了危险。本图所示即为一个即将倾倒的钢筋混凝土屋顶支撑。

文化偏见

遗产保护实践中存在的文化偏见是一个微妙但强大的威胁，这主要侧重于物质文化遗产的类型或者特定历史时期之中。这一点可以通过未对那些不具备理想联想的建筑施加的维护或者保护不足，或者未提供足够的资金的案例得以证明。如果被视为不重要或者不合口味的，那么即使完全可行或者能够重新利用的建筑形式也会被一扫而空。就如同这些话之中包含的无聊意味一样，许多建筑都败给了随处可见、有影响力但并不可靠的时髦概念。在这种封闭检查中，这些影响力也可以在许多国家做出的关于哪个场地应当得到世界文化遗产清点名称或者进入保护清单中的选择中察觉到，这就引出了应当铭记并赞美谁的历史的问题。

艺术的历史充满了对早期风格的负面态度的例子。正如里根所说的那样："没有什么东西比什么东西是美的、什么东西又不是的这种欣赏更加起伏不定以及脆弱了。"[42]只是在过去的半个世纪中，西班牙才确认了这个国家的国家遗产包括早于15世纪之前的摩尔人古迹遗址。类似的，直到20世纪70年代的时候，土耳其的遗产保护工作还是狭隘地只针对那些整个国境之中能够更好表现古代文明神赐能力的场所以及几乎所有能够反映伊斯兰文化遗产的场地。于一千年前消失的无处不在的拜占庭帝国时期遗迹被大规模地忽略了，虽然非基督教时期被描述成真实历史以及土耳其的文化。差不多类似的政策也同样存在于希腊。[43]

通常来说，一个后续的文化会忽略或者遗忘所继承的历史以及与现在的关联性的重要性，但更常见的情况是单纯偏好现代、新，这使得较老旧、过时的事物显著消失。在美国各个地方，规划师、建筑师和市民总的来说都对过去表现出一种类似的无耐心或者厌恶情绪。这一点在20世纪30年代至60年代中期的进步主义时代中表现得尤为突出，在那个时候，看起来进行整体现代化是走向未来的唯一道路。幸运的是，对历史及其遗迹的偏狭和摒弃态度在过去几十年中已经转变成为对更宽广范围内的美感价值和社会赞同的认可和接受。这种态度改变的原因主要就是被这个领域中一名杰出记录者定义的“遗产改革运动”。[44]

挥霍无度的资源使用

许多市政和公司开发项目的潜在盈利特点会因为保护历史古迹的规定而为房地产开发商及其投资者会带来很严重的不利于经济发展的因素。对于美感考虑的争论很少胜过技术、财政或者经济必要性。

拆除的现代方法以及为了支撑高层建筑而必须挖掘更深地基的需要对考古学造成了较大的影响。在历史古城——例如那不勒斯、马赛、雅典、伊斯坦布尔以及贝鲁特等城市——中进行的建造通常会导致秘密挖掘以及重建，这是因为开发商追求避免由于文件工作和保护考古发现而造成额外的成本以及延缓。[45]一座匆忙在早期遗迹之上建造的新建筑意味着有很多机会进行历史研究，并将令人感兴趣的设置整合进新设计之中。罗马和雅典地下铁路系统入口处的原址古代遗迹以及在为扩建巴黎卢浮宫而建造的新入口的挖掘过程中发现的教堂遗址的展示，就是将新、旧融合在当代基础设施开发项目中的成功案例。

▼图7-13　尽管受到了具体法律的保护并在当地居民和外国游客中都非常受欢迎，但位于河内36街区的极具特色的法国殖民地商店依然经常被其他建筑所取代。

常识、资源消耗以及开发

破坏任何物质文物都会浪费在其创造过程中所耗费的能源。简单定义的话，内含能就是提取、处理、制造、运输以及安装建筑材料的所需能耗。[46]

詹姆斯•马斯顿•菲奇对了解保护工作能够带来的经济效应的历史意识做了最佳总结，他这样谈到：

> 在整个历史过程之中，制造任何事物——一座城市、一座房屋甚至一床被子——的成本都是相当高的，同时包括人工和材料方面。因此，每个工艺制品都是使用和重复使用，直至其“磨坏”或者“解体”。最终弃用则是会被尽可能的向后退［**直至**］……这个工艺制品被拆解［**成**］每一个可能的零碎物品，以便可以在新组件上重新使用。这种对能源的保护涉及前工业时代的每个层面。在任何情况下，经过建造的建筑的材料价值始终都被视为一些非常伟大的事物。[47]

从20世纪70年代开始，专家们就已经能够将建筑的能源耗费和进取心以英国热力学单位（Btus）的形式进行量化。[48]它们的结果并不单纯是学术性的。当耗费在一座建筑之上的几十亿Btus总和被转换成砍伐的树木数量或者消耗的汽油加仑数的时候，保护可回收现有建筑——而不是替换它们——的价值就变得更有意义。

许多房地产开发商已经发现对历史建筑进行修复从经济性上是有道理的。如果是对老旧建筑进行保护，节约就在建造开始的时候就已经形成了，因为挖掘、场地清理和拆除以及垃圾清理的需要较少。主要的基础和结构组件通常都是可以重新使用的，因此在材料成本方面就可以实现巨大的节约。而在保护一个历史古迹场所的成熟景观特色的时候，同样也可以在成本和能耗方面实现巨大的节约。这些特性同样也可以极大地提升财产价值。

对一座建筑或者一个文物的艺术性、历史性或者美学性价值赋予货币价值则违反了材料评价的既定概念。雅典的帕特农神庙、约旦的佩特拉、中国的长城或者伊利诺州橡树公园的弗兰克•劳埃德•怀特的旧居及工作室又价值几何？对上述这些具有不能进行复制的历史重要性以及含义的历史建筑和古迹场所来说，纯粹替代成本的计算是不切实际的。更加睿智的做法则是认为经济认证是次于历史连续性和文化保留的基本目的的。

解决这个问题的方法可以在由建筑师和工程师进行的可行性研究中找到，他们都会对更常见的历史建筑应当进行修复还是替代的问题进行分析。全面的成本效益分析包括来自建筑成本估算师、房地产评估人、市场专家以及经济学家的专业意见，他们会对经济可行性和投资回报性以及各种不同直接和间接经济效益进行讨论：土地价值、旅游收入以及提高当地税收基础等。对历史建筑的保护也可以有助于改善就业情况，因为复原工作的劳动强度要远大于新建项目。[49]复原施

美国与新建筑建造和修复工作相关的部分能源和材料消耗数据

每年建造的建筑数量：	**1,770,000座**
每年拆毁的建筑数量：	**290,000座**
每年由于建造和拆毁而产生的垃圾：	**136,000,000吨**
回收或者重新利用的建筑垃圾比例：	**20%~30%**
由于建造和拆毁而产生的填埋场垃圾的比例：	**10%~30%**
平均每2,000平方英尺的住房建造过程中产生的垃圾数量：	**3,000磅木材、2,000磅石膏板以及600磅硬纸板**
总能耗中涉及建筑相关的比例：	**40%**
电消耗中涉及建筑相关的比例：	**72%**
一氧化碳排放量中涉及建筑相关的比例：	**39%**
温室气体排放量中涉及建筑相关的比例：	**30%**
在对历史建筑进行改装后能源消耗平均减少量：	**25%**
现有建筑平均内含能：	**每平方英尺5~15加仑的汽油**
每250,000平方英尺的建筑平均内含能：	**3,750,000加仑的汽油**

来源：韦恩•柯蒂斯，《警世寓言》，发表于《保护杂志》，国历史保护信托基金会，华盛顿特区，2008年2月。

表7–1 美国与新建筑建造和修复工作相关的部分能源和材料消耗数据

图7-14 于20世纪80年代晚期开始的伦敦科芬花园农产品市场修复工程适应了一系列不同新用途的需要，包括夜间活动，因此避免了完全替代的需要。它现在成为这座城市的这个区域中的一个充满活力的新便利设施。这个综合体的重新利用效率是非常明显的：在其最繁忙的时间中，一些当地居民都会认为这座有着400年历史的市场简直太成功了。

工也能够为新建住房及办公建筑的高昂成本提供一种替代方案，通常这也能够创造为在其中居住和生活的人们创造出一个更加兴趣的空间。[50]

在许多国家中，经济发展与文化遗产的完善程度之间的联系越来越紧密，反之亦然。当利用良好的专业技术对文化敏感性施加关注的时候，开发项目不仅能够有助于实现被追求的经济效益，同时还可以对文化遗产保护工作提供帮助。这种双重关系可以通过提供工作动机、规章制度以及最新信息——以及通过文化外交——而得到巩固。当这些项目被实现的时候，为对历史建筑保护提供支持的各种精心妥善的干预政策就可以同时在实际资产和文化资产方面形成净收益。

从建造工程的出发点来说，历史建筑通常都是建造得非常广阔，这对能够适应各种新用途来说是非常有用的。另外，在现代空调开发之前建造的建筑必须要经过精心而直观的设计，以满足人类舒适性的要求。使用的实用性装置包括天花板、空气对流、引入光线和空气的超大尺寸窗口、悬壁结构以及遮阳百叶窗。考虑盛行风以及太阳角度的朝向的场地选择是司空见惯的事情。因此，许多历史建筑比新建筑具有更高的能源效率也就不令人惊讶——同时也会建造在更加温和的气候之中。[51]华盛顿特区的能源研究开发署确认修复工程消耗的能源约要比新建建筑低23%。[52]

城市改造项目在灵感激发方面具有现象级的能力。一座单独的经过修复的住宅或者商业建筑促使其周边邻居也一并跟随的例子已经成千上万。当这些积极性发挥其典范作用的时候，结果是令人惊讶的，整个街区——甚至整座城市——都会走上同一条重生道路，相关实例包括俄罗斯的圣彼得堡、法国的阿维尼翁、巴黎的玛莱区以及最近出现的北京798号工厂区。[53]美国的实例则包括波斯顿的码头区、罗德岛普罗维登斯的大学山、纽约市的SoHo、费城的协会山以及马里兰州安纳波利斯的市中心、南加利福尼亚州的查尔斯顿和乔治亚洲的萨凡纳。这些建筑的历史特性正是它们满足标志性建筑保护以及——仅针对美国的实例而言——享受税收优惠政策的原因，这也是对它们进行重建的基本要素。

但正如所有的干预一样，大面积的都市重建并不是没有缺点的。如果进行重建，对社区的大规模改造对固定和流动人口的迁移较少。这个过程中偶尔也会在周末和节假日进行超繁重和长时间的人工劳动——例如华盛顿特区的乔治城部分或者伦敦的科芬花园街区。

重新使用和回收技术在全球各处传播的增长趋势标志着一个不用于之前西方社会意识的重大转变，后者认为绝大多数资源都是廉价而无限的。从20世纪的最后几十年开始，全世界的人类都经历了一种渴望扎根于平衡、秩序以及持久的文明的文化转移——尤其是涉及那些之前被认为理所当然的事情时。正如一名美国能源保护研究者和政策制定者认为的那样："虽然已经有了由建筑保护主义者确定的实例，但很明显这两个至关重要的社会目标——资源保护和历史保护——都在自我强化。"[54]

因此，任何历史建筑的毁坏——不考虑其艺术性价值——都应当根据其毁坏工程造成的能源浪费而谨慎考虑。适应性重新利用在主要资源被现代生活一直消耗的国家具有极高的相关性。虽然不是所有历史建筑都能被拯救，但拆除和替代——尤其是具有类似尺寸的建筑——的决定必须要考虑在创造和运行过程中的能源消耗总成本。在审视一个国家整体现有建筑存量的规模问题的时候，这些考虑不能被忽视。

战争和恐怖主义

战争对历史文化资源造成的破坏通常是非常广泛的：炸弹和单片损伤、故意破坏、盗窃、疏忽以及在清理和重建工程中造成的进一步破坏。[55]从最早开始，被征服的城市的命运通常都避免不了其主要建筑的被拆除，尤其是那些具有象征性和军事价值的建筑。现代武器的破坏力使这种危险翻倍达到一个空前的程度，最近的战争已经证明了这一点。在人类给世界文化遗产带来的若干危险之中，战争冲突事件中对建筑、场所和文物造成的刻意和间接破坏是迄今为止最具破坏性的。

因为反对某一特定理念、国家或者种族，文化遗产可能成为蓄意破坏的主要目标。蓄意破坏的孤立事件也会发生在战斗背景之外的地方。根据世界宗教博物馆的一份会议报告，"珍贵的画作、工艺制品和场所在这1000年中广受破坏，但历史上没有任何对场所的破坏行为具有这种同时性和全球性的影响力，就像2001年3月阿富汗巴米扬大佛的彻底湮灭那样。"[56]对1993年波斯尼亚莫斯塔的老桥以及2001年9月11纽约世界贸易中心双子塔的破坏行为背后的动机、影响以及反应都是各有不同的。

在现代时期，人类已经让整个世界变成一个更健康、更好的居住场所；但讽刺的事情在于也就是在这同一个时期中，我们也见证文化遗产因为战争而遭受了前所未有的损失。第二次世界大战让整个建筑环境遭受了沉重的打击。[57]由它造成的大面积破坏的实例可以在许多国家中找到——在城市级别方面的明显损失包括意大利著名的蒙特卡西诺修道院以及德国的德累斯顿、英格兰的考文垂以及波兰的华沙和格但斯克。核弹在日本城市广岛和长崎所造成的破坏效应则为大规模破坏确定了一个新的标准。

60年之后，破坏以及战后重建工作的证据依然可以非常容易地发现——尤其是在德国，因为这个国家几乎每一个历史城市区域都遭受了严重破坏。同样的，诸如卡尔斯鲁厄、美因茨以及杜塞尔多夫的老城区和广场都是按照其最初规划进行重建的。虽然其他城市——科隆、哈瑙以及乌尔姆——也维持了类似的街区规模

▲▲图7-15　直至1991年10月1日之前，克罗地亚的中世纪港口都市杜布罗夫尼克在其漫长的历史之中一直未经历被征服和冲突，而后它经历长达7个月的包围和炮击。

▲图7-16　由于第二次世界大战结束后幸存下来的历史古城建筑并未得到太多的认可，因此德国德累斯顿的传统城镇建筑被快速地替代了，如图所示。这座城市现在正在用能够反映传统形式的较高质量的新式建筑来替代那些历史建筑。

最近的破坏与重建：从纽约的世贸大厦遗址到伊拉克的巴格达

在基地组织于2001年9月11日对五角大楼和世界贸易中心进行袭击之后的18个月之中，由美国和英国军队主导的国际部队被部署到阿富汗和伊拉克之中。其结果就是，这两个国家的政府都在军事行动中被推翻，而这个过程所引起的蓄意物质破坏和经济损失则是无比巨大的。

虽然美国和阿富汗之间的冲突主要是造成了相对现代的国内建筑的破坏，但造成最为重要的文化遗产损失的不幸时期则出现在阿富汗历史的早期时期，也就是在其与苏联进行的长期战争以及稍后的以塔利班胜利而结束的内战时期之中。在2001年4月，塔利班政权蓄意破坏了位于巴米扬的知名岩雕佛像；在1996年至2001年之间，位于喀布尔的国家博物馆遭到了有组织的掠夺。宗教偏执被认为这些行为背后最为广泛的动机。

相反，作为战争附属伤害的伊拉克文化遗产损失则一直出现在其博物馆和考古场所之中，放置在这些地方中的有价值的物品都被洗劫一空。这种损失在1991年的海湾战争以及2003年为驱逐萨达姆・侯赛因而遭受的入侵中都有发生。在这些冲突之中，现代战争以及紧跟其后出现的社会混乱的破坏力量是巨大的。

尽管历史学家、考古学家以及遗产专家都就可能对伊拉克文化遗产造成的威胁给美国军队给出了建议，但联军依然忽略了为防止劫掠而进行任何保护的需要。他们似乎完全没有预计到在他们于2003年4月到达巴格达之后会出现完全没有法律制约的时期。在两天之内，伊拉克的劫掠者就从伊拉克国家博物馆以及伊拉克图书馆和档案馆中偷走了约15000件文物。令人悲伤的是，向这个世界最为古老的文明之一的文化遗产提供合理的战时保护的呼吁无人回应。[58]

到目前为止，伊拉克文化遗产的损失包括诸如萨马拉的阿里・哈迪清真寺（又被称为金顶清真寺）和亚拿的清真寺尖塔在内——这些损失都是由于派系斗争造成的——的历史建筑以及巴比伦的考古遗址，这些场所因为被征作军事基地而造成了极大的损害。

在本书撰写的时候，阿富汗和伊拉克的政治局势还未变得有利于重建工作的开展，而在纽约市，仅仅在其被破坏两年之后，就已经通过一个国际竞标得到了一个针对世界贸易中心旧址的新规划。这个提案备受关注，其方案也包括修复、重建以及明智而审慎地替代下曼哈顿的可以追溯到十八九世纪的其他建筑。

下曼哈顿重建项目以及伊拉克重建的官方成本预算总和将会达到数千亿美元，这其中还不包括当地居民和商业的相关成本。如果没有别的东西，那么9・11事件后各种冲突带来的成本昂贵的经验可以让整个世界更清楚地认识到我们的共性和差异，甚至某些人已经在21世纪开端时被唆使提出另一种新的世界秩序。这种破坏并不仅仅涉及想要保护这些建筑的人们；具有历史性、珍贵性以及象征性的场所受面临的危害也反映出了人类正在面临的危险——以更广阔的历史规模以及更深刻的个人方式。

和布局，但没有进行真正重建的尝试。还有一些其他城市则是按照之前城市的形式建造了新建筑，亚琛、埃姆登以及曼海姆的绝大部分城市区域都是如此。

重建工作在第二次世界大战后期的整个欧洲范围中开展，从对华沙和格但斯克进行忠实的重建，到法国勒阿弗尔和荷兰鹿特丹使用大胆的新建筑形式进行完成重新建造；新的标准已经在都市重建以及建筑、规划和建筑保护理论中得到确立。在许多方面，在重建、修复以及都市规划方面的经验构成了今天的建筑、规划和建筑保护实践的基础。

图7-17 国际蓝色盾牌预防性保护项目协会的同名物就是其蓝色盾牌标志，这个标志被用于标示那些在战争冲突时期中应当受到参战各方保护的遗产。

风险准备和回应

ICOMOS的1999年遗产风险（H@R）倡议收集了许多国家中不妥当文化遗产保护的实例，并得出了有关历史建筑和古迹场所面临的威胁的结论。这个信息构成了这个领域中预**防性保护措施**的介绍的基础。世界文化遗产基金会从1995年开始制定的100个最濒危古迹观察名单™中面临危险的古迹提名每两年进行一次更新，同时也会系统地收集有关历史建筑和古迹场所面临的威胁的类型和模式方面的信息。

文化遗产面临的威胁以及建筑保护科学能够发挥的作用强调了预防性保护的重要性，这是在建筑保护中被长期忽略但现在却吸引了很高关注度的一个方面。预防性保护——也被称为风险准备和灾害减轻——背后的概念就是要求建筑和文物保护者都要主动参与，而不是被动参与。

就人类和自然带来的危险的主要类别而言，必须要同时将危险程度和劣化速率纳入考虑因素之中。通过了解危险发生的原因以及当若干危险因素结合在一起时——这是进会出现的情况——会出现什么情况，文化遗产面临的各种危险可以就得到有效的减轻。在损坏或损失发生之后，第一步通常都是确认并划分保护问题的优先级别。在制定适用于文化遗产保护的国家层面的措施时，ICOMOS的遗产@风险项目推荐对建筑遗产采用战略性保管计划，包括针对所有建筑遗产古迹场所构建一个初步清单。这个计划应当突出能够为每个古迹场所提供的物质条件以及法律保护，并且能够创造一个列举了各种问题、优选级别、指导原则以及推荐做法并能提供可行规划的风险地图。[59]

世界各地文化遗产采用的预防性保护也得到了国际蓝盾委员会（ICBS）的提倡，这个组织是于1996年由ICOMOS和国际档案理事会（ICA）、国际博物馆协会（ICOM）以及国际景观设计师协会（IFLA）联合成立的。根据其使命陈述，蓝盾是文化界的红十字会，旨在为受到自然或者人类威胁的文化遗产提供紧急回应。[60]这个组织宣传相关信息并提供有关潜在威胁和为后续准备的最佳措施方面的意识；同时它也会在发生自然灾害或者战争冲突的时候提供专业知识，并协调在之前确认过的资源的分布。

注　释

1. Bonnie Burnham, "Architectural Heritage: The Paradox of Its Current State of Risk," International Journal of Cultural Property 7, no. 1 (1998): 159.
2. This phenomenon, which remains a major peril to built heritage, can especially be seen in the placement of early Christian and Byzantine structures on earlier pagan sites in the eastern Mediterranean.
3. Simultaneous threats pose considerably greater conservation challenges than any of them would alone. In recent years, Venice has suffered from frequent flooding, air pollution, acid rain, and uncontrolled tourism. Considering that Venice contains thousands of buildings, works of art, bridges, outdoor sculptures, and public spaces—each with its own characteristics, history, and special maintenance needs—the task to conserve and present this wealth of historic fabric is vast. Similarly large and complex conservation efforts are underway at other World Heritage Sites, such as St. Petersburg, Russia, and Angkor, Cambodia.
4. It is from the point when either de facto or de jure legislation protecting architectural heritage is in place (when statutory laws become obligatory) that a country's or a town's commitment to heritage protection can be effectively quantified.
5. In Malaysia, Turkey, and other countries in western Asia and North Africa, local waqf (in Arabic) and vakif (in Turkish) foundations, have purview over most Islamic heritage sites. The Vatican controls Rome's Catholic sites, and the Episcopal Diocese of New York oversees properties owned by the Episcopal Church in New York City.
6. Until now, only a limited number of international organizations such as the United Nations Educational, Scientific and Cultural Organization (UNESCO), the International Council on Monuments and Sites (ICOMOS), the International Centre for the Study of the Preservation and Restoration of Cultural Property (ICCROM), the World Monuments Fund (WMF), Patrimoine sans frontières (PSF), the Getty Conservation Institute (GCI), and various intergovernmental assistance arrangements have been involved in architectural conservation projects in most countries.
7. In recent years, revenues from oil discovery and transshipment have offered new financial prospects in both of these examples.
8. Some scientists have argued that recent, subtle global climate changes may be responsible for increasing the number of tropical storms, typhoons, and hurricanes in warmer regions of the world.
9. In December 1999, a violent hurricane crossed France, destroying millions of trees and causing massive destruction. The park of the Palace of Versailles sustained significant damage. A massive flood in 2002 seriously damaged Prague's Old Town, and in 2004 a tsunami claimed well over one hundred thousand lives and laid waste to parts of Galle, one of Sri Lanka's most beautiful historic cities and a UNESCO World Heritage List site. High winds and storms caused severe flooding. (See endnote 12.)
10. Italy, the Balkans, the Caucasus region, Central Asia, and Latin America have regularly been affected. Turkey's 1999 and 2000 earthquakes caused much damage to both new and historic buildings.
11. Among the most famous volcanic disasters affecting historic cultural heritage are those that destroyed Akrotiri on the island of Thira (Santorini), Greece, and Italy's Pompeii and Herculaneum.
12. One of the most well-known floods of modern times was the November 1966 inundation of

Florence, which caused enormous damage to its artistic treasures. A concurrent and equally damaging record flood in Venice saw its lagoon waters submerge the Piazza San Marco under nearly 4.25 feet (130 centimeters) of water. The former was attributable to human error; the latter, to natural phenomena. In 1993, large areas of the upper Mississippi River basin in the United States were flooded. Widespread property damage was sustained by several historic enclaves along its bank, including the sixteenth-century French colonial site of Ste. Genevieve, Missouri. In 2005, Hurricane Katrina caused major damage to the historic American city of New Orleans, when many of its levees were destroyed and large parts of the city's low-lying areas were inundated.

13. Fires periodically devastate forests and contiguous areas of the western United States, often with disastrous results. In July 2002, simultaneous forest fires in the states of Colorado and Arizona destroyed some 7.1 million acres of forest and residential areas. Fires due to arson devastated hundreds of square miles of south-central Greece in the summer of 2007.
14. Ironically, an alarming number of accidental fires occurs during the restoration process. The more stringent fire-prevention and related life-safety measures used recently in the design of buildings, both for new buildings and for rehabilitations, have done much to prevent loss of both life and property.
15. Feilden, Conservation of Historic Buildings, 91–111.
16. The crystallization of salts on or behind brick and soft-stone masonry surfaces creates spalling, which can exacerbate deterioration. The freezing of moisture in exposed building materials, especially masonry, can also create spalling.
17. ICOMOS Climate Change Committee findings on how to manage static change in a dynamic landscape. ICOMOS Scientific Council, "Recommendations from the Scientific Council Symposium Cultural Heritage and Global Climate Change (GCC)," held in Pretoria, South Africa, October 7, 2007 (final draft, March 21, 2008), http://www.international.icomos.org/climatechange/pdf/Recommendations_GCC_Symposium_EN.pdf.
18. In addition to Feilden's writings, other valuable reference sources, especially these serving the field of architectural conservation science, include technical journals such as the Journal of Architectural Conservation (Donhead Publishing, Shaftesbury, UK) and the APT Bulletin: The Journal of Preservation Technology (Association for Preservation Technology International, Springfield, IL). Other authors who specifically delve into these subjects include Martin E. Weaver, Samuel Y. Harris, and Giorgio Croci. (See also Appendix D.)
19. Feilden, Conservation of Historic Buildings, 2–3.
20. Examples of government-sponsored development schemes include the former Soviet Union's agricultural collectivization programs of the 1930s; China's aim to boost agricultural production by the government's Great Leap Forward initiative, which lasted from 1958 until 1961; and hydroelectric dam projects in these and dozens of other countries.
21. Tung, Preserving the World's Great Cities, 17.
22. Pierre-Yves Ligen, Dangers and Perils: Analysis of Factors which Constitute a Danger to Groups and Areas of Buildings of Historical or Artistic Interest (Strasbourg, France: Council for Cultural Co-operation, 1968), 10.
23. Ibid., 21. In an effort to reverse this trend, areas of the Plaka in Athens were the subject of neighborhood improvement schemes in the 1980s that merited an award from Europa Nostra.
24. Tung, Preserving the World's Great Cities, 248–249.
25. Ligen, Dangers and Perils, 10. Solutions for cleaning and restoring the stone exteriors of French architecture have ranged from light water washing to resurfacing. This latter option has been viewed since the nineteenth century as being philosophically dubious, with most agreeing today that it should be undertaken only as a last resort, if at all.
26. Also affected are the limestone exteriors of innumerable Venetian palaces. "Stone disease" decomposes healthy stone surfaces below the dark sulfide-rich crust that has been deposited by airborne pollutants.
27. Similar reports that specifically address historic resources are often referred to as historic structure reports, conservation plans, or conservation resource management plans.
28. Ligen, Dangers and Perils, 9.
29. Concurrently, the change in many regional landscapes was accelerated by a dramatic explosion of large-scale, high-intensity corporate farming. Small family farms became encircled by disharmonious power lines, reservoirs, and service facilities and by

the remotely located infrastructure necessary to sustain nearby urban centers.

30. Venice's popularity may prove to be its demise. Despite numerous restoration efforts, Venice's town fathers have allowed it to be subjected to some extraordinary pressures—such as the 1989 Pink Floyd rock concert in Piazza San Marco (St. Mark's Square). This spectacularly insensitive example of historic-site programming permitted considerable unnecessary wear, demand on resources, and vandalism to occur in parts of the historic city and effectively shut down the heart of Venice for several days. In January 2008, the local transport situation was so bad for locals that the government instituted a program of boat travel service exclusively dedicated for residents.
31. Examples include the Greco-Roman town of Bosra, Syria; Biban el-Harim (Valley of the Queens) in Luxor, Egypt; and Pagan, Myanmar, where residents living among the ruins of these sites were displaced for tourism purposes.
32. Tim Winter, Post-Conflict Heritage, Postcolonial Tourism: Culture, Politics and Development at Angkor (Abingdon, Oxon, UK: Routledge, 2007); is a model of the careful study of the role of tourism and its many special considerations in the Kingdom of Cambodia, past, present, and future.
33. The challenge of providing improved access to Machu Picchu took on other dimensions when a government-backed commercial operation planned the use of cable cars to improve access and double the number of visitors. Local opposition to this idea was joined by UNESCO and ICOMOS, and the idea was shelved. At this stage in the well-established cultural tourism industry, the essential key elements of access, reception, orientation, site touring options, the actual site visit, and local sales and services are such well-known practices that there are a wealth of better examples to examine throughout the world.
34. Stephen Gordon, "Historical Significance in an Entertainment Oriented Society," in Tomlan, Preservation of What, for Whom? 58.
35. In part through its regular contributions to the Jewish Heritage Program of the World Monuments Fund, the Ronald S. Lauder Foundation, in particular, has made preserving historic religious sites a goal.
36. Such actions were particularly prevalent in France, Germany, and Belgium and frequently meant the destruction of historic accoutrements such as stalls, altar rails, rood screens, and the like.
37. Ligen, Dangers and Perils, 13.
38. A vacant and neglected house will naturally deteriorate to the point that the condition of its materials and structural systems are beyond practical retrieval. When a house is occupied and internal temperatures are maintained within the range of human comfort, thus preventing exposure of historic architectural components and furnishings to extreme temperatures, the fabric of that building is relatively stable and, with periodic maintenance, will last indefinitely.
39. As of 2008, many of the upper floors of Block 96W at the South Street Seaport Museum in New York City had been without commercial office renters since the renovation of these nineteenth-century commercial buildings in 1981.
40. New architecture that is incompatible in design and function set within the context of existing historic buildings is common. I. M. Pei's insertion of the glass pyramid entrance to the Louvre Museum, or Rogers and Piano's radically new kind of architecture, the Pompidou Center, at the edge of Paris's Marais district, are considered by most to be two successful examples. While the "artistic" juxtaposition of new and old structures in this fashion has often appealed to planners and architects, experience has shown that functionally and aesthetically incompatible designs have often been unsuccessful neighbors.
41. The proliferation of tower blocks within sight of historic monuments in Italian cities is one example of the consequences. The Cavalieri Hilton in the Monte Mario district offers excellent views of old Rome, though it is termed an eyesore for many who view it from the city's historic center.
42. Ligen, Dangers and Perils, 12.
43. Byzantine sites were also relegated to second-class status by Greece's nationalist archaeologists. Many were destroyed in the search for remnants of the preferred ancient Greek civilization. This attitude has changed over the past few decades, and Greek authorities now recognize sites of Byzantine origin and other types of heritage, such as the Venetian colonial and Jewish religious properties, as important elements of the nation's cultural past. The restoration of the Etz Hayyim Synagogue in Khaniá on the island of Crete in the 1990s is one example.
44. David Lowenthal, Possessed by the Past: The Heritage Crusade and the Spoils of History (London: Viking, 1997).

45. New construction has placed so much pressure on archaeological heritage that the field of archaeology developed a salvage archaeology subspecialty concerned with excavating and documenting sites under time constraints. Salvage archaeologists are brought in to work under tight deadlines—when a site is going to be destroyed because of a building project, for example.

46. Wayne Curtis, "A Cautionary Tale," Preservation: The Magazine of the National Trust for Historic Preservation, January–February (2008): 23. All existing building fabric contains within it the energy that was originally spent to create it, from the felling of trees, the forming and firing of bricks, the mining of ore, the smelting of iron, the burning of lime, and the hauling of these materials to the building site. Additional energy was expended in site preparation and in the tens of thousands of actions required to erect and finish the structure.

47. Fitch, Historic Preservation, 31.

48. Ibid., 32–34. In 1979, the US Advisory Council on Historic Preservation published a book entitled Assessing the Energy Conservation Benefits of Historic Preservation: Methods and Examples (Washington, DC: Advisory Council on Historic Preservation, 1979), which included two examples of embodied energy. Equivalency was calculated for a federally funded, low-cost housing project, the Lockefield Gardens apartments in Indianapolis. These represented over 550 billion Btus of energy, or the equivalent of 4.5 million gallons of gasoline. A second analysis was completed on the shell of a Washington, DC, carriage house, the A. Everett Austin House. Referred to as the Austin House, this structure represented over one billion Btus of energy, or about 8,000 gallons of gasoline (US Advisory Council on Historic Preservation, Assessing the Energy Conservation Benefits, 52).

49. One source quotes the difference in cost between rehabilitation and new construction as 75 versus 50 percent. National Trust for Historic Preservation, Economic Benefits of Preserving Old Buildings (1976; repr., Washington, DC: Preservation Press, National Trust for Historic Preservation, 1982).

50. See also Fitch, "The Economic Sense of Recycling," chap. 3, in Historic Preservation.

51. A 1991 study of New York City office buildings found that on average, buildings erected after 1940 consumed 25 percent more energy than those constructed earlier. Some buildings consumed more than twice as much. Michael L. Ainslie, preface to New Energy from Old Buildings, ed. Diane Maddex (Washington, DC: Preservation Press, National Trust for Historic Preservation, 1982, 1978), 3.

52. Diane Maddex, ed., New Energy from Old Buildings, 9.

53. While this scale of historic preservation activity reflects the popularity of the field in many countries today, these actions sometimes have unfortunate results. Wholesale improvements to neighborhoods can result in gentrification, which displaces less affluent residents. It has also occasionally invited unsustainable levels of tourism, such as in the Georgetown section of Washington, DC, or London's Covent Garden district.

54. John C. Sawhill, "Preserving History and Saving Energy: Two Sides of the Same Coin," in Maddex, New Energy from Old Buildings (Washington, DC: Preservation Press, National Trust for Historic Preservation, 1982, 1978), 17.

55. Ligen, Dangers and Perils, 11.

56. Museum of World Religions conference report, September 2002, Taipei, Taiwan.

57. Although Tung, Preserving the World's Great Cities, 17, notes that "far more architectural history was destroyed in the urban redevelopment which followed the fighting than by the tens of millions of bombs themselves…much of the loss incurred in the rush to remodel was avoidable, unnecessary, largely irreversible, and therefore tragic."

58. Widely publicized accounts of the looting of Iraq's museums and cultural institutions during this period of conflict will forever taint the military operations associated with this war. Given ancient Mesopotamia's role in world history, the recent loss of its remains in Iraq was a loss to all humankind.

59. Heritage @ Risk program, ICOMOS, Paris, 1999.

60. The blue shield from which this organization takes its name is the symbol specified in the 1954 Hague Convention for marking cultural sites to protect them from attack in the event of armed conflict. International Committee of the Blue Shield, "Working for the Protection of the World's Cultural Heritage," http://www.ifla.org/VI/4/admin/protect.htm.

图拉真市场（公元110年），这是许多实施了多种保护干预的古罗马区域中的一个。

第 8 章

参与选择

每个建筑保护问题都可以从它的类型和相对物理量方面进行审视，而每个可能的解决方案则应从它的影响级别或者干预程度方面进行审视。有关这些概念参数的决定将会确定任何保护项目的物理标度以及相关工作的哲学基础。因为保护在很大程度上来说是控制变化的艺术，并且决定什么时候以及如何修复也是至关重要的决定。

在可能的建筑保护项目被确定下来并且得到其所有者的施工许可之后，下一步就是决定项目的范围以及对这项工作进行规划和实施的可行方案。这个过程的关键就是决定这项工作的物理和哲学参数。同时对建筑或者场所的历史和现在状况进行严谨的研究是非常有必要的。谁创造了它，为什么要创造它？原始设计师和建筑师的意图是什么？其中以的任何调整是如何进行的，又是为什么？这些问题必须要在早期提出来，并找到答案。在同时，为了有效的设计保护方案，对会影响结构的病理学要有明确的了解。劣化速度——无论这个劣化过程目前是否得到控制——在保护规划中是非常关键的问题。

精准的答案是非常重要的，因为一座建筑——或者说一座建筑的剩余部分——远不止它的墙壁、框架以及表面材料：正如英国保护建筑师约翰•沃伦所说的那样："这是一种声明，关于谁创造了它、关于它的制造时间以及关于它的后续变迁既是声明者，也是其声明内容，而这种变迁的重点则是岁月为其留下的痕迹、事件对其造成的伤害，以及由它的适应和变化而讲述出的社会演变。" [1]

同样地，这种修复过程也存在更改甚至破坏的可能。因此，建筑保护专业有责任在对其采取行动之前确保对该建筑有透彻的理解（它的重要性、原始性、它是如何以及为什么能够抵御时间的侵蚀，它将在未来之中如何发挥作用），因为这些行动会对它的结构及其周边环境的重要性和完整性造成影响。尤其是在处理已经被登记的历史建筑时，接受这项认为的保护专家应当将他们的最大关注放在结构上，煞费苦心地记录它的建筑材料以及体积质量，并且应当一直保持支持他们判断的合理性。因为对待组成历史建筑的细节的重要性的态度可能是会随着时间而发生改变的，所以就必须全面而客观记录尽可能多的历史建筑细节，并且不断改进看待每个项目的观点。[2]

保护建筑师伯纳德•费尔登对这项工作做出了最好的总结："有人会说理想和文化的复杂性会在一座历史建筑周围环绕，并且在它身上得到反映。保护者的目标必须是保留其结构并对其进行加固，以使其未来可以在一种能够理解其过去的有同情心的环境中使用。"[3]这就是历史建筑和古迹保护所有内容的本质所在。

另一名保护建筑师唐纳德•英索尔曾经谈到的那样："建筑是平凡的。就像医学一样，建筑保护要求进行预防性处理，如果这一点被忽视了就会付出很大的代价。问题出现的最早迹象通常都是非常轻微的，分清重要象征和可以被忽略的迹象之间的差别非常有必要……这方面的实例包括地下水条件变化，或者墙壁和地基开裂，后者可以反映出承重模式的变化以及建筑整体性的缺失。"[4]

绝大多数建筑保护专家提倡尽可能少地进行干预，以及只完成那些从结构性上来说是必要的工作，这样才可以防止最具攻击性的衰变源头，从而减缓腐蚀速度。绝大多数人也同意干预的明显程度越低，最终结果的成功性也就越高。

具有同情心的修复必须要确保使用恰当的材料和技术。通常来说，涉及保护的政策会让位于情形的迫切性、缺陷的特性、出现的威胁以及预计对建筑进行的重新使用。但在评估这些因素的时候，某些特定不变的原则必须要遵从。其中最为重要的就是保证进行**最低程度干预**以及这些干预在任何可能情况下的**可逆性**。这个历经考验的原则——在尽可能少地进行干预的同时，确保这些措施能够在不破坏原始结构的情况下被撤回——适用于非常广泛的选择方案，以便未来有得到证明的其他干预方法出现时进行处理。最低程度干预原则也可以确保原始或者早期建筑结构的保留，这对保护真实性的重要概念来说是至关重要的。

当然，某些原则必然会与其他原则构成冲突，因为与新功能的"适应"以及符合现代建筑标准和开支等方面的其他问题也需要解决。在这种情况下，依据以往经验的良好判断就能够起到作用。[5]约翰•沃伦以一种伦理和透明的方式对建筑保护专业在处理他们工作的需要进行了进一步的阐述："工作应当按照最大完整度的方式开展，这就意味着保护者必须要使用适宜于其原始目的的材料。他们必须对历史事物具有同情心，这样较新的工作才是恰当的。另外，数据性能够保证年代的真实性以及干预的特性，而诚实则是按照其最初构想来确定工作内容的整体部分之一。最后，作为一个原则的位置则强调了特定结构与其地理位置之间的重要关系，因为这是它不可改变的部分。"[6]

中立性是保护的另一个方面，这展示了对原始结构所在的历史环境的尊重；这是真实性概念的延伸，也是这个领域中的一个指导原则。一个中立的或者谨慎的表示出敬意的干预能够延长一个建筑的寿命，而不会损害这个建筑的原始结构特性。

干预工作的文档记录是保护者的工作中必不可少的部分。很明显，历史非常悠久的建筑就是一座时间堡垒，其存在时间要长于那些参与建造并维持它的人们。因此，对那些负责它们未来维护的人来说，任何能够提供在过去进行的修复和保护工作的细节内容的记录都变成了一个重要工具。这些记录应当举例说明材料来源、开展的工作的类型和程度以及其顺序和特点。有了这些信息的帮助，未来的建筑保护者能够评估过去技术的成功与否，并依据这个评估来规划他们自己的工作。

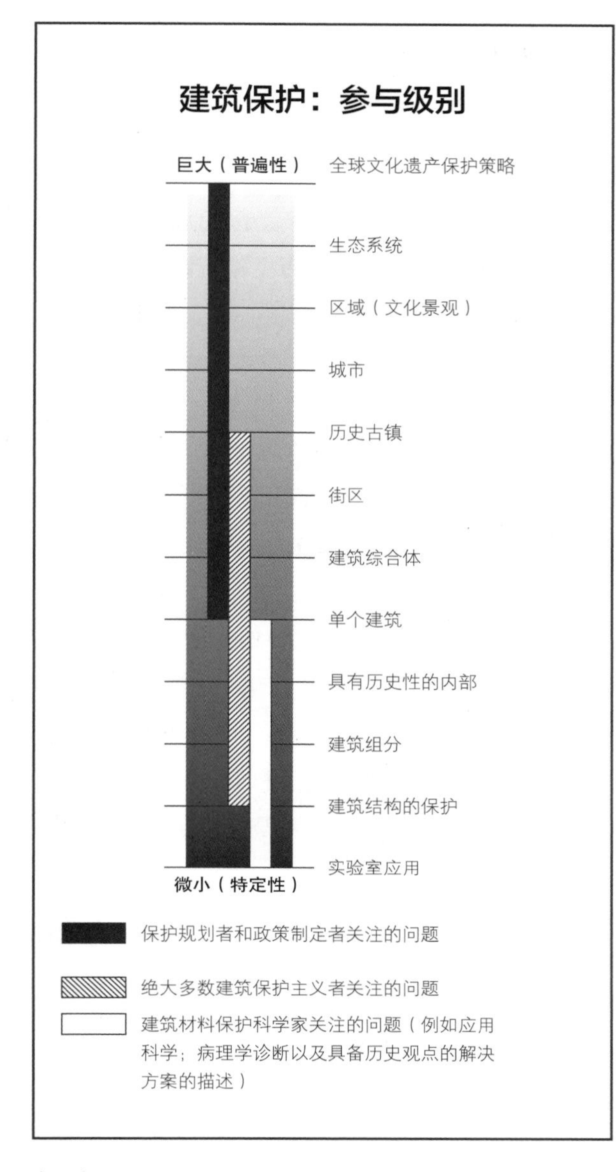

考　虑：

1. 覆盖范围非常广阔（从全球视角到微观）。
2. 保护专家通常是按照不同的规模观点开始工作，并且通常可以同时进行多个工作。
3. 保护和展示建筑世界的任务既是概要性的，也是跨学科的。
4. 处理这个问题的各个尺度的方法基本上是一致的（例如合理性或者演绎推理）。

表8–1　建筑保护：参与级别

参与级别

保护建筑和古迹的问题应当从其整体性出发进行处理，并且应当考虑所有相关的文化、空间、结构以及环境特点。在整体规划——文档记录、建立对资源的各种不同价值和整体重要性、考虑若干替代方案——之后，开始制订进行保护的具体方案。这其中可能会出现需要做出妥协的艰难决定，按照伯纳德•费尔登的说法就是：找到“危害性最小”的方法可能是必需的。对可利用的选择的理解取决于对手中面临挑战的潜在物理和概念参数范围的理解。

在最近几十年中，建筑保护这个领域已经扩展到将大范围的潜在物理干预以及干预程度或者深度包含在内。[7]詹姆斯•马斯顿•费奇是第一个意识到将建筑保护领域中的物理干预的参数系统化是非常有用的。正如他所说的：“尽管这个领域存在着很大的规模并且具有复杂性，但它依然对合理的量化、描述以及分析十分敏感。”[8]

在建筑保护运动的早期，典型问题很少超出个体建筑及其所在地的范畴。随着时间的推移，更广阔范围的兴趣被开发出来；例如，规划机构和建筑遗产保护机构通常会保留整个建筑附近的区域。最后，这个观点被进一步扩大到将整个街区、甚至整个小型城镇一并保留下来。最近，可能的物理干预的范围又被进一步扩大到将整个城市以及文化景观保留下来。现在，一些国家性和国际性法律和公约对物理干预的最宽广概念范围进行了解释，包括整个生态系统内在。在1994年，联合国教科文组织（UNESCO）的世界文化遗产中心启动了“平衡的、有代表性的以及可靠的世界文化遗产清单全球策略”，它的目标不仅是增加位于未被充分代表的国家和地区中的古迹数量，同时也是为了扩大清单中的古迹类型，以便将自然和传统文化景观也包含在内。[9]

物理干预的概念性范围对建筑保护主义者运作需要的可能物理量范围进行了大致描述（如表8-1）。建筑保护专家以及相关领域中的同事可以在不同的尺度上工作，从整个生态系统到特定建筑组分——一直到微观级别。在这些极端之间的则是城市、历史街区以及个体建筑。

在这个范围之中，这个领域的专家倾向于在特定的限制之中开展工作。例如，保护规划者、政策制定者以及那些参与国际保护实践的人们都很关注那些在规模、重要性以及影响力方面非常重要的保护问题。他们处理的历史资源可能会从特定的标志性建筑或场所或者一些更大的东西——比如整个历史古镇——到非常特殊的具有场地特定性的保护问题，而这些问题的解决方案——人们希望——会对这个领域做出贡献。诸如建筑师和工程师这些参与者通常要处理规模挑战，从修复和保留整个历史古镇或者整个街区的规模一直到特定的建筑以及它们的必要组分。建筑材料保护专家（或者建筑保护者）则需要处理与历史建筑结构相关的问题，这可能会以整座建筑或者其极小的组成部分的形式出现，即使在分子层面也是如此。

按照下面这个广义模式，特定的模式能够得出一些有效可靠的结论：

1. 规模的**范围**非常宽广，跨度从微观级别（例如检查大理石的分子组分）到能想象到的最宽泛范围（例如名列UNESCO世界文化遗产清单的文化景观，甚至跨越国际边界的区域）。
2. 在实际**实践**中，一个项目不可避免地会同时被分解成不同的物理干预尺度点，就如同一名保护建筑师修复一座处于受到保护的历史城镇之中的住宅博物馆一样。
3. 保护和展示历史建筑和古迹场所同时是**概要性**和**学术性**活动。保护项目的目标和对象都是具有场所特定性的，而这个领域中的专业化使得可以采用——甚至要求采用——一种跨学科的方法。例如，需要一组专家来修复和解读历史建筑，而保护它的历史建筑环境则需要另外的专家来完成。
4. 处理保护实践中存在的各个类型和尺度的物理挑战的方法通常都是一致的。都依赖于科学方法：通过演绎推理或者归纳推理来确认问题；建立并检验一种假设；制定并实施一个解决方案；对整个记录进行记录；以及对结果进行监控。
5. 受到保护的文化遗产资源的**类型**的数量和多样性永远都是在增长的。为了赞美历史的特定方面而只保护各个类型中最具代表性案例的传统观点已经让位于一个更新、更宽泛的兴趣：保护更广阔视角中本国的、民俗的、行业的、甚至有争议的历史证据。另外，随着越来越多的当地设计师开始涉足老旧建筑的修复和重新利用，现代化和提高建筑环境的大胆、新颖的案例也随处可见。
6. 文化遗产及其重要性意识的不同类型的案例随着文化遗产保护持续发展成为一个全球性问题而不断扩充，例如政府指定在表演或者应用技术方面具有高超技巧的大师被视为一个个人或者集体本位（日本于1984年颁布的《文化遗产保护法》）。随着有型和无形文化遗产的额外形式的扩展，专业化的兴趣和探究领域的数量也随之扩大。领域分布广泛，从对史前时期中特定场地人类活动的研究（例如中国西安的半坡文化）到描述现代艺术经历的时间和变化（例如，位于德克萨斯州玛尔法市柴那提基金会博物馆的美国艺术家唐纳德•贾德的房间——用来对时间和空间进行思考的场所）。西安和贾德的遗址博物馆都有专业的建筑保护者住在任所之中。

干预程度

除了物理尺度的可能性之外，建筑保护者还可以采用各种不同级别或者程度的干预（表8-2）。这种尺度的每个级别都带有其相应的、变得越来越复杂的哲学暗示：干预越明显，对真实性造成的风险以及不可逆性的可能性也就越大。当在同一个项目之中需要进行多种不同类型的干预的时候，保护和展示艺术和建筑遗产通常会变得非常复杂。这种情况再次强调了记录“调整前校准”条件的重要性，针对有规划的干预的明确合理性的判断是基于建筑或者古迹场所的特性和重要性，一个充满敬意的设计应当考虑实用性和美观性问题，并小心翼翼地实施执行。

不论选择的是哪种级别的干预，长期保护才能发挥最好的作用，这可以通过对场所以一种尊重其建筑整体性以及存留下来的历史建筑织物的方式而进行持续使用而得以实现。对所有干预来说，主要目标应当包括尽可能多地保留现有结构和其他建筑用品，对遗失部件的替代要格外慎重，以及变更设计应当能够发挥建筑在其所处环境中的作用。[10]

正如在第一部分和术语表中提到的那样，建筑保护领域将它的命名法从各种资源和语言之中提取出来了。之前已经对建筑保护经常使用的最常见干预中的**修复、重建、保护以及适应性使用**进行了定义。这些以及其他若干选择表明了选择的范围，其跨度从最具侵入性的方面到一个建筑或者古迹的历史整体性。历史建筑和考古遗址中不同的选择和级别的干预包括以下方面：

- **自由主义：**这个方法包括不对古迹场所进行任何管理。这也就是不进行任何必要或者合乎情理的行动——当条件不适宜于进行干预的时候。[11]
- **保护或者保存：**保护的词典定义就是“免遭侵害、进行维护、继续使用并防止腐朽”；保存的词典定义则是“保护、保留并保持完整”。**建筑保护**的目标是尽可能多地保护或者保存历史建筑结构。从理论观点来看，这个方法被认为“保守的”。
- **预防性保护：**预防性或者防御性保护经常在文物保护的情况中使用；但是，这种做法越来越多地被用于保护历史建筑和建筑综合体。这个做法被定义为“为延迟退化速度并防止对文化遗产造成的伤害而通过对保存、使用和处理的理想条件的规定而采取的所有措施”。[12]防御性保护的一个实例就是禁止在邻近重要建筑或者古迹场所附近的区域中修建道路。
- **维护：**每个历史建筑都要求有经验的维护人员进行关注，虽然绝大多数建筑都有其自己的特定要求。有效的定期维护被命名为周期性维护，它是由一系列周期性检查构成的。维护检查以及行动的定期性取决于待处理的历史建筑，其范围包括从由外来顾问每一至三年进行检查到由在这个遗产古迹中工作的各个不同的专家进行日常检查。不幸的是，周期性检查以及日常维护的重要性很少被认可。
- **加固或者稳定：**稳定一个材料、一个组件或者整座建筑的目的在于延缓衰变过程。加固或者稳定的选择方案从最低程度到激进程度各有不同——以及从可视到不可视。这种选择取决于涉及的材料、它们的病理学以及待处理问题的物理尺度。[13]一个被毁坏的建筑从本质上来说可以通过能够防止其进一步侵蚀的稳定措施而“凝固在时间之中”，要么凭借直接保护遗址结构或者用另一种结构封闭它，要么用两者结合的方法。[14]
- **复原：**复原能让一座建筑、一个古迹或者一件艺术作品恢复其早期时间的外观。这个过程可以包含对部分或者整个对象进行的主要干预。如果存在诸如随后发现了能够证明恢复其原始外观或者条件的具有说服力的证据的特殊情况，这个过程可能还会涉及后续变化的调整或者取消。但是，只有基于可靠、客观以及全面考虑的保护政策而做出的决定，这种方法才能取得成功。
- **修复或者翻新：**修复可以让一座历史建筑有可能再一次具备有效的现代用途。但是，修复和变更能够保存这个遗产中对其历史性、建筑性和文化性价值非常重要的部分或者特点。当现代服务被引入的时候，为了满足适应新用途的需要，修复必须要对建筑元素进行广泛的更新或者调整。具有敏感性的修复包括在可能的时候对原始材料的重新使用。

- **重建**：对部分或者全部倒塌的建筑在其原始所在地（原址）所进行的重新组装应当最大程度的——即便不是全部——使用其原始材料。这个过程又被称为**原物归位**，它被认为代表了干预的一个主要级别。这个方法最易通过最近遭受灾难的案例得到证明，例如由于地震、洪水或者炸弹而倒塌的建筑。[15]
- **迁移**：在偶尔的情况下，除了移动之外，没有其他办法可以拯救建筑。这座建筑，或者其中一个重要的部分随后会被分解并在一个新的场地中进行重新组装——或者有时会整体移动。这种激进的干预在绝大多数情况下被认为最后的手段。[16]
- **复制**：对一座已经消失的或者现存的建筑进行复制，意味着要在一个不同的地址中建造一个复制品或者临摹品。复制的理由与重建的理由类似。复制涉及由其原始创造者创造出另一个版本的建筑或者景观，或者在随后的岁月中进行创造。复制一词是与术语**再现**联系在一起的，后者被用来描述在项目中使用的缺失建筑元素（或者**缺陷**）的现有实物的精准复制。[17]

对一座受损或者被毁坏建筑进行的全面修复、重建或者复制永远不能具备原始建筑的同等价值和含义。尽管如此，消失的建筑或者其中部分的复制品在完整性展示方面是一个非常重要的考虑，因而在建筑保护实践中占据一席之体。这项工作可能如同在一个已知设计替换一个消失组件一样简单，或者也可能是更具推测性的，这依赖于彻底的研究以及相关的哲学和美观性考虑。

尽管现在文化遗产保护领域中的所有修辞均是如此——或者也可能是因为它——但许多历史建筑和古迹场所仍然被按照笨拙粗率的方式进行对待，尤其是当有更多具备尊敬态度的干预可以非常容易地实施的时候。这在很大程度之上要归因于缺乏这个领域中最佳做法的意识或者对那些应当负责文化资源部分的人的矛盾情绪。这种矛盾情绪产生的一个原因在于所有权认知问题——也就是说，为过去负责（参见第5章）。另一个原因则与可能导致保护项目平衡丧失的专业兴趣有关。[18]

考虑到建筑环境不断加快的变化速度，决定必须频繁地在匆忙之中做出，而决策者通常也会因为受到压力而在收集到足够的技术信息和财政资源之前就采取行动。花费时间去全盘考虑一个决定的所有方面通常才是最好的做法，包括推迟任何行动直至能够形成更大的共识和协同以及获得足够的支持的可能性。[19]

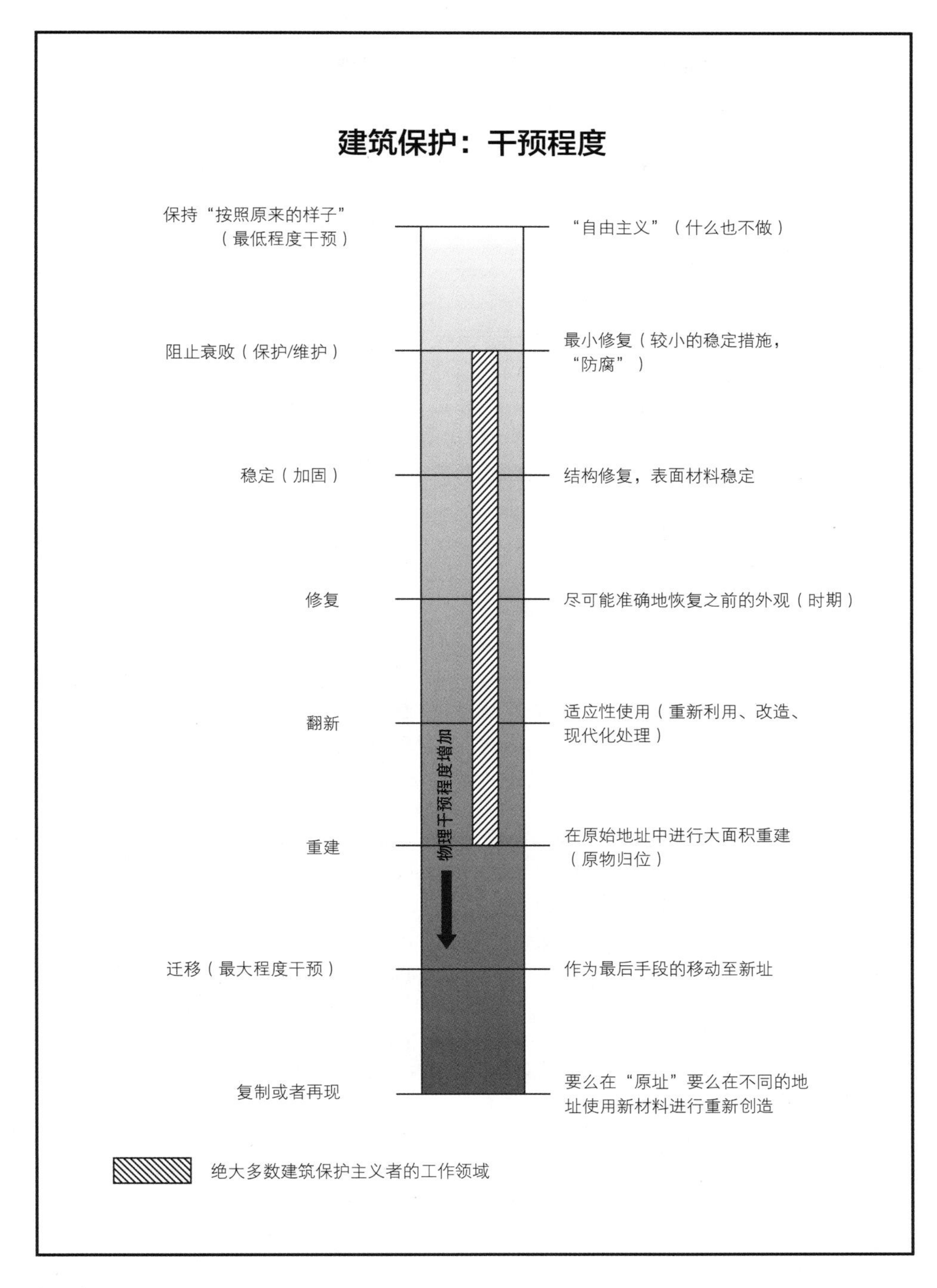

考　虑：

1. 保护性 *vs* 彻底性方法。

   保护性——更容易实现可逆，保护更具真实性，通常成本也更低。

   彻底性——较不容易实现可逆，影响这个场所的真实性质量，通常成本更高。

2. 客观性：找到干预措施的“正确”程度；保护性方法通常更安全也更好。

表8–2　建筑保护：干预程度

注 释

1. John Warren, introduction to Earthen Architecture: The Conservation of Brick and Earth Structures; A Handbook (Sri Lanka: International Council on Monuments and Sites [ICOMOS], 1993). See also Warren, "Principles and Problems: Ethics and Aesthetics" in (ed.) Stephen Marks Concerning Buildings, (Oxford: Butterworth Heinmann), 1996, 34–54.
2. Ibid., xi.
3. Bernard Feilden, "An Introduction to Conservation of Cultural Property" papers at ICCROM, UNESCO, (Paris: 1979).
4. Warren, Earthen Architecture, xxi.
5. To this end, architect Lee H. Nelson, former head of the US National Park Service's Technical Preservation Services division, suggested creating a decision-making tree that allowed for the listing of the pros and cons of various conservation interventions under consideration.
6. Warren, Earthen Architecture, xxii.
7. Based on the concept of the scale of intervention first articulated in Fitch, Historic Preservation, 44. This concept was heavily relied upon in the formation of the 1983 Appleton Charter for the Enhancement of the Built Environment prepared by ICOMOS Canada.
8. Fitch, Historic Preservation, 47.
9. As articulated in the Budapest Conference of 1992, the "4 Cs" of its stated objective are credibility, conservation, capacity-building, and communication. UNESCO, "Global Strategy," http://whc.unesco.org/en/globalstrategy/.
10. Warren, Earthen Architecture, 188–89.
11. There may be a mitigating extrinsic circumstance, such as the presence of a recalcitrant owner whose departure may facilitate a future intervention. When a subterranean structure is discovered by remote sensing and can be analyzed by endoscopic photography and otherwise left undisturbed, taking no action can also be optimal.
12. IIC-CG Code of Ethics and Guidance for Conservation Practice, definitions.
13. Flaking paint or a detached plaster surface can be stabilized in situ by material conservation measures. A structurally damaged building can be stabilized relatively simply by measures ranging from temporary shoring to discrete structural interventions.
14. Museums primarily use the "frozen-in-time" approach for their collections of objects because they have the advantage of working in controlled environments. Conservers of architecture in outdoor settings may have the same ambitions for a building or site, but they must inevitably embrace the approach of managed change. The reburial of an archaeological site is an example of this kind of preservation, although this action has occasionally produced unwanted results, such as when changes in drainage or vegetation negatively affect the archaeological resources in question.
15. Reconstruction can be justified in historic terms—a rebuilding on original foundations using as much original fabric as possible, for example. It can also be justified when a destroyed building or landscape was a vital part of an urban scene and its reconstruction is preferred in order to preserve the established historic context. Where the contents of an interior have been saved and can be accurately reassembled, reconstruction may be the best option available.
16. There are long traditions of moving buildings in most parts of the world, with the act in some instances being historically significant in and of itself. For example, new Japanese and Chinese rulers often relocated and recycled decommissioned palatial or temple forms used by their predecessors and integrated them into their new buildings. Such actions also were routine in ancient Rome and Greece.
17. An example is the replica of Michelangelo's famous statue of David in the Piazza della

Signoria in Florence; the original is more safely on view in the nearby Accademia di Belle Arti. Replicas can represent an extreme approach from a philosophical point of view, because viewers of the reproduction are not seeing the original.

18. David Baker, Living with the Past, 10.
19. One such reaction that has arisen in the art conservation field, and that is taking on currency in the field of architectural conservation, is the laissez-faire policy advocated by James Beck of Columbia University in New York. His proposed "A Bill of Rights for Works of Art" in Remove Not the Ancient Landmark, Donald M. Reynolds and Rudolf Wittkower (London: Routledge 1996), 65–72, questions the necessity of restoring several important works of art at all. Until his death in 2007, Beck argued vehemently against restorations of Michelangelo's ceiling frescoes in the Sistine Chapel; Leonardo da Vinci's The Last Supper in Santa Maria delle Grazie, Milan; and the tomb of Ilaria del Carretto in the Cathedral of Saint Marin in Lucca, citing views on the original artists' intentions, the historic and aesthetic value of accumulated patinas, and truths about the reversibility of certain kinds of interventions. Thus far, Beck's views on conservation have centered on movable artworks and art that is integral to buildings and not on complete works of architecture. Nevertheless, buildings conservators would do well to take heed.

THE ILLUSTRATED BURRA CHARTER

Good Practice for Heritage Places

Meredith Walker & Peter Marquis-Kyle

第9章

原则、章程和道德标准

艺术和建筑保护领域在过去几个世纪中积累起来的经验已经形成了一个得到普遍认可的涉及哲学、美学以及技术参数的主体，而这些参数已经成为现在的建筑保护实践的运作基础。这些是由许多人类思想的主要挑战和努力而形成的——并且也反映了它们：生理需要、心理需要、社会变更、经济力量以及技术发展。一直以来，这种建筑保护实践中的因果特性提出了一些重要问题：我们为什么要做这些事？为什么是这座建筑？为什么使用这种哲学和方法而不是其他的？这一实例的原始意义是什么？真实性是否真的重要？[1]

根据具体情况，这些问题的答案各有不同。虽然保护理论中的一些方面或许看起来是一致的，而其他方面则更多地具有场地特定性的应用。事实上，针对历史建筑资源处理问题而制定的保护政策通常会结合不止一种哲学方法。例如，一个都市保护项目可能需要对建筑表面进行全面的修复，而在其内部空间的处理上则具有更多的自由度。

这些建筑保护过程的参与，被期望能够确保那些在物理上会对已登记或者具有相应资格的建筑遗产古迹场所产生影响的行动与它们相应的法律保护措施的目的符合一致。了解原则和程序被确认之前的应用实例，以及如何在相关场地中完成这些工作对于保护项目是否能够顺利完成有着重要影响。

哲学方法

从最广泛的意义上来说，文化遗产保护的哲学就是世界上的文化遗产资源具有共同利益的共同资源。但是，这个由联合国教科文组织（UNESCO）、其依托机构以及绝大多数参与国际建筑遗产保护实践的其他机构认可的普遍性观点，并未就历史建筑、古迹场所或者文物的保护提出任何实用性建议。判断如何才可以最好地规划出历史建筑和古迹场所保护方案的能力，来自对建筑保护领域哲学史和演变的判断，以及培养出保护历史遗产的态度如何发展的历史观点。

尽管经常对哲学的适用性以及提倡最佳措施的新章程和指导原则不断增加的数量产生争论，但建筑保护的总体目标在很大程度上还是保持一致的，并将在可预计的未来中持续下去。[2]今天遗产保护领域中的国际性为文化遗产保护主义者提供了大量在其他地方开展的保护工作的信息，这是一个鼓励进行讨论的优势。

在历史编纂学这个学科之中——尤其是它在处理建筑史的历史、艺术史的历史和建筑保护史的历史方面——对待建筑风格、时期以及它们的影响、还有为什么和如何去保护特定类型的建筑资源方面的态度始终在变化。（参见第7章中的“文化偏见”以及第三部分的内容）今天，文化遗产保护方面的专家和公共大众都倾向于鼓励保护那些早于他们自己生命存在的历史证据。[3]同样地，纵观整个历史，这些偏好都是鼓励保护特定的建筑（以及许多其他事物）而不是其他的；而结果就是许多文化遗产都因为兴趣和品味的一时改变而消失了。例如，在欧洲的文艺复兴时期中，中世纪的建筑都被忽略而让位于对古希腊和古罗马遗物的新兴兴趣。[4]在其出现并且在很长一段时间里都没有遵循规范的古典风格之后，巴洛克风格曾经一度被部分人轻视；非哥特式风格则作为对新古典主义的回应而得到发展；所有这些建筑理论——以及绝大多数来源于之前时期的艺术——都被许多20世纪中期的现代主义者视为失去社会地位者。在对这些偏见进行观察后得到的一个结论是，在价值判断中有更多的客观审视灌输到历史文物、建筑和遗迹场所之中是非常必要的。在现代，这肯定是会发生的，但相关记录并不完善，很有可能永远不会有这些记录，因为质疑并保留意见是人类本性。

从20世纪60年代开始，建筑保护领域得到了巨大的扩展。它现在为一个全球利益而服务，因为公众对保护、解读并通过第一手体验来享受历史的要求越来越高。为了满足这些需要，遗产保护立法工作变得越来越富有经验，而有权利涉足建筑保护的机构和行政人员的数量也得到了相应的增长。与之相对应的，保护专家被要求从法律、技术、经济和哲学方面证明他们行动的合理性。因此，不论一个人是否只是对这个学科感兴趣、刚刚进入这个行业或者一名经验丰富的专业人士，他或她都必须随时准备好发表一番考虑周到的言辞，以表达对所有类型的干预的赞同或者反对意见。掌握关键的保护哲学方面的知识对于现代遗产保护专家来说是至关重要的。

在全世界有数百万座得到保护的建筑成为了鼓舞人心并且有教育意义的典范，每一座建筑都从其不断变化的环境中存活了下来。因为每一座建筑都是独一无二的，并且对这种资源的解读通常都是非常不同的，所以在建筑保护中不存在任何一种单一而适宜的哲学方法。[5]约翰•厄尔在《建筑保护哲学》一书中从三个可能的关键观点出发——纯粹主义者、实用主义者以及愤世嫉俗者——对哲学地位的范围进行了感慨：

纯粹主义者认为建筑保护领域之中存在备选的哲学方法是不正确的。正确性不能被稀释。一个工作应当要么是妥善完成的，要么就是失败的。

实用主义者相信在真实性的方向之中存在一个牢固的哲学观点。它的准确应用必须取决于建筑自身及其所处环境。如果某人负责这个工作的所有方面，那么建筑将会告诉他该怎么去做。

愤世嫉俗者则认为保护工作是一种完全人为的过程，一个会干涉衰败和退化的自然过程的行为。因此，保护哲学也必然是人为的；它们通常被用于证明一种早已决定的方法的合理性。[6]

建筑保护哲学中的某些特定方面将会始终遭受挑战。例如，如何在一个建筑的材料和形式中测定其真实性？它的重要性是否在所有建筑之中都是一样的？在《土质建筑》一书中，约翰•沃伦提出如下问题："真实性该如何被应用在……一座其石材已经在19世纪被削减的教堂之中，以及一座由于对土质建筑的原始形式保护的需求而拥有全新表面的西非土质清真寺建筑之中？"[7]沃伦认为一名专家应当认为得到忠实再现的原始土质建筑形式具备的真实性远大于被削减的石质建筑，因为前者保留了原始初级的建筑遗址。永恒的维护——即使这意味着新式的"实物"材料的广泛应用——是允许的，如果早期设计被得以保留的话，因为真实性同样存在于材料和设计之中。

在这个案例中，沃伦描述了一个建筑保护主义者经常会面对的哲学困境。虽然文化遗产保护运动已经适应了真实性的必要标准——这可以在过去一个世纪中提出的许多章程中得到证明——而非专业人士从理解上可能会对这个问题感到困惑。考虑到由沃尔特•迪斯尼公司开发并运营的以历史为基础的娱乐经典提供的历史感受代用品数量以及出于类似目的的其他商业运作不断增长的数量，尤其是在东亚和东南亚，[8]关于文化遗产保护真实性的讨论将会伴随我们许多年。(这种趋势的最近一个实例就是2008年1月的公告：阿联酋投资和发展集团的主席准备在位于阿拉伯半岛的迪拜建造一个法国里昂历史古镇的复制品。)[9]

那些涉足真正的建筑保护实践的人士应当观察最基本的哲学原则和道德标准。伯纳德•费尔登在《历史建筑保护》一书中对其进行了扼要的列举：

1. 建筑状况必须在采取任何干预之前进行记录。
2. 历史证据不能遭到破坏、篡改或者清除。
3. 任何干预措施都必须按照最少需要原则。
4. 任何干预措施在文化遗产的美学性、历史性和物体完整性方面都必须严格遵守规范。
5. 在处理中使用的所有方法和材料都必须完整记录。[10]

这些建筑保护方面的基本原则都是根本性的，并且实际上也是在保护相关领域中使用的原则。[11]

法 规

保护建筑的法律和习惯甚至早在古希腊和古罗马文明之前就已经出现。正如在第12章中"史前至古希腊时代"部分（第157页）中详述的那样，最早有记录的修复和保护措施可以追溯到公元前2000年的美索不达米亚之中。[12]从公元4世纪尤利乌斯皇帝下达的指令开始，罗马法律开始提倡对较老的纪念性建筑物进行保护和维护。在中世纪晚期和文艺复兴时期之中，教皇的法令开始尝试——尽管取得的成功有限——保护纪念物免遭被移除和重新使用它们材料的人的破坏。在1462年4月，教皇庇护二世颁发了Cum almam nostra urbem，这是第一位敢于明确提出对古代遗迹进行保护的教皇。[13]

从那个时候开始，对建筑遗产的正式保护开始加快了。1666年的一份瑞典皇家宣言要求对所有历史纪念物进行保护，而在1818年，黑森大公在其所属领地之中——现在属于德国的一部分——颁布了一份涉及幸存的历史建筑的法令。在19世纪在剩余时间中，对建筑遗产的国家性保护分别希腊（1834年）、法国（1841年）、西班牙（1860年）、意大利（1872年）、匈牙利和埃及（1881年）、英国（1882年）、芬兰（1883年）、保加利亚（1889年）、罗马尼亚（1892年）以及挪威（1897年）中从法律上正式建立。

1841年的法国国家法令被认为第一份详细阐述了保护原则和指导方针的具体法规。它建立了一个控制框架，承认了主要教堂和其他重要建筑的地位，防止得到认可的建筑免遭拆除或者巨变的结果——或许还有一点点别的结果。也就是在这个时候，政府机构开始越来越广泛的涉入保护问题、编写遗产资源清单、文件编制标准以及可利用的干预措施等方面之中。当法国颁布其纪念物保护立法规定的时候，这成为了遗产保护管理的一个典范。在19世纪中，法国的文化遗产管理形式扩展到其海外殖民地之中，这种关系在20世纪的两次战争之间的岁月之中依然维持着。

显然，还需要更明确、更严厉、更理性的保护条例和指导方针；所有保护和修复方法的方式在之前都已经被用在在各个不同的国家建筑纪念物之中。法国的管理者开始着手于这些历史建筑的目录编写、修复以及维护工作，他们设计了这个一体式方法以及对这些建筑进一步的法律保护和管理。这个系统的首席发起人是法国第一位纪念物监察长——建筑师普罗斯珀•梅里美，他于1834—1853年间负责历史纪念物服务局的相关工作。[14]

从20世纪早期到现在，适用于所有级别政府的文化遗产保护立法规定已经制定，这导致了在所有进行了遗产保护行动的国家中都形成了法律框架。[15]建筑保护的实践在20世纪60年代中进入了一个新的维度，其标志是得到广泛认可的通过结合激励和劝阻的方式对历史建筑整体进行保护的法律规定的出现。[16]

现在，建筑遗产法律规定通常都要求对历史建筑和古迹场所编辑清单，对它们进行文件记录和监控，以及建立遗产保护机构，以监管并协调这些规划行动。切实可行的建筑保护法律要求具备一定的基本规定，包括如下：

- 一个对应当保护的对象的定义，通常是以用于判断价值和重要性的标准列表的形式。
- 一种可以让权威当局感到到潜在危险的方法（通常来说，相关法律要求在被保护的建筑被拆除或进行更改之前应当进行通知或者申请）。
- 一种允许在通知管控当局及其专家（他们的许可通常以明确了行动条件的同意许可的形式下发）后可以开展无害或者理想工作的方式。
- 对违反者进行的有效且有形的处罚（例如罚金、监禁、强制执行、直接修复行动以及没收等）。[17]

原则和主义的整理

对保护建筑的各种不同原则和过程的适当性的理论化以及质疑开始于18世纪。在18世纪90年代的英格兰，有关建筑保护哲学的争议源自詹姆斯•怀亚特进行的温莎城堡以及斯塔福德郡的里奇菲尔德教堂的修复工作。这些早期的争论是由对历史建筑和景观的别致而庄严的品质所代表的艺术性和美学性兴趣构成的，而这种争论更早出现的代表就是贺拉斯•沃波尔、尤夫德尔•普林斯、威廉•贝克福德、汉弗莱•雷普顿以及其他人的著作和建筑成就。

在英格兰，对保护问题的审慎最初更多的是出现在公众领域，因为这里的保护理论以及随后能为其提供支持的立法规定更多的——相比于欧洲大陆的其他国家——是由古文物研究者、提倡者以及对其关心的公民提出的，而不是由官僚机构或者皇家命令颁布的。[18]在19世纪中期，关于如何处理古代建筑的争论已经达到白热化，那个时候约翰•拉斯金以及威廉•莫里斯提出要采用更谨慎的措施去维护并尊重历史建筑结构，他们反对诸如乔治•吉尔伯特•斯科特爵士这类纯粹使用性的建筑师。斯科特提出了更具自由主义的路线，定义了他和其他人在那个时期中进行的彻底修复。

这两种截然不同的思想体系被称为修复和反修复（笨拙粗率的方法与极度拘谨的方法）。[19]这种争论的重要结果就是1877年颁布的古建筑保护协会宣言，而这个组织则是由威廉•莫里斯成立的。它成为了随后出现的大量保护章程以及教条主义的参考先例。

建筑保护实践国际条例的首次尝试就是《建筑纪念物保护和修复条例》，它是于1904年在马德里举行的第六届国际建筑师协会会议中起草的。直到1931年，另一个针对建筑保护及其相关道德规范核心问题的国际性努力才出现，这次是在雅典举行的一个会议中提出的。又过一年之后，国际联盟正式同意在其成员国之间就在雅典章程中出现的专家公约先例进行传达。[20]从那个时候开始，许多新的主义——同时包括国家级和国际级——都提高了建筑保护干预的标准，并创造出传递全世界范围内涉及文化遗产保护中解决方案和最佳措施的信息的有效机制（参见第16章以及附录C）。

随着第二次世界大战的结束，联合国承担了国际联盟的角色并且成为文化遗产保护领域中的主导组织。从20世纪50年代开始，它的附属机构UNESCO就已经通过了一系列的公约以保护全球范围内选择出来的重要文化遗产场所。这些公约包括世界文化遗产地的概念，这是一个于1972年在其大会中通过建立的旨在认可并保护具有典范性的文化和自然遗产场所的法律框架。[21]

随着功能性区域保护主体在20世纪中期的成熟，文化遗产监管的国际范围又进一步扩大。新章程、法令以及宣言的范围明确，并完善了现有立法规定和行政程序。其中最具影响力的就是1964年的威尼斯宪章[22]，它和其他许多类似章程都是在国际古迹遗址理事会（ICOMOS）的支持下完成的。这些章程不仅仅满足了当代需要，它们还特别有助于鼓舞文化遗产保护以及普遍的建筑保护。

国际文化遗产保护提倡和实践的领导者得到了包括国际博物馆协会（ICOM）、国际自然保护联盟（IUCN）在内以及许多较小的专业国际非政府和私人组织的支持。所有这些组织都可以以一种越来越富有经验的方式成为国家立法的有益补充以及对应物（参见附录B）。

区域性组织在国际保护准则的详细制定和实施方面起着非常重要的作用。首批跨国地区性协议中的一个就是于1946年执行的阿拉伯联盟文化条约，它总结了针对不同问题的合作方法，包括保护智力和艺术遗产。从其于1949年成立开始，欧洲理事会就成为了保护措施在国际应用指导方针方面最重要的制定者之一。虽然UNESCO和ICOMOS制定的章程主要在描述建筑保护原则以及针对特定问题的指导方针，但欧洲理事会制定的章程侧重于处理与文化遗产保护相关的社会问题。在文化遗产和其他事务中，欧洲理事会的声音由于1993年欧盟的成立而得到增强了。现在，这个理事会在文化遗产保护方面的工作偶尔会超越欧洲的范围，这是出于国际友谊的精神。

许多国际公约或者其中的部分内容已经被各个不同国家中的保护先驱者所采用了（参见附录C）。其中的两个例子分别是澳大利亚的巴拉宪章（最初于1979年颁布，随后进行了若干次修订）以及墨西哥于1993年颁布的瓦哈卡宣言，后者阐述了拉丁美洲原住民的权利、尊重他们与自然之间的特殊关系，以及工业化国家应当保留其生物圈的需要。澳大利亚的遗产保护主义者发现威尼斯宪章中的许多原则并不适宜于他们的需要，因为他们面临的一个最大挑战就是保护土著居民的遗产，以达到这些遗产在被土著管理人使用的同时还能让所有人认识到它们的价值。由此而生的巴拉宪章的优势就在于它的评定是将文化价值视为同时保护有形和无形遗产的一个关键基础。巴拉宪章是在澳大利亚ICOMOS和澳大利亚遗产局的帮助下制定的，它推荐在任何可能的时候，一个遗产场所中所有被确认的文化价值应当按照整体的方式进行保护。[23]在乌卢鲁（艾尔斯岩石）——这是澳大利亚非常受欢迎的一个旅游目的地，土著居民也成为遗产规划过程中的一部分；他们的特殊考虑被整合进这个场所的展示方面之中。

五个具有影响力的建筑保护章程和文件

一些附属于建筑保护领域的章程已经被取代和废除，而其他一些章程则可能要求进行更新。尽管如此，它们的创造和使用对过去几十年中在不同的文化遗产保护问题中的协议达成仍然做出了不可比拟的贡献。同时，它们也对那些继续制定适宜的遗产保护指导方针和相关管理框架的人提供了巨大帮助。

古建筑保护协会宣言

威廉•莫里斯于1877年为古建筑保护协会（SPAB）起草的宣言是确定建筑保护领域中的基本目标的首次尝试。虽然稍后的章程倾向于认为拯救历史建筑是理所当然的事，但SPAB宣言则公开的反驳认为保护建筑是一个优于绝大多数其他替代方案的可靠命题。它通过认为古迹场所是由当代人继承并应当为未来一代人而对其进行维护，从而提出了一种遗产的真实感。莫里斯这样说道：

> 据说最为真实的情况是这些历史建筑并不仅仅只属于我们；它们以前属于我们的先辈，而它们以后则属于我们的下一代，除非我们弄虚作假。它们从任何意义上来说都不是属于我们的财产，也不会按照我们的喜好去做任何事。我们只是我们之后那一代人的委托人。[24]

SPAB宣言已经超越了其原始初衷，在今天依然成为一个重要的指导原则。英国建筑师约翰•厄尔曾经对其根本概念如此评论道："它被采用并从实质上修改成为诸如1964年威尼斯宪章——它是1931年雅典宪章的自然结果——这类国际信条的基础，而1968年和1972年的UNESCO巴黎会议的推荐又对其进行了补充。"[25]

虽然这份宣言中并未包括真实性一词，但它通过提倡过度修复和重建的建筑和建筑破碎物都是伪造品以及只有位于其原始处所中并具备其原始材料的建筑才是真正具有保护价值的观点，而为建筑保护领域中的这种指导性原则奠定了基础。它同时也对修复措施中存在的猜测和破坏提出了如下警告："那些想要以修复之名而按照我们现在时代的标准进行改变的人们，虽然他们自称为能让一座建筑回到其历史之中的最佳状态，但这些做法除了他们自己指出什么是值得赞扬以及什么是可被忽视的个体奇想之外，没有其他的指导准则；虽然他们工作的本质迫使他们要破坏事物，但仍然应当通过想象早期建筑师应当或者可能会做什么而填补空缺。"[26]

不同于后续的文件，SPAB宣言并未制定具体的原则或者程序。即使在现在，这个协会依然强调这份宣言不是一份蓝图，而是一个透过它可以观察到建筑及其问题的透镜。它只要求保护者"通过日常维护去避免衰败"，提倡建筑遗产是某些当代干预不能"在不破坏的情况下进行干涉"的极端位置。[27]SPAB宣言同时也扩大了被认为有价值的建筑风格和建筑类型的范围。

威尼斯宪章

威尼斯宪章是纪念物及古迹场所保护和修复国际宪章的俗称，它是于1964年在威尼斯起草并于1966年被ICOMOS所采用。从其启用时开始，它就会定期进行修订。这份章程对于文化遗产保护的总体领域具有非常重要的积极作用，并被认为世界范围内的立法规定的标准。威尼斯宪章通过定义和规定的原则，对世界范围内的历史建筑和古迹场所的修复和保护的正当程序进行了详细阐述。它鼓励进行精确的文件记录、科学的调查以及理性的干预，一切都是从真实性的角度出发。

威尼斯宪章包括16个原则，其中的大多数都是在19世纪确立的概念。它取代了1931年的雅典宪章，它也是迄今为止由修复者和建筑保护主义者构成的最大会议的产物：第二届历史纪念物建筑师及技术人员国际会议，这次会议在威尼斯召开，它代表了那个时期这个领域中最为先进的思想。新近成立的ICOMOS在其起草之后的第二年就吸收了威尼斯宪章。

这份章程的范围的概念及其原则的精神可以从下列节选的条款中得到：

> **条款1：**历史纪念物的概念不仅包含单一建筑作品，同时还包括能够在其中发现特定文明、重要发展或者某个历史事件的证据的都市或者乡村社区。这一条款不仅适用于伟大的艺术作品，同时也适用于具备文化重要性和时光流逝痕迹的更加适度的历史建筑。

条款2：纪念物的保护和修复必须使用所有能够对建筑遗产研究和保护有所贡献的科技和技术。

条款9：修复的过程是一个高度专业化的操作。这个措施的目标是保护并展示纪念物的美学和历史价值，其基础是对原始材料和真实文件的尊重。在有推测的时候，这个过程必须停止，而且在这种情况下，任何不可缺少的额外工作都必须有别于建筑组分，并且必须具备当代印记。任何情况下的修复工作之前以及之中都必须对纪念物进行考古和历史研究。

条款12：遗失部件的替换必须要能够和谐地融入建筑整体之中，但同时又必须有别于原始部件，这样修复措施不会对艺术性或者历史性证据进行篡改。

条款13：除非它们不会转移观赏者对原始建筑及其传统社区中令人感兴趣的部件的注意力，并不会破坏各个组分之间的平衡及其与周边环境之间的关系，否则不允许增加附加物。

从其起草开始的几十年间，出现了一些对威尼斯宪章的批评。它被认为并没有必要的反映出建筑保护领域的全球目标。从这份章程的颁布开始，美国的专家都一直认为它主要是涉及石质建筑——这是主要存在于欧洲的现象——的保护，它并没有对世界其他地方中由木材和其他材料建造的建筑的保护进行充分描述。[28]类似地，西方遗产保护运动依赖于对原始材料遗留物的保留，而其他地方——例如东亚——则将更大的重要性放置在场所精神的保留之中。[29]（参见第15章中“海外的欧洲保护原则”部分内容。）

的确，威尼斯宪章在绝大多数非欧洲国家中的应用都是参差不齐的。这份章程并未对非纪念性和本土建筑（例如东方的建筑）进行了充分涉及并且忽视了过去1000年中一直在发展的复兴建筑的特定居住环境的重要性。20世纪建筑的数量很可能超过了全世界所有历史建筑的总和——但其中的许多建筑都忽视了威尼斯宪章原则的便捷应用。另外，它在专业结合方面的有用性已经被证明是很有限的，例如考古学和历史花园及景观场所的处理。

尽管它存在缺点——并且它的规定被严格遵守的情况十分罕见——但威尼斯宪章依然是在全世界范围内涉及建筑保护的讨论和实践中一个非常重要的参考。虽然一直在谈论对其更新，但这看起来是不现实的。保护标准方面的其他章程和立法规定在世界上的许多国家之中都已经取代了威尼斯宪章。

美国内务部的标准和指导方针

1976年《美国税收改革法案》的通过标志着美国历史文物保护进入了一个新的阶段；联邦税收鼓励政策也适用于那些对合格的、能够形成收入的历史建筑进行改造的人，尤其是那些处于未充分使用的市中心区域中的人。[30]

1976年法案中一个最为重要的方面是建立了一个系统去确保寻求税款减免的修复工程的质量处于最高水准。只有当项目符合美国内务部改造标准和指导方针的时候——这是根据包括威尼斯宪章在内的早期国际章程和指导方针而制定的——这些项目才具备税款减免的资格。它有别于其他之前制定的条款，因为它为几乎每一种类型的保护干预措施都提供了具体的指导方针。例如，它会推荐石材应当如何被清洗和修复、历史木制窗户应当如何被修复或者以实物进行替换，并且指出了安装新的建筑系统而不破坏建筑特性的重要性。10个基本标准的清单由得到了这份文件中的指导方针部分的补充，后者对改造过程中什么是可以接受的、什么是应当避免的提供了详细的描述。这个指导方针又进一步得到了详细描述具体保护问题以及可能的解决方案的图示保护摘要的补充。

美国的建筑保护理论和实践在20世纪70年代晚期的时候达到了老练而成熟的新高度，历史文物保护的好处在那个时期中被广泛地认可并肯定。建造行业则以可兼容的新式建造材料的出现以及修复工艺专业培训的不断增加作为回应。联邦税收鼓励政策的结果就是出现若干不同类型的新参与者——他们通常都是会回避历史建筑保护事宜的——进入这个领域之中了，包括越来越多的商业财产所有者和房地产开发商。1976年税收改革法案中包含的企业机会同时也鼓励在保护中采用一种以商业为导向的方法。历史保护的经济效益被证明是相当巨大的，截止到2007年的时候，投资者在超过34800个改造项目中投入了约44亿美元。[31]另外，从根本上得到改善的技术设备和管理机构——这些机构是为了处理当地、州级和联邦级别的政府支持的历史保护项目而建立的——对许多其他大型项目都进行了帮助，包括纽约市埃利斯岛和中央车站的修复项目。[32]

巴拉宪章

与威尼斯宪章一样，针对重要文化场所而颁布的澳大利亚ICOMOS宪章的通用名称是取自于制定这份章程的城镇名称。巴拉宪章最初起草于1979年，随后又经过了若干次的修订，最近一次修订是在2004年。这份章程明确而又全面的详细阐述了处理所有类型的建筑和艺术遗产的原则、过程、措施和指导方针。同时，它通过强调应当保护整个历史古迹场所而不是单个历史建筑，对威尼斯宪章中的许多疏忽进行了特别补充。

图9-1 《图解巴拉宪章》（澳大利亚ICOMOS，2004年）一书的封面。巴拉宪章的制定是对1964年威尼斯宪章中的不足之处进行的回应，并且涉及了澳大利亚中“纪念性”较低的土著类型的文化遗产。（图片由M·沃克和P·马奎斯—凯尔提供）

巴拉宪章认为一个场所的文化重要性要远胜于美学和材料价值的观点，反映了它和威尼斯宪章之间在敏感性方面的根本差别。它坚定认为一个保护项目的结果应当将重点放在一个场所的文化重要性的构建之上。巴拉宪章极为敏感地对土著居民的保护需要进行了处理，而这些土著居民的文化遗产和艺术传统可能都是有别于这个国家之中的其他居民。它强调应当使用传统方法和方式同时去保护和解读遗迹场所。这份全面的文件的具体推荐覆盖非常广泛，例如如何收集历史信息、如何制定保护政策和规划、如何建立汇报程序等。[33]从巴拉宪章的起草开始，世界范围内的其他组织都借用其中的内容，并通过处理建筑保护领域中具体问题的一系列其他章程和宣言对其进行了扩充，例如都市总体布局、考古场地、战后重建、文化景观、真实性保护以及文化旅游和培训等。（参见第15章。）

BS 7913:1998

1998年，英国标准协会颁布了被命名为《英国标准：历史建筑保护原则指南》的建筑保护指导方针，其更通俗的名称是BS 7913:1998。这份文件是由一个代表了英国建筑保护组织的委员会制定的。

这份价值极高的文件并不如威尼斯宪章和巴拉宪章那样被广为人知，其可接触性也不如后两者。[34]它其中一个最为重要的区别就是它阐述了为什么那些经受了时间考验的保护原则和指导方针会被推荐的原因。在它促进良好的建筑遗产保护实践的目标之中，它同时还举例说明了这个领域之中的现行哲学。BS 7913:1998直接面对了标准和立法规定的保留问题，例如当条款、规范以及标准相互之间形成冲突的时候。[35]这一点极为有用，因为建筑保护主义者通常会面临这种性质的困局。

除了对可逆性和文件记录的重要性的常规提示之外，BS 7913:1998还涉及了建筑保护和材料保留在能源节省方面带来的经济优势。它提倡采用一种谨慎且具备极简主义但又灵活的方法，并认为维护的重要性远大于修复。这份文件在因果关系方面的涉足程度远非其他文件可比，例如它就对修复中材料配对的陷阱提出了如下的警告：“在一开始选择出来进行配对的不同材料的配对性将会随着它们的老化而变差。”[36]

加上由各个独立国家政府起草的各个不同国家级遗产保护法律，这些国家级和国际级标准和程序组成了今天建筑遗产保护领域中的理论和实践标准。这个领域中理论的动态发展在这些文件中都有所反映，并且都指向同一个明确的启示：这些标准在未来始终都有存在并对其进行检验的必要。

道德标准和专业化

在判断为什么要保护一座历史建筑或者一个古迹场所、保护什么方面以及如何进行保护的时候，建筑保护专家被期望能够选择出经受过时间考验的原则，并使用能够最大程度保护建筑或者古迹利益的技术。遗产保护专家通常发现他们自己在照料和展示——甚至防护——一个文物、一座建筑或者一个古迹方面被赋予了过大的责任。这个领域中不断变得熟练的方式——绝大多数都在责任方面——可以从这个事实中感到安慰，那就是重要的保护决定很少都是由一个人做出的。尽管如此，共享的责任并不会否定拥有一个对专业道德的明确理解或者信仰的需要。

文化遗产保护道德规范首先是指要认可其价值和重要性，然后才是以最为谨慎、最有责任以及最具尊敬的方式对它们进行保护。保护而不是全面修复或者替换某些事物的决定就是一个道德的问题，因为它会对未来保护和展示方案造成影响。可逆性的概念也类似地反映出保护领域中的一个道德关注问题。采用各种方式进行妥善记录的保守的方法和干预也会考虑采用有道德的方法去保护文物、建筑和古迹。

尽管有了所有这些立方规定和章程条款，但建筑保护领域中仍然没有一个具体的总体原则可以概括从全面、普遍、可适用的专业道德准则。[37]这种意见可能永远不会存在，因为建筑保护领域中的道德是从这个领域迄今为止的最好实践的积累经验中得到的，因此它也会持续进化，即使这个过程非常微妙。

虽然可能永远都不会出现一个包括原则、操作和道德的普遍性准则让大家可以遵照，但特定的原则仍会被这个领域中那些经过适当培训或者有经验的从业者所认可（如图9-1）。

成功的建筑保护的必要概念

- 对文化和建筑（艺术性）重要性的准确评估
- 管理者的经验及能力
- 对“发现时”的条件、资源的历史以及使用过的保护措施的记录
- 真实性的保留
- 最小程度的干预以及最小程度的建筑结构损失
- 猜测的避免
- 干预措施的不连续迹象
- 对资源的结构性、空间性、美感性以及环境整体性的保护
- 随着时间而发生的变化的保留和指示
- 光泽的保护
- 尊重任何相关的“活态遗产”
- 可逆性
- 可持续性
- 周期性维护

表9-1 成功的建筑保护的必要概念

注　释

1. Earl, Building Conservation Philosophy, 5.
2. Warren, Earthen Architecture, xxiii.
3. With the increase in the conservation of exemplary works of modern architecture beginning in the middle third of the twentieth century, the age criteria in defining eligibility has begun shifting.
4. Mainly due to problems of accessibility, the role of Greece in the story of Roman architecture was not fully appreciated until the mid-eighteenth century.
5. Earl, Building Conservation Philosophy, vi.
6. Ibid., endnote 50.
7. Warren, Earthen Architecture, 188.
8. The production of surrogate historic experiences is on the rise, with impressive de novo history-based attractions found in many countries. In Singapore, after scores of blocks of traditional shop houses were demolished in the 1980s, they were soon missed and “new-old” versions of the same have become popular again. In Beijing, it has been a common practice for years to re-create the ambience of its traditional streets of courtyard dwellings, especially as new eating and shopping venues. In Thailand, the Muang Boran heritage park outside Bangkok, and reenactments of the World War II Allied bombing of the Bridge over the River Kwai at the Thai end of the Burma Railway, are other examples. (See also “Special Challenges Faced in East and Southeast Asia” in Chapter 17.)
9. Elaine Sciolino, “Smitten by Lyon, a Visitor Tries to Recreate the Magic,” New York Times, January 28, 2008.
10. Feilden, Conservation of Historic Buildings, 6.
11. In all branches of the heritage conservation field, such principles are supplemented by various guidelines that more specifically address the types of resources and interventions that would likely be encountered. The various charters and codes of ethics are worded in ways that leave options open for exceptional circumstances. For Feilden, “[E]xperimentation may have its place in the process, keeping in mind that conserving buildings is different in many ways from conservation of objects in controlled conditions; there being differences in both scale and complexity.” Ibid, “Introduction,” UNESCO/ICCROM papers, 1979.
12. These are actions documented through contemporaneous writing, archaeology, or both. However, evidence of humankind’s more ad hoc experiences with memorializing and perpetuating the existence of memories, customs, and objects—certainly including repaired and reused

objects and shelters—vastly predates Mesopotamia in the second millennium bce. (See also Chapter 12.)

13. Jokilehto, History of Architectural Conservation, 29.
14. The regulations under Mérimée and later, Eugène-Emmanuel Viollet-le-Duc, were used mostly in dealing with the Gothic buildings of France. In Italy, architects Camillo Boito and Renato Bonelli from the 1880s produced similar doctrines aimed at conserving ancient Roman monuments. In Austria and Germany, specific conservation guidelines for restoring and conserving various churches, castles, and other monuments were articulated and advocated by several noted architects, some in the role of konservator der kunstdenkmäler, from Alexander Ferdinand von Quast (appointed in 1843) to Georg Dehio to a number of others from 1891 on. Adding to the effort from 1810 was the highly influential Karl Friedrich Schinkel, and from 1903, the Austrian art historian Alois Riegl, who produced the first systematic analysis of heritage values and of a theory of restoration. See also Jokilehto, "International Standards, Principles and Charters for Conservation" (56), in Marks, Concerning Buildings, for a description of an 1864 initiative led by Czar Alexander II of Russia to protect works of art in the case of conflict.
15. The most thorough record of international legal protection of cultural heritage is found in Lyndel V. Prott and P. J. O'Keefe, Law and the Cultural Heritage (Abingdon, Oxon, UK: Professional Books, 1984).
16. Entire ensembles of buildings had been given legal protection (i.e., historic district zoning) earlier, by the Vieux Carré legislation of 1936 in New Orleans and in Charleston, South Carolina, as early as 1931. Evidently the effect was felt only in the United States.
17. Earl, Building Conservation Philosophy, 31.
18. Polemics over the retention and treatment of historic buildings on the Continent predate this English example (e.g., the outcry over the destruction of old St. Peter's Basilica in Rome in the late fifteenth century); however, such instances were isolated by comparison with the political stances and schools of concern that took root and developed first in England in the late eighteenth century, then in France and Italy.
19. "Scrape"—as in scraping off deteriorating stone surface and carving anew. Such renewing of buildings in the process of restoration is warned against in John Ruskin, "The Lamp of Memory," in The Seven Lamps of Architecture (London: Smith, Elder, 1849), and in William Morris, Manifesto of the Society for the Protection of Ancient Buildings, http://www.spab.org.uk/html/what-is-spab/the-manifesto/.
20. The 1931 Athens Charter for the Restoration of Historic Monuments, adopted at the First International Congress of Architects and Technicians of Historic Monuments under the auspices of the League of Nations, pertaining to heritage protection, should not be confused with the Athens Charter of the Fourth International Congress of Modern Architecture (Congrès International d'Architecture Moderne [CIAM]), held in 1933, whose decisions were later edited by Le Corbusier.
21. Bell, Historic Scotland Guide, 4.
22. International Charter for the Conservation and Restoration of Monuments and Sites (the Venice Charter), was produced by the Second International Congress of Architects and Technicians of Historic Monuments in Venice in 1964 and adopted by ICOMOS in 1965.
23. In 2000, the Burra Charter's wider concerns for cultural heritage protection—and hence, its wider applicability—was proven when it was chosen as the basis for Principles for the Conservation of Heritage Sites in China (the China Principles), a project that began with a Getty Conservation Institute initiative in association with China's State Administration of Cultural Heritage (SACH) and ICOMOS China. In addition, ICOMOS New Zealand's Charter for the Conservation of Places of Cultural Heritage Value reflects that country's unique indigenous

heritage protection needs. It includes Maori views of significance and value, particularly the Maori belief that places imbued with the spirits of their ancestors should be allowed to decay.

24. Morris, Manifesto.
25. Earl, Building Conservation Philosophy, 42–43.
26. Morris, Manifesto.
27. Ibid.
28. It is for this reason that Great Britain—as represented by Harold J. Plenderleith—and the United States—as represented by Charles Peterson—chose not be signatories to the Venice Charter.
29. Chen Wei and Andreas Aass, "Heritage Conservation: East and West," ICOMOS Information, no. 3 (July–September 1989).
30. The provisions of the legislation initially offered a five-year amortization of rehabilitation costs, which attracted many owners and developers to the benefits of America's historic buildings.
31. Statistics provided by the National Park Service in a telephone conversation with the author on May 9, 2008. Across the United States, thousands of sizable architectural preservation projects benefited from the stimulus of the tax incentives, including Pioneer Square in Seattle, Larimer Square in Denver, and Ybor City in Tampa, Florida.
32. Although somewhat diluted in 1986 by the Treasury Department, tax credits for historic preservation in the United States are still considered to be one of the country's most effective instruments for architectural conservation. Another tax-based incentive scheme was passed by the U.S. Congress in 1981, an investment tax credit for rehabilitation; its mix of credits and favorable accounting treatment of expenses made historic rehabilitation projects even more economically competitive through the high-profit potential of new commercial high-rise building.
33. The Burra Charter can be viewed online at www.icomos.org/australia/burra.html. Its applications are explained in extensive detail in a related publication by Michael Pearson and Sharon Sullivan, Looking After Heritage Places: The Basics of Heritage Planning for Managers, Landowners and Administrators (Carlton, Victoria, Australia: Melbourne University Press, 1995).
34. Extracts of British Standards Institute (BSI), Guide to the Principles of the Conservation of Historic Buildings, BS 7913:1998 (London: BSI, 1998), can only be reproduced by special permission; complete editions of these standards can be obtained by mail from British Standards Customer Services, 389 Chiswick High Road, London W4 4AL, United Kingdom, or from British Standards Online at http://www.bsi-global.com/en/Shop/Publication-Detail/?pid=000000000001331102.
35. An example is found in BSI, BS 7913:1998, sec. 5.2, pertaining to calculations and related matters required in structural codes that when applied to a historic building may on occasion be overridden by the professional judgment of qualified engineers and architects.
36. BSI, BS 7913:1998, sec. 7.3.4.4.
37. Probably the best effort to date at defining a formal code of ethics for the architectural conservation professional is found in Article 9: Code of Professional Commitment and Practice within the Indian National Trust for Art and Cultural Heritage (INTACH), Charter for the Conservation of Unprotected Architectural Heritage and Sites in India, Part IV, Article 9, adopted November 4, 2004. Codes of ethics in the allied museums field exist, and guidelines were adopted at the Conference on Training in Architectural Conservation (COTAC) that address the issue, though indirectly, (http://www.COTAC.org.uk). See also: John Warren, "Principles and Problems: Ethics and Aesthetics," in Marks, Concerning Buildings, 34–55.

因为涉及现代化，而在阿姆斯特丹进行的建筑表面保护。

第 10 章

保护进程

物质文化遗产面临的威胁——以及它们衰败的过程——已经被现在的文化遗产保护专家广泛了解了；从物质上保护建筑、精心设计的建筑遗迹它们的组成部件的基本步骤也是如此。

由人类建造的每一件事物都倾向于与其所在的自然环境达到平衡，这是一个物理事实。于是，建筑保护主义者就是要与时间进行长期斗争，以减缓衰败这个不可避免的过程。考虑到那些处于危险之中的事物以及迅速行动的后续要求，将历史建筑和古迹场所的保护概念转化成现实的过程是建筑保护领域中一个至关重要的部分。对这个目标的绝大多数参与者来说——不论他们是建筑师、工程师、材料保护科学家、景观建筑师或者保护规划者——他们将会建筑保护项目开发中四个主要阶段的工作：

1. 项目确定：决定这个项目的物理和概念参数。第一个阶段的任务包括详细记录这个项目作为历史遗迹的状况——它的准确位置、它的所有权、它的物理特性、它的法律保护以及它的经济可持续性；获取所有类型的历史信息，尤其是有关这个遗迹的建筑历史以及其现有状态的数据；以及非常重要的一点——对这个遗产资源的文化重要性的评估。

2. 规划：针对预期的保护项目而建立一个可行的行动规划。相关工作包括：
   - 分析并检测材料和结构系统
   - 完成对所有必需的技术调查的研究
   - 建立详细的修复和保护设计及技术参数
   - 决定项目阶段以及任何特殊的程序
   - 项目成本估算
   - 准备向所有者提交、用于申请保护机构许可和进行投标的规划提案

- 取得项目许可
- 选择项目执行团队，包括承包商、项目经理以及工匠

3. 实施：经过规划的项目的执行。相关工作包括：
   - 确认必需的许可和保险
   - 解决相关的法律事务
   - 场地准备和保护措施
   - 按照达成一致的程序实现项目执行
   - 为实施过程建立详细的文件记录
   - 工作完成
   - 项目完工报告的编制，这个报告很有可能会被公开
   - 获取最后的批准
   - 完成的保护项目的使用安置

4. 维护和保护：周期性维护和场所保护计划的设计和实施。这个最终、不间断阶段的工作包括长期和短期运作，以及考虑了这个历史资源的物理特性、预计用途及脆弱点的维护规划；维护规划的实施应当使用能够了解这项工作重要性的专业人员；最后还包括维护和保护计划的周期性检查和修改。

因为建筑保护过程中的不同阶段通常要求具有不同才能的人员去完成，因此建议在开发的每个阶段都使用一个整体的、以团队为基础的方法，并参与整个过程的主要部分以及恰当的专业部分。遗产保护项目的分期开发也能发挥另一个重要的作用，允许项目中的其他参与方——从场所所有者和项目赞助人到遗产管理官员和普通大众——能够以一种最为有效、最及时的方式参与其中。在这整个过程之中，非常重要的事就是维持整个项目的社会经济性及其局部规划环境的意识。[1]

因为绝大多数建筑保护项目代表了在时间、精力和经济资源上的巨大投入，所以即使非常小规模的项目的管理都要求技巧和经验。清晰表达一个项目的目标以及不同阶段之间的关系的能力是必不可少的，因为只有这样才能在应该完成什么工作以及为什么的问题上明确其合理性。对建筑保护项目的策动者来说，成功的主要要求就是要能够解释这个过程并主导必要的工作——即使所有者、建筑师、管理者或者特殊利益团体实际在负责这个项目。用英国建筑师詹姆斯•斯特赖克的话来说就是：

> 我们需要能够认识并证明我们的位置……将这些思想简洁、明确地传达给其他人……我们必须不仅要认识批评的标准，而且还要明白保护并不是静态的、确定的产品。我们需要将我们的观点视为一个正在成

熟的过程的一部分……［这样才可以］……以我们对其他人的观点进行回应的方式提供帮助，并且同时有助于我们处理他们对改变所做的调整。[2]

虽然这个保护过程的概要已经在绝大多数的国家中被证明是一个普遍成功的方法，但它的应用始终也会带来挑战。在其著作《西欧国家中的建筑修复：矛盾与连续性》一书中，荷兰保护理论家维姆•登斯拉根提出了一个建筑保护过程的观点，它描述了至少从保护过程的第一个阶段就开始主管一个项目的可能的实际情况：

纪念物在我们社会中被处理的方式都太过类似了。所有涉及的各方都他们自己的兴趣所在：纪念物的所有者捍卫着他自己的利益，建筑师捍卫着他这个专业的利益，公务人员则以公共管理之名强调他的利益，而法官则会在出现涉及相关决定的合法性申诉的情况下做出裁决。可以以另一种方式完成这个过程吗？不可以。这个过程可以有差别的完成吗？答案依然是不可以，作为一个整体的社会来说，它代表着比一个机构后者一个个体的更大利益……如果没有方法可以避免所有这些定位和利益，那么从艺术历史中构思出有关一个主题的理论而不将社会性和意识形态方面纳入考虑是否有意义？一个同样认识到他自己也由于他在这个社会中的定位而受到限制或者至少受到影响的人是否也有意义？[3]

登斯拉根对保护过程的煽动性观察报告再一次指出了为预计的项目制定一个明确的基本原理和行动规划以及对从最初阶段到项目结束整个过程之中的质量进行保证的重要性。

注　释

1. Or as Bernard Feilden puts it in Conservation of Historic Buildings, “There is one methodology which unites all practitioners of conservation. Conservation is a synthesis of art and science, which in this context includes the natural sciences, archaeology, art history, and architecture.”
2. James Strike, Architecture in Conservation: Managing Development at Historic Sites (New York: Routledge, 1994), 6.
3. Denslagen, Wim. Architectural Restoration in Western Europe: Controversy and Continuity (Amsterdam: Architectura and Natura, 1994), 11–12.

东部屋顶表面修复的社区性行动，西藏拉萨。

第 11 章

建筑保护的参与者

文化遗产保护的所有方面——从历史研究项目到博物馆工作和遗产教育，再到历史建筑和古迹场所的保护——在某种程度上对所有想要参与进来的人都是开放。这才是它应该的地位：文化遗产是由、针对和关于活着的人的。毕竟，建筑环境的日常使用者对它的未来的影响与专业监护人、保护者和管理者一样重要。的确，遗产保护是一种共享的责任。

建筑保护领域的参与方包括：

- **个人：**所有者、使用者和看管者以及日常工作就是保护和维护财产的当地管理人员——可能是来自财产所有者的某个协会。
- **当地群众：**维护当地标志性建或者为它们做好地区性或者国家性名单申请准的关注市民、提倡者以及保护机构。
- **更广泛的普通群众：**表达了对当地、地区或者国家历史资源的关注的人们；提倡制定国家名单。
- **国际社会：**那些认可并表达了对那些被视为具有普遍重要性和兴趣的历史建筑的关注的人们——例如，世界文化遗产清单或者一个能从国际赞助组织提供的支持中获益的古迹场所。

虽然绝大多数国家的遗产保护行业中的专业人才始终处于短缺状态，但遗产保护教育和能力建构方面在最近几十年中取得了进展，这是通过国家和国际团体的努力而完成的，这些团体包括国际文化遗产与修复研究中心（ICCROM）、联合国教科文组织（UNESCO）、国际古迹遗址理事会（ICOMOS）以及国际建筑师协会（法语缩写为UIA）以及各个不同的国际资金和技术援助机构。随着现在国际范围内有上万名受过培训的遗产保护专业人士为这个领域提供服务，许多专业领域中的专家现在可以去处理大多数——但不是所有的——问题，不论这些问题出现在何处。[1]

表11-1概括了与得到认可的历史建筑保护相关的私人和组织实体的主要关系。一个具体遗产古迹场所的重要性——从只被当地人关注到得到国际认可——也会对国际合作如何对其施加关注产生影响。这些可能包括与UNESCO世界遗产中心这类国际遗产保护组织合作的当地遗产委员会。

在各个层级中运作的已建立的国际遗产保护组织会涉及——在需要进行合并的时候——各个不同的联合支援团体。这其中可能包括当地或者国家级历史、考古或者其他专业的组织；世界范围内的会员和专业组织以及赞助的私人利益团体；非营利私人组织或者基金会，非政府组织（NGO）以及半官方机构

建筑保护的参与方

直接影响

所有者
私人-个人、合作机构、公司
公众-国家级、州级、当地
半官方机构-国家级、地区级或者当地基金会
非政府组织-建筑信托机构、基金会或者非营利组织

用户/占有者
居民-24小时居民
日常工作-上班族
偶尔的用户-访客、观光客

经营者/管理者
房地产经理（管理人）和工作人员
总策展人和工作人员（藏品管理者和主持人）
住宅建筑师或者工程师
安保人员-（为用户、公众、藏品和古迹服务）
维护人员

间接影响

拥有权限的官方机构
建筑条例监督机构-当地、州级、国家级
国家、州级和/或当地保护机构

支援团体
提倡者、NGO、友好团体
租房协会
当地捐赠者
感兴趣的公众
感兴趣的国际机构

其他
放贷人
金融机构
保险公司

偶尔影响/介入者

技术援助（根据需要）
保护建筑师
工程师
专业顾问（保护者、展会设计师等）
周期性维护服务

表11-1 建筑保护的参与方

（QUANGO）；国际成员机构，例如UNESCO和ICOMOS。所有这些组织都在不停有额外的当地利益相关者——作为提倡者、自愿者和支持者的关注个人——和特殊利益组织加入进来，其中最为有效的加入通常都是那些能够为保护项目提供所需的资金赞助的个人或者组织。在后者中出现相对最近出现的是国际银行业和开发组织，例如世界银行及其下属的地区分行和类似的其他金融机构。因为它们通常更偏好涉足大型都市保护项目，这些国际放贷型或者资助型实体是国际建筑和都市保护实践中最有能力的潜在参与者。

绝大多数建筑遗产古迹场所都可以激发出一种兴趣感或者“所有权”感——即使只是在象征或者智力层面——因此可以吸引它们自己的由对其非常关注的个体组成的支持团体。现代建筑保护领域中这个惊人一致的目的和程序确保了几乎在每个层面上，所有涉及的参与者之间都有很大的相同之处。文化遗产与人类联系在一起，保护它的理由更是如此。

领域结构

在最近几年中，建筑保护领域已经开发出了许多各种不同的专家和资源来满足对其不断增长的需要。建筑保护领域中有许多附属专业，这些都在各种不同的培训手册中有所描述，包括由各个不同的ICOMOS培训委员会和英国建筑保护培训联盟（COTAC）支持的那些培训项目。这个不断增长的清单包括：建筑师、工程师、艺术和建筑历史学家、景观建筑师、建筑材料保护科学家、水文学家和历史建筑水分的专家、文件记录及相关分析的专家、博物馆专业人员、教育家、考古学家、估价师、测量员、都市规划师、遗产保护法律专家、文化遗产资源管理者、文化遗产旅游专家、建造商和承包商、所有专业手工艺人、历史资源行政管理人员、所有人、募捐者、行政人员以及公众利益倡导者。

诸如建筑、工程和建造业这些历史悠久的专业已经让它们自己发生了改变，以满足复杂度的要求，而这正是某些建筑保护项目组织和实施所必需的。这些大专业之中还有着不断扩大的专业和附属专业名单，这些都是随着最近技术发展的分支而建立的。这类专业包括摄影测量法、基于文化遗产文件记录目的的数据库发展以及大量建筑保护科学应用。在这些领域中的每一个方面，都有许多专家是接受过某个具体应用或者联合应用的正式或非正式培训的。（构成建筑遗产保护领域的专业人士和专家的大致组成是层列式的，但几乎所有都是相互依赖的。）

建筑保护领域水平的增长反映了它取得的许多重要成就以及其在世界范围内的影响。考虑到其范围的动态性、全球多样性以及潜在的混乱本质，它的参与者是带着一种惊人一致的目的感来运作的。虽然这个领域自身的多学科性以及概要性是其最为与众不同的特性，但从保护有用并且重要的历史建筑和古迹场所中获得的乐趣和满足是所有参与建筑保护的人的共同基础。就这个备受关注的领域的结构而言，它的关键参与者包括以下：

文化遗产管理者

这个专业分部包括项目策划者和包装人、文化资源管理（CRM）规划者、参与的所有者、主导的项目参与者，其他人士包括CRM专家、市政当局和国家政府指定的权威人士、法律顾问、市场分析家以及项目投资者（尤其是在基金资助机构工作的项目管理者）。

建筑师、工程师和规划师

接受过相关培训并拥有建筑保护实践经验的建筑师、工程师和规划师；工料测量师；成本估算员；法律合同文件的制定者；以及投标过程的监督人员。这些专业所承担的重要规划和法律责任确保了有资格的建筑师、工程师和规划师在绝大多数建筑保护项目的决策过程以及协调过程中占据重要地位。

建筑保护科学家和专业顾问

建筑保护专家一词同时包括建筑保护科学家和专业顾问，它包括了专业文件编纂者、材料分析员、测试实验室中的专家、诊断专家以及特殊处理方案的制定者；考古学家、地质学家、岩石学家、水文学家等；历史景观修复和保护、博物馆学、教育学（在各个不同的层级）、解释程序编制、文化旅游业以及公共关系等相关领域中的专家。

项目实施者

这部分包括建造项目管理者、所有者的代表和质量保证担保人、会计和支付专家、承包商和分包商、材料制造商和后勤专家、专业工匠、熟练和不熟练的工人以及维护和场所保护人员。

周期性维护操作

这部分包括周期性检查和维护人员、定期场地保护人员以及那些负责协调保险和预防性维护措施的人员。

建筑保护专业定义

虽然有人可能不会同意，但根据美国国家公园管理局前任局长、历史学家罗杰•肯尼迪的说法："简单来说，一名专家就是某个在某个专业从业时间很长以至于对其非常熟悉的人士。高级学位并不是专家地位的定义。"[2]肯尼迪认为遗产保护专家——假定是某个特定的历史学家——的角色"并不是一个自大而武断地叙述或者讲述历史的人，而是一个帮助大家更好、更中肯的了解历史的人"。[3]对建筑保护专家更精准的定义就是："一个可以从艺术性、理性或者实用性的角度为保护过程做出贡献的人员，于是这个概念就包括了手工艺人、承包商和建造商。"[4]

对现在这个全面发展的建筑保护主义者的更加全面的定义可以在由詹姆斯•马斯顿•费奇——他是美国第一个大学级别历史保护培训课程的创始人——对他们的理想培训的描述中找到。[5]就费奇的观点来看，建筑保护主义者首先必须是要有特殊兴趣和能力的全面型通才。他们"必须将他们自己的专业领域视为更大结构中

ICOMOS推荐的从事建筑保护实践的能力资格[7]

保护工作应当交予能够胜任这些特殊工作的人员完成。有关保护工作的教育和培训应当使大量专业保护者具备以下能力：

- 理解一个纪念物、集合体或者古迹，并确认其情感、文化和使用重要性；
- 通过理解这个纪念物、集合体或者古迹的历史和工艺来定义它们的特性，为它们的保护工作进行规划，并解读这项研究的结果；
- 了解这个纪念物、集合体或者古迹的放置、背景及其周边环境，以及与其他建筑、花园或者景观之间的关系；
- 找到并吸收与正在研究之中的纪念物、集合体或者古迹相关的所有可用的信息资源；
- 了解并分析作为复杂系统的纪念物、集合体或者古迹的行为；
- 分析造成衰败的内因和外因，并将其作为适宜行为的基础；
- 检查并编制可以让非专业人士理解的纪念物、集合体或者古迹报告，通过诸如素描和照片等图形法对其进行图示；
- 了解、理解并使用UNESCO公约和推荐，以及ICOMOS和其他得到认可的章程、规则和指导方针；
- 根据共享的道德原则和接受的责任做出有利于文化遗产长期好处的平衡决定；
- 明确什么时候必须要寻求建议并定义需要研究的不同专业领域，例如壁画、雕塑、艺术和历史价值的目标和/或对材料系统的研究；
- 能提供维护策略、管理政策以及环境保护和纪念物及其周边环境和所在场地的保护方面的专业建议；
- 记录完成的工作，并使他人可以接触这些文件；
- 在一个使用可靠方法的跨学科团队中工作；
- 能够与当地居民、行政人员和规划者合作以解决冲突，并制订适宜于当地需要、能力和资源的保护策略。

的唯一线索，而这个结构之中包括了许多其他同等并可以共存的专家……它最为本质的工作就是恢复、循环利用并展示建筑世界……多学科性……”，各个专家因为对“共同的概念、共享的方法以及处理问题的技术，以及一种描述它的通用语言”的认识而实现高效合作。[6]为了帮助他的众多学生和追随者，费奇同时也相信建筑保护专业人士必须要接受过设计领域方面的教育：建筑学、景观建筑学和装饰艺术。他们必须要能够理解对历史人工制品进行研究和文件记录的基本方法和记录、起草和描绘的方法，还有科学人为保护的普遍方法，如果只知道在这些事宜中需要找谁进行合作的话。另一个日益明显的要求就是他们必须理解作用于历史街区规划之上的现有经济、法律和行政力量，因为这是绝大多数保护项目必须要分析的背景环境。

费奇的英国同行和同事伯纳德•费尔登对这个定义进行了补充，他这样谈道：“与这个名字暗示的建筑保护主义者应当具有前瞻性不同，他们更应当具有建设性并富有想象力。偶尔会被批评为不切实际的并且不具备可行性的，但根植在绝大多数保护主义者心中的顾虑仍然是善于随机应变、审美兴趣以及对艺术品和建筑中含义的联想。这个领域的最大优点之一就是它能够处理场地特定性问题，并且很少涉及神秘和深奥难懂的事宜。”[8]建筑保护主义者的成就可以让其受益人认为它是有用的、积极的，并且从根本性上来说是极具建设性的。

相关阅读

Alpin, Graeme. Heritage: Identification, Conservation, and Management. South Melbourne, Australia: Oxford University Press, 2002.

Baker, David. Living with the Past: The Historic Environment. Bletsoe, Bedford, UK: D. Baker, 1983.

Bell, D. The Historic Scotland Guide to International Conservation Charters. Edinburgh: Historic Scotland, 1997.

British Standards Institute. Guide to the Principles of Conservation of Historic Buildings. BS 7913:1998. London: British Standards Institute, 1998.

Cantacuzino, Sherban ed. Architectural Conservation in Europe. London: Architectural Press, 1975.

Earl, John. Building Conservation Philosophy. Preface by Bernard Feilden. 3rd ed. Shaftesbury, UK: Donhead and College of Estate Management, 2003. First published in 1996 by College of Estate Management.

Erder, Cevat. Our Architectural Heritage: From Consciousness to Conservation. Museums and Monuments series. Paris: UNESCO, 1986.

Feilden, Bernard M. Conservation of Historic Buildings. Technical Studies in the Arts, Archaeology and Architecture. 3rd ed. Oxford: Architectural Press, 2003. First published in 1982 by Butterworth Scientific.

Feilden, Bernard M., and Jukka Jokiletho. Management Guidelines for World Cultural Heritage Sites. Rome: ICCROM, 1993.

Fitch, James Marston. Historic Preservation: Curatorial Management of the Built World. 5th ed. Charlottesville, VA: University Press of Virginia, 2001.

Hunter, Michael, ed. Preserving the Past: The Rise of Heritage in Modern Britain. Stroud, Gloucestershire, UK: Alan Sutton, 1996.

Insall, Donald. The Care of Old Buildings Today: A Practical Guide. London: Architectural Press, 1972.

Jacobs, Jane. The Death and Life of Great American Cities. New York: Random House, 1961.

Layton, Robert, Peter G. Stone, and Julian Thomas, eds. Destruction and Conservation of Cultural Property. Andover, Hampshire, UK: Routledge, 2001.

Marks, Stephen, ed. Concerning Buildings: Studies in Honor of Sir Bernard Feilden. Oxford: Butterworth-Heinemann, 1996.

Serageldin, Ismail, Ephim Shluger, and Joan Martin-Brown, eds. Historic Cities and Sacred Sites: Cultural Roots for Urban Futures. Washington, DC: World Bank, 2001.

Stanley-Price, Nicholas, M. Kirby Talley, Jr., and Allesandra Melucco Vaccaro, eds. Readings in Conservation: Historical and Philosophical Issues in the Conservation of Cultural Heritage. Los Angeles: Getty Conservation Institute, 1996.

注　释

1. In addition, an increasing number of concerned organizations are participating in heritage conservation efforts; often, they focus on specific heritage types of one kind or another. The effectiveness of their roles depends on the degree of their commitment to the task and their organizational and financial capacity.
2. Kennedy, "Crampons, Pitons and Curators," in Tomlan, Preservation of What, for Whom? 23.
3. Ibid., 55. For additional material on the ethics of restoration, see Wim Denslagen and Niels Gutschow, eds., Architectural Imitations: Reproductions and Pastiches in East and West (Maastricht, Neth.: Shaker Publishing, 2005).
4. Bernard Feilden, "Architectural Conservation," Journal of Architectural Conservation, no. 3, (November 1999): 9.
5. Within the Graduate School of Architecture, later named the Graduate School of Architecture, Planning and Preservation at Columbia University in New York City.
6. Fitch, Historic Preservation, introduction and chap. 1, ix–12.
7. ICOMOS, "Guidelines on Education and Training in the Conservation of Monuments, Ensembles and Sites," paragraph 5, adopted by ICOMOS General Assembly meeting at Colombo, Sri Lanka, July 30–August 7, 1993. See also: Derek Lindstrum, "The Education of a Conservation Architect: Past, Present and Future" in Marks, Concerning Buildings: 96–119.
8. Feilden, Conservation of Historic Buildings.

第三部分

建筑遗产的保护：持久的关注

第12章

史前时代至14世纪

本能去保护?

自从现代人类出现之后——体质人类学家判断出现的时间约在15万年前——智人在为他们自己提供掩蔽所和生活必需品方面都一直是投机取巧的。[1]至少从这一点来看，他们创造工具的能力肯定出现在让事物个人化——作为给事物打上他们自己标志的一种方式——的兴趣出现之后不久。[2]习惯和信仰——对超自然力量的迷信、仪式的建立以及过去和未来感——也让早期的人类区分开来。

牢记的习惯和信仰在各代人之间的传递始终也是非常重要的，因为这个过程让知识得以累积。[3]随着我们的智人祖先开始以时间和历史的方式理解他们所在的位置，他们开始刻意留下表示他们存在的记号和符号。通过这些，他们开始寻求保护他们在其文化或者社会团体的历史中的地位，虽然是以一种最为原始的方式。这种“纪念的冲动”[4]提供了一种永久或不朽的感觉，而这正是他们短暂而野蛮的生命中所缺乏的，并能表达一种想要被记住的物质欲望。重新造访并保护这些纪念性表达可以被视为人类最本能的一种兴趣——因此，这也成为保护意识的最早行为。

除了他们可能的内在含义之外，早期人类肯定也认识到使用这些工具的实用性优点，这也成为他们功利主义的对象或者习惯。现代考古学始终在加强这种可能性。约有60000年的时间，位于法国多尔多涅河谷库萨克附近的窑洞民居一直被连续世代所使用，这一论断是根据法国国家历史中心主任、考古学家让—菲利普•里戈的研究得出的。[5]研究发现表明这个场所的第一代居民是尼安德塔人，随后居民则是明显不同的智人。就后者的情况而言，每代人都在岩洞中留下了他们自己的个体标记。包括最近发现的肖维岩洞（约公元前30000年）以及著名的拉斯科岩洞（约公元前15000年）在内的这些岩洞都展示了一种在艺术表现方面的成熟度，并且确定了那些被视为非常重要的场所在两代人之间的连续使用。

考古学也证明了带有来生考虑的掩埋的人类尸骸是一种可以追溯到尼安德特人时期（公元前100000—前28000年）的古代习俗。虽然考古学家和古生物学家只能对尼安德特人的信仰进行推测，但有丰富的证据表明他们会按照一定程度的意愿和思想对埋葬场地进行个人化。[6]纪念埋葬和带有石头标记的神圣场所的习惯可能只是属于古代人的。耐久的坟墓标示代表了一种连续纪念的愿望，其存在时间通常都会超过它们的创造者的寿命。在法国多尔多涅河谷的拉费拉西，一个死人的头骨会被埋葬距离由一个在其表面上有许多杯状凹陷的石头掩盖的洞穴很近的位置。[7]这种简单的石头放置形式——有些的历史已经达7万年之久——是最早已知的重大标记之一，可能也是人类历史中最早出现的有意识的纪念物。[8]

旧石器时代晚期（约42000年前）中智人的原始社会结构在接下来的15000年间逐步成熟，并进入了新石器时期早期文化，而这个时期被广泛认为文明的前夕。[9]新石器时期的部落驯养了动物、开发了农业，并让他们自己从游牧的狩猎收集者转变成为不迁徙的农业人口。建立的定居点要求建造追求长远的住所。

在安纳托利亚、美索不达米亚以及中国黄河流域（分别从公元前6000年、前5000年以及前4000年）的最早已知的人为建造的人类定居点中，考古学家已经不仅发现了长期规划的证据，而且还有结构改造和建筑材料循环利用的证据。某些新石器时期的建造材料要求进行终身维护，例如在底格里斯河和幼发拉底河领域中发现的土坯砖以及中国半坡遗址和德国朗魏莱尔遗址中发现茅草屋顶。如果可以肯定地假设人们能够认识到周期性的建筑修缮要比整体结构替换更加容易实现，那么定期维护或者简单维护——保护现有建筑的基本要素——的实践可能可以追溯到最早出现人类定居点的时候。

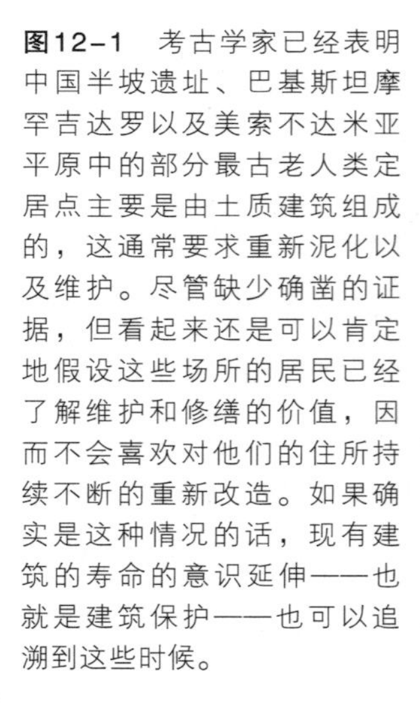

图12-1 考古学家已经表明中国半坡遗址、巴基斯坦摩罕吉达罗以及美索不达米亚平原中的部分最古老人类定居点主要是由土质建筑组成的，这通常要求重新泥化以及维护。尽管缺少确凿的证据，但看起来还是可以肯定地假设这些场所的居民已经了解维护和修缮的价值，因而不会喜欢对他们的住所持续不断的重新改造。如果确实是这种情况的话，现有建筑的寿命的意识延伸——也就是建筑保护——也可以追溯到这些时候。

这种在过去几千年中以保护为主导思想的行动可以被称为今天的建筑保护社会思潮的基础，主要是基于以下两个原因：

1. 老旧建筑的连续使用促使了超期使用、适用性使用以及维护的概念的诞生，因而使得对许多建筑的保护就不可避免。
2. 这些维护和保护行动对数量不断增加的历史建筑和古迹场所的保存提供了支持。

现有建筑中简单的材料价值——尤其是那些花费了精力和成本去建造的建造——不可能被忽视。可能花费了几个世纪的时间才给更多的纪念性建筑以及那些与统治精英联系在一起的建筑赋予了特殊考虑，这一点可以从无数流传下来的建筑铭文和历史参考中得到证明。精神上的尊重以及对具备历史联系性的场所的纪念也为选择保护而不是替换提供了额外的理由。

在这个时期之中，人类已经越来越明确地认识到因为超越其实用性价值的理由而去保留和保护文物的重要性，包括建筑在内。对巴黎大学希腊考古学教授阿兰•施纳普来说，只出于其重要性——“或多或少作为来自遥远历史的信息的载体”——而对物品进行收集和保护从他们文化和生物学出现的时候，已经成为人类的特性。[10]从肖维岩洞和拉斯科岩洞到底格里斯河和幼发拉底河流域，早期人类和他们处于胚胎期的文明已经坚实地证明了这一点。

史前时代至希腊时代

在美索不达米亚平原肥沃的河谷南部诞生的文明现在被称为伊拉克。虽然杰里科（约旦）、恰塔霍裕克（土耳其）和半坡（中国）等地的新石器时期定居点代表了某些都市化、甚至是纪念性建筑物的最早形式（例如传奇的耶利哥塔），但它们仍然是处于一个游牧业占据压倒性地位的时代中的发展文明的孤立例子。小型美索不达米亚村庄结合成为城镇的例子代表了一个更加重要的潮流，因为它具有区域性。随着这些萌芽期的集团化变得成熟，苏美尔文明及其为不同团体服务的祭仪中心也随之出现。[11]

苏美尔人的宗教信仰为祭仪中心的连续居住提供了另一个动机，同时也为创造令人印象深刻并且经久不衰的建筑物提供了动力。就利用人类对这种创造性尝试的追求而言，历史还没有其他力量能够做到这一点。在巴格达东南方200英里之外的埃里都，出现了第一个为特定崇拜对象服务的泥砖结构寺庙。这是人类不仅只是建造一个住所、同时也表达了某些远大于他们自身的事物的意识的第一个案例：反映了一个具备先进信仰体系的文明。

他们在日晒技术和烘干的泥砖技术方面的发展使得苏美尔人——以及稍后出现的巴比伦人和亚述人——能够建造出他们最伟大的建筑成就，通神塔。这些阶

图12-2 位于伊拉克埃利都的原始庙宇（约公元前5000年）被考古学家认为是第一个建造起来以反映宗教信仰和集体崇拜的建筑。（照片：国家文物和遗产组织，巴格达）

梯型金字塔式结构的泥砖石建筑是使用沥青进行密封的。不同于稍后出现的埃及金字塔，通神塔有一个通向建筑上层部分以及位于建筑顶端的庙宇的外部阶梯。最初是作为一个被认为能够连接天堂与凡世的独立的崇拜场所，但通神塔的周边最终被各个定居点所包围，这反过来又使它们互相连接从而形成城市。因此，通神塔成为了一个城市中心区的宗教和行政中心。它们巨大的形式和目的使得通神塔能够以最真实的世界观发挥其纪念作用。

随着美索不达米亚文明的发展，都市发展自身也变得更加有所控制。虽然早期的定居点和村庄发展缓慢并且多少带有一定的随意性，但是在公元前18世纪，巴比伦的汉莫拉比国王还是颁布了建造法规和规划法律。建筑者被要求建造出牢固、坚固并能为它们的使用者提供足够保护的建筑物。如果一座建筑倒塌了并压死了它的使用者，那么这座建筑的建造者也必须偿命；如果这座建筑还压死了其使用者的孩子，那么建造者的孩子也必须一并偿命。[12]这种法律条款不仅表露出高质量建筑物的重要性，还考虑到了公共安全，同时也成为现代区域划分和管理条款的先驱——无论如何间接——这些条款在随后得到进一步扩大，从而为建筑和历史城市中心的保护提供了帮助。

美索不达米亚的统治者还认为他们自己应当保护神圣的泥砖通神塔，后者会迅速地衰败，并要求定期维修。随着时间的推移，通神塔要么定期修复，要么在现有结构之上再建造一个更大的通神塔。虽然在一个老旧的基础上重建一个庙宇可能会获得结构优势，但在原地进行修复和改造同时也是一种宗教义务，因为苏美尔人的神灵要求他们的庙宇在最开始就一直使用的原址上具有持续性。[13]这维持了神灵和社会之间的契约，这也是通神塔所表达的含义。[14]

在五个连续的美索不达米亚王朝——苏美尔、阿卡德、巴比伦、亚述和迦勒底——之中，纪念性的通神塔一直非常重要，它不仅作为宗教崇拜的象征，而且也是与过去的联系。在美索不达米亚文明刚出现的时候，迦勒底国王尝试通过规范早期建筑的修复和改建工作而创造出与前任统治者荣光之间的联想。这代表了美索不达米亚人看待过去的方式的转变，从远古历史中追求“一旦创造就可以得到永恒连续性”的偏好到开始认可线性进步。[15]随着亚述帝国在公元前612年崩塌之后而建立起来的巴比伦帝国则以一种简单但充满活力的巴比伦艺术和文化复兴来庆祝其独立，这种复兴同时包括了这些修复项目和新建的纪念性建筑。

在公元前6世纪早期的时候，尼布甲尼撒二世对古代遗迹极为着迷，并了解到了恢复大巴比伦帝国明显的政治优势，于是他进行了重建。他还建造著名的马杜克神庙，这座七层楼高的通神塔——Eteminanki——又被称为巴比伦之塔。他修复了太阳神西巴尔[16]的神庙，找到了例如布尔那布瑞亚什神庙这类被遗忘的城市，从而为巴比伦的人民提供了一个他们辉煌过去的有形符号。这座从公元前14世纪就开始修复的神庙被当作一个神圣的场所而重新建立起来，从而向平民大众传播出一条强大的信息：这个活着的象征已经因为他们国王的伟大而得以重新复活，而国王也因为这座神庙而恢复了与众神之间的契约。[17]

那波尼德是巴比伦帝国的最后一任国王，他以远胜于其前任尼布甲尼撒二世的热情继续开展神庙修复工作。最为著名的是，他将大量的时间和精力耗费在艾吉帕神庙、沙玛什神庙和阿雅神庙的挖掘和重建，而这些神庙都是由尼布甲尼撒一世修建的。

这些信息代表了对遗失了很久的建筑遗迹及其广泛的修复和重建工作进行精心调查的最久远的已知书面描述：[18]

> 在那个时期的艾吉帕，神圣专区……是一个废弃的场所，并且已经成为一堆废墟……我削短了树木，清除了废墟中的碎石……我［也］让艾吉帕像从前一样焕然一新，我像从前一样建造了它的高台和楼层……[19]

虽然就古代遗迹而言，这类项目很可能意味着大量推测性的重新排列，以及在任何可能的地方重新使用老旧组分，但它们仍然达到了恢复过去的最终目

图12-3 位于的乌尔市乌尔纳姆的保存相对良好的通神塔（约为公元前2100年），图中所示为进行现代局部重建之前的情景，这是其若干前任的典型做法。（P·V·格洛布教授）

▶**图12-4**　卓瑟王的阶梯型金字塔可以追溯到公元前2650年，它被认为埃及境内的第一个纪念性神庙，其设计目的是用来保存这位伟大统治者的经过精心处理的遗体以及在死后的生活中的必需品。纪念性、记忆和保存的概念在各个时期的埃及文明的葬礼建筑中都有着广泛的体现。

▼**图12-5**　对一个纪念物进行精妙修复干预的历史最久远的已知案例之一，就是对位于卢克索神庙入口处的拉美西斯二世坐像破损部分的修复。横跨石头裂缝的一对蝴蝶状雕刻品采用了铁搭或者铜搭（现在已经遗失）来使这个巨大裂缝的两端保持在一起并防止滑动。

的——并且因此成为最普遍意义上的建筑保护的具体和早期的案例。

随着文明开始在美索不达米亚平原的新月沃地中实现联合，同样的过程在埃及也出现了。在尼罗河的漫长流域旁边，出现了一个对过去非常重要的文明；它代表了一个神圣并且不可改变的遗产，而且为了确保能够有利于来世以及未来的稳定性，必须对其进行保护。这种信仰从根本上影响了埃及文化的进程，包括其纪念性建筑物的设计、建造、重建以及保护，他们在过去3000年的岁月中一直在对样式和艺术图案进行重复使用。

埃及王国约在公元前3200年得到了统一，上埃及的国王征服了北部地区并创造了一个约能够沿着尼罗河延伸500英里（800公里）的巨大国家。但是直到公元前2650年，埃及人才取得了他们的第一个纪念性建筑物成就，第三王朝的卓瑟王的阶梯型金字塔。这座建筑是由伊姆霍特普建造——他是在埃及历史中留下记录的第一位建筑大师，这个金字塔让人想起了美索不达米亚平原上的层叠式通神塔。与通神塔不一样的是，埃及金字塔是被当作纪念性坟墓而不是庙宇使用的。在早期时候，金字塔得到了进化并失去了类似于通神塔的层级，并最终选定了现在众所周知的形式，其最佳范例就是位于吉萨的大金字塔——这是约在公元前2560年为纪念胡夫法老而建造的。

古埃及人在时间和精力上做出的巨大投入，已经很明显地表明为来世进行的准备是活着的人们的一个主要考虑的问题——即使不是最主要的。[20]埃及人精心制作的埋葬习俗开始变得可以很明显的进行描述：纪念性建筑物上题写了逝者的名字以及已故君主功绩，而金字塔则将法老王与永恒的过去和众神联系在一起。[21]金字塔的纪念性表明他们打算想要一直存活下去，并成为让所有埃及人与他们的历史根据联系在一起的象征。[22]

埃及人被认为西方文明中的先驱者，后者遵循他们的步伐开始了对纪念物进行保护，并且会留意他们的纪念物是否得到了照顾和维护。[23]与美索不达米亚文明一样，他们坚信庙宇和坟墓都是神圣的场所，而宗教和墓葬纪念物的保存则是一种实现对神明长久崇拜的义务。

部分对纪念性建筑形式进行精心修复或者复原的最老实例可以从位于上埃及地区卢克索神庙外部进口塔门处的巨大石质坐像上找到。这座45英尺（14米）高的花岗岩巨石像的下三分之一在其从采石场中被开凿出来至这个石像被竖立起来之间的某个时间中（约在公元前1200—前1300年）被损坏了。考虑到这座雕塑基座存在相当大的斜纹破损，它的建造者必须提出这个问题，修复还是替换？当考古学家于20世纪50年代发现这座雕像的时候，他们注意到在古代对其进行修复的痕迹：通过在横贯裂缝的位置上做出了两个蝴蝶型的切口，并在其中放置石质或者金属嵌入物（现在已经遗失）以防止雕像滑动。

政治因素也会影响庙宇的建造和修复，这一点从卡纳克神庙就可以得到最好的例证。在超过两千年的时间中，这座庙宇及其各个不同的外部建筑被想要将其打造成像金字塔一样的长久纪念物的法老们不停地建造、修改、修复或者拆除，而它仍然能够作为他们崇拜的辉煌过去的象征而及时成为一个地标性建筑物。在卡纳克神庙，典型的古代埃及人都渴望不朽，而后继的国王则尝试超过他们的前任。随着新的桥塔、柱廊和庭院被增加到较老建筑的前部，这个建筑复合体也随着时间而逐步发展。在这座庙宇的不同建造时期中，建

图12-6 卡纳克神庙最外部桥塔的建造涉及对建筑材料的回收利用，图中所示即为取自早前建筑中的石材。在整个古代历史中，建筑遗产更可能遭受破坏——而不是对其进行精心的纪念——所以它们的有用材料是可以被回收利用的。

图12-7 位于伊拉克北部地区的埃尔比勒塔勒最少可以追溯到公元前2300年；它被认为世界上最老的定居点之一。（图片：©格奥尔格·盖斯特/帕诺斯照片公司，伦敦）

筑材料的重新使用都是普遍的事情。阿蒙霍特普三世建造了桥塔最外部的三分之一，其中部分使用了来自之前建筑的碎石。[24]拉美西斯二世试图通过建造第二个桥塔并完成阿拜多斯神庙的建设而超过其前任的成就。受到皇室自恋主义的感染，他至少对阿蒙霍特普三世巨像的一面进行了重新雕刻，以使其变得与自己的相貌相似。

在埃及和美索不达米亚，过去的象征主义总是非常强烈的。埃及统治者想要获得不朽，并因此假设他们在不断消失的历史以及神秘的未来中的地位在他们以之前不可预见的程度对纪念性建筑物的建造过程中得到了加强。后继统治者——包括希腊人、托勒密王朝以及罗马统治者——对这些建筑物的不断保护有助于埃及文化在其政治活力之后还能存续很长时间。

美索不达米亚和埃及不是仅有的积极重新使用历史遗迹和建筑的古代文明。虽然文明慢慢向西方蔓延并跨过地中海，新的文化也随之出现。从公元前第2个千年开始，重建和建筑修复的实例在地中海的东部和北部沿海地区越来越频繁地出现。这些行动的动机几乎始终都是实用性或者宗教性。

在整个地区之中——但尤以新月沃地区域最为明显——对古代城镇进行重建是普遍的事。这一点从塔勒上就可以看到，这是由连续定居地所组成的小山丘。考古学家已经在以色列的塔勒遇到22层的定居点遗迹。而在克里特岛的克诺索斯，20世纪早期的英国考古学家亚瑟•埃文斯爵士发现了10个明显的分层，可以追溯到超过两千年前的弥诺斯宫殿。在这些地点中，可拯救的早期建筑材料、地基、街道格局以及防御工事经常会被重新使用。

在土耳其——尤其是其南部和西部沿海地区——历史性、考古性以及可视性证据已经揭示了在建筑材料的回收利用以及特定建筑的修复和长期保护方面的无数实例。赫梯人在南部的定居地被其他民族征服并得到了扩大，而这个定居点反过来又在随后被希腊人和罗马人所接管。许多同样的场所在拜占庭时期中不断被占有，而仅有很少的部分能够从奥斯曼时期沿用至今。诸如现在的博德鲁姆、安塔利亚以及伊兹密尔这类天然的海港城市从古代就开始建立，并且在未受打扰的情况下沿用至今。

与埃及人一样，希腊人也是通过那些神秘故事以及遗存下来的纪念物来了解他们的过去——包括他们前任迈锡尼人以及米诺斯人的详细信息。[25]但不同于埃及人的地方在于，他们并没有拥有早期的纪念性金字塔或者神庙。他们所遭遇的是被掩埋的艺术品、大型迈锡尼神庙与被毁坏的城市。对于来自公元前8世纪的希腊来说，这些神庙的发现让他们产生了敬畏之心；并通过在现场留下祭品以展示对它们的尊重。[26]在希腊最早试图与其过去建立起联系的尝试之中，这些行为使得本地化的坟墓和英雄崇拜也随之出现。[27]对某些实践来说，它们最终具有了祖先崇拜的形式；而对另一些来说——例如麦西尼亚的居民——坟墓则成为能够指导涉及在什么地方建造房屋和其他坟墓的决定的地标性建筑。[28]但是在迈锡尼，遗迹和坟墓并没有得到这种尊重。而在帕罗斯岛，遗迹被吸收成为新房屋和防御工事的地基，坟墓则被当作窑炉、磨坊、垃圾坑甚至住所而重新使用。[29]这些行为保持了纯粹出于实用性目的而对物件进行重新使用的传统，并且能够让人回忆起克里特岛、小亚细亚以及近东地区对场所和建筑的连续居住和使用。

这种实例之一就是雅典的卫城，这个场地从新石器时期开始就一直被连续使用。卫城中在波斯战争期间受到损坏的建筑材料和雕像在公元前5世纪时被迪米斯托克利用来重新建造其防御工事。[30]考古学家认为早期废墟中精心雕刻的彩色宗教图案很可能在仪式中被掩埋了，这是一种不同形式的以保护为主的行动。

对卫城——一个重要的宗教和标志性场所——使用的连续性是不同寻常但又绝非与众不同的。在整个历史之中，新建筑经常会因为一系列不同的原因而替代早前的宗教建筑，包括从由于火灾（这在祭祀场所中不

图12–8 在公元2世纪，罗马作家鲍桑尼亚对希腊的历史建筑采取的有意识的保护进行了描述，其中提到了对奥林匹亚赫拉神庙采用的保护措施。卫城的伊瑞克提翁神殿（如图所示）被修复了两次，一次约是公元前250年，另一次是在奥古斯丁时代（公元前1世纪）。

会频繁发生）而造成的损失到结构性改良的需要。尤其是在古典时期早期，会以更加先进的形式并使用更加耐用的材料对较早的庙宇建筑进行重建。令人感兴趣的是，在超过5个世纪的时间之中，庙宇和神殿的替代设计很少出现变化，除了某些建造技术的概念以及三个希腊建筑标准的应用之外：多利安式、爱奥尼亚式或者科林斯式。那个时期在宗教建筑革新方面的保守态度反映了对传统和过去的尊重。

在公元2世纪，希腊旅行作家鲍桑尼亚在其著作《希腊志》一书中提到位于重要的奥林匹亚赫拉神庙（公元前7世纪）的原始橡木柱被保留在整个建筑保护相对较好的后室之中，而整个建筑中其他的43个主要柱体则是由大理石构成的。[31]这不仅表明了希腊庙宇的建造材料是如何发展的，同时也表明一个原始组件被作为遗物而得到了有意的保留。鲍桑尼亚在奥林匹亚赫拉神庙建成8个世纪之后写下的文字本身就是一个支持对古希腊建筑奇迹进行保护的重要性意识的确凿证明。

另一位对其所到过的场所留下了书面记录的早期旅行家就是希罗多德（约公元前484—前425年），他描述了尼罗河沿岸的纪念性建筑并在其著作《历史》一书中对吉萨的金字塔进行了长篇幅的讨论。[32]包括鲍桑尼亚和斯特拉博在内的其他古代旅行家也对那些他们在国外看到的令人印象深刻的建筑进行了描述，并尤其欣赏它们的“远古性”。[33]他们的著作可以成为值得参考的记录文件以及以保护为主导的观点，并且已经证明在宣传有关特定历史古迹的存在性以及重要性知识方面是非常有用的。

虽然希腊城市规模的发展，对纪念性建筑的建造方面的重视程度也随之提高，尤其是在神殿和庙宇方面。从公元前8世纪开始，希腊城市之间开始相互竞争以建造这些纪念性建筑物，而这正是城市生活中一个重要部分。[34]随着这些公共纪念物的建造，它们也成为了规定建筑物。诸如米利都的城市行政管理人员开始雇用建筑师负责去检查公共建筑和街道。而雅典则走得更远，他们要求建筑师去完成维护工作并且在必要的时候能够快速修复建筑。[35]

历史建筑和公共空间一直持续到希腊的希腊化时期，这一时期从公元前2世纪的后三分之一到公元前1世纪。很频繁出现的情况是希腊城市中的公共空间能够将新、旧建筑整合起来，而两者之间的空间关系是被精心考虑了的，从而能够形成一个和谐的总体。[36]在这个时期中，历史建筑通常被视为需要对其特别重视的景观的重要组成部分，而不会被视为新建筑的障碍物。

从近东地区的新石器时代定居地到城市化的古典希腊时代，建筑和人造环境的保护一直——即使偶尔——都是西方文明发展历程中的整体部分。通过对他们祖先建造的壮丽的纪念性建筑以及定居点的重新使用、修复或者崇拜，人类不断扩大的社会一直在寻求保护并加强他们与过去之间的联系。在这种情况下，这些早期社会留下了他们的遗产，这支撑了他们共同的信心并使他们能够走得更远。

古罗马时代的重新利用和保护

> 这些卓越的建筑是让我感到快乐的事情——这个帝国的力量的崇高形象以及其宏伟和光荣的见证者。我的愿望是你们应当保护古代建筑的所有原始光彩，不论你要增加什么都必须要与它的风格相符……为了给未来一代和人文学科留下财产，饱受赞誉的纪念性建筑能够完全满足每一个人在自豪和价值方面最强烈的欲望。
>
> ——狄奥多里克大帝（公元455–526年）[37]

图12–9 古代文本和考古学证据表明，在过去800年里，紧靠古罗马广场的雷吉亚（“国王宅邸”）以及维斯塔神庙在其原址上经过了若干次的修复和重建，这是由于它们对古代罗马人重要的象征性而造成的。如图所示即为雷吉亚朝向萨克拉的三角形入口庭院的遗迹，拍摄时间为1956年。（图片：由位于罗马的美国学会的Phototeca提供）

在其中一名领袖为帝国的建筑遗产进行辩护而说出上述话语之前，罗马文明的繁荣昌盛时间已经超过600年了。但具有讽刺意味的是，说出上述话语的却是一位野蛮的东哥特国王。狄奥多里克大帝管理的帝国首都在他自己眼皮底下变成了废墟。与在他之前的其他国王一样，他渴望通过将其与古代过去的辉煌历史联系在一起而将他的统治合法化，这个历史正是一个强大的罗马帝国产生了许多他寻求保护未果的纪念物。

罗马的根源隐藏在远古时期和神话时期的迷雾之中。现代学者相信罗马的七座山丘之中包括了许多可以追溯到公元前1000年的拉丁部落的定居点。拉丁帝国（正如随后被称之为的罗马帝国）随后被伊特鲁里亚人所征服，后者在公元前650—前600年占领了这个地区。罗马的历史根基很有可能就是在这一时期中产生的。[38]考古学证据已经证明这些定居点从公元前8世纪就已经存在于帕拉廷山之中，而重复使用的模式也从那个时候开始并一直贯穿于整个城市的历史之中。

对古罗马广场附近的雷吉亚（“国王宅邸”）的发掘同样证明了这个场所的长期连续性。归功于努马国王（公元前715—前654年）——他是最早的伊特鲁里亚君主之一，雷吉亚在700年的时间中一直被反复重建，并且每一座建筑都遵循同样的设计，并会对早期建造材料进行相当大程度的重新使用。[39]让雷吉亚的存在永存于古罗马时期之中的主要动机就在于其与这座城市的伊特鲁里亚创始人之间的历史联系。

虽然特定神圣和都市场所重复使用的模式在罗马帝国的早期岁月非常明显，但对艺术性或建筑性的官方或者公共认可却非常少。在罗马共和国的早期帝国扩张岁月中，罗马领导者让他们自己及建造实践侧重于实用性和军事性考虑。相比于在帝国时代后期建立的宏伟建筑，宗教建筑的装饰——最为精心制作的城市建筑——则相对节约。

罗马的建筑保护传统几乎可以确定是从他们对希腊文化并采用希腊建筑形式的时候开始的。[40]他们观点的改变在奥古斯丁时期（公元前27—公元13年）变得最为明显，这经过了几年的内战和帝国扩张时期之后迎来了一个和平及安全的新时代，并且还将一个针对罗马的建筑规划包括了进来。正如罗马建筑师马库斯•维特鲁维•波利奥于公元前1世纪在其著名著作《论建筑》一书——这是为奥古斯丁皇帝所写的一本稿件——中所写到的那样：“帝国的权威性是通过其公共建筑不同凡响的高贵性而表现出来的。”[41]

维特鲁威有关保护“古物”的观点是非常明确的：因为在生命中存在连续性，所以在支持新的观点和保护历史物品之间是不存在冲突的。[42]他坚持认为一名建筑师必须要是跨学科的人才，还要关心历史以及早前的建筑师所取得的成就。[43]很快，整个帝国的威严性不仅在其新建建筑中有所表现，而且对其历史建筑和古迹进行的有意识保护也反映了这一点。

罗马的历史建筑从奥古斯都的慷慨中受益匪浅，而这种态度也被许多他的后继者所争先效仿。随着新的建筑和帝国规划在古罗马广场中被规划并得以实施，对较早建筑的保护也开始被纳入考虑。[44]为了让首都变得更具美感，也对建筑进行了特定的复原。在公元1世纪中，作为奥古斯都大帝改变罗马外观的尝试的一部分，他为屠牛广场中已经在形式上过时的伊特鲁里亚时期的波图努斯神庙增加了一层新的石灰华覆层。[45]

附近的圆形赫拉克勒斯神庙始建于公元前2世纪，到目前为止它仍然是古罗马时代最完整的古代建筑之一。它在公元1世纪的时候遭受了严重的损坏：台伯河泛滥的洪水将其中的20个科林斯式圆柱给冲毁了。相匹配的替代物则在提比略大帝的修复工程中被竖立起来了。这座庙宇在12世纪经历了大面积的修改，它在那个时候被改变成San Stefano delle Carrozze教堂并在随后被改名为太阳圣母教堂。在19世纪早期，除了屋顶之外的部分，赫拉克勒斯神庙的其余部分都被恢复成其原始外观。最近，它及其附近的波图努斯神庙都被按照尊重这些标志性罗马寺庙形式在漫长岁月中经历过的改变的形式进行了修复。[46]

三角形广场是庞贝古城的历史核心区域，它就是在希腊时代的废墟上建造的。它多利安式寺庙的原始圣殿的绝大部分在奥古斯都时期中消失了。但是，庞贝古城中历史最为古老的古代广场始终都保持了其公共用途。当马库斯•克劳迪亚斯•马塞勒斯在奥古斯都统治时期成为这个城市的保护人时，他对其进行了修复并将这个寺庙遗迹转变成一种装饰性废墟，从而实现了对这个能为庞贝市民带来愉悦的历史场所的保护。[47]

在雅典，奥古斯都他自己希望通过系统性的拆除建造于公元前463年的战神庙而给他的希腊国民留下深刻印象，他将罗马人的标志放置在紧邻每块石头上留下的希腊石匠记号的旁边以作为参照，然后将这座神庙从其雅典北部的原始位置转移到雅典市场之中并在这里对其进行了重建。[48]通过将其放置在城市的市中心位置——它在这里可以被更有效的照料——而实现对这座神庙的保护。

在公元1世纪，罗马人对待艺术品和建筑物保护的态度得到了扩展，将对城市环境的考虑也包括了进来。在整个帝国时期之中，相关法律被引入以规范从建造技术到建筑高度在内的所有事物。到了公元44年，赫库兰尼姆已经颁布了禁止对建筑实施投机性拆迁的法律。在古罗马时代，腐朽的建筑和空闲的场地被视为令人厌恶的。除了视为对都市环境的干扰，它们也被视为通过进行改建而对城市进行改善的机会。在哈德良波利斯中央广场的一个场所中，哈德良大帝命令那些荒废房屋的所有者要么重新修复并维护他们的财产，要么就出售它们。[49]

▶**图12-10** 从罗马的屠牛广场看到的波图努斯神庙（上）和赫拉克勒斯神庙（下）的景色。这些原始寺庙形式都在古代时期中得到了修复或者改善，并在中世纪中因为基督教崇拜而进行了调整，随后又在过去的3个世纪中为将其恢复成更早的形式而进行了多次尝试。

图12-11 在公元62年的地震之后，使用回收的建筑材料对位于庞贝古城V2岛屿的餐室中壁画的修复（属于银婚纪念日之屋的从属物）。

罗马皇帝也认为他们应当在发送大型灾难之后进行重建；哈德良和维斯帕先都鼓励在发生火灾或者地震之后对住房和公共建筑进行重建。庞贝在于公元62年遭受灾难性的地震之后，成功的获得了来自罗马的援助，当其于17年之后因为维苏威火山的喷发而遭受毁灭的时候，这座城市的修复和重建工作已经完成了一半。在其短暂的间隔时间中，在地震中被完全夷为平地的伊西斯神庙已经完成了重建。因为这座神庙能够控制富裕和有影响力的崇拜者，所以它被完全修复并且与其在地震之前的样子完全一致——这得感谢年仅6岁的N•波皮迪乌斯•塞尔西努斯的慷慨解囊。这个举动——明显是得到了他那位富裕的自由民父亲的支持——受到了城市市政议员的奖励，后者为这个孩子在市政议会[50]中提供了一席之地——这是一个重要的公共建筑的修复工作如何能够被当作社会地位进步的工具而使用的早期实例。

在古罗马，重新建造早期建筑的精准复制品更多则是作为期待而不是要求。万神殿就是一个恰当的例子。它在同一个地址上被作为之前建筑的新式以及更加精美的版本而进行了建造，而这座建筑之前曾因为火灾而被毁坏了两次。当一个新建筑在公元2世纪中完工的时候，哈德良大帝小心翼翼的加上了纪念早期万神殿建筑赞助人马库斯•阿格里帕的铭文。[51]在古代，这些对建筑的改建和重新设计是温和的，并且受到了历史古语的影响[52]，对早期建筑——尤其是公共宗教建筑——进行重新处理的普遍方法是相对保守的。

对历史古迹——这就包括了绝大多数废墟——的批判性解读开始在公元2世纪中出现了。在罗马统治巅峰期中造访过小亚细亚、叙利亚、巴勒斯坦、埃及、马其顿以及伊庇鲁斯的希腊人鲍桑尼亚在其著作《希腊志》一书中对若干个古代纪念建筑的印象进行了记录。他发现迈锡尼的规模过小，并且作为一个主要势力的首都来说是无法鼓舞人心的，但他却又明智的补充认为通过其遗迹废墟来判断整个文明是非常困难的，因此需要再做进一步的考量。为了诠释他的观点，鲍桑尼亚为他的读者提供了以下对比：

> 以下面的假设为例，斯巴达城已经被遗弃，城中仅有庙宇和建筑地基遗存。我认为未来几代人会——随着时间的推移——发现很难相信这个场所曾经能够像描述中的那样强大。但斯巴达人确实占领了整个伯罗奔尼撒半岛的五分之二，并且不仅是整个伯罗奔尼撒半岛的统治者，同时也统治着这个区域之外的无数附属小国。但是，虽然这个城市没有进行定期规划并且没有修建任何雄伟壮丽的庙宇或者纪念建筑，而仅仅只是将许多村庄以古希腊方式集为一体，所以它的外观不可能达到人们的预期。在另一个方面，如果同样的事情发生在希腊，那么别人就可能根据他所看到的场景推测出这个城市的规模和强大是其真实水准的两倍。[53]

鲍桑尼亚的观点强调了直到今天依然逐渐为市民和无数的建筑、城镇和文明建造者所考虑的事情——处于其自身目的以及为给子孙后代留下的力量和势力的标记而对都市纪念性进行规划。

到公元3世纪的时候，罗马帝国的统治疆域已经覆盖从大不列颠的绵延山丘到叙利亚的沙漠。它强大的军事力量将分散的国家整合在一起并通过商业、公民和军事实力将它们紧密的保持成一个整体，但问题也开始出现。罗马帝国被迫建造城墙以防御外来势力的侵袭，而基督教徒则成为了从其内部破坏这个帝国的社会结构的一股力量。从物质上来说，这座首都也开始衰败。在若干世纪的过程之中，罗马反复遭受了攻击和洗劫，无数的艺术和建筑珍宝都为侵略者所毁坏。[54]

在罗马帝国进入暮期的时候，基督教世界开始崭露头角。遭受过被围困、分裂以及垂死挣扎之后，罗马帝国的历史终于画上了句号。公元380年对基督教的认可导致了异教神庙的最终毁坏。在狄奥多西二世于公元437年最终关闭它们之后，许多寺庙——以及它们空闲的圣地——都被慢慢地拆除了。[55]早期的基督教意向通常都不是要破坏罗马的寺庙，而是希望将它们用来建造新的主流宗教建筑，因此它们通常都会受到保护，并使其满足基督教的礼拜仪式要求。在6世纪，大贵格利教皇通过发号的政令而对这些转换进行了重申："不要破坏异教徒的寺庙，只移除它们其中的神像就可以了。对纪念建筑而言，要为其洒上圣水、竖立起祭坛并放置圣物。"[56]

国立大理石采石场的关闭导致大量的建筑为修配而拆用旧建筑的部件，这一点从为给新建筑提供原始材料而不得不开始拆除罗马时期的建筑成就中得以例证。君士坦丁是第一位基督教徒皇帝，他修建君士坦丁凯旋门时使用的雕像和抛光大理石就是从马库斯•奥列里乌斯之门和图拉真广场拆除而来的。[57]但是包括利奥和马约里安在内的后任皇帝却颁布了对公共建筑的破坏者施以重罚的法律。[58]很少有人对这些规定的重视能够达到提奥多里克的程度，他是6世纪早期拉文纳的统治者。他认为他自己是"城市的修复者"并重新开设了雕像保护古罗马办公室来保护城市中的雕塑，他要求他的建筑师要尊重并保护古代遗迹并确保新建筑能够相对适应古建筑。

提奥多里克的目标是保护位于罗马的那些被证明是不合时宜的建筑的现状。罗马帝国在西方国家的辉煌已经传播到东方地区。当罗马皇帝以及教会在公元3世纪分裂的时候，君士坦丁大帝在欧洲最东部建立了一座

图12–12 罗马的君士坦丁凯旋门可以追溯到公元312年，它同时包括了大量回收利用以及复制的4个世纪之前的雕塑。

雄伟的都市，这座城市也是在希腊城市拜占庭的基础上建立起来的。因为期望成为第二个——或者新的——罗马，君士坦丁的城市大量的使用了发现以及获取的罗马石质建筑组件——或者战利品——来进行装饰。这座城市很快就被成为君士坦丁堡，这座快速扩张的城市使用了取自于整个东罗马帝国时期的古代建筑的圆柱、雕像、瓷砖以及大理石来进行装饰。

欧洲中世纪

罗马帝国在公元5世纪坍塌之前已经有一段混乱时期的历史，而那个时候的欧洲人民已经完成重新组织并进入现在我们称之为中世纪的时期之中。虽然这个时期也被称为黑暗时期，但从建筑学观点来看，这依然是一个多产的时期。虽然许多重要的历史建筑还是消失了，但城市发展急剧加快并且令人印象深刻的新作品也不断涌现，包括于公元6世纪在君士坦丁堡建成的圣索菲亚大教堂——又被称为圣智堂——这座建筑的设计在精神上是罗马式并融合了大量的异教徒时期的建筑材料。[59]

（从它的建造开始，圣索菲亚大教堂已经采取过20多次的保护干预和结构强化措施，包括两次重建的圆顶，以及用来防止在这个地区中频繁发生的地震带来的损害而新建的桥墩。[60]从中世纪开始的对稳定、修复和复原这座建筑所进行的

◀图12-13　位于罗马苏巴鲁街区的圣克莱门特教堂（约公元380年建造，其现在的形式于1099年确定）的早期庭院大门是中世纪中对古代建筑材料进行重新使用的无数案例中的一个。（©ICCROM）

▶图12-14　位于伊斯坦布尔的圣索菲亚大教堂是许多采用取自于早期罗马和希腊寺庙的精美大理石进行装饰的拜占庭教堂中的一个。

无数次尝试的专项分析能够阐明许多与今天对圣索菲亚大教堂进行保护和解读相关的哲学考虑。）

同时，在罗马帝国早期西半部分领域中，人们努力在不断衰败的罗马遗产上建立起新的社会。古代场所的恶劣条件必然会让下一代人感觉到非常压抑——即使不是压倒性的，这是因为这些建筑都已经失去了它们的建筑目的和含义。古典教育的衰败以及随后的基督教信仰和文化得到的官方认可使得无处不在的罗马宏伟建筑遗迹看起来与当代生活毫无关系，或者甚至成为现代日常生活的障碍。

逐渐地，各个社会都设计出处理他们继承的建筑历史的方式，通常会对那些始建于罗马帝国晚期的历史建筑持续进行重新使用和调整。其中非常醒目的一个例子就是位于今天被称为克罗地亚沿岸的斯普利特城。这座城市是由为了寻求安全的难民于公元7世纪早期在戴克里先皇帝的废弃宫殿的巨大城墙之中建造起来的。这个宫殿的许多建筑和空间都仅仅是在几个世纪之前才完成建造的，它们被新迁入的居民转变成一个完全功能化的中世纪城镇。整个土地都是之前罗马帝国的辖属领域，其中的材料和形式在罗马帝国崩塌几个世纪之后被新的使用者回收利用以实现对古老建筑的适应性使用。例如，形式上借鉴了希腊文化的罗马大教堂或者公共议会厅就成为后续两千年的基督教教堂中殿和走廊的原型。

来自古代的建筑材料如何在中世纪中被回收利用的有趣实例在整个欧洲西部随处可见。教皇利奥二世于公元800年在罗马教堂中主持了查理曼大帝的加冕礼，后者则通过使用从拉文纳和罗马的古罗马建筑中获取的建筑碎片和组件装饰他位于亚琛的住所来强调这种联系。[61]而在法国阿尔勒附近的圣吉莱迪加尔教堂，古代大理石小圆柱被放置在新建筑的正面——为整个结构赋予一种古代风情。[62]圣吉莱教堂建造于12

世纪的大门和壁龛外观雕塑与古代罗马雕塑极为相似，它们都是用类似长袍的服装包裹的站式对置人像。

圣吉莱教堂以及其他现在被称为罗马式的教堂并不是从技术上代表了古代罗马风格，而是其经典形式和建造技术的确为成为了他们的灵感。至少，诸如来自异域的大理石柱以及雕刻丰富的建筑碎片这些令人感兴趣的贵重物品被整合到新建筑之中。同样地，包括浮雕、珠宝以及雕刻精细的石棺这些具体物品在中世纪之中偶尔也会因为它们的材料和美学价值而被珍惜并因此被收集和保护，它们的异教联想则会被忽略。许多被认为已经消失的古代文学珍宝又被重新发现、转录并在欧洲的修道院和伊斯兰世界的神学院中流传。

伟大的罗马首都及其精神拒绝在罗马后裔的心中死去，虽然这座城市在中世纪时已经成为其辉煌前身的一个缩影，并在诺曼人于1084年对其进行洗劫之后开始奔崩离析。由于过度拥挤，围绕这座长期被忽略的城市的众山之中许多地方已经变得发展过快或者被转变成为废石堆。罗马慢慢的再次被唤醒，但因为它人口的增长，其中留存下来的建筑面临的压力也一并增长。罗马的贵族也开始回收利用古代建筑的宏伟外形：贵族世家开始在紧邻或者直接在重要的古代建筑之上开始建造他们自己的宫殿；其他建筑则被转变成为房屋和车间。

图12–15 法国阿尔勒附近的圣吉莱迪加尔教堂在其外观上整合了经过回收利用的古代大理石和当代仿古材料。

图12-16 安东尼奥·滕佩斯塔绘制的罗马地图可以追溯到1593年，这幅地图展示了城中数量巨大的遗迹与这座活力之城之间的关系。

这类新的建筑要求建筑材料，而这又可以从这座城市中未使用以及未进行保护的古代建筑中很容易的获得。大理石薄片、圆柱和雕像被石灰窑的主人所破坏并焚烧，他们在可以最容易的从古代建筑中获取大理石的地方建立了他们的工厂。[63]古代建筑的破坏因为天主教大教堂——这座城市中至高无上的力量——而成为了令人担心的寻常事物，在新教堂的建造过程中会重新使用古代建筑的材料。虽然有证据表明更加珍贵的雕刻和艺术品在中世纪晚期时逐渐因为它们的固有价值或者作为令人好奇的物品而得到了保护，但大量的古代建筑材料依然还是消失了。

在12世纪中，对此深表担心的罗马人——由于他们深爱的城市被转变成一个开放的采石场而感到困扰——成立了一个参议院来控制罗马，并保护它免遭教堂建造的侵害。他们的成功是短暂的。[64]参议院尝试阻止对这个城市中古代遗迹的整体破坏并于1162年通过了一个认为“只要这个世界存在”就应当对图拉真圆柱进行保护并且任何尝试破坏的人应当处以死刑的法令。[65]尽管参议院做出做好的干预，但只要教皇继续要求牺牲建筑去建造教堂或者出于个人目的而进行的破坏依然存在，那么对古代建筑的破坏依然也会持续。[66]

但是在同时，教廷在其他领域的努力也对罗马陈中古代建筑的维护和重要性做出了贡献。因为作为天主教教廷的中心，罗马成为了那些想要造访许多圣人遗迹——包括圣彼得在内——的信徒的主要的朝圣目的地。艾因西德伦行程和罗马奇迹之旅[67]是这个城市最早的奇观参观之旅中的一部分；它们为游客和朝圣者提供了见证罗马基督教古迹的参观路线——同样包括城中的异教奇观。游客的涌入会间接地为历史古迹的保护提供帮助；在1199年，马库斯•奥里利乌斯的圆柱以及一座邻近建筑被出租给允许朝圣者爬山其顶部以从其最高点浏览整个城市——当然，这是需要收费的。[68]

对不断进行的罗马建筑遗产破坏的偶尔反对依然在持续。英国神学家马吉斯特•格雷戈里在第1版的《奇迹》一书中公开批评了在教皇授权下的过度破坏。在14世纪早期中，罗马市民的后期护民官科拉•迪•里恩佐也是对这座城市中古代纪

图12-17 位于亚美尼亚西北部的玛马什教堂在12世纪经历了地震之后进行了修复，以使其看起来像一座新建的教堂。包括其捐助者感谢在内的修复细节内容在教堂西侧翼部的表面的重建铭文有所表明。

图12-18 玛马什。位于教堂耳堂的献礼题字的细节图。

念物的热忱仰慕者。他对那些被他认为应当为这个城市的衰败负责的人发出了抱怨，他认为："庄严的罗马淹没在尘埃之中，她无法看见她自己的陨落，因为皇帝和教皇已经挖去了她的双眼！"[69]乔瓦尼•康迪是里恩佐的一位当代人，他是首批会在游记中对他们所遇到的建筑物的尺寸进行记录的人中的一位。在他的指导下，罗马圆形大剧场、万神殿、图拉真之柱、梵蒂冈方尖碑以及圣彼得和圣保罗的教堂都进行了调查。[70]

许多其他城市中——欧洲及其他——最为重要的历史建筑都在中世纪以及后续岁月中的游客书面记录中有所记录。包括5世纪的法显以及7世纪的玄奘在内的中国学者和旅行家留下了对印度各个佛教古迹和城市的描述——包括于1205年被土耳其人毁坏的那烂陀的寺庙、图书馆以及大学复合体建筑。现在，他们的著作依然是有关这个建筑遗产存留至今的最佳证据。土耳其官员爱维亚•瑟勒比是历史上最为知名的旅行作家之一，他于17世纪中期在一本名为《游记》的10卷书中将他数十年的旅游经历公之于众。在其故土伊斯坦布尔花费10年对其经历进行记录之后，瑟勒比又出发去观察并描述了安纳托利亚、巴尔干半岛、波斯、中东、北非以及现在的澳大利亚和匈牙利。他对位于希腊、匈牙利以及塞尔维亚的数百座土耳其时期建筑的描述都是对这些场所仅存的描述。

所有这些人以及他们的不同方式——要么是公开指责权威人士，要么是为子孙后代记录证据——都可以被视为属于最早期的建筑保护主义者中的一部分。但是，在欧洲很少存在中世纪期间对建筑进行修复的实例——按照我们今天的理解来看。[71]历史建筑经常会被调整和重新使用。在地震这类灾难之后进行的实物修理偶尔也会出现。但为了获得之前或者原始设计而进行修复或者仅仅是为了修复而进行修复，还有待尝试。

注　释

1. Whether considered the genetic predecessors of Homo sapiens or—as most physical anthropologists and paleontologists believe—of a different species, the Neanderthal and a host of other proto-Homo sapian species having much earlier tool-making abilities date back as far as 2.5 million years. It is in this vast period of time that the human capacity for processing symbolic thought originated.
2. Blow-painted, silhouetted images of hundreds of hand prints in the Caves of Pech-Merle in France made twenty thousand years ago attest to the interest of early Homo sapiens leaving their mark. Rock art (petroglyphs) that is more difficult to date is found in sub-Saharan Africa and the Burrup Peninsula of Australia.
3. Given evidence recently uncovered at the Blombos Cave in South Africa, physical anthropologists now believe that cognizant modern man existed nearly seventy thousand years ago. The discovery of finely polished weapon points demonstrates a skill that represents, as John Noble Wilford has said, "a form of consciousness that extends beyond the here and now to a contemplation of the past and future and a perception of the world within and beyond the individual." ("When Humans Became Human," New York Times, February 26, 2002).
4. Donald Martin Reynolds, ed., Remove Not the Ancient Landmark: Public Monuments and Moral Values; Discourses and Comments in Tribute to Rudolf Wittkower (Amsterdam: Gordon and Breach, 1996), 4. Monumentality is referred to here with a stress on memory and its synonym monere or monumentum, Latin for "remind" or "warn." John Warren's "Principles and Problems: Ethics and Aesthetics," in Marks, Concerning Buildings, 34–35, expands on the idea of memory and presentation in early prehistoric times.
5. Rick Gore, "People Like Us," National Geographic, July 2000, 106.
6. In northern Iraq's Shanidar Cave, one of the best-preserved examples of a Neanderthal ritualistic burial, a body was placed in the fetal position on a woven mat and was surrounded by deliberately arranged wildflowers. Richard E. Leakey and Roger Lewin, Origins: What New Discoveries Reveal About the Emergence of Our Species and Its Possible Future (New York: E. P. Dutton, 1977), 125.

   Evidence suggestive of a belief in an afterlife has also been found in a mass Neanderthal gravesite in La Ferrassie, France, where flint tools and the presence of animal bones seem to signify that these objects would be useful to the dead, perhaps in the next world. Source: Kharlena Maria Ramanan, "Burial, Ritual, Religion, and Cannibalism," in Neandertals: A Cyber Perspective, http://sapphire.indstate.edu/~ramanan/ritual.html. (February 5, 2002).
7. Erik Trinkaus and Pat Shipman, The Neandertals: Changing the Image of Mankind (New York: Knopf, 1993), 255.
8. Evidence of human-made habitats dates from a much earlier time. The earliest known human-made structure—a two-million-year-old construction of stacked rocks that held branches in position—was found in Tanzania's Olduvai Gorge. Wally Kowalski, Stone Age Habitats, http://www.personal.psu.edu/users/w/x/wxk116/habitat/ (February 5, 2002). Further prehistoric dwellings of between 400,000 and 500,000 years old are found along coastal southern France. Near Nice, the Cave of Lazaret was occupied between 186,000 and 127,000 years ago. Its structures mainly consisted of wooden branches held in place by stone and covered with animal skins or grass. More recent structures—such as the Upper Paleolithic hut from Dolní Vestonice (ca. 21,000 bce) in the southern Czech Republic and the Mezhirich huts in northern Ukraine (ca. 13,000 bce)—incorporated other materials, such as the earliest examples of fired earthen building materials and interlocking mammoth bones. The building of Mezhrich was an enormous feat, making use of the mandibles of over one hundred mammoths for the foundations of four huts. Gore, "People Like Us," 112. The newcomer Homo sapiens from the beginning of the Upper Paleolithic period (around 42,000 years ago) had

technological and artistic capabilities superior to Neanderthals and were better able to adapt. Animal paintings in the Chauvet Caves of 32,400 years ago and contemporaneous ivory figurines found in the Caves of Hohlenstein-Stadel in Germany—including the famous fetish figurine Löwenmensch ("man-beast")—are believed to be attempts by the Cro-Magnon community to find meaning in their world. They signify the gradual development of a social fabric. Cro-Magnon man is better known as Aurignacian man, after the town of Aurignac in southwestern France where several Cro-Magnon sites are found.

9. J. M. Roberts, Prehistory and the First Civilizations, vol. 2, The Illustrated History of the World (New York: Oxford University Press, 1999), 51.
10. Alain Schnapp, The Discovery of the Past, trans. Ian Kinnes and Gillian Varndell (London: British Museum Press, 1993), 12.
11. Religion also served to solidify the order of Sumerian new towns, which increasingly took on the role of cult centers and places of pilgrimage. The earliest of these Sumerian cult centers was Eridu, founded ca. 5000 bce. As populations increased, small, disparate groups worked in tandem to reclaim marshlands, irrigate fields, and fend off others who tried to claim their lands—efforts that required a higher level of human organization than had ever occurred before. Eventually, as groups joined together for more efficient food production and self-protection, the first towns were created. Roberts, Prehistory, 77–78.
12. Cevat Erder, Our Architectural Heritage: From Consciousness to Conservation, trans. Ayfer Bakkalcioglu (Paris: UNESCO, 1986), 23.
13. Cornelius Holtorf, "The Past in Ancient Mesopotamia," chapter in "Monumental Past: The Life Histories of Megalithic Monuments in Mecklenburg-Vorpommern (Germany)" (PhD diss., University of Wales, 1998).
14. Ibid.
15. Ibid.
16. Erder, Our Architectural Heritage, 25.
17. Schnapp, Discovery of the Past, 18.
18. The persistence and energy with which Nabonidus restored major monuments foreshadowed the imminent demise of his empire at the hand of the Persian king Darius I. It was as if by restoring the temples and leaving his mark that Nabonidus sought to delay Babylon's fall. Perhaps, in a way, he achieved immortality: Babylon fell, but Nabonidus's name, as well as that of Nebuchadnezzar, lives on.
19. Holtorf, "The Past in Ancient Mesopotamia"; Erica Reiner, Your Thwarts in Pieces, Your Mooring Rope Cut: Poetry from Babylonia and Assyria (Ann Arbor, MI: University of Michigan, 1985), 2–5.
20. From around 2800 bce, bodies of the elite were elaborately mummified, placed in carved sarcophagi, and interred with a variety of grave goods, often including mummified animals. Mummified creatures—ranging in species from tiny shrews to crocodiles, and even a lion—were meant to accompany the deceased human being to the next world. Tomb chamber walls were usually finished with fine polychrome bas-reliefs.
21. Holtorf, "The Past in Ancient Egypt." note 13.
22. Grahame Clark, Space, Time and Man: A Prehistorian's View (Cambridge: Cambridge University Press, 1992), 89.
23. Erder, Our Architectural Heritage, 23. Ancient Egypt's history is also marked by numerous examples of the purposeful destruction and defacement of buildings, the most infamous example being the attempted excision from the historical record of all images of and references to Queen Hatshepsut by her successor, Thutmose III.
24. Many of Amenhotep III's architectural creations, including his own modifications at Karnak,

were dismantled by his successors. The pieces were recycled.

25. Holtorf, "The Past in Ancient Greece."
26. J. N. Coldstream, "Hero-cults in the Age of Homer," Journal of Hellenic Studies 96 (1976), 14.
27. Tomb cults refer to popular worship and veneration of Mycenaean tomb sites between 770 and 700 bce. There is some debate about the actual reasoning behind tomb cults; arguments point to the tombs being used as surrogate links to the unknown or imaginary past and also to reinforce the community's link to the land.
28. Holtorf, "The Past in Ancient Greece."
29. Ibid.
30. Piero Gazzola, "Restoring Monuments: Historical Background," in UNESCO, Preserving and Restoring Monuments and Historic Buildings (Paris: UNESCO, 1972), 22.
31. Pausanias, Description of Greece, vol.2, trans. W. H. S. Jones (Cambridge, MA: Harvard University Press, 1961), chap. 16:54.
32. Alberto Siliotti, Egypt Lost and Found: Explorers and Travelers on the Nile (London: Thames and Hudson 1999), 17.
33. Not much is known about the life of Pausanias (mid-second century ce), a Greek traveler and geographer. His Description of Greece runs to ten volumes and was meant to be a kind of tourist guide to Greece and its historical and religious artifacts. Geography by Strabo (64 bce to 23 ce), a Greek historian and geographer, runs to seventeen books and is a wealth of information on the historical geography of the area. Both authors have written vivid descriptions of historic architecture that no longer exists today, such as the statue of Zeus at the Temple of Zeus at ancient Olympia. These descriptions, along with other discoveries by archaeologists (in the case of the statue of Zeus, excavations of terra-cotta molds), help in the visual reconstruction of these various sites.
34. Schnapp, Discovery of the Past, 57.
35. Erder, Our Architectural Heritage, 29.
36. Ibid., 33. When Attalus II, King of Pergamum, built a two-story stoa on the Athenian agora during the second century bce, its positioning further defined the boundaries of the agora while also commanding a view of the panathenaic processional route.
37. T. C. Bannister quotes from Cassiodorus' Variae in his "Comment" in National Trust for Historic Preservation and Colonial Williamsburg, Historic Preservation Today: Essays Presented to the Seminar on Preservation and Restoration, Williamsburg, Virginia, September 8–11, 1963 (Charlottesville, VA: University Press of Virginia, 1966), 33–34.
38. Human settlements existed on the hills of Rome during the Bronze Age in the middle of the second millennium bce.
39. L. Richardson, Jr., A New Topographical Dictionary of Ancient Rome (Baltimore, MD: The Johns Hopkins University Press, 1992), Regia, 328-29.
40. Erder, Our Architectural Heritage, 40.
41. Chester G. Starr, The Roman Empire, 27 B.C.–A.D. 476: A Study in Survival (New York: Oxford University Press, 1982), 25.
42. Erder, Our Architectural Heritage, 42.
43. Ibid.
44. Jokilehto, History of Architectural Conservation, 2–3.
45. A twentieth-century restoration of the Temple of Portunus, known earlier as the temple of Fortuna Virilis, shows the various changes made to it over time. This includes the now scant evidence of its improvements in Augustus's time, which were removed in the nineteenth century by restorers interested in showing this temple more as a rare example of architecture from the Republican period.
46. Both temples had accretions removed during restorations beginning in the early nineteenth century with their most recent restorations occurring during the past decade in a partnership between Rome's Soprintendza di Monumenti and the World Monuments Fund.
47. L. Richardson, Jr., Pompeii: An Architectural History (Baltimore, MD: Johns Hopkins University Press, 1988), 73.
48. W. B. Dinsmoor, "The Temple of Ares at Athens and the Roman Agora," Hesperia 9 (1940): 383–384.
49. Erder, Our Architectural Heritage, 46–47.
50. Robert Etienne, Pompeii: The Day a City Died, trans. Caroline Palmer (New York: Harry N. Abrams, 1992), 118.
51. Jokilehto, History of Architectural Conservation, 4–5. The English translation of the Pantheon frieze reads: "Marcus Agrippa, the son of Lucius, three times consul, built this."
52. Gazzola, "Restoring and Preserving Monuments and Historic Buildings," 22.

53. Schnapp, Discovery of the Past, 48–49.

54. With the exception of the "enlightened barbarian" Theodoric the Great (455–526 ce). Jokilehto, History of Architectural Conservation, 5.

55. Erder, Our Architectural Heritage, 56.

56. Jokilehto, "History of Architectural Conservation," (DPhil thesis, University of York, 1986).

57. While the marble quarries east of Rome were likely still operating at the time, the recycling of building elements, especially those with fine carving, was commonplace throughout the Middle Ages.

58. Tung, Preserving the World's Great Cities, 36. One of the earliest preservation statutes, brutal but ultimately ineffective, dates from 458 ce. Punishment for those who dismembered imperial monuments was two-tiered: a heavy fine for the magistrate who approved the destruction and a beating and the loss of both hands for the workmen who carried out the order. While it proved to be only a minimal deterrent in Rome, a significant pattern of protection was established elsewhere on the peninsula henceforth.

59. Visitors to today's Istanbul can see several sites where impressive reuse of earlier building materials occurred, including not only the Hagia Sophia but also Kariye Camii, Kalenderhane Çamii, and Yerebatan Saray (Cistern Basilica), where construction involved reusing 336 antique stone columns to support its enormous vaulted roof.

60. Erder, Our Architectural Heritage, 23. As the great building's remarkably brief five-year construction project neared completion in 537 ce, its huge central dome partially collapsed. It was immediately rebuilt, but in a slightly modified form. Architectural conservation historian Cevat Erder has asked provocatively whether this should be considered repair or restoration or whether it was just a second attempt at construction. Because the design was altered during repairs before the building was placed into service, the work should properly be considered a rebuilding. Four hundred years later, when another section of the dome fell in the earthquake of 989, the extensively damaged vaulting was replaced by the famed Armenian architect Trdat. This third building of the Hagia Sophia's dome entailed no design alteration and is considered a restoration.

61. Erder, Our Architectural Heritage, 70.

62. The façade's composition consists of three portals raised on a stylobate; the enriched entablature, divided by bays, is also an amalgam of ancient Roman forms and materials and medieval French church culture.

63. Proven locations were between the Capitoline Hill and the Tiber along the Via delle Botteghe Oscure, in the Forum, and next to the Colosseum.

64. Erder, Our Architectural Heritage, 71. The pillaging of ancient building materials for reuse and the relocation or collection of more valuable chance discoveries encountered during excavations continued, despite the efforts of the senate.

65. Schnapp, Discovery of the Past, 94.

66. Erder, Our Architectural Heritage, 71.

67. Claude Moatti, The Search for Ancient Rome (New York: Harry N. Abrams, 1993), 22.

68. Erder, Our Architectural Heritage, 71.

69. Moatti, Search for Ancient Rome, 25.

70. Schnapp, Discovery of the Past, 108. The Vatican Obelisk was placed in its present position in 1586.

71. Existing histories of architectural conservation appear to have overlooked numerous examples of accurate and extensive restorations and reconstructions of medieval buildings—especially churches—in the earthquake-prone Caucasus nations of Armenia and Georgia, where it is common to encounter ancient repairs and restorations to stone buildings that are remarkably modern in their approach.

C CAESARI AVGVSTI F COS L CAESRI AVGVSTI F COS DESIGNATO

第 13 章

15 世纪至 18 世纪

文艺复兴时期：1300—1600 年

快去阻止这些破坏！如果你拯救了这些遗迹，那将成为你个人的荣誉，因为它们证明了曾经未受侵犯的罗马是如何辉煌的。[1]

——彼特拉克致保罗•安尼巴尔迪

随着14世纪佛罗伦萨诗人和学者彼特拉克写下了这些语句，宣告了一个新时代——文艺复兴时代——的到来。这是所有意大利城市中的先驱者，随后它又蔓延到整个欧洲大陆之中。在对古代遗物的崇拜之中，彼特拉克并未孤身一人，虽然他被认为激起对经典世界所有艺术的复兴兴趣的第一人。他也是尝试将历史周期化的早期尝试者中的一人，在他的尝试中就认为这些古代遗物都是随着他自己所处时代的唤醒而终结的黑暗时代之后的产物。[2]

彼特拉克的后继者们进一步塑造了改变了欧洲中世纪世界的文艺复兴时期。他们对建筑保护的影响在于扩大了对留存下来的古代遗物的兴趣，从它们的好奇心和使用价值到它们的历史价值。根据法国建筑历史理论学家弗朗索瓦丝•克伊的观点，彼特拉克将古代的罗马纪念建筑视为合法化的“文学记忆”。[3]它们独立又共同地成为了文字提到以及在其他分隔时间中反映出来的古代罗马的见证者。彼特拉克同时还发现当地导游那些充满神话的解读不能为造访者理解古代罗马遗迹的重要性提供足够的帮助，他认为这座城市只有在参考古代作者的情况下才能够进行恰当的体验。[4]对他来说，古代罗马建筑只能在它们所处的不同时期的环境中进行解读并且只能被当作历史物品一样来对待。

在他第一次造访罗马的时候，彼特拉克就受到了紧邻罗马圆形大剧场的青柠色作品的景象带来的惊吓，他因为罗马市民普遍缺乏对这些纪念建筑的尊重而对他们进行了训斥。[5]虽然1363年颁布的一项法令规定对纪念建筑物的肆意毁坏将会

图13-1 古罗马广场的景色，约1535年。（版画由梅尔滕·范·海姆斯凯克雕刻。）

受到惩罚，但这些行为依然放肆地存在。[6]在15世纪中，罗马仍然是一座处于废墟中的城市。它的街道不仅会被混合了建筑组件、雕像碎片以及日常碎屑的碎石堆所阻塞，而且为了追求古代遗物——不论是否是为了寻求灵感、收集物品或者只是为了满足他们的好奇心——而新涌入的朝圣者和游客也一样会阻塞这些街道。随着旅行变得更加容易，对古代纪念建筑物的兴趣——更多是对异域他乡的文化遗产的兴趣——也逐步增加。

随着收集发展成为一种分享这种知识的需要以及想要收集更多物品的渴望，一个现象开始登上广阔的舞台。在15世纪中，梵蒂冈在古代艺术品的积聚中扮演了重要角色。到这个世纪末尾的时候，对古代罗马遗迹感兴趣的富人不仅开始策划私人收藏系列，而且愿意支付对其进行进一步研究的费用并鼓励其复兴。

艺术和建筑领域中经典成语的复兴在雕塑、绘画、文学以及音乐作品中都有所表现，但可见度最高的还是在建筑方面。人文主义是一个全新的世界观，它在3个世纪之前一直是缓慢而坚定地发展着，这得感谢社会条件的逐渐变化，包括银行业的发展、旅行和世界的可能性、宗教观点的扩张——作为对从现在和更加遥远的过去之间收集得来的更大世界的回应。这种“对古代物品的喜爱”反映了一种对历史的完全重新评价。两个世纪之后，这项运动在启蒙运动的剧烈变化的世界观中达到了顶点。

在作家们留下了旅行记录和诗歌以对这种新的“遗迹崇拜”表示支持的时候，包括菲利波•布鲁内莱斯基在内的佛罗伦萨建筑师则再三地回归到对罗马城中古代建筑所使用的建造技术和原理的研究之上，接着他们又将其中的成果运用到他们自己的作品之中。布鲁内莱斯基及其同时代的艺术家和建筑师也因为新的原因——它们的美学和教育价值——而对留存下来的古代建筑表示肯定。作为一名完美的学者，布鲁内莱斯基同时也是一名艺术家、数学家、设计师以及工程师；就其本身而言，他完美的符合了维特鲁威心中的早期建筑师形象。

布鲁内莱斯基无比倾心于罗马城；他参与了挖掘工作并绘制了草图、测量了草图并在纸上完成了城市的重建。他带着无数的建筑想法回到佛罗伦萨。有人认为万神殿正是他随后在佛罗伦萨圣母百花大教堂的未修建完工的穹顶的灵感来源。[7]在这座城市的其他地方，他在育婴堂和圣灵教堂的工作中运用了古罗马的设计原理和设计细节。

在1414年，人文主义古文物研究者吉安•弗朗西斯科•波基奥•布拉乔利尼在瑞士圣加尔修道院的图书馆中发现了维特鲁威写于公元1世纪的建筑论文《论建筑》。这项发现被认为对一个渴望掌握古典世界的技术知识以及基本推理的艺术团体来说是一个广受欢迎的启示录。直至那个时候，建造者已经开始尝试通过对在留存下来的古代文献中发现的建筑艺术的观察和不足够的参考来了解遥远的过去。利奥•巴蒂斯塔•阿尔贝蒂主要是通过翻译维特鲁威有关建筑学的论文来了解古代建筑实践。他的方法跟学者、历史学家和建筑师采用的方法一样。最新发明出的印刷机使得阿尔贝蒂的翻译——以及随后出现的其他有关建筑学的书籍——能够逐渐获得广泛的关注。

▼图13-2　虽然从来没有完工过，但位于意大利里米尼的圣弗郎西斯科哥特式大教堂（1450年）的复原工作是一项由利奥・巴蒂斯塔・阿尔贝蒂根据他在对维特鲁威论文的翻译过程中学到的比例法而设计的大型复原项目，设计细节则来自他对古代罗马建筑的第一手研究成果。

出版于1485年的《建筑艺术》——阿尔贝蒂对维特鲁威的《论建筑》的升级版——准确地反映了文艺复兴时期建筑师及其后继者的态度，他们从古代建筑实例中获得灵感，却又经常对其进行调整。在他的论文中，阿尔贝蒂鼓励那些继续接手未完工项目或者历史建筑的建筑师应当尊重并坚持设计师的原始意图。他还提倡对古代建筑进行保护，不仅仅是因为它们的历史价值，而且还因为它们的美学价值，他对使这些建筑被拆毁或者在留下供人拆取建筑组件的冷漠态度和贪婪之心一直颇有微词。

阿尔贝蒂的建筑反映了他对于维特鲁威所描述的古罗马设计原理的理解，对罗马遗迹的观察造就了他敏锐的目光以及他作为艺术家和设计师的才能。随后几个世纪中出现的无数其他建筑师也是如此。他对马拉泰斯塔教堂（1450—1461年）进行了改良，从而造就了里米尼的圣弗郎西斯科教堂和佛罗伦萨的新圣母玛利亚教堂，这些项目都是使用各种不同的仿古细节处理而对早期建筑完成的翻新。马拉泰斯塔教堂重新覆盖上了一层取自古代建筑的石材。而在新圣母玛利亚教堂，主要高度则被按照能够反映阿尔贝蒂精通的比例方面的经典标准的方式进行了调整。他富有同情心的对几何表面设计进行了详尽论述，而这个论述都是根据万神殿入口处的比例而来的。

阿尔贝蒂——以及早于他的布鲁内莱斯基——根据被长期遗忘的古达罗马建筑实例而创造出了一种新的建筑形式。之前的古代复兴尝试从未能够如此有效。在不理解布鲁内莱斯基以及阿尔贝蒂的观点的情况下去理解文艺复兴建筑及其对古代原型建筑的倚重是不可能的。它们标志着通过测定和绘制古代纪念建筑和遗迹，并在相互之间分享所得结果来了解古代建筑的新一代艺术家、建筑师以及建造者的出现。在通常情况下，渴望得到与众不同建筑的雄心勃勃的赞助人也会起到重要作用。

随着文艺复兴的发展，对古代各个方面的研究也快速发展，而对保护古代建筑的同情心也开始演变，尤其是在15世纪80年代之后，因为活字印刷使得印刷机的效率远胜以往，从而加速了新观点和责任的传播。通过贾科莫•达•维尼奥拉以及塞巴斯蒂亚诺•塞里奥的建筑论文以及人文主义者安科纳的西里亚库斯编写的旅行记录，各个建筑及城市的历史和描述变得更为人所知。在16世纪的第二个四分之一部分时，书籍已经开始带有丰富的插图，因此对过去的理解和肯定也以一个更加迅猛的速度在向前发展。

但是，正如弗朗索瓦丝•克伊提到的那样，15世纪头十年对古代纪念建筑物的双重历史和艺术价值的认知并没有形成有效且系统化的保护。[8]尽管存在普遍的矛盾心理，但依然会有能够说明对建筑保护兴趣的独立事件。在15世纪的后半叶，佛罗伦萨雕塑家和建筑师费拉莱特（安东尼奥•阿韦利诺）使用了古罗马纪念建筑来解释糟糕的维护会如何将最好的建筑变成废墟。另一名艺术家和建筑师乔治奥•马蒂尼因其对古代建筑留存下来部分中的绘画的修复工作而被称为“古代废墟的恢复者”。他进一步强调了古代建筑作为创造新建筑灵感来源的指导价值。

文艺复兴最为明细的实体证据就是对中世纪的佛罗伦萨和罗马的大部分进行的重新设计，这也是通过使用在新建筑的建造过程中使用了古罗马建筑原则——尤其是五个罗马圆柱定律——而完成的。这个时期的作品绝不仅仅是古代建筑原型的复制品。相反，文艺复兴时期的建筑师和艺术家使用了古代原则来满足当代需要。在这个时候，高贵的罗马家族也出于他们自己使用的目的而占用了古代废墟。[9]图拉真凯旋门成为帕拉蒂尼山广场一侧的防御城墙的一部分。建筑师巴尔达萨雷•佩鲁齐为皮埃莱奥尼家族在古代马塞勒斯剧场的顶部修建了一座宫殿，这座剧场曾经可以容纳15000名观众。这个项目代表了那个时期的态度：出于实用性的目的，在任何可能的情况中使用回收的建筑组件而对古代建筑进行适应性改造。佩鲁齐将这座半圆型剧场的原始顶层夷为平地并使用宫殿式的住所替代 它——一个适用性使用的宏伟案例。因为罗马在文艺复兴时期缺乏任何有效的城市管理，在其中发生的重要历史建筑改造——不论是由于擅自占住空房者还是由贵族进行——的情况很少能够得到遏制。

复古主义——对过去的强烈好奇——在15世纪之中得到了迅速发展，很快就也成为梵蒂冈的一种官方兴趣。天主教教廷是罗马最具活力的公共机构，同时也是这座城市的政治和文化力量中心。它对于这座城市古代历史的兴趣又因为尼禄的黄金屋（黄金宫）的发现而得到了强化，这意味着的确存在大量的古代财富。

15世纪早期对罗马城——天主教教廷的所在地——肮脏状况非常担心的教皇马丁五世和尤金四世是首批

进行城市美化的尝试者，这项工作是通过移除碎片以及拆除废弃建筑而实现的。得到了包括阿尔贝蒂以及贝尔纳多•罗塞利诺这些知名建筑师帮助的教皇尼可拉斯五世开始着手进行一系列的城市修葺以将这座城市恢复到其作为伟大首都的正确地位。但是，在对古代建筑进行修复或者官方保护方面所做的努力依然非常少，许多历史建筑在这个时期中都消失或者受到损坏。

教皇庇护二世是将古罗马的纪念建筑与基督教历史联系在一起（并决定它们是否值得进行保护）的第一人，他于1462年颁布的Cum almam nostram urbem是罗马城正式下发的第一份保护性法律文件。[10]在这个时期中对古代建筑进行的修复和维护工作主要侧重于那些仍然在使用的建筑，例如桥梁、沟渠以及防御工事。同时也于1466年对提图斯凯旋门以及稍后对塞普蒂米乌斯•塞维鲁凯旋门进行了小规模的修复。[11]

尽管颁布了这项法令，但文艺复兴时期的教皇经常在采用保护措施方面出现矛盾。教皇尤金四世下令对罗马圆形大剧场进行保护以使其免遭蓄意破坏者的破坏，但随后又出于他自己的使用目的而允许他的建筑师从中窃取大理石。[12]教皇保罗二世在其登上教皇宝座之前就已经是一名声名显赫的艺术收藏家，他对教廷在古代艺术品方面的研究和收集大加鼓励。虽然他个人对古代物品的热情扩充了梵蒂冈的收藏品，但疯狂的挖掘也对许多历史建筑造成了巨大的伤害甚至毁坏。教皇西克斯特四世在其于1474年颁布的教皇诏书Quam provida中对纪念建筑物的保护表示了支持，但他却允许他的建筑师们在他们任何想要挖掘的地方进行肆意的挖掘。

虽然罗马早期的间断修复和维护工作不能被认为现代意义上的修复，但15世纪中为了拯救里米尼大教堂的一项干预却能够更好的符合建筑保护的现代定义。根据杰出的意大利修复建筑师、历史学家以及理论家皮耶罗•加佐拉的说法，这座因其拜占庭时代的马赛克而出名的教堂被抬高了6.5英尺（差不多2米）以防止波河在过去几个世纪中不断沉积聚集起来的淤泥对其进行掩埋。这座城市在工程方面最为知名的功绩并未被记录下来，但可以从考古遗物以及对这座建筑的建造细节的观察中窥见一二。这个大胆的操作是从保护历史建筑的美感和建筑整体性的考虑中获得的灵感；对各种不同建造、修复以及复原措施的有效使用使得这项工程足以与现代修复工程相媲美。[13]

在16世纪的时候，财富源源不断的从新世界流入罗马之中，这为继续完成它的转型提供了必要资源。包括圣彼得大教堂以及许多其他宏伟宫殿在内的主要建筑项目消耗了数量庞大的大理石，所以从城中以及异教世界的古代建筑中窃取大理石的行为一直在延续。

在1508年的时候，在多纳托•布拉曼特的邀请下，拉斐尔•桑蒂来到罗马以为圣彼得大教堂的建造提供帮助。桑蒂（今天更为知名的名字是拉斐尔）加入到一个由根据教皇法庭征召起来的人文主义学者组成的团体之中，这个时候的他对罗马城纪念建筑物的破坏越来越关注。他与他的同事们一起给教皇利奥十世写了一封信，这是第一份官方抗议信，它不仅是作为一次抨击，而且也是渴望对罗马城古代建筑进行保护的渴望。它为历史遗产的消失而感到惋惜，而且也为这座古代首都提供了重获伟大地位的机会：

> 有多少位教皇……批准了对那些属于它们建造者的光荣成就的古代庙宇、雕像、拱门以及其他建筑的毁坏和破坏？我们现在看到的这个新罗马，不论她能有多么伟大，能有多么美丽，也不论对宫殿、教堂以及其他建筑的装饰有多么华丽，但它依然仅仅是使用古代大理石建造的酸橙色建筑……圣父啊，因此不应该由任何一位教皇来照料这个代表意大利光荣与荣誉的古代母亲仅存的那些遗迹；……它们不应当被剥夺并遭受恶意且无知的破坏。[14]

拉斐尔这份慷慨激昂的抗议信的结果就是时任教皇于1515年决定指定他作为文物专员，并颁发了一份禁止对雕像和铭文进行破坏以及会对违反者进行惩罚的公告。[15]但是，即使拉斐尔也面临着利益冲突。自从布拉曼特于前一年逝世之后，他自己同时也成为了圣彼得大教堂的建筑师，这是一个其职责包括从挖掘场地和采石场中选择适宜的建筑材料的职位。

1521年，贾科莫•马佐基出版了Epigrammata Antiquae一书，书中阐述了他对在罗马发现的古代铭文的多年研究结果。从本质上来说，这项铭文调查提供了一份有关留存下来的古罗马建筑、基础设施、纪念建筑以及建筑残垣的详细清单，同时也写明了它们各自在城市中的位置。[16]很快之后，拉斐尔就开始尝试绘制一份古代罗马遗迹的地图。他同样非常欣赏古罗马的遗迹，因此他根据考古发现而提出了这座古代首都的重建构想。

法国于1527年对罗马的洗劫引发了保护这座城市建筑环境的另一次风潮。在长达八天的由暴力、破坏和亵渎行为构成的狂欢之中，罗马居民被迫在逃离这座城市或者被横冲直撞的军队所残杀之间进行选择；教堂、神殿以及古代纪念建筑物遭到掠夺、焚烧或者破坏。

罗马在这次攻击之后缓慢地恢复过来。教皇保罗三世建立了维特鲁威学院来对罗马城的古代遗迹进行清理并评估，同时指定拉丁美洲人乔韦纳莱•马内蒂作为文物专员来保护纪念建筑物，包括“拱门、庙宇、战利品、竞技场、马戏场、沟渠、雕像以及大理石制品”。[17]但是由于圣彼得大教堂的建造不属于这类保护范围之内，从发掘现场——尤其是从罗马广场——中获取的大理石依然被用在这个项目之中。[18]

16世纪下半叶中一个格外重要的任务是，米开朗基罗将大型的戴克里先浴场转变成为安杰利圣母教堂。这座经过奢侈装饰的4世纪早期建筑中的绝大部分现在依然矗立着，甚至包括其巨大的拱顶在内。米开朗基罗的设计——随后又被路易吉•万维泰利在18世纪进行了调整——将最低干预程度下的适用性使用整合在

图13–3 罗马城的古代建筑材料经常会被回收利用或者毁坏，而其中较为精美的留存下来的大理石雕像则会受到收藏家的追捧。由艺术家和雕刻师彼得罗・桑蒂・巴尔托利于18世纪完成的这幅雕刻画展示了寻求有价值的文物的场景，这股追求之风从文艺复兴时期开始直至18世纪都很少被中断。

内。后期的调整则是在教堂上叠加了一层巴洛克式表面外观并改变了内部结构，但废墟的存在依然是占主要的。但悲剧的事是原始建筑的三分之一在教皇西克斯都六世上任之后很短的时间内就被拆除了。[19]

作为文艺复兴时期最后一任教皇的西克斯都五世，他开创了大型建筑的另一个时期——与之前的许多任教皇一样，他放弃了对罗马古代城市格局的保护。他的计划是追求在一幅光芒四射的织锦中将现在与过去联系在一起——帝国时代与基督教时代的罗马，这有时候会要求他去“拆除那些老旧丑陋的建筑并修复那些有价值的建筑”。[20]这个全新都市规划的宏伟规划[21]是由建筑师多米尼克•丰塔纳负责实施的，但这就使得数百座建筑——包括无数重要的历史建筑在内——的破坏成为必然的事实。除了戴克里先浴场的大部分建筑之外，教皇西克斯都五世的规划也破坏了克劳迪安沟渠、塞普蒂默斯•西弗勒斯的七节楼以及大量基督教早期以及中世纪遗迹——例如拉特兰宫和圣十字教堂——的部分建筑。[22]

同时，教皇西克斯都五世的城市翻新计划将遍布罗马各处的历史建筑和遗迹也整合了进来，甚至通过一

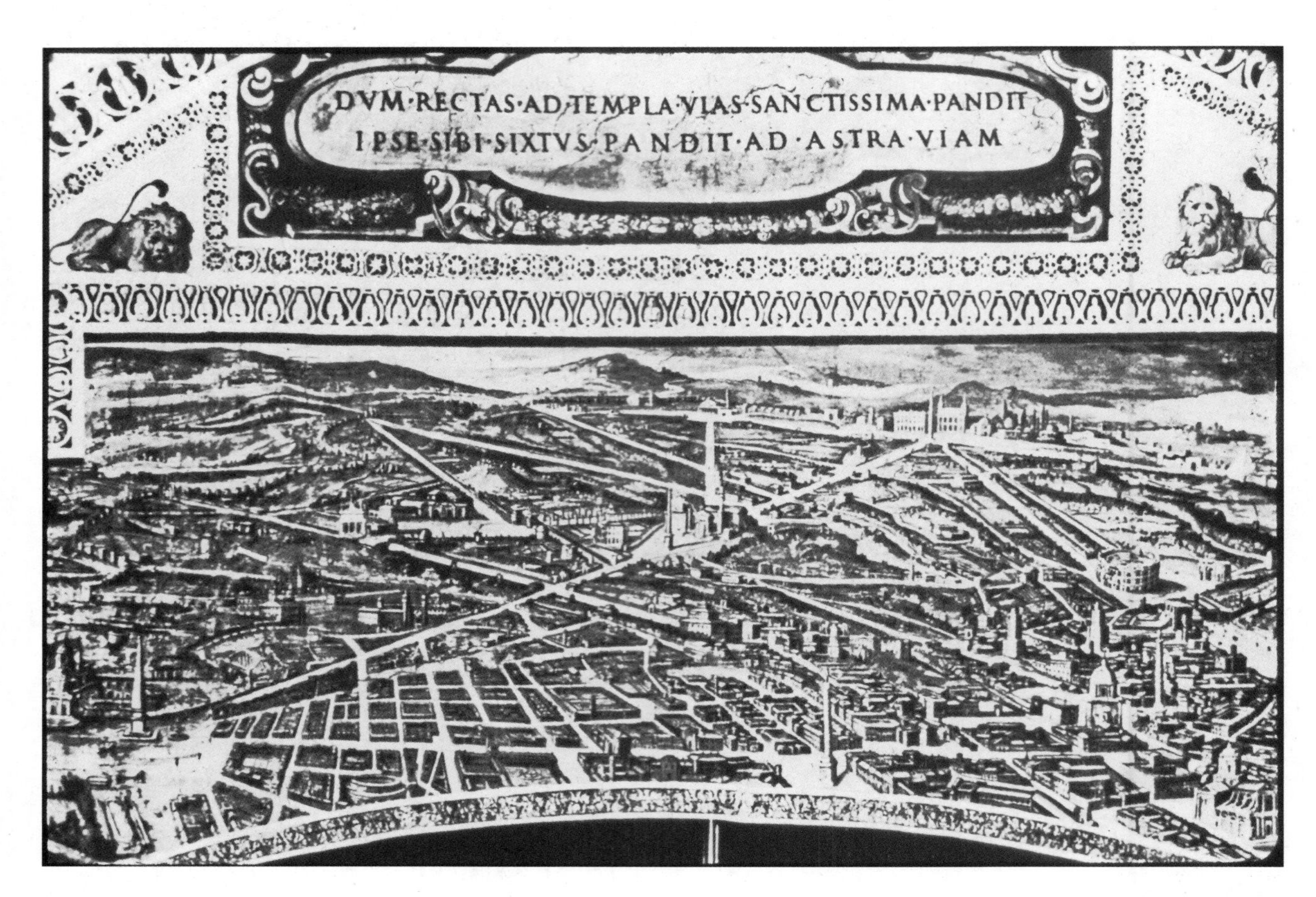

▲**图13-4**　由教皇西克斯都五世下令制定的罗马修正规划图和新建的连接各个关键宗教场所的主要干道图以及城市发展前景。

▶**图13-5**　有意思的是法国从16世纪开始就对尼姆市附近的古代罗马遗迹进行保护。到了查尔斯-路易斯·塞可乐里瑟奥于1778年开始雕刻尼姆方形神殿版画的时候，这座建筑中的一部分已经在超过一世纪之前得到了修复。

个更加合理的街道系统来突出它们。他下令对图拉真之柱以及马库斯•奥里利乌斯之柱附近的建筑进行清洗、在它们的顶部放置了圣彼得和圣保罗的黄金雕像，并将若干方尖碑移动至新的、显著的位置放置。他也为了将从圣彼得大教堂前方的尼禄马戏场中移动过来的大型方尖碑竖立起来而付出了艰辛的努力。

这个规模巨大的16世纪城市翻新规划并不是始终都进展顺利的。罗马的市民经常通过他们的市政议会表明他们对破坏留给他们的遗产的反对态度。在1541年，市政议会反对为了建造圣彼得大教堂而使用取自罗马广场的石材并禁止为对桥梁进行修复而使用取自圆形竞技场的石材。[23]归功于成功的公众干预，塞西莉亚•玛特拉圆形陵墓也免遭被破坏的命运。[24]反对罗马现代化建设的市民们对教皇西克斯都五世的逝世感到非常高兴，但他的计划已经开始实施了。到了16世纪末期，这座城市已经从一个中世纪的都市迷宫转变成为了一个带有宽阔街道和主要干道，以及按照古典形式设计的新建筑并对留存下来的古代遗物进行了新式展示的无比自豪的首都。

在文艺复兴时期中没有出现令人信服的保护哲学或者不同寻常的保护技术，但对过去进行批判性评价的过程出现了——正如关于保护历史建筑和古迹场所以及保存与遥远过去的实体联系的重要性的争论一样。

在文艺复兴时期中，许多国家也加入到意大利半岛之中受其影响发动了他们自己的艺术和科学扩展，并开始处理他们自己的文化遗产问题。[25]在很长一段时间中，罗马帝国分散在整个欧洲之中的遗迹变得尤其脆弱，因为当地居民与它们的联系并不像意大利人民与它们之间的联系那样坚固，它们在意大利半岛上会被认为这个国家固有遗产的一部分。因此，对它们进行的保护努力很少，许多位于其之前欧洲省份的罗马建筑遭到了拆除、焚烧或者彻底更改。对这些古迹场所采取了主动措施的实例少之又少。在现在被称为法国的地方，郎格多克省的执政官在1548年通过了一项保护尼姆城中古代建筑免遭拆除的法令，并且还宣称这些“鉴赏家能够从它们所代表的建筑艺术中汲取财富与收益”的古代建筑都是“郎格多克省的装饰物以及这个王国的骄傲”。[26]

在16世纪时，巨大的社会和政治变化改变了社会看待他们的建筑遗产的方式，更近一些的中世纪建筑也同时以被威胁和被保护的方式加入到古代历史之中。在1517年的时候，马丁•路德对过度泛滥的天主教教廷的谴责在欧洲引发了一系列的宗教冲突，这些冲突直至下个世纪的中期依然猛烈并极具破坏性。

在丹麦、瑞典、英格兰、瑞士联邦以及其他欧洲北部国家，修道院对在16世纪二三十年代执行的将教廷财产的控制权转交给国家的法律进行了改良。随后出现的则是一些天主教教堂的破坏以及对其他地方的艺术珍品和可使用的建筑材料的没收。[27]一些古迹场所由于新的世俗用途而被改变——例如，荷兰城市乌得勒支对之前的天主教修道院进行了适当的改变，从而将其当作孤儿院、兵营以及政府建筑使用；圣保罗大修道院则变成了省级法院。[28]

在那些罗马天主教教廷依然保持强势的国家中，一场反改革运动被发起以试图恢复教廷的主权，并扑灭被认为新教徒的异端邪说。在整个欧洲，天主教徒和新教徒都以同样的方式开展了一个现代形式的“记忆消除”运动。怀着通过对另一种宗教的建筑和物品的破坏能够直接摧毁这个宗教本身的想法，双方都将自己运动的目标定在了宗教财产上。在法国，胡格诺派教徒熔化了天主教教堂中的镀金雕塑以及装饰物；反过来，教廷又摧毁了胡格诺派的聚会场所。加尔文教派的方法显得格外暴力。在1566年，他们对被他们认为盲目崇拜的圣像雕塑的激烈反对导致了整个欧洲北部的彩色玻璃、雕塑、立体挂屏以及油画的破坏。在荷兰留存下来的中世纪宗教艺术品非常少。英格兰的伊丽莎白皇后一世在1560年颁布了禁止损伤教堂或者公共建筑外观的公告，但这最终只是成为试图终止这种不幸举措的无效尝试。[29]

在接下来的半个世纪中，天主教教堂得到了缓慢的重建和修复。其中的部分被改成新教徒的教堂；而其他位于天主教控制或者容忍的国家中部分建筑则被按照比以往更加壮丽的方式进行了改建。在安特卫普，14世纪建造的圣母玛利亚教堂——低地国家中最大的天主教教堂——的内部被极为奢华地修复了。这项工作是在西班牙人于1585年再次征服佛兰德斯之后进行的，它让天主教教义在这座城市之中再次复兴，并反映了教廷的再度掌权。这座教堂中由彼得•保罗•鲁宾斯绘制的油画以及新上色的玻璃窗户在随后的几十年中逐步完工。

根据杰出的艺术历史学家恩斯特•康布里奇的说话，“有更多的新教徒鼓吹反对外部世界的行为在教堂中表现出现，罗马教廷就更加渴望招募艺术家的力量。因此，这个宗教改革运动……也对巴洛克艺术的发展产生了间接的影响。”[30]这些争论在建筑中——那些需要进行修复和更新的现有建筑——以及根据从古物中学到的教训而进一步发展的新建筑作品中都有着清晰的表达。

巴洛克时代至启蒙运动时代：1600—1780 年

到了17世纪，包括罗马在内的欧洲西部的主要城市正处于蒸蒸日上的状态，而奥斯曼帝国已经取代了拜占庭在小亚细亚的主要文化力量的地位。欧洲列强在全球各地建立了殖民地并在各个大陆之间建立了贸易路线，这促进了商品和信息以之前从未有过的方式进行传播。上一个世纪的宗教动荡已经在绝大多数地方达到了顶峰，更加世俗化的世界开始出现。评判性以及更具客观性的观点正越来越多的对其他时期和场所以及各种不同的当代现象进行表述。虽然这种方式——我们现在将其称之为理性时代——通过提高对这些事物的认可程度而对古典时代的艺术遗产的保护提供了帮助，但对中世纪世界给予的关注依然很少，这被认为最近——之前是理性时代或者启蒙时代——才出现的。

在欧洲，巴洛克成为了这个时代的风格。许多欧洲大陆的主要首都——包括维也纳、布达佩斯、布拉格以及罗马——都采用了一种基于古典主义原则的新建筑形式对其进行加强，而这种新建筑形式又程式化的成为了一种新程度的装饰。在全球各地取得了无数成功的罗马教廷的胜利突出了巴洛克风格。早期基督教以及中世纪的教堂建筑被视为拙劣的错误行为，并对其进行了巴洛克式的整容处理，而这种处理有时候就会存在艺术家会对建筑作品进行破坏的情况，这些艺术家就包括乔托、弗拉•安杰利哥以及皮萨内洛在内。[31]

在罗马，城市改善计划将城市人口安置在永恒之城中从古代时期留存下来的纪念建筑物之中。在这个活跃的建筑保护时期中，古文物研究者和其他人在保护古代和较近时期历史建筑方面做出的努力依然一如既往面临着由17世纪的教皇带来的固有矛盾。

重新恢复了17世纪大部分统治疆域的教皇亚历山大七世对两个重要的古代遗迹的保护做出了巨大贡献，但是出于两个完全不同的原因。[32]在1663年，他因为其教育性价值而修复了加犹•克斯提乌斯金字塔，他宣称“这座建筑的废墟将会减少古代宽宏大量的名声，而从它们的实例中进行学习［将会］让善良的外国人感到非常困难”。[33]

相反，他也于1662年下令对万神殿的外部进行修复，并将其内部转变成一个家族陵墓。他之前因为要求吉安洛伦佐•贝尔尼尼在建筑中竖立起两个钟塔——这个附加物被戏称为“驴耳朵”——而破坏了这座建筑的外观，但这代表了一种流行的巴洛克时代的态度，也就是认为古代经典建筑在其朴素性方面过于严厉并因此变得不完整。[34]修复万神殿门廊的大理石是取自竖立在万神殿前方的露天广场上的罗马帝国时代的半圆形拱门。对其城市环境的改善也造成了马库斯•奥列里乌斯凯旋门的破坏。在其建筑表面，替换的圆柱柱头与原始柱头一致，除了教皇亚历山大七世家族的手臂的外套被整合进他们的设计之外。不幸之中的幸事在于他为万神殿制定的保护计划中只有非常少的部分涉及改变其几乎完整的内部。

图13–6 到了18世纪中期，外国人对待意大利的经典文物已经变成贪得无厌的索求，这是出于在国外形成收藏的目的。图中所示的这幅版画（创作于塞可乐里瑟奥之后，1763年）是由多米尼克·库内戈创作的，图中非常浪漫地表达了对“文物”的寻找。

在17世纪中，对有基督教圣徒在此牺牲以及无数宗教仪式在此举行的罗马圆形大剧场的未来产生了激烈的争论。一次又一次，尽管出台了对它的法律保护，但教皇的管理部门依然为了建筑材料而凿取它的石材。在1671年，制订了一个将圆形大剧场当作殉道者神庙而重新使用的计划。这个计划没有涉及任何留存下来的古代建筑；仅有建造其中心位置的一个小型礼拜堂将改变这个纪念建筑物。[35]这项计划在最小干预程度是具有革命性的，但它的神圣化仪式直至1675年才举行。[36]

正如对圆形大剧场预计采用的这个相对敏感的处理方法一样，一些巴洛克建筑师——例如佛朗西斯科•博罗米尼——在将历史建筑整合进新设计方面显得格外熟练。他成功地将罗马现有的圣若望•拉特朗大殿融入一个新的巴洛克设计之中。[37]纳沃纳广场——老的罗马竞技场——的椭圆形规划在他为位于广场西侧的圣阿涅塞教堂制定的设计中得到了尊重。

在17世纪时，文物的买卖越来越多。这种消遣对于在海外传播古典艺术以及建筑有着积极作用，这为罗马带来了由外国收藏家、艺术家和建筑师组成的定期人流量。但这也导致了挖掘活动的令人担心的增加，这会损坏和毁坏许多历史建筑以及考古场所。

教皇——受到爱国主义以及分享挖掘出的财富的欲望的混合驱使——尝试通过一系列的法令来规范这个进程。在1624年，文物的出口得到了短暂的遏制，而在1634年成立了一个委员会来保护罗马文物。[38]但是，收藏家对雕塑、手工艺品以及建筑元件的热情克制了这些法令。一个颁布于1685年的法令强化了出口禁令并代表了遗产保护方面的一个法律准则，而这条准则在后面的几个世纪中得到更广泛的传播。[39]有更多的法令在1701、1704及1707年中颁布，这正是处于教皇克雷芒十一世的在任时期，但它们对于同时抑制本地和国外收藏家不断增长的兴趣产生的作用少之又少。1720年，帕尔马大公在帕拉蒂尼山的图密善皇宫挖掘现场中发现的那些保存良好的壁画以及建筑细部引发了巨大轰动。[40]一经发现，这座宫殿就露出了经过精心装饰并充满大理石贴面和雕塑的一系列房间。这个遗迹被摧毁于紧接着发生的洗劫室内任何有价值的物品的潮涌之中。因为这件事是发生在私人领地之中，所以由此产生的公众抗议却很少。

图13-7 图示是由吉奥瓦尼·保罗·帕尼尼（1757年）绘制的这幅名为《古罗马画廊展示图》的想象画，表现了鉴赏家们正在对罗马城的雕塑和纪念建筑进行鉴定的场景。18世纪中对历史的兴趣和知识的广泛传播在对历史纪念建筑物的保护意识占据支配地位的过程中起到了基础性作用。（大都会艺术博物馆，格温·安德鲁基金会，1952年[52.63.1]。图片·大都会艺术博物馆）

与这些过度破坏相伴的是采取的一些保护罗马城中部分更为人所熟悉的纪念建筑物的措施。圆形大竞技场在于1703年遭受了一次地震之后被重新稳定。教皇本笃十三世发布的一项法令禁止为了重新使用有铭文或者有装饰的大理石而抹去它们上面的异教徒语录和符号。[41]罗马历史建筑和基督教之间的任何联系都可以成为对它们进行保护的理由。在1731年，教皇克雷芒十二世修复了由第一位基督教徒皇帝修建的君士坦丁凯旋门并以一块牌匾和一份出版物来庆祝它的修复。[42]两年之后，他通过了一项关注历史建筑保护的法令。在1744年，他的继任者——教皇本笃十四世——下令对圆形大竞技场进行保护并移除了其中作为装饰品的石材，这是由于这个场地因为殉道者的神殿而一直被视为神圣之所。

在18世纪时，富有的大陆教育旅行参与者——为了见识其历史奇迹而造访意大利的外国人——将罗马城的地位抬高到“欧洲工作室”的级别。[43]受到罗马城历史建筑和古迹场所的启发，其中一些人创造出了伟大的文学、艺术和建筑作品。而其他人则以他们对文物收集的狂热而与文艺复兴时期教皇的兴趣形成了竞争。私人收藏家则受到了这些物品的材料和美学价值以及将它们带回英格兰、法国和其他各地之后能给位他们带来的不可抵抗的社会声望所吸引。[44]

许多旅行者都选择留在罗马，这扩大了它始终存在的外国人侨居地。在那个时候，整个社会也开始更多的对罗马（以及随后的意大利）的纪念建筑物的照料和维护表示了关注。诸如成立于1666年的法国罗马艺术学院这类外国文化机构与其他机构一起开始研究古代艺术和建筑。其中一些——例如伦敦文物协会——虽然是在国外，但它们的原则之中就包括了“鼓励、提升以及促进对本国及他国文物和历史的研究和知识”，其中就包括了罗马。[45]

在远离意大利的地方——但由于罗马城的发展而产生了接触并熟悉——一个成熟的保护社会思潮以及实践已经于17世纪早期在斯堪的纳维亚半岛中发展起来。瑞典对其历史的兴趣和政治发展并作为一股政治力量登上欧洲舞台之间是平行的。古斯塔夫斯•阿道弗斯国王赞助了对瑞典遗产的研究和清查，这些遗产包括来自所有之前时代和所有类型的物品，从硬币和诗歌到教堂和土方工程。在17世纪30年代的时候，一份国家文物清单完成了，而国王卡尔十一世在1666年签署了一份文物法令以保护这个国家的文化遗产。[46]这项法令“为文物和纪念建筑物提供保护，不论它们的重要程度如何，只要它们对这个国家中某个历史事件、人物、场所或者家族——尤其是国王和其他贵族——的记忆有所贡献”。[47]同时，也通过了若干要求文物收藏家——包括天主教教堂在内——清查他们的持有物并向国家注册的法令。两年之后，一个从事文物研究的机构成立了；它随后合并了一个档案馆和一个博物馆。

今天，现代历史学家对于瑞典在17世纪颁布的保护法令的有效性知之甚少，这可能是这类法令的第一份公告。[48]瑞典法令与十七八世纪的教皇诏书有着明显的不同。虽然诏教皇诏书禁止将碎片从挖掘现场和古代遗迹中移走而用于建造或者收集目的，但它们的主要任务还是教皇专属财产权的保护和延伸。瑞典法律则代表了一种更为现代的遗产保护敏感性。它反映了保护作为这个王国遗产一部分的古迹场所的兴趣，并未将其特别视为属于国王或者教皇的财产。它同时包括了史前时期、中世纪以及古代的物品和场所，这意味着将保护工作被当作一种国家性重点工作而以最认真的态度展开了。它其中的一项规定要求对一座建筑造成破坏的任何人都必须将其回复至其原始面貌。

在17世纪晚期和18世纪早期时，我们现在将其称之为国家纪念碑和历史文物的概念在英格兰和法国得到了进一步发展，因为出现了对罗马殖民地时期前后的历史建筑的特殊兴趣。伦敦文物协会的争论和研究主要集中在英国的遗产之中，而英国的古文物研究者也开始出版对他们国家中非罗马遗产的研究成果。两个较为重要的作品是约翰•奥布里于1670年出版的《英国纪念碑百科全书》以及威廉•达格代尔的《修道院刺绣工艺》(1655—1673年)，后者主要侧重于英国的修道院。[49]本笃教派的僧侣伯纳德•德蒙特福孔开始将注意力转到法国的中世纪教堂和雕塑上，首先于1719年出版了《古代雕塑解释与代表》并在约十年后在《法国修道院中的历史文物》中进行了更为明确的阐述。[50]

同时，包括雷内•笛卡尔、布莱斯•帕斯卡、让-雅克•卢梭以及伏尔泰在内的法

图13-8 罗马圆形大竞技场，1753年。詹姆斯·斯图尔特和尼古拉斯·雷维特共同编著的《雅典文物》（1762年）一书按照其发现时的状态图示例证了重要的古希腊建筑，这成为一系列通过对建筑的精心测量而绘制的版画的介绍，同时也对建筑完成了图形上的“修复”。这些书籍是专门为赞助人、建筑师以及建造者的顾客而编著的。

国哲学家引入了一种强调原因、发展以及个人自由的思想方式。这些18世纪的观点成为了存在于之前几个世纪之中的专制主义者和宗教层级世界的诅咒，这标志着欧洲思想和文化界的转变。启蒙时代从根本上影响了欧洲人看待文化遗产的方式，并为我们现在所知的保护社会思潮和运动奠定了基础。

这种思想变化部分原因在于对古希腊和罗马共和国的古典民主社会的研究。在18世纪中期，古典希腊文化随着现代欧洲对位于帕埃斯图姆和西西里岛的陶立克神庙的发现而重新恢复了活力，这也让对地中海东部的雅典和希腊遗迹的兴趣得到了复兴。大陆教育旅行又开始得到一种新的社会重要性并且成为富裕和受过良好教育阶层的必修课，它不仅吸引了学者和艺术家，而且还吸引到了那个时期的社会杰出人物，例如威廉•汉密尔顿爵士和埃尔金勋爵。从中产阶级中出来的大陆教育旅行者越来越多，他们回家的时候都是带着各种纪念品以及用完的素描薄。欧洲政府开始赞助学者进行这种旅行，业余爱好者协会成立于1733年，它是一家供旅行者进行会面、规划并讨论前往古典历史遗迹场所的旅行的俱乐部。[51]业余爱好者协会对雅典和其他城市的印象描述了建筑历史中的类似部分，并在公众之中引发了对古希腊建筑的兴趣。[52]于是，希腊复兴成为了欧洲和北美洲大多数殖民地中的主要建筑风格。这项工作同时还促进了大家意识到历史古城是其中不同部分的整体——包括道路系统、防御工事、必要建筑类型的全部范围并且甚至包括它们的穷乡僻壤。

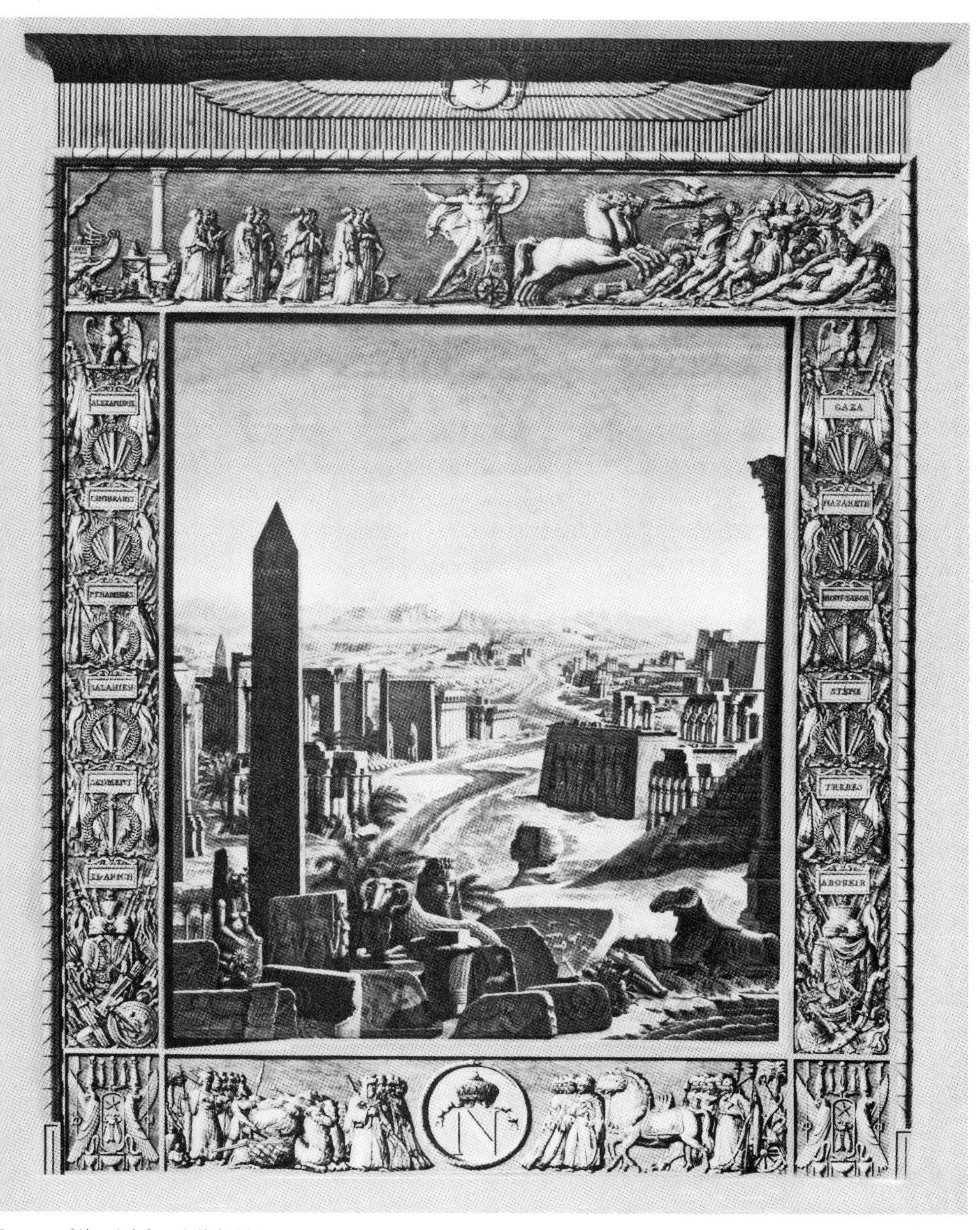

图13–9 《埃及印象》一书的卷头插画。

回顾过去，对古代地中海文明及其占有物的普遍收集已经成为那个时代不合时宜的部分。在1802年的时候，埃尔金勋爵在获得了土耳其政府的许可之后从卫城的各大神庙中移走了数量庞大的雕塑，其中就包括帕特农神庙和伊瑞克提翁神殿。它们被运送到伦敦，随后又被新近成立的大英博物馆所收购。[53]

探索——科学、地理学或者两者兼有——对涉及这些方面的各个国家的公共兴趣和品位的影响越来越明显。陪同拿破仑于1798年远征埃及的科学家、历史学家以及艺术家都满载着考古财富以及有关埃及过去和现代文化的无数文件回到了法国。随后出版的著作《埃及印象》对这次远征的各个方面都进行了详细记录，这本著作在欧洲创造了一种涉及范围远超过埃及众多艺术遗产的社会意识。对埃及文化的流行兴趣变得如此深刻，以至于它甚至激发了埃及风格在建筑和装饰艺术方面的复兴。

在18世纪，这种对所有古代事物的热情为无数以艺术和建筑历史为主题的著作带来了灵感。约翰•伯纳德•费舍尔•范•埃拉赫被部分人认为建筑历史学之父，他于1721年出版了第一本对世界建筑历史进行全面阐述的著作《历史建筑草稿》。[54]乔瓦尼•巴蒂斯塔•皮拉内西在《论罗马》和《罗马文物》两本著作中通过给人以强烈感受的图片，让毁坏最为严重的古罗马纪念建筑物重新变得鲜活起来，而这些图片中的一部分成为了那个时代最受欢迎的旅行纪念品。詹姆斯•斯图尔特和尼古拉斯•雷维特在他们共同写著的《雅典文物》一书中展示了测量精准的草图以及古典希腊建筑的细部情况，这本书与业余爱好者协会的报告一起成为了建筑方面的希腊复兴运动的主要来源。其他重要的出版物包括大卫•勒罗伊的《希腊最为精美的纪念建筑物的遗迹》（1758年）以及舒瓦瑟尔-古菲耶伯爵的《在希腊的别致旅行》（1782年）。

赫库兰尼姆城和庞贝这两座消失的古代城市的发现是18世纪最伟大的考古成就，并将所有欧洲的注意力都吸引到那不勒斯。[55]在它们显现出来之后，许多人都前来观察这些发现，并造访了展示它们的位于波蒂奇的国王住所。让学者和参观者都感到着迷的是它们不同于罗马——一个根据其最伟大的纪念建筑物而做出判断的首都城市——赫库兰尼姆城和庞贝是被冻结在时间之中的两个完整的罗马城市，通过系统性的挖掘，它们可以被研究和记录以揭露它们居民的日常生活。

相比于在火山岩浆和泥土覆盖的赫库兰尼姆城遗迹中耗费的挖掘力量，庞贝古城则以较少的工作量就换得了成果，因为覆盖其上的火山灰更容易挖掘。当庞贝古城那些更具轰动性被移走之后，我们认为那些不重要的普通手工艺品和建筑表面装饰通常都被破坏了。在其重新发现的早期时候，在其原址所在地中保护和展示古代建筑以及它们所处环境的概念并未被考虑到。包括伊西斯神庙这类重要的建筑物中的所有黄金、雕像以及壁画很快就在1764年时被拿走了。威廉•汉密尔顿爵士对此深表痛惜："我一直有一个愿望，就是在它们被拿走之前，能够绘制一份这座庙宇的准确草图，画作的位置能在其中得到表现，因为它们所有都是与伊西斯祭祀相关的，集合在一起进行展示能够比四分五裂的展示产生更多的兴趣，但我担心这正是它们将面临的命运。"[56]汉密尔顿并不是对庞贝古城挖掘工作表达不满的第一人：在挖掘负责人罗克•乔西姆•德•阿尔库维耶雷和他的助理卡尔•韦伯之间进行了长达几十年的争论。韦伯在记录挖掘发现方面的反复尝试遭到了阿尔库维耶雷的刻意阻挠，后者认为他的工作就是寻求财富而不是记录所取得的发现。

约翰•乔西姆•温克尔曼是杰出的德国古典主义者以及教皇克雷芒十三世时期的文物馆长，他曾两次造访那不勒斯。在1758年时，那不勒斯的馆长对其心生嫉妒，而教廷也禁止他前往博物馆和挖掘现场[57]，但他在几年之后却获得了更好的通道。他在写给海因里希•冯•布吕尔伯爵的著名公开信中对在这个古迹场所中使用的粗造技术表达了不满并对阿尔库维耶雷进行了批评："这个人在处理文物方面完全没有任何一点经验，他应当为许多灾难以及许多精美建筑的损失负责。"[58]他的信件成为从财富寻求到科学操作的转变的催化剂，后者正好包含了有关考古保护的问题。

温克尔曼是一名真正开明的学者，他改变了欧洲人看待古典艺术和建筑作品的方式。他是为了追溯艺术品和建筑物的年代而构建风格年代表[59]的第一人。他的著作《希腊古代艺术历史》（1764年）就是对从历史轨迹中选择出来的带有注释的作品进行的有序梳理。[60]温克尔曼的工作将对古典艺术学、历史学和考古学的研究抬高到科学的级别。[61]作为“古典考古学之父”和“艺术历史学之父”，温克尔曼在新古典主义运动的创新方面发挥了重要作用。在下一个世纪中，这种强调希腊文化和美学的模式在整个欧洲以及以外的地方都造成了相当的影响力。

注　释

1. A. Levanti, Viaggi di Francesco Petrarca in Franci, in Germania ed in Italia (Milan: Societa Tipographica, 1820), 1:268, cited in Jokilehto, History of Architectural Conservation, 21.
2. Françoise Choay, The Invention of the Historic Monument (Cambridge: Cambridge University Press, 2001), 33. The notion of and the term media tempestas (“Middle Ages”) took currency at this time.
3. Ibid., 28.
4. Schnapp, Discovery of the Past, 106.
5. Erder, Our Architectural Heritage, 72.
6. Ibid.
7. The structural system of the Pantheon is, however, completely different.
8. Choay, Invention of the Historic Monument, 34.
9. The medieval population of Rome lived amid the ruins of the ancient capital. Many of its great public buildings had been taken over for mundane purposes—butchers had moved into the Forum of Nerva and the lower vaults of the Theater of Marcellus; a fish market had been installed in the Porticus Ottaviae; leather workers plied their trade in the Stadium of Domitian; and limekilns and cord makers were set up in the Circus Flaminius. The great baths of Agrippa were inhabited by glassmakers and bottle makers.
10. Eugène Müntz, Les Arts à la Cour des Papes, vol. 1 (Paris: E. Thorin,1878), app. 4:352–53, quoted in Erder, Our Architectural Heritage, 76.
11. Jokilehto, History of Architectural Conservation, 29.
12. Ibid.
13. Piero Gazzola, “Preserving Monuments,” 23–24.
14. Raphael, “Lettera a Leone X,” in Renato Bonelli, ed. Scritti Rinascimentali (Milan: Editzioni il Polifilo, 1978), 469.
15. Rodolfo Lanciani, The Golden Days of the Renaissance in Rome (New York: Houghton, Mifflin, 1906), 246.
16. Jokilehto, History of Architectural Conservation, 32.
17. Herbert Thurston, “Pope Clement VII,” in The Catholic Encyclopedia, vol. 4 (New York: Robert Appleton, 1908). The essay is available online at http://www.newadvent.org/cathen/04024a.htm.
18. Moatti, Search for Ancient Rome, 49.
19. More than 107,638 square yards (90,000 square meters) of material were removed from the site for use in construction of roads and for the pope’s residence, Villa Montalto. See Jokileh-

to, History of Architectural Conservation, 36.

20. Erder, Our Architectural Heritage, 81.
21. This approach had been originally attempted on a smaller scale by Pope Nicholas V and Alberti.
22. Moatti, Search for Ancient Rome, 50.
23. Erder, Our Architectural Heritage, 82.
24. Ibid., 84.
25. Plans by architect Hernán Ruiz to modify the Great Mosque of Córdoba in Spain in 1523 by installing a Christian capella major in the middle of the monument, along with a new high altar and sanctuary, generated one of the earliest recorded cases of an architectural conservation controversy. After the plan was carried out, King Charles V expressed his regrets, saying, "Had I known what you desired to do, you would not have done it, for what you are doing here can be found everywhere and what you possessed previously exists nowhere." M. Schveitzer, Hachette World Guides: Spain (Paris: Hachette, 1961), 720, as cited in Norman Williams, Jr., Edmund H. Kellogg, and Frank B. Gilbert, eds., Readings in Historic Preservation: Why? What? How? (New Brunswick, NJ: Center for Urban Policy Research, Rutgers University, 1983), 9.
26. Ibid., 119.
27. Jokilehto, History of Architectural Conservation, 41.
28. Renger De Bruin, Tarquinius Hoekstra, and Arend Pietersma, The City of Utrecht through Twenty Centuries: A Brief History (Utrecht, Netherlands: SPOU and Utrechts Archief, 1999), 48.
29. Jokilehto, History of Architectural Conservation, 41.
30. Ernst H. Gombrich, The Story of Art, 16th ed. (London: Phaidon, 1995), 388.
31. Gazzola, "Restoring Monuments," 24.
32. Before Pope Alexander VII, the Baths of Constantine and the Temple of Minerva had been largely destroyed during the papacy of the cultured Borghese Pope Paul V. His successor, Urban VIII, showed little improvement as a preserver of Rome's past: He demolished early Christian churches and lesser Roman monuments, allowed stones from the Colosseum to be used for his nephew's residence, and stripped ancient bronze from the Pantheon. This latter act earned him the epithet, "Quodnon non fecerunt Barbari fecerunt Barberini" (What the barbarians failed to do, the Barberini did). Erder, Our Architectural Heritage, 85.
33. Ibid.
34. These towers were removed during an 1883 restoration of the Pantheon. Gazzola, "Restoring Monuments: Historical Background," 25.
35. Jokilehto, History of Architectural Conservation, 38.
36. Ibid.
37. Erder, Our Architectural Heritage, 85.
38. Ibid.
39. Louis Hautecoeur, Rome et la Renaissance de l'Antiquité à la Fin du XVIIIe Siècle (Paris: Fontemoing, 1912), cited in Erder, Our Architectural Heritage, 85. By the eighteenth century, Rome became enthralled by the treasure hunt, which was fueled by a never-ending stream of foreign tourists, including wealthy aristocrats ready to pay exorbitant amounts for antiquities to take home.
40. Moatti, Search for Ancient Rome, 71–72.
41. Erder, Our Architectural Heritage, 88.
42. Jokilehto, History of Architectural Conservation, 39–40.
43. Erder, Our Architectural Heritage, 84.
44. One result of the formation of antiquities collections was the need for buildings that could

appropriately house them. A notable early example is the London residence of master neo-classical architect Sir John Soane, one of that city's earliest museums and an example par excellence of an historic house museum. For the most part, Soane acquired copies of antiquities to create a study collection for his own atelier of apprentices.

45. The Society of Antiquaries of London was founded in 1707 and received a royal charter in 1751. It emerged from the College of Antiquaries, which was established in 1586. Society of Antiquaries of London, "Home" and "History," Society of Antiquaries of London, http://www.sal.org.uk.
46. H. Sch"uck, Vitterhets Historie och Antikvitets Akademien (Stockholm: 1932), 268, cited in Jokilehto, History of Architectural Conservation, 366.
47. Ibid.
48. The interest of Xuanhe, Emperor of the Northern Song dynasty, who made an imperial project of collecting, cataloging, and thus, preserving the artistic and literary heritage of earlier dynasties, could be said to be an analogous imperial dictate from five centuries prior. Emperor Song Huizong, who reigned from 1100 to 1126, collected ancient Shang and Zhou dynasty bronzes. His minister Wang Fu compiled images and texts about each bronze into a book known as Xuanhe Bogu Tulu (Illustrated Description of Antiquities in the Imperial Collection in the Xuanhe Period). The same emperor also had made a book of artists' biographies and important paintings known as the Xuanhe Huapu (The Xuanhe Painting Manual).
49. Choay, Invention of the Historic Monument, 50.
50. Ibid., 46–47.
51. Schnapp, Discovery of the Past, 261.
52. James Stuart and Nicholas Revett were in charge of this monumental work; it took over a decade to produce just the first three (of five) volumes of engravings of precisely measured buildings, complete with explanatory text.
53. Hellenic Ministry of Culture, "The Restitution of the Parthenon Marbles: The Review of the Seizure," Odysseus, the WWW server of the Hellenic Ministry of Culture, http://odysseus.culture.gr/a/1/12/ea125.html (accessed August 7, 2008). As of the date of this publication, a spirited and longstanding debate continues between the British and Greek governments concerning the repatriation of what are popularly known as the Elgin Marbles at the British Museum. A specially designed modern museum in Athens awaits their return.
54. Based mostly on historical evidence, including travelers' accounts and images of architecture found on ancient coins, Fischer von Erlach attempted to explain the history of architecture across time in a rational manner in this richly illustrated, trilingual folio.
55. While sinking a well in 1709, a farmer pulled up several pieces of polished marble and discovered the upper tiers of a Roman theater. Twenty-nine years later, in 1738, excavations under the command of Roque Joachim de Alcubierre, an agent of King Charles III of Naples, positively identified the town as Herculaneum. Ten years later, excavations began at a site later acknowledged as the ancient city of Pompeii.
56. Colin Amery and Brian Curren, Jr., The Lost World of Pompeii (London: Frances Lincoln, 2002), 37.
57. Christopher Charles Parslow, Rediscovering Antiquity: Karl Weber and the Excavation of Herculaneum, Pompeii, and Stabiae (Cambridge: Cambridge University Press, 1995), 216.
58. Ernesto De Carolis, "A City and Its Rediscovery," in Pompeii: Life in a Roman Town, ed. Annamaria Ciarallo and Ernesto De Carolis (Milan: Electa, 1999), 23.
59. Schnapp, Discovery of the Past, 258.
60. Ibid., 262.
61. Moatti, Search for Ancient Rome, 82–83.

位于意大利罗马的图拉真凯旋门在1818年进行了全面修复。

第 14 章

学科铸就：18 世纪晚期至 20 世纪早期

在欧洲和美洲，19世纪是一个充满了复古和浪漫主义、工业化和革命以及民族主义和统一的时代。法国革命和拿破仑一世时期的的战争摧毁了欧洲建筑环境的所有部分：教堂遭到肆意破坏，要塞被夷为平地，城市遭到洗劫和焚烧。由于这种破坏，首先出现了对具有历史重要性的建筑进行保护以使其免遭过度破坏的国际声音首先出现了。[1]在19世纪中期的时候，18世纪的启蒙时代观点被纳入到一个反对专制主义的政治革命时代中进行检验。随着它们为20世纪的剧烈变化搭建好了舞台之后，欧洲的旧社会及政治制度演完了它们的最后一幕。

在这个政治、经济和社会混乱和现代化时期中，欧洲的建筑保护从一个富裕旅行者的世俗兴趣和主要为自我服务的皇家及教皇机构特权发展成为一个新兴的流行和专业学科。艺术历史学、考古学以及建筑历史学都凭借它们自身的吸引力而于19世纪初期作为学术追求而出现了，并且在塑造国际遗产保护问题以及处理它的特殊学科中起到了一定的作用。所有学科都共享共同的目的和方法学；所有学科都能对历史提供教导性和有形的展示。

旅行也对遗产保护考虑的发展产生了影响。欧洲西部的文艺复兴时期人文主义传统的追随者对历史及其启示非常欣赏。随着罗马、雅典以及其他各地发现的遗迹，在文学和艺术方面由此出现的许多伟大的名字——从17世纪的威廉•莎士比亚和埃德蒙•斯宾塞到法国的伏尔泰、让-雅克•卢梭和维克多•雨果；德国的约翰•沃尔夫冈•冯歌德和约翰•乔西姆•温克尔曼；以及18世纪英格兰的贺拉斯•沃波尔和亚历山大•波普——代表了对历史的观点、使用以及表现。

从18世纪晚期开始，已经有了无数的记录是关于旅行者对于异域他乡中历史建筑和遗迹场所的欣喜、它们的保存状态以及对它们未来的顾虑。珀西•比希•雪莱所作的十四行诗《奥西曼达斯》——这是一首尝试获得永生的无用性的诗作——中表达的信息就是其中最为知名的一个：

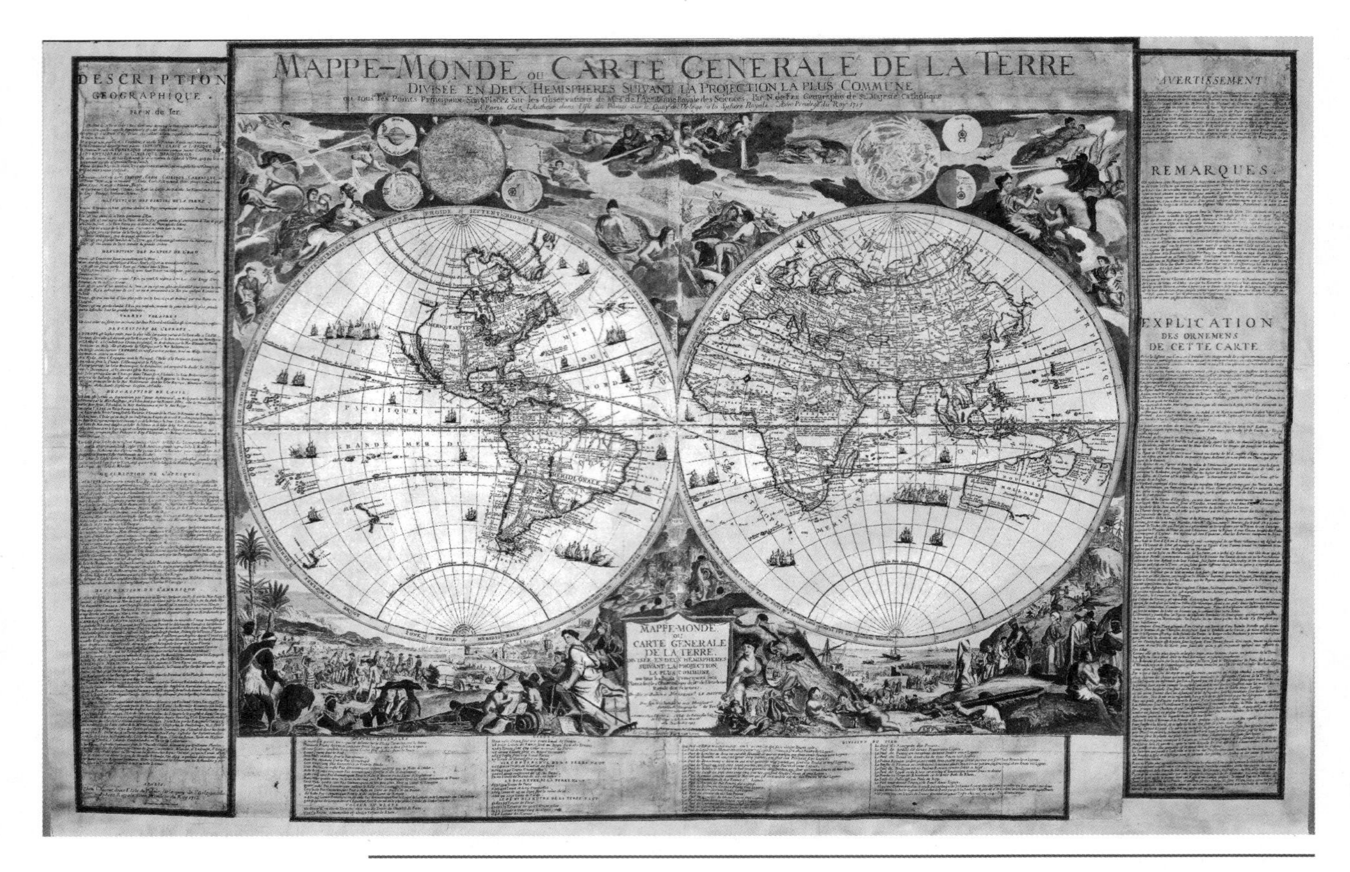

图14-1 大约1800年，那时的世界地图就已经开始反映出对世界各个大陆真实分布的精准和明确的理解。

> ‘我是奥西曼达斯，万王之王：我的辉煌业绩，即使上天，也会深感绝望！’附近除遗址外，一无所有。在这庞大的残骸四周，无边、荒蛮和寂寞的莽莽沙漠伸向远方。[2]

当遭受抢掠和部分坍塌的圆形大竞技场中的碎片和植物被清除的时候——这是为了考古挖掘和展示进行准备——受到翻新工作触动的外国人对它留下了引人注目的评论。法国作家司汤达挖苦式将罗马城中的修复工作评论为在那个时期中才刚刚出现。在1817年，他就提图斯凯旋门写到：“这个罗马城最为古老的凯旋门同时也是最精美的一个，直到法拉迪尔先生对其进行了修复。尽管这是这个可怜人的法国名字，但其实他出生于罗马，与其对这个凯旋门进行加固……不如认为根据现有伤痕对其进行良好的建造。”[3]

这些对外国遗产保护行为的观察和参与证明了一种将会发展成今天我们所知的国际性遗产保护运动的兴趣。从19世纪早期开始，一个国家的国民对其他国家艺术遗产的兴趣越来越快地开始对建筑保护和城市改造项目产生影响，而这些项目则是同时有利于当地居民和外国人的。这种兴趣还伴随着得到改善的交通系统以及随之而来的对旅游业经济收益的认识。因此，旅游鞋和历史建筑保护和展示之间的关系也成为了一个单独的学科，这是在19世纪晚期和20世纪早期之间形成的。在1815年举行的维也纳会议之后的几十年中，浪漫主义时代的出现正好与对建筑遗产的主动保护及其刚刚形成的国家主义同时发生了。在保护历史建筑方面得到扩大的意识也随之出现，而直到那个时候，也只有很少一部分被应用从古典时代留存下来的纪念建筑物之中。[4]尤其是在法国和德国，欧洲的精英阶层以及不断发展的中产阶层在紧紧跟随的战争以及对他们正在萌发的国家认同感的回应之中，对他们的建筑遗产形成了一种新的领悟。在英格兰，宗教运动为中世纪教堂的重新调查以及修复提供了动力。在刚刚获得独立的希腊，古代经典建筑成为了革命时代和占领时代之前的象征，这加强了国家荣誉感并且让人回想起社会稳定的时代。

这些情绪也会对特定历史建筑的修复方式产生影响。历史相对论（早期建筑风格的利用）以及随后的风格性修复（按照被认为的早期风格进行修复）对建筑、设计以及一座需要进行修复建筑的历史的研究和分析做出了规定。但在实践中，这种方式被转化成在结构上强制实现风格统一，这通常会涉及对后续添加物的拆除以及需要的组件的重新创造和增加，从而才能获得一种曾经可能——或者可能不——存在的理想形式。通过他的著作和修复工作，法国修复建筑师及历史学家尤金-伊曼纽尔•维欧勒-勒-杜克成为这类方法的象征并对整个欧洲的建筑师都产生了深远影响。

到本世纪中期的时候，工业革命造成了数百万人为了获得工厂的工作而从乡村移居至欧洲大都市之中。严苛的工作环境促使了政治异议和革命的产生，而工厂则成为这种异议的繁殖地；工人们受到知识精英分子的唆使而与独裁主义体制的镇压发生了激烈的摩擦。在1848年的法国起义之后，欧洲各个主要城市的政府都开始了进行史无前例的城市更新计划，以试图更有效地控制他们的城市、改善公共卫生环境，并展示这个时代的新财富。这些现代化规划造就了许多宏伟的城市广场和林荫大道，但同时也对现有城市格局产生了重大影响。无数的具有历史重要性的建筑和场所都被以现代化的名义给破坏了。

在这个剧变时期之后，随之而来的是对浪漫主义的反应以及其对待留存下来的建筑遗产时经常有的轻浮处理。为了以更贴近它们的原始状态的样式对它们进行保护而对历史建筑展开的科学性和理性研究以及最小程度干预措施的使用，就变得极为紧迫，这是为了代替通过复原让它们变回其早期形态。在19世纪的后半部分，英国的艺术评论家、作家及煽动叛乱者约翰•拉斯金引领了反对风格性修复以及其他主要干预措施的浪潮，并推动了采用更具保守性和敏感性的保护措施的运动向前发展。

作为拉斯金的信徒，设计师、作家及社会提倡者威廉•莫里斯于1877年建立了英格兰的第一个建筑保护团体——古代建筑保护协会。包括阿洛伊斯•里格尔在内的其他杰出艺术历史学家和哲学家和建筑师格奥尔格•德约则分别代表了奥地利和德国学派，他们在对出于艺术和文化目的而进行保护的合理性进行探索的过程中，对与重要的历史建筑联系在一起的当代价值也进行了调查。虽然风格性修复在19世纪晚期建筑保护的广大领域中仍然占据主导地位，但对拉斯金观点和维欧勒-勒-杜克观点之间的争论依然没有停止，并且这些争论从很大程度上标志着不断发展的保护运动和实践的理性和哲学已经进入了20世纪。对过去的明智的尊重也在这个过程中占据了上风。这个时期中强制使用的通常带有推测性并且笨拙粗率的修复方法遭到了摒弃，转而选择具备可靠性并且精心对待的维护措施。

虽然在19世纪中，西欧的建筑保护实践是根据国家文化和政治环境而发展的，但不同国家的建筑保护从业者之间就相关观点和方法的交流对世界其他地方中的建筑保护产生的影响却越来越大。这有助于建立一个国际性的建筑保护运动，而这种运动在20世纪中变得越来越一致，尤其是在第二次世界大战之后的岁月中。

包括理论和特殊方法成长体在内的建筑保护的现代领域主要在意大利、法国、英格兰和德国中有所发展，其开始于19世纪20年代。适应和修复历史建筑的早期经验——尤其是罗马的经验——成为了建筑保护整个较大领域中的这个区别越来越明显部分的基础。在那些想要推行现代化规划的欧洲城市管理者和建筑师的主要顾虑之中存在这样一个问题：如何处理他们所在古代城市中的数量巨大的历史建筑。他们的顾虑在全球各地都有所反映。

图14-2 1806年地震之后对罗马圆形大竞技场采取的结构稳定措施。

意大利

1798年，拿破仑的军队洗劫并占领了罗马，还吞并了教皇国。艺术品遭到掠夺，纪念建筑物则被损毁。破坏造成了意大利神职人员和普通民众的不满反应。法国艺术家也加入到他们的强烈抗议之中，他们还递交了一份保护请愿书。[5]法国人对古典艺术和建筑作品的兴趣在短暂的占领时期及其之后时期中促成了一系列的保护努力。1801—1817年对古罗马广场的挖掘可能是这座城市中不属于历史和考古研究目的的第一个大型地区。[6]在1803年，希望对康斯坦丁凯旋门这些建筑物的环境进行改善的教皇庇护七世下令拆除其周边建筑，以使其罗马时代的原始路面暴露出来，这是为了通过对建筑物进行固定而创造一种新的都市空间。[7]在1815年时，他还派遣他的雕塑家——也是他的文物专员——安东尼奥•卡诺瓦前往巴黎去洽谈归还在法国入侵时期中被掠夺的文物的事宜。[8]建筑保护领域中更大的发展则是当教皇庇护七世的国务大臣红衣主教巴尔托洛梅奥•帕卡——他自己一直在私人赞助了对奥斯蒂亚[9]的挖掘和展示——于1820年颁布了一个法律架构的时候取得的，这个法律架构旨在尝试对重要的历史建筑进行分类，并为它们的修复确立标准。

◀图14–3　提图斯凯旋门约1760年时的外观。（版画由乔瓦尼·巴蒂斯塔·皮拉内西为Verdute di Roma所雕刻）

▶▶图14–4　塞佩·瓦拉迪耶于1818年对提图斯凯旋门进行的修复工作。

▼图14–5　瓦拉迪耶对提图斯凯旋门修复工作的细节情况。使用的是洞石而不是白色大理石来建造原始建筑和复制已经消失的组件（空白处），并且刻意地采用了不同的石材表面处理措施来区分修复工作中的新旧构件。

到了19世纪早期的时候，各个历史建筑物的处理也开始有所提高。朱塞佩•孔波雷西和拉斐尔•斯特恩对圆形大竞技场的保护工作在1806年的地震之后继续开展。他们采用的巨大扶壁——选择性地对圆形大竞技场的大部分建筑进行了稳定加固——是19世纪的第一个大型保护项目。[10]建筑师朱塞佩•瓦拉迪耶对其他建筑物——包括1809—1810年的赫拉克勒斯神庙和1821年的提图斯凯旋门——进行的稳定和修复工作也是极为精致的干预措施。这些工作都是基于谨慎的证明文件、尽可能的保留其原始建筑构件的意愿、新老构件的成功融合，以及用于修复的新材料和得以保存的老材料之间的直率对比。他的工作案例为所有后续的工作确立了标准。

因为罗马作作为大陆教育旅行目的地的地位依然非常重要，所以它在保存和维护其最为重要的历史建筑方面所做的努力会得到广泛的注意，并能为其他地方的工作带来灵感。然而，建筑保护理论并没有成为意大利的确定原则，直到很久之后的19世纪才变为现实。

因为许多欧洲国家都开始推行大规模的城市更新规划，所以建筑师们也开始寻找适用于建筑保护项目的标准并提出了如何才能最好的修复、保存和展示各个历史建筑物和建筑周边环境的问题。到了19世纪50年代的时候，法国和英格兰对拉斯金和维欧勒-勒-杜克的两种完全相反的方法形成了激烈的争辩：大型干预措施与仅需（最小程度）的修复和维护措施。这两种理论这两个国家之外的建筑保护运动的发展产生了深远的影响，尤其是在1870年统一之后的意大利。

到了本世纪中期的时候，维欧勒-勒-杜克的理论在意大利的修复实践中占据了主导地位，他的观点在诸如建筑师阿方索•罗比安尼、阿尔弗雷多•德•安德拉德以及卢卡•贝尔特拉米这些意大利专家中间引起了各种反应。罗比安尼对神秘而又风景如画的博洛尼亚的再创造、德•安德拉德对中世纪意大利建筑物的研究性但又具有创造性的优化处理以及贝尔特拉米对米兰斯福尔扎古堡的修复工作都代表了各种不同类型的风格性修复。被称为意大利第一位现代修复建筑师[11]的贝尔特拉米因为确定对被他自己称为历史性修复的方法而备受赞誉——也就是从本质上来说，历史建筑的修复工作应当在相关知识以及每个文物都是独特而又独立的整体的信念的基础上进行。他认为那些被视为与原始建筑等同的艺术家/再创造者应当被历史学家/档案管理员所替代，他们应当根据从档案、油画和当地文学作品中得到的确凿证据来开展他们的工作。这些以及其他的出版著作是这个领域的教条主义的开端，其他人则会要么遵从、要么反驳这些教条。

意大利半岛的政治统一被称为这个国家文化财产管理系统重新组建的动力，但同时也对这个国家的建筑遗产带来了巨大的威胁。历史建筑和街区阻碍了现代化规划，包括林荫大道的扩大、城市围墙的拆除以及公共广场的建造和扩大。对这些行为的反对早在十年之前就开始了，也就是封建主义哲学家卡洛•卡塔内奥在19世纪60年代对米兰大教堂广场的建造进行了强烈反对。

卡塔内奥的著作成为拉斯金对保护运动和方法的国际性影响的早期证据。在19世纪70年代的时候，当他受到召唤去对圣马可广场的修复工作进行评估的时候，拉斯金对于其所用的糟糕保护技术感到非常沮丧。阿尔维塞•皮耶罗•索尔西伯爵承担起了拉斯金的事业并力主采用最小程度干预的措施。在1877年，索尔西伯爵在其著作《圣马可教堂内部及外部的观察和修复》中对他的思想进行了进一步的详述，而这一切都要归功于拉斯金引入的理论。[12]

19世纪晚期标志着向更具决定性和科学性的保护实践的转变。罗马建筑师卡米洛•博伊托对这种原则和实践上的转变进行了最好的拟人化和明确表达。受到传统的风格性修复的培训，他在19世纪六七十年代的主要修复工作都明确的展示了这位建筑师的创造性能力。在1879年，他在其首部原则论述集中强调了对建筑原始构件以及调整和增添情况的研究。一如既往，他的工作依然主张让历史建筑回归至其“正常”状态，不带有

图14–6 位于威尼斯托尔切洛岛上的圣玛利亚教堂是卡米洛·博伊托早期完成的修复工程，相比他随后完成的那些工作，这个项目被认为更贴近修复思维学派中的风格统一性。

任何历史增加物——以及可能的重新创造的消失组件的增添物。

在此之后的很短时间中，博伊托就对他的方法进行了重新考虑。在他于1883年为在罗马举行的第三届工程师和建筑师大会所写的论文中，他以一种更具现代意味的方式提出建筑保护的基本原则。他的第一个原则是："文物具有一种不仅可以进行建筑学研究，而且还可以作为民族和国家历史的证据的价值，因此它们必须得到尊重，因为任何改变都是具有欺骗性的并会导致错误的推论。"[13]博伊托又提出了第二个原则："文物应当被巩固而不是被修复，被修复而不是被复原，任何增添物和翻新措施都应该被避免。"而第三个原则是认为："如果增添物是无可避免的，那么它们在细节处理和材料方面应当能够与其原始特性进行共鸣，并能够被分辨出来。"接着他又提出了一个非常关键的原则："文物上的增添物也应当被尊重，因为它们也会随着时间而发生变化。"[14]

在1893年，博伊托对这些原则进行了精炼，并将其扩充到8个要点。他在其中包括了更详细的指导，而且还包括了新、旧作品在使用的风格和材料之间的显著度，可见铭文与所有进行的新修复工作的书面记录，以及被拆除的原始构件在经过修复的建筑附近进行展示的重要性。[15]博伊托归纳的要点构成了意大利第一个修复章程的基础，这个章程为意大利人在"文献性修复"方面的实践提供了基础，这种实践是基于尽可能多的通过历史事实来获得可比较的案例而进行的。

博伊托并没有终结意大利保护意识形态的争论：他坚信时代性的修复方法和

图14-7 由于对这些相对新的学科的要求，20世纪二三十年代在罗马城中及周边进行的大规模城市改善活动对考古学和建筑保护实践产生了巨大的推动作用。例如罗马帝国大道（如图所示）就是按照突出古罗马帝国宏伟的特色而设计出来的，例如图拉真广场以及马克森提乌斯教堂的遗迹等；这条大道的终点位于圆形大竞技场。

随着时间而对形成的变化进行保护的做法都有其各自的价值，这取决于具体的情况。作为对彼特拉克的回应，博伊托将意大利那些历史超过两千年的建筑遗产划分为三个时期：古代、中世纪和现代（对他来说，文艺复兴时期属于现代）。每个类型要求不同的保护方法，这就使得各种不同程度的干预措施都有其存在价值。古典时期的文物需要最谨慎的进行处理，而对中世纪建筑物的保护处理则允许使用重新创造的构件来替代某些特定构件。而对现代建筑而言，博伊托更加推崇采用经过研究并且有所限制的风格性修复。

博伊托在艺术和建筑保护理论方面的著作对意大利及其以后的保护实践产生了极大的影响。它们也为建筑保护方面的第一份国际性章程的出台奠定了早期基础。他最直接的影响就是1902年意大利法律的版本（随后在1904年进行了扩充），这项法律成立了一个委员会，并要求由在历史建筑保护方面负有责任的历史学家和考古学家组成的中央委员会对其进行协助。这项得到扩充了的法律对私人所有的历史建筑的处理进行了规定，同时还为修复工作设定了更高的标准。

在其作为罗马皇家建筑学院院长的时候，古斯塔沃•乔凡诺尼是博伊托教义的继承人，那时他负责教授修复技术。他因为将博伊托的哲学现代化、提炼他的原则以及加强保护的科学方法而为人所知。同时他还提倡拓宽科学性修复方法——博伊托最严格执行的方法——的应用范围以将所有的历史建筑都包含在内，而不仅限于古典时代的纪念建筑物。但是，乔凡诺尼的特殊兴趣和他最为突出的贡献则是对历史城市中心区和古镇的保护，其中就包括了他定义的“次要建筑”[16]或者构成历史环境的住宅建筑在内。他认为历史中心区是非常重要的环境，在城市规划的修复项目之中值得对其进行考虑和保护。

为了鼓励完成良好的实践，乔凡诺尼支持采用一种纯粹的方法去进行保护，他更倾向于保存历史建筑的真实性，包括其后期的增加物在内。他在1931年于雅迪举行的第一届历史建筑物建筑师和技术家国际大会上——这次会议由国际博物馆办公室在国际联盟的支持下召开的——展示了他对博伊托修订版的原则进行了重新解读，其中就包括历史环境的保护以及历史建筑的使用这类问题在内。这次会议导致了雅典宪章的出台（参见第9章）。

到了20世纪30年代的时候，意大利的建筑保护运动已经获得了足够的力量来确保它的理论和方法能够始终成为公共争论和立法规定的讨论对象。在1938年的时候，教育部长出台了一套为规范古代建筑修复而制定的标准。在接下来的几年中，意大利国会主动地对更广泛的保护问题进行了讨论，包括历史城市中心区、花园和环境等。这些争论以及由此产生的法律规定构成了现在意大利使用的法律的基础。

法　国

从18世纪晚期开始，法国在修复和保护历史建筑方面的传统开始得到了缓慢的发展并成为全球建筑保护领域中的主导力量。与意大利一样，法国建筑历史的容量和深度在很早的时候就获得了修复专家和保护者的注意。

由于古代的高卢对罗马帝国来说是一个遥远的边陲领地，所以相比于罗马帝国的其他中心区域，法国的纪念性建筑物通常更加简单，也更加实用。因此，法国公民看待他们拥有的这些来自古代古典时代的遗产的方式与意大利人完全不同，他们不仅将它们视为能够反映伟大国家力量的国家象征，而且更多的是将其作为当地历史的一种表现。[17]在整个中世纪和文艺复兴时期之中，法国的典型建筑物所受到的对待就跟遍及整个罗马帝国疆域中的其他建筑物一样——它们被拆除并被当作建筑构件用于新的住宅、宗教以及公众建筑的建造，尤其是防御工事。[18]掠夺军队的不断入侵以及法国无数次的内部冲突时采取的各种行动也对罗马时代建筑物造成了一定程度的破坏。[19]在国王路易十三世的统治期间（1610—1643年）政治局面才重新获得了稳定。在这段相对平静的时期中，现代化、中央集权的法国出现了；反过来，对有组织的遗产保护如何在法国发展产生了巨大的影响。

到17世纪晚期的时候，对意大利古典主题的兴趣——开始于17世纪头十年早期的菲利贝•德•洛梅及其领域中——主导了法国的建筑风格。这个潮流一直持续到启蒙时代之后很久的时间。许多项目都因使用了古典建筑风格而名噪一时，包括新的皇家凡尔赛宫的建造以及对卢浮宫进行的补充。[20]这个时代的科学进步以及随后在研究性和分析性方法和文件编制方面所取得的进步也对历史学、考古学和建筑保护学等领域提供了许多帮助。在19世纪的时候，工业革命——以及具有讽刺意味的拿破仑战争造成的破坏效应——也以其各自的方式促进了对历史建筑环境进行保护的考虑。

在1789年开始的法国革命和拿破仑帝国于1804年成立这之间的岁月中，对遍及西欧各地的历史建筑和古城来说，存在一个极为不确定的时期，这是因为这些剧烈冲突的余波使得对历史环境进行大规模的修复和重建变成必然。在法国，宗教建筑和那些与皇权和贵族特权联系在一起的建筑通常称为革命时期的特定目标，但公共建筑也会遭受同样的命运。[21]巴黎圣母院就遭受过洗劫和毁坏，位于西面的圣人雕像在破坏下变得残缺

图14-8 1793年10月26日，革命分子对法国里昂贝勒库尔宫殿的两个立面进行了拆除。（拉弗塞）

不全或者被敲成碎石以进行出售，但建筑自身却保持了完整。相反，靠近这座教堂附近的始建于16世纪的圣雅各伯塔是之前那座非常重要的教堂留存下来的唯一遗迹，但它在1797年时几乎遭到了革命分子的彻底摧毁。

革命分子对教堂和国家的建筑象征的粗暴对待并不是未招致批评的，所以他们很快就直接和间接的发生了转变，开始采取保护措施。通过一个旨在记录并展示法国遗产的文物项目，奥宾-路易斯•米林在其于18世纪90年代早期出版的6卷《国家文物和古迹建筑物合集》中就引入了国家历史文物的概念。在同一时刻，其他人也将他们的注意力转移到对这些历史建筑成就的保护上。[22]

早在1790年的时候，革命政府就开始研究、记录并考虑是否应当对那些具有代表性的建筑采取保护性措施，文物委员会就是在那个时候成立的，它的任务就是对那些之前被天主教教堂、国王和贵族所有的国家性财产进行分类和清查。[23]这个国家的新财富需要得到组织，如果要对它们的经济价值进行评估并决定它们的命运的话。可移动的物品将被放置在法国各处的仓库中进行展示从而对平民大众进行教育；但是，这个计划从未实施过，重要的可移动的物品中的绝大多数都被收集在卢浮宫和博物馆之中。[24]建筑物则更有挑战性，但革命政府为其中的大部分找到了新的用途并且在宗教改革运动时期中在各个新教国家中完成这项计划。包括巴黎圣母院在内的教堂变成了仓库；方德霍修道院成为了一座建筑；而巴黎的圣日纳维夫教堂则成为了一座纪念法国英雄的万神殿。[25]

尽管1791年出台了禁止对重要历史建筑（它们被认为国有财产）进行破坏的法律并成立了公共教育委员会来保护它们，但直到拿破仑独裁政权于1804年出现之后，这种破坏才得到遏制。亨利•格雷瓜尔神父是这个委员会的一名成员，同时也是一名对故意破坏文化行为反对最激烈的一名抗议者，他在1794年准备了一系列对正在持续进行的对法国历史建筑进行破坏的行为的报告。[26]当拿破仑掌权的时候，革命分子已经变得非常疲弱，超过十年的冲突已经消耗掉了他们的所有精力，法国的建筑遗产也变得破损不堪。拿破仑的统治给这个国家带来了重建和发展的时间，在其卷入另一次国际冲突之前。

拿破仑在18世纪晚期进行的埃及远征中所取得的考古和科学发现及其相关文件的影响是极其深远的。[27]全世界范围内钻研埃及学和考古学的学者都从法国东方考古学院开罗分院的成立和内容丰富的《埃及见闻录》的面世中获益匪浅，后者是一项史无前例的研究和出版工作，它对埃及人的历史、生活方式以及身体特征等所有已知方面进行了详细记录。在法国，埃及主题成为了拿破仑的御用宫廷建筑师查尔斯•佩西耶和皮埃尔-

弗朗索瓦-伦纳德•方丹所使用的帝国风格的标志。埃及文化遗产也从中获益：法国建立了一个全新的国家博物馆和管理体系，以便为这个国家庞大的古代建筑和文物财富的保护提供帮助。

拿破仑在1815年的失势以及紧接着发生的波旁皇朝的复辟促进了法国工业化的发展，这对许多历史建筑来说是不利的。在法国工业革命的早期阶段，法国的建筑遗产以惊人的速度被拆除。著名小说家维克多•雨果在其于1825年发表的文章《破坏者之战》中呼吁法国国民应当拯救他们面临巨大危险的建筑。他对由于忽视、迟钝和过分热情的修复而造成的法国文化遗产损失的抗议，让普通大众和知识精英都对这个问题产生了巨大的兴趣。

法国文物的情况在1830年得到了改善，因为信奉自由主义的国王路易十三世掌握了政权。就看待遗产的重要性而言，他的统治迎来了一段繁荣且受重视的时期。他早期措施之一就是设立一个新的职位，也就是法国古迹及文物总监察长，他需要负责制定一份值得政府关注并监管其修复工作的重要历史建筑清单。这个职位最初是由卢多维奇•维特特担任，他为了准备这个关于历史建筑的第一份国家报告而造访了法国的绝大多数领域。

在1834年之后，由他的继任者建筑师普罗斯珀•梅里美继续完成历史建筑的记录工作。梅里美是19世纪众所周知的保护主义者之一，内务部在1837年成立的古

▼**图14-9** 在普罗斯珀·梅里美主持下对法国历史文物进行的调查得到了早期使用阶段的摄影术的帮助（卡罗式摄影：古斯塔夫·勒格雷，位于勒皮恩维莱的教堂回廊，1851年）。（艾弗里建筑和美术图书馆，哥伦比亚大学）

迹文物委员会对他非常倚重，并在面临威胁的具有历史重要性建筑的报告上给他提供了帮助。这个委员会对建筑保护提出了一种新的方法：一个由七人组成的委员会决定调查程序并判断哪些应当被保护以及如何进行保护。这个方法同时也取决于现有的国家认可的文物保护系统。

这个委员会成立的部分原因是作为对要求精心照料古代建筑的公众压力的回应，尤其是无数被废弃和被忽视的哥特式建筑的修复。也是在那个时候，政府开始将公共基金分配用于进行建筑修复并将精力投入到历史建筑清查系统的建设上，后者将建筑清查的原则当作一种对它们进行保护的方式。到了1849年的时候，约有3000座重要的历史建筑被登记在案——其中绝大多数都是宗教建筑和高卢罗马时代的遗迹。[28]

梅里美的同事阿道尔夫-拿破仑•迪德龙对他在修复工程中使用的保守方法进行了简洁的表述："就古代建筑文物而言，加固比修补更好，修补比修复更好，修复比重建更好，重建比修饰更好；在任何情况下都不应当增加任何东西，而最重要的则是任何东西都不应当被拆除。"[29]

梅里美认识到19世纪中期的法国在建筑保护中面临的一个最为巨大的问题就是它的建筑师没有接受过任何有关中世纪建筑的培训。这种情形在进行了若干次对经过糟糕的挖掘的建筑修复项目之后变得尤其明显，例如圣丹尼斯教堂、圣日耳曼奥塞尔教堂以及巴黎圣母院。

在19世纪40年代，虽然法国对待修复工作的态度是进行正式的保护，但在实际上，采用的方法却走向了另一个方向。宗教和国家主义者的压力影响了建筑师和保护提倡者之间不断发展的争论，有些人想要保存现有的建筑结构，而有些人则认为对建筑进行的"修复"会使让它们呈现出它们从未用过的外观。这种方法——现在被称为古代建筑修补中的风格统一理论——要求实现风格上的一致性或者纯粹性。

风格一致性要求拆除后期的建筑添加物。[30]随后，设计——以及在某些情况下甚至会认为原始的设计工作是劣等的——被原始建造者可能会——或者应该会——进行的修复工作所替代。这种措施随后被定为以时代性修复，这些干预都是根据与其他哥特建筑实例以风格一致性的名义的类比结果而开展的。格外容易受损的建筑是法国那些庄严的哥特式建筑，它们中的许多都是由不一致的风格组成的，而且所有这些建筑在这个时候已经有超过500年的历史了。其中一些在最开始的时候根本没有完工。在最为普遍的情况下，按照最低限要求的方式——简单的维护以及可判断正确的修补——去保护这些具有国家重要性的历史建筑的可能性从未被当作一种可行的方案进行考虑。

风格统一性中最具影响力的支持者就是建筑师及历史学家尤金-伊曼纽尔•维奥莱特-勒-杜克（1814—1879年），他的方法中的主要特点包括了在哥特式建筑方面史无前例的知识以及对具有考古准确性的修复工作的全神贯注。他自己对修复工作的定义就对对风格统一性理论进行了概括：对维奥莱特-勒-杜克来说，"修复这个术语以及其自身都是现代的。对一座建筑进行修复并不等于保存、修补或者重建它；而是在一种永远不可能存在于任何给定时间中的完整条件下对它进行恢复。”[31]历史建筑的暗示就在于它们可以被修复并“完整地”恢复到一个理想化的、可能的、之前的外观状态。

►图14-10 尤金-伊曼纽尔·维奥莱特-勒-杜克，建筑师、修复师以及建筑理论学家中的大师。

▼图14-11 皮埃尔丰城堡是一座中世纪的军事堡垒，图示为在维奥莱特-勒-杜克于1855年对其进行修复之前（上）和之后的样子。（法国国家图书馆）

维奥莱特-勒-杜克方法的结果可以在今天法国大量在1840—1870年进行过修复的教堂、城堡以及历史中心城区中可以见到。巴黎圣母院就是其中一个例子。维奥莱特-勒-杜克和他的朋友、同事让-巴蒂斯特•拉索斯一起承担了去修复这座历史长达700年的教堂的任务，这座建筑物现在的结构条件非常险恶并在革命时期中遭受了严重的损坏，原来在西侧面三个建筑入口处之上安置的圣人雕像都已经失去头像，而且教堂外观也遭到了严重的伤毁和肆意破坏。

为了为他的修复设计提供基础材料，维奥莱特-勒-杜克首先对现有结构进行了精心检查，并记录了检查结果。在十二三世纪进行的所有建筑构造细目和修补工作都将会被移除，这是根据对留存下来的建筑构成的观察证明材料以及维奥莱特-勒-杜克对法国哥特式建筑的全面知识而做出的决定，这是因为那些增添物很可能与现代要求不相配。（图14-12a、b）

尽管维奥莱特-勒-杜克成功的处理了在修复巴黎圣母院以及法国各地大量其他历史建筑和城市聚居区中面临的物理和技术挑战，但其他从业者——以及公众——对他的风格统一性方法的批评却越来越多。实际上，他这种移除非原始增添物的刻板原则被越来越多的批评者认为过于严苛——甚至是狂妄的。对他方法的争论在吸引了当地居民加入之后还及时的呈现出了一种国际性维度，英国人约翰•拉斯金支持的完全相反原则被包括阿纳托尔•法郎士以及随后的马塞尔•蒲鲁斯特在内的法国作家和评论家所认可。

在19世纪中间的三分之一时间中，建筑历史学家之间出现了另一个国际级争论，也就是哥特式建筑是在哪里被发明出来的——法国、英格兰或者德国？在法国，这个话题成为了一件得到国家认可的关注事件。这个问题的答案最终成为有待验证的一项法国发明，而这正是维奥莱特-勒-杜克这位热心的中世纪研究家始终坚信的事实。[32]因此，对于哥特式风格起源的争论以及对哥特式建筑进行的妥善修复成为了带有国家自豪感的事情。

维奥莱特-勒-杜克在建筑历史和修复方面的理论，可以从他对整个建筑学历史的全面解读中一探究竟，相关著作包括10卷的《11~16世纪法国建筑的分析讲解》（1854—1869年）和10卷的《从卡洛林王朝至文艺复兴时期的法式家具字典》（1855年）。作为历史古迹文物委员会的首席建筑师，他对欧洲的历史建筑以及它们建造任务的指定和建造者的罕见见解具有广泛的影响力。虽然他的风格统一性理论在随后被认为不妥协和偏极端的，但在对历史建筑的修复工程进行考虑的时候，它至少经常会被视为一个理论方案。在特殊的情况下，他会被指派将建筑按照其最好的风格形式的总体来进行展示，这种方式在现代保护理论中仍然有其一席之地，如果只是要代表一种极端可能性的话。但是，维奥莱特-勒-杜克却认为他自己的理论才是唯一值得追求的方向。[33]

▼图14-12a和b　在巴黎圣母院的修复工程中进行的小尖塔增添物的建造，于1860年完工。

事实上，虽然他的修复哲学在现在几乎不再使用，但维奥莱特-勒-杜克一直被称为“建筑修复之父”，这是因为他在挽救和修复历史建筑方面表现出来的极端热情在下面这个时期依然保持不变——这个专业发展成为一个独立学科，再发展成一个得到认可的专业。他对运用考古方法有着深入的兴趣并且了解那些新的科学发展所蕴含的价值，他对它们的使用方法被认为对这个领域有着巨大的贡献。他也是首批出于研究辅助的目的而使用摄影术的一名先驱者；事实上，到了1851年，摄影术才被古迹文物委员会所广泛使用。艾梅•劳塞达特于1849年在法国发明的摄影制图法也被用在修复实践中来测量哥特式教堂这类历史建筑，这又为测量员提出了特殊的挑战：因为这些建筑的高度和设计复杂性。[34]

因为维奥莱特-勒-杜克正在对法国最为重要的历史建筑和历史城镇进行改造，所以乔治斯-尤金•豪斯

图14–13 位于法国北部的康布雷古镇在第一次世界大战期间遭受的破坏。（akg图片有限公司）

曼承担了对法国最为重要的巴黎中心城区进行改造的任务。由于得到了皇帝拿破仑三世的鼓励和支持，豪斯曼男爵——他如此称呼自己——对法国首都进行了改造。这座曾经的由中世纪街道构成的城市迷宫现在变成了展示帝国宏伟的新秩序中心。豪斯曼的巴黎是以建造在其规划方向上的任何建筑遗迹之上——包括放置不当的历史公共和宗教建筑物——的宽阔林荫大道为特色的。他的愿望是创造一个能够传递出政治稳定和结构健康的环境，这是通过对曾经是1830年和1848年起义运动的反抗中心区域的清理而实现的。豪斯曼提供了许多新的开放空间，例如公园和广场，并且通过清除其周边区域而实现了对主要历史建筑物的突出。虽然对他粗鲁严苛的方式以及将大量重要历史建筑从其所处环境中隔绝开来的做法有所批评，但豪斯曼仍然在巴黎留下了一个不可毁灭的印记。

在1870年，一系列政治事件让法国发生了剧烈震动。普法战争的失利是耻辱性的；君主制的再一次崩塌；内战导致平民主义巴黎公社在法国的成立。在这个动乱时期中，许多著名的历史建筑和建筑复合体——其中就包括杜伊勒里宫、皇家宫殿、圣克卢宫殿、巴黎市政厅以及国家财政局——被夷为平地。恢复秩序并决定哪种建筑值得保留、哪种建筑应当被拆除就成为了法兰西第三共和国的任务。

在最后一次战争和紧接着发生的革命运动之后的国家重建中，共和国保存历史建筑和古迹场所的欲望依然非常强烈。对历史保护的这种兴趣的广受欢迎的结果从对各种设施协会的建立上就可以得到例证，例如1884年成立的巴黎古迹文物朋友会。古迹文物委员会在1879年进行了重组，这有助于为1887年第一份针对历史建筑保护的有效法律文件的出台奠定了基础工作。这项法律与在随后几年中出台的附加条款一起将委员会的角色降至顾问的级别；现在由古迹文物服务局负责所有修复项目的管理，它甚至被赋予了对私人所有的历史建筑进行监管的权力。[35]

在这个后维奥莱特-勒-杜克时代中，拉斯金的哲学缓慢渗透进法国。在拉斯金所著的《建筑七灯》一书于1899年被翻译成法文之后，得到拉斯金和莫里斯支持的更加保守的保护方法开始取得进展。这一点不仅在法国的知识精英（他们对他们在真实性上的坚持非常欣赏）中是如此，而且在保护专业人士之间也是如此。古迹文物服务局渴望给修复实践设定标准并使其集中化，但同时也需要减少成本，因为有越来越多的历史建筑需要政府进行保护。这一点在教庭于1905年从国家中分离之后变得尤其突出，因为大量的教堂建筑都变成了政府的责任。资金短缺的现实要求服务局将工作重点放在维护和急救工作上，而不是全面的修复运动。

政府作为国家建筑遗产保护者的定位在1913年法国建筑保护法律条款进行修订的时候得到了强化。之前不认为具有国家重要性的宗教和私人财产现在也被包含在内。对在一座历史建筑附近区域中进行的建筑的建造和拆除行为制定了相关规定，这代表着认可历史环境重要性的一次发展。一年之后，随着政府政策将其侧重点从修复转移到保护上，历史文物国库局也随之成立。[36]这个机构的职责之中就包括监督资金在购买和修理历史建筑以及让国家遗迹场所向游客开发方面的分配。

从1914年到1918年，第一次世界大战对无数的欧洲历史建筑造成了灾难性的破坏，尤其是在法国东北部和东部，因为那里的战斗是最为激烈的。在整个战争期间，历史文物国库局与军队一起合作，以尽可能地对历史建筑进行保护，它甚至将一些最为重要的组件和家具运送至法国西部以进行妥善的保护。

在1918年签署停火协议之后，修补工作与一个评估损失的大型记录和调查工作一同展开。一些已经无法修理的建筑被从清单中去掉或者作为遗迹进行保存。为了效率，对古迹文物服务局实现了集中化管理并在一个建筑师的直属下进行了重组。[37]紧急加固工作的第一阶段差不多耗费了4年才结束，但在这次大战之后的第一个10年中，这些建筑中的绝大多数都在公共资金的帮助完成了修复。

20世纪20年代，政府做出了进一步的努力来保护历史建筑和古迹场所。在1924年，许多城市被要求进行更加全面的总体规划，这就迫使市政当局去评估他们的历史财富并制定有关保护规定的法律条款。1930年，重要历史建筑中的大多数都获得了一定程度的政府财政援助，这得感谢不断发展的、认为政府作为管理者的定位会通过国家建筑遗产的所有权——或者说其中的经济利益——而得到加强的信念。在那个时候，修复资金是来自海外的。[38]

20世纪30年代后期，法国在建筑遗产保护方面的全面系统使其成为这个领域中的世界领导者。这个系统以及法国传统的法律框架被引入其遍布世界各地的殖民地和保护国中。尽管其中的许多国家都已经获得了独立，但它们依然沿用了法国式的法律条款和管理框架来进行遗产保护。在第二次世界大战之前不断累积起来的建筑保护经验成为了满足战后修复和重建工作中无法想象得到的要得的基础，这由此产生了许多至今依然存在的建筑保护系统。

大不列颠

在19世纪中，建筑保护在英国的发展与其在意大利和法国的发展有着明显不同，那里的保护传统是产生于大型政府或者宗教机构对面临危险的遗产做出的反应之中。在政府被迫采取行动之前，在英国的公共、专

图14–14 既是古文物研究者也是英国驻那不勒斯公国大使的威廉·汉密尔顿爵士正在参观庞贝古城的挖掘现场。（这幅版画是根据彼得罗·法布里斯于1776年展示的一副油画雕刻而成，这是描述汉密尔顿爵士对花瓶收集以及其对火山学兴趣的若干带插图的著作中的一个示例。）

业、宗教和知识范围中形成了一个更加民主的过程。但是，英国现在在建筑遗产保护方面的政府和非政府组织的宽广范围远胜于其他国家。

虽然有无数的例子可以证明从文艺复兴时期到17世纪的英国古物研究者对历史建筑和古迹场所的兴趣，但直到18世纪晚期，这个主题中连贯的哲学方法才建立起来。在那个时候，欧洲大陆旅行已经成为世世代代的绅士教育整体中的一个部分。在1615年，英格兰的第一名专业建筑师伊尼戈•琼斯带着巨大财富从意大利回到了伦敦，这些财富都是他在安德烈亚•帕拉迪奥收获的图纸、著作和设计观点。琼斯对古典文物和建筑的兴趣远不仅限于好奇，他对其原理进行的自学在随后被有技巧地运用在他自己的建筑和设计工作中（参见图6-4）。

最终，英国的旅行阶层中涌现出了一群内行人，他们的头衔包括认真的学者、画家、作家、建筑师、设计师、收藏家以及时髦风尚带头人在内。他们在古典世界的研究以及对其文化的宣传方面不断增长的兴趣促使了伦敦文物协会（1717年）和业余爱好者协会（1734年）的成立，从表面上来看，它们的建立是为了给旅行者提供帮助，但它们实际上也是就海外古代建筑的照顾问题进行交流的渠道。[39]自相矛盾的地方在于，英国人对古董的好奇心是源自对古典时代不断增长的普遍认识中的，例如罗马和关注度不断增加的希腊、大希腊地区和近东地区。这些熟悉度虽然英国上流阶层越来越多的旅行经历而得到了加深。但英国自己的罗马帝国时代之前的古代建筑（石环、石圈和石棚）和罗马时代遗迹（墙体、要塞和少量别墅）中的绝大多数——绝大多数都是简单和实用性建筑——仅仅被视为景观中的一个物品而已，有时候还会被拆除以当作建筑材料使用。

社会精英对古罗马和古希腊遗迹的着迷在怀旧之情和对所有古代事物好奇心的作用下得到了加速并广泛传播，很快也将英国丰富的古代和中世纪遗迹也包括

图14–15 草莓山位于伦敦郊外的特威克纳姆，贺拉斯·沃波尔的哥特式复兴风格住宅就位于此。

在内。因此，这个国家的建筑遗产成为了一次国家性考试。[40]英国的历史保护运动开始于18世纪五六十年代，包括艾德蒙•博尔克和罗伯特•沃波尔在内的古文物研究者从那个时候开始，对历史英式建筑——尤其是哥特式建筑——的兴趣越来越大。

在历史建筑所蕴含的更加崇高的品质方面不断发展的公共认知度在那个时期的文学作品和新近创造的风景如画的景观设计风潮中都有所表现。毁坏的建筑具有一种特殊的魅力，而遗迹也会成为英国景观设计中的固定特色。在之前从未存在过的地方，“人造的遗迹”被创造出来。这些元素——也是英国景色的特色——是在对意大利和法国景观设计的回应中发展起来的，并且以与18世纪晚期英国其他任何艺术表现一样生动的方式对复古主义进行了反映。

在真实和人造遗迹以及新版古代建筑导致了风景如画的当代杂志的诞生，这些杂志都对英国真实的修道院和中世纪遗迹都进行了思索。[41]这种对遗迹的兴趣与哥特复兴运动同时发生，并且还在它的促进下加速发展。新的“哥特式”建筑促进了对在教堂、大教堂和毁坏的修道院中发现的真正哥特建筑进行研究。这种兴趣从对16世纪的英国潮流中分离了出来，哥特式经在那个时候成为了已经过时的天主教的象征。

作为哥特复兴运动早期表现之一，贺拉斯•沃波尔在1750年开始对他位于草莓山的乡间住宅进行重新装饰的时候，选择了几乎已经被遗忘的风格。沃波尔对中世纪主题富有生气的解读激起了一股哥特式复兴建筑的浪潮，而建筑师也开始熟悉各种不同风格的设计。到19世纪初期的时候，历史相对论已经成为建筑学中司

图14–16和图14–17 在詹姆斯·怀亚特按照一种他认为的更加哥特化风格（1780—1800）进行修复之前（上）和之后达勒姆大教堂。（来源：简·福西特，编辑，《过去的未来》）

空见惯的事。诸如威廉•钱伯斯、乔治•当斯、约翰•索恩以及约翰•纳什这些更加全面的建筑师则是按照哥特式复兴风格进行建造——或者可能甚至是以埃及或者中式风格——这些新风格建筑取得了他们在古典复兴风格建筑中一样的成功。这些风格中的每一个都具有建筑历史方面的完全知识，它们随后能够被理解并可以为对异国情调和历史的兴趣都越来越大的客户进行服务。

在这同一个时期，对许多杰出的中世纪建筑进行了新工作，大教堂的再哥特化运动开始了。詹姆斯•怀亚特（1746-1813年）可能是18世纪结束时在处理历史教堂方面最为重要的建筑师。作为草莓山和方特希尔修道院的委托工作中采用哥特复兴风格的承办商，怀亚特处理包括利奇菲尔德、索尔兹伯里、赫里福德和达勒姆教堂这些项目时，首先是从风格统一性和内部改善处着手的，包括移除建筑组件或者部件从而使它们的功能性变得更好。在这种方法中，怀亚特并不只是孤身一人；其他建筑师和建造者也在他们对历史建筑的处理中采用了类似的方法，并且这种做法得到了教廷及其支持者的鼓励，因为后者正面临着如何修理和改善留存下来的中世纪建筑的问题。

在索尔兹伯里教堂中，怀亚特策划了一系列的干预措施，由于这些措施极端缺乏限制，所以这座教堂从

图14–18 由A·W·N·普金所著的《对比》一书的卷头插画，这是一个有助于将建筑主题引入公共领域的风格战争的象征。十年之后，类似的战争在“修补”和“反修补”的修复学派中展开了。

本质上得到了改造。[42]这个项目获得了史无前例的评论。甚至早在对拉斯金的争辩之前，怀亚特作为修复建筑师的名声就因其对宏伟教堂的破坏而遭受质疑。他对“破坏者”这个绰号的简洁回应是：“改造是一种长期存在的传统。”[43]

作为古文物协会主任的理查德•高夫和《英格兰古代建筑》一书作者的约翰•卡特对怀亚特的作品提出了直言不讳的批评。高夫支持一个为了“保护剩余的古代大型建筑免遭毁损、亵渎神明或者甚至快速荒废的命运”的委员会在1788年的成立。[44]卡特对不具备业务技能的修复工作提出了谴责，并呼吁应当对中世纪的细节设计有更多的了解。[45]约翰•米尔纳将这种争论推向了更深的地步。在他于1798年发表的论文《论改变古代大教堂的现代风格——以索尔兹伯里教堂为例》中，他不仅对施加在教堂上的改变的合理性进行了反驳，而且还对支持这种改变的索尔兹伯里主教进行了攻击。[46]

不幸的是，关于怀亚特作品的早期争论并没有遏制他这种修复风格的流行。爱德华•布洛尔对里彭大教堂的修复、乔治•奥斯丁对坎特伯雷大教堂的修复、杰弗里•怀亚特维尔爵士对温莎城堡的修复以及更为著名的罗伯特•斯默克爵士对约克敏斯特大教堂的修复都继续延续了怀亚特的结合了改造的修复传统。但是，已经有越来越多的建筑师开始提倡一种研究更加充分并且更加保守的方法去进行修复。威廉•阿特金斯就是那些对达勒姆项目提出抗议的人中的一个，他建议采用干扰性较低的修补并且甚至认为建筑的现有部分应当被完整保留——包括在它们之上生长出来的任何苔藓！[47]他和其他人同时也提倡应当采用更加精深和科学的修复方法。

在拿破仑于1815年失败之后出现的繁荣在英国开辟了一个新的工业时代，这增加了公众对新住宅的要求并将公众的注意力集中在各个城市的中世纪城区中。尽管各个城市和城镇得到了快速发展，但在19世纪的前20年中，英国只建造了数量很少的教堂。接着在1818年的时候，英国国会通过了教堂建筑法，这为新教堂的建造带来了100万英镑的资金。这项法令刺激了建筑行为的浪潮，将最新的关注度集中在哥特式建筑的风格原则上，这进一步说明了对中世纪风格而不是古典风格的新偏好。[48]在接下来的15年中，一共建造了214座新教堂，其中超过80%的建筑都是按照哥特复兴风格修建的。[49]同时，修复工作也以宏大的规模进行：在使英国国家现代化并增加它在社会中地位的大规模动作中，共计7144座现存的中世纪教堂在1840—1873年得到了修复，这个数量约是这个国家教堂总数的一半。[50]

最为热情的哥特复兴建筑师和提倡者是奥古斯都•韦尔比•诺斯莫尔•普金，他协助查尔斯•巴里爵士于19世纪四五十年代完成了对国会大厦的设计。这个项目对格调和他的职业生涯来说都是一个巅峰。A•W•N•普金在他的著作中鼓励“风格战争”的进行并积极的致力于使用新哥特式风格来替代新古典主义，他认为它是唯一适合宗教建筑的风格。在他的观点中，建筑的最终功能就是通过将人性激励到一个更高的道德层面而为教堂服务，他坚信只有哥特式风格——作为真正的基督教风格——才能做到这一点。[51]

在为他的著作《对比》（1836年）、《尖顶式或者基督教建筑的真实原则》（1841年）以及《对基督教建筑复兴的致歉》（1843年）进行研究的时候，普金四处旅行并接触了许多修复项目的实例。他对这些历史建筑的处理持批评态度，尤其是教堂修复项目。普金对怀亚特的工作以及其他新教徒对中世纪教堂的变更的反对和谴责并不只是一点点的成见：普金是一名天主教徒。从大体上来说，普金并不是反对修复；他的主要不满在于对教堂的重新整体和极端变更以及在哥特式细节处理的模仿中使用的无知方法。

哥特复兴运动和浪漫主义时代一起共同的对天主教仪式和传统的复兴产生了推动作用，而中世纪教堂就非常适合这一切。最为知名的教堂修复提倡者之一就是剑桥卡姆登协会（1839年），这个协会在对英国的宗教机构进行质疑之后被迫转为地下状态。在其改名为教堂艺术协会之后，它将原先在修复教堂上投入的精力转变成对其原始和纯粹状态的关注。[52]这种“天主教复辟”标志着风格性修复在英国的诞生。这种转变并不是凭空发生的；到了19世纪40年代，这种方法和天主教复兴运动的许多支持者都在积极的与德国和法国的同类人进行接触。

在英国，对中世纪建筑的研究和修复的最初兴趣导致了根据修复原则而制定的专业标准的出台。E•A•弗里曼很有可能是第一个尝试定义它们的人。在《教堂修复原则》（1846年）之后出版的《古代文物的保护和修复》（1852年）一书中，弗里曼描述了三种不同的修复方法。“破坏性方法”不考虑过去的风格，仅按照现在这个时代的风格去进行修补或者补充；“保守性方法”会对一座古代建筑的细部特征进行准确的复制从而创造出一座原始结构的新“仿造品”；而折中的“选择性方法”则会对建筑的历史和显著特征进行谨慎的评估以制定最理想的修复程序。选择性方法要求在修复中应当通过移除所有有别于原始设计的后期增添物和改造措施，从而使这座建筑变得完美。[53]实际上，这种哲学非常类似于维奥莱特-勒-杜克的方法，并且几乎可以肯定也是受到了他的影响，这是通过各种文献以及剑桥卡姆登协会各个成员的回应实现的。总的来说，弗里曼的观点是属于保守性的。[54]

乔治•吉尔伯特•斯科特爵士可能是英国学派风格性修复建筑师中最为人所知和最多产的一个。他承担过超过800座的建筑项目，其中就包括伊莱大教堂、赫里福大教堂、利奇菲尔德大教堂、彼得伯勒大教堂、达勒姆大教堂、切斯特大教堂和索尔兹伯里大教堂以及威斯敏斯特教堂这些关注度极高的项目在内。虽然他将自

图14–19 约翰·拉斯金的肖像画。

己视为处于他自己这个专业中更加保守的那一端，但实际上他并不是这样的。

他的许多顾客都坚持弗里曼的“折中主义”理论。但是弗里曼的方法让斯科特感到和了困扰，因为他同时尊重和欣赏历史建筑以及他顾客的需要和愿望。到了1850年，斯科特成为了不断增长的支持拉斯金最小程度干预原则的运动的主要目标之一。斯科特将他自己置于修复者一方并且高贵的捍卫着他的专业，毫无顾忌他自己的理解。他对不断增长的抗议浪潮的对抗在《对我们古代教堂进行忠实地修复的恳求》（1850年）一份中有所体现，也就是提倡实用主义。斯科特将重要的历史建筑划分成两个分类：那些被当作消失的文明的证据而被理解的已经失去了其原始功能的建筑，以及继续在使用并能给更崇高的目的而服务的古代教堂——因此后者必须要得到修复，以便为它们提供最好的展示可能。[55]

反对修复——风格性、折中性以及其他的——的运动根植于英国的快速工业化之中，它只以一代人就改变了生活方式和社会自身。对许多人来说，这种变化是让人感到危险的。一些人认为对历史建筑的破坏是一种进步，而其他人则将其视为对遗产和传统的持续侵蚀。在1845年，英国建筑保护主义者利用了这种社会顾虑，通过尝试推行一场有关历史建筑保护的争论。财产所有者教廷——许多历史建筑的保管人——强烈地反对任何利用他们财产的措施。在纽约，社区支持保护它的中世纪城墙，免遭城市规划者的拆除。这次重要的成功表明了这个在早期遗产保护主义者和各个社区之间不断发展的运动的开始，这也是对广泛传播的社会变革以及历史建筑的消失——不论是因为拆除还是因为修复——所做出的反抗。

作家、评论家以及理论家约翰•拉斯金成为这场反对对历史建筑采取破坏性处理措施的运动的主要发言人。他极为积极的反对对英国建筑环境进行的不受控制的极端变化以及对历史建筑进行的不敏感整修。实际上，笨拙粗率的教堂修复工作——对外部石材进行重新抛光和重新切割——让他感到非常震怒。在印刷物和公共演讲中，拉斯金对这些干预都非常反对，他宣称它们同时违反了历史建筑的历史和艺术整体性。

拉斯金充满深度和诗意的几乎涉及了历史建筑所有方面的论著在《建筑七灯》（1849年）和《威尼斯之石》（1853年）中可以找到，这揭示了他对历史建筑中蕴含的“过时”质量的那种几乎毫无理性可言的热情。他的浪漫主义修复观点反对那些希望让历史建筑看起来像新的一样的纯粹实用性考虑。他极力反对重新创造历史建筑并且尊敬那些不能复制的时代特性：

> 不论是公共大众，还是那些照料公共纪念物的人，他们都没有理解修复这个词的真正含义。它意味着一座建筑可能会遭受的最彻底的破坏：一个不可能留下任何能够被收集的残余物的破坏；一个能够完成对被破坏的事物的虚假描述的破坏……这是不可能的，因为不可能实现起死回生，不可能恢复任何从未在建筑学方面具备重要性和美感的事物。[56]

1880年，拉斯金在第3版的《建筑七灯》中补充到：“不要让我们讨论修复的问题。这件事从头到尾就是一个谎言。”[57]

拉斯金的著作和演讲让关于如何妥善的修复和保存历史建筑的争论逐步升温。他认为这些干预的是野蛮的，甚至是应当受到天谴的，一座历史建筑必须按照其自身的样子保存下来并且不应该做任何事以防止它的倒塌。“一根拐杖要比一个消失的肢体好。”[58]维护是极力推荐的：“对你的纪念建筑物进行适当的照顾即可，你并不需要去修复它们。在屋顶上及时的放置几根导线、及时的清扫出河道中枯死的树叶和树枝，这就足以

图14–20 威廉·莫里斯的肖像画。（由古代建筑保护协会提供）

同时让屋顶和墙壁免遭雨水的侵蚀。”[59]

拉斯金对乔治•吉尔伯特•斯科特的工作以及他个人版本的风格性修复提出了格外激烈的批评，但他同时也对修复者及其他们呆板的技术做出了猛烈抨击。[60]受到拉斯金理由的触动，斯科特通过尝试采用他的部分哲学进行回应，他于1862年在提交给英国皇家建筑学院的一份论文中论述了他的更新观点。这份论文在1865年被修订成一套被称为“古代文物及其遗迹的保护”的规则和技巧。虽然并没有全部采用拉斯金的哲学，但它仍然是采纳了他的许多原则并由大型专业组织出版的第一份文件。因此，它标志着拉斯金对英国建筑保护实践的影响力的不断增长。

拉斯金对历史建筑中更为微妙的方面的敏感性以及他对它们进行适当保护的考虑一直对他的意识形态成果有所影响。现在，建筑保护方面的极简主义方法——这甚至可能会不考虑建筑的外部清理——有时被称为“英式方法”。这种英式方法已经在最具宗教尊重性的历史建筑方面有所体现。这种方法尽可能按照维持它们被发现时的形态的方式进行保护，这个思想学派得到了比维奥莱特-勒-杜克方法更加广泛的认可。但是，这些备选方案都是极端的，而在这个领域中还存在大量实用性更好的保护方案。

与拉斯金一样，威廉•莫里斯也相信主要应当对历史建筑进行精心的维护而不是对它们进行全面的修复。莫里斯以作家和诗人的身份开始了他的职业生涯，他通过对佛兰德油画和哥特教堂的研究而走上了建筑的道路。他是拉斯金著作的狂热粉丝并坚定的支持他反对为了将它们修复成其可能的原始外观而刮除已经变质的或者非原始的部件的论点。莫里斯提倡对那些创造英格兰历史建筑的工艺传统的肯定并且继续在他对装饰性和艺术性书籍的著名设计中对它们进行了发挥。他同时也对工业化对英国的影响表示了关注，尤其是在其对环境和所有类型的当地传统的负面影响。

在1877年，莫里斯成立了古代建筑保护协会（SPAB）来“保持对建筑文物的监管、反对任何意味着不仅只是防止风力和气候侵蚀的修复措施并唤醒明白我们的古代建筑不仅仅只是教会玩具而是代表了这个国家发展和希望的神圣纪念建筑物的认知”。[61]这是在历史建筑保护方面公益事业活动的主要早期案例。这个组织作为一个积极的社会性协会在活动；莫里斯于1877年出版的SPAB宣言将反对工业化快速发展的论点和拉斯金对未修复的历史建筑的真实性以及简单维护的价值结合在了一起。（参见第9章）

莫里斯让SPAB发展成为一个具备理论性和实用性知识、超强组织能力以及对历史的强烈责任感的综合体。他积极坚信的交流和劝说是对他的观点进行任何有效应用的必要工具。SPAB的信息是直截了当的：应当进行保护和保守性修补而不是修复。的确，这个组织的创造敲响了占据主导地位的风格性修复的丧钟，并提出了一个应当对历史建筑和古迹场所进行更能引起兴趣并且可惜的国家保护的逻辑。

在1882年，古代文物保护法为英国政府管理机构赋予了86座历史建筑的管理权，其中的绝大多数都是史前时期的遗迹场所——例如巨石阵。[62]在于1889年获得了购买历史建筑的权利之后，当地政府做出了积极的回应。大伦敦区古建筑部门是在英国政府支持进行建筑保护的形成期中建立的。保护法分别在1900年和1910年进行了两次扩充以将更广范围的历史建筑包含在内，这些都是“出于在其中体现的历史、传统或者艺术兴趣而成为公共关注对象”的建筑，并且还应对那些空闲的历史建筑进行保护。[63]在1913年，第一个咨询委员会被成立起来以协助历史建筑的所有者以及包括建筑工程部在内的政府机构，后者就是为受保护建筑负责的部门。它还在出版于1921年的第一份带有明确分类的历史建筑清单的编制上提供了帮助。古代文物保护法在

1931年进行了再一次修订——这次修订补充了对预计修补措施的审查以及禁止拆除列入清单的建筑的内容。

虽然政府已经介入了这个领域，但个人努力依然在20世纪早期发挥了重要作用。国民托管组织是一家国家性质的非营利组织，它于1895年由罗伯特•亨特、奥克塔薇尔•希尔以及哈德威克•罗恩斯利联合成立的，它面向建筑和土地保护主义者并且其目的是为了阻止日益增长的工业化趋势。与莫里斯、拉斯金和其他人提倡的一样，它是建立在对保护历史建筑和原始景观的重要性的认识之上的。从这个组织建立的开始，这个托管组织的保守性方法就被其雇用的专业人士和专家顾问所采用，例如来自SPAB的那些人。到了1914年，这个托管组织已经成为这个国家[64]主要土地拥有者之一，甚至已经有了足够的力量去反对铁路建设在土地使用和保护方面的事宜。[65]

在过去的一个世纪中，国民托管组织已经拯救了超过250个历史建筑和自然场所。它在英国的场所购买、解读和教育方面开展的无数创新性项目已经成为许多类似组织的模板，这些组织包括美国的国家历史保护信托组织（1949年）以及印度的国家艺术和文化遗产信托组织（1984年）。[66]今天的国民托管组织既会接受对具有重要历史价值或者自然美感的土地所在区域的捐赠或者遗赠，也会自行购买土地。随着时间的发展，这个托管组织已经让它的关注焦点变得更为敏锐，仅处理那些能够被保护，并且能从经济上实现自给自足的项目和财产。

到了第二世界大战开始的时候，英国在历史建筑和遗迹场所保护方面令人称道的系统的哲学基础已经根深蒂固，但依然需要更强势的政府行为。对政府管理者来说以及就新教教廷的观点来看，教堂的修复工作依然是超过约束的。对城市历史环境中的其他特点进行的保护工作非常少，尤其是对被列入清单的建筑周边的建造环境，例如历史铺砌道路表面、公园和景观。

由于战争所导致的英国的社会和经济变革为许多英国建筑遗产的保护提出了无数的挑战。通常需要克服很多困难，但那些对挑战做出成功回应的遗产保护主义者依然在保护方式、技术和管理方面留下了无数的案例，这一切造就了现代英国无法比拟的遗产保护系统。

德国和奥地利

与意大利、法国和英国相比，现代德国保护建筑和文化遗产的动力出现得很缓慢，并且受到了倔强的君主国以及连续的政治重组的阻碍。由于浪漫主义和对德国国家的向往是其主要驱动力，建筑工作主要集中在大教堂的建造、教堂的重新哥特化改造以及与德国自豪感联系在一起的历史建筑的风格性修复。直到19世纪中期的时候，才出现了涉及现代修复实践的第一次争论和批判。应当出于历史和年代价值，而不仅仅是出于民族主义的原因而进行保护成为了20世纪的唯一顾虑。

在19世纪早期——尤其是拿破仑入侵时期——中，位于欧洲中部的德国各个公国发现他们在保护他们自身方面装备不足并且毫无组织。在那个时候，现代德国所在地是由各个王国、君主国、选区和教会区构成的混杂物，它们在统治长达1000年之久的神圣罗马帝国的不断减退的支持下松散的团结在一起，它们主要接受奥地利帝国的统治。占领此地的法国和联军破坏了无数的历史建筑。这次失利让德国人产生了形成统一国家的愿望。

虽然在地理和政治上都是分裂的，但德国各联邦在语言、历史和文化传统方面都还是一致的。这种一致性由于浪漫主义运动而得到了加强，这个运动对历史的怀旧之情在艺术、文学和建筑方面都得到了表达。随

图14-21 卡尔·弗里德里希·欣克尔领导的最高建筑委员会对德国各联邦的历史建筑进行了调查。他参与了若干修复工程，其中包括科隆大教堂（如图所示）和马格德堡大教堂以及马尔堡城堡。

着拿破仑在1815年的最终失败而来的爱国主义情感在这些艺术的繁荣中得到了证明。对中世纪建筑和遗迹的兴趣出现在这种浪漫主义和德国习俗与传统的复兴之中，这成为一个能够加强德国各联邦迈出第一步去对它们最为重要的建筑遗产进行修复和保护的基础的焦点。传统的德国建筑被重新调查了，包括中世纪的巨型城堡和教堂在内。哥特式教堂自身则成为了德国文化的永久象征，包括约翰•沃尔夫冈•冯•歌德在内的有影响力的人物鼓励基于美学和爱国主义原因而对它的肯定，他们认为哥特式建筑才是真正的德国式建筑，从而因为外国的影响而失去光泽并且代表了真正的德国特征。[67]

到了1820年，包括萨克森邦和图林根邦在内的许多联邦中出现了许多研究和保护德国历史建筑的自愿团体。即使作曲家弗朗茨•李斯特都通过组织音乐会来筹集资金而为保护坍塌的建筑做出了他自己的贡献。第一份要求对历史建筑进行保护的德国法律规定于1749年在巴登邦中正式出台，很快之后就有追随者出现，包括1771年拜罗伊特邦和1779年黑森邦出台的法令。

德国早期保护运动中贡献最大的一个就是普鲁士建筑师卡尔•弗里德里希•欣克尔，他的许多新古典主义建筑让他声名显赫，但他对哥特复兴风格也同样非常熟悉。[68]因为它众所周知的象征主义和联想，欣克尔经常会在教堂或者国家性纪念建筑项目中选择哥特风格。[69]在1810年，欣克尔被任命为最高建筑委员会的成员，这个机构是普鲁士王国的国家级建筑管理机构。他随后成为了这个机构的负责人。

几乎是在供职于最高建筑委员会之后，欣克尔立刻就参与到普鲁士历史建筑的修复和保护之中。德国各联邦的修复实践仍然处于发展初期，但已经有民族主义并寓有情感的压力正在塑造它的发展。欣克尔于1815年被派去调查新近占领的莱茵兰地区国有建筑的状况。他回到家中的时候，对见到的战争破坏以及大量重要历史建筑和公民艺术作品的残破状态而深感不安。在名为《对我们国家的古代建筑和文物进行保护的基本原则》的报告中，他提出应当建立一个国家性的组织去保护重要的历史建筑。在这个组织的职责之中就包括对普鲁士王国每个区域中的每一种建筑类型——宗教性、公民性、军事性等——进行一次清查并制定一个保护计划。[70]

欣克尔的报告扩大了最高建筑委员会的权力，随后这个机构负责对改变国有建筑的行为进行管理。1819—1835年，这个委员会的权力扩大了五倍，因为它的管辖权现在还包括了废弃的城堡、女修道院、防御工事、对历史建筑做出的重大改变以及对具有历史、科学或者技术重要性的建筑进行的保护工作。[71]

欣克尔自己参与了那个时期中的三个最著名的修复工作：科隆大教堂、马格德堡大教堂以及马尔堡城堡。这些开始于19世纪30年代的项目揭示了19世纪早期德国修复实践中存在的问题和矛盾。每个建筑要么是不完整的，要么是遭受了严重的破坏；欣克尔的方法是将每个建筑都修复到一种理想状态，这是为了能够反映出这个国家光辉的中世纪历史和强大的普鲁士王国的未来之间的联系。[72]

1833年，欣克尔为科隆大教堂的完工制定了计划，虽然他在1816年就对它的宏伟表示了敬畏，并且建议采用让教堂保持未完工状态的极简主义方法。在那份他在早些时候准备的调查报告中，他明确地断言："在这种情况下，一个人最有价值的决心看上去就是尽心尽力的对其进行保护并尊重上一代人给我们留下的遗产。"[73]在马尔堡的项目中，欣克尔最初采用了一种类似的方法，但最终他在确保风格一致性的压力下屈服了，并对他的设计进行了调整。

在马尔堡城堡项目中，欣克尔被召集来为这个修复条顿骑士团之前所在地的全国性努力提供帮助，这个极具唤起性和重要性的场所从1804年开始就一直受到皇家法令的保护。这个修复项目格外充满了挑战。作为一名建筑师，欣克尔被公认为对通过大胆使用创造性幻想来补充没有证据存在的空白是非常有兴趣的。[74]这其实并不完全出乎意料之外，从他于1815年提交给最高建筑委员会的报告中就可以看出他坚信联邦有责任将历史建筑修复到一种它们能够被公众所认可的形式，甚至是冒着非本真性的风险。[75]

在19世纪30年代的时候，德国也看到了purifizierung方法——或者说修复至某一特定的早期风格——的出现，这种方式类似于在英格兰和法国非常流行的风格性修复。[76]这种潮流是德国自豪感复活的另一个结果，导致了数百座教堂被修复成"纯粹的"中世纪形式。这些教堂在十七八世纪中出于修饰目的而镶嵌的所有巴洛克式增添物都被清除，因为这些装饰物被认为能够让人联想到法国的。马格德堡（在1826—1834年进行了修复）、班贝格（在1828—1837年进行了修复）和雷根斯堡（在1827—1839年进行了修复）的教堂中的所有巴洛克式圣坛、附属小教堂、屏风、靠背长凳以及葬礼纪念碑都被清除，并用新哥特式家具进行了替换。[77]墙壁上的石膏被刮掉直至岩石暴露出来，丝毫没有考虑留下任何中世纪油画的证据。这种做法的结果是得到了简朴

图14-22 利奥·冯·克伦茨修复的帕特农神殿重现了位于德国雷根斯堡附近的瓦尔哈拉圣殿的样式。

的、给人深刻印象的并且不随和的礼拜式建筑，因为修复者很少注意到教堂的用途或者历史。[78]

系统性修复方法在德国的第一次闪光是在希腊出现的。建筑师利奥•冯•克伦茨（1784—1864年）于1835年在巴伐利亚国王路德维希一世的派遣下前往希腊去监管对能与他儿子奥托——他指定的希腊国王——相配的首都的雅典的规划和建造。冯•克伦茨是一名狂热的古典主义者，他在希腊各地都进行了旅行并提倡对所有主要建筑以及12座具有无与伦比的重要性的重要考古场所进行保护。他最大的贡献就是为卫城制定了修复指导方针，其中就引入了原物归位（脱落的建筑组件的重新组装）和重建的方法以便在希腊推行保护实践。他也对新材料进行了引人注目的使用，而不会让它与原始材料形成混淆。[79]冯•克伦茨的指导方针中要求对雕塑组件和碎片进行收集，其中的一部分被收藏在附近，而其他部分则留在原地以维持这个场所的别致特性。但是，冯•克伦茨却允许对卫城中的非古代建筑进行拆除。

德国人在希腊使用的修复和保护方法在亚历山大•费迪南德•冯•夸斯特于1843年被任命为普鲁士王国的艺术文物保护人的时候被引入到普鲁士使用。冯•夸斯特被赋予了为进行保护以及提高公众对历史建筑文化价值的意识的寻找理由——并制定原则——的任务。[80]他的任务还包括对国家性历史建筑清单的编制和对所有历史建筑修复规划进行审查，这些都是他兴趣特别浓厚的任务。即使在他的任命生效之前，冯•夸斯特——英国保护工作的钦佩者——已经开始着手确定他自己在

图14-23 使用purifizierung（风格一致性）方法完成的慕尼黑圣母大教堂的修复工程。

同时涉及理论和技术的事务上的定位。[81]

在冯•夸斯特被任命为保护人之后不久，最高建筑委员会下发了一份明确概括了修复和保护原则的官方文件。它对那些会抹去岁月光泽的修复实践提出了警告并鼓励采用侧重于对损坏进行修补的极简主义方法。[82]这份文件同时还禁止采用purifizierung（风格一致性）方法并要求巴洛克式和洛可可式纪念建筑物不应遭受破坏，这是出于对逝者、社区以及教堂历史感的尊重。[83]这份文件为冯•夸斯特支持保留历史建筑的所有增添物奠定了基础，他自己也提倡在后期变化掩盖了完整的历史建筑材料的情况下应当进行批评性的判断。[84]但冯•夸斯特在许多时候都偏离了他自己的格言。例如，在1858年的格尔恩罗德的修道院大教堂项目中，他设计新的装饰性壁画和彩色玻璃来替换已经遗失了的奥托式装饰物。[85]尽管他也存在缺点，但冯•夸斯特对德国建筑保护运动依然有着极大的影响力。他的职位在19世纪50年代被取消了，那个时候已经开始任命地区性保护人；但是，许多担任这个他曾经担任过的职位的新人都在巴伐利亚中磨练出了上乘的技巧。

从数量上来说，德国的风格性修复工程在19世纪的后半叶有了大幅增加。造成这个现象的原因很多。1861年颁布的艾泽纳赫条款通过对包括教堂应当如何被安排在内的新教礼拜式要求进行了概括而对修复运动起到了推动作用。同时，作为对不断增长的民族主义情况进行回应的历史相对论在建筑设计中的出现促进了对"真正的"德国风格以及不同建筑类型的适宜风格的研究。[86]由此而生的历史主义——或者说建筑的历史化，包括对得到认可的现有历史建筑进行修改——使得对数百座教堂进行了更加哥特化的修复，因为这种风格被认为最适宜新教教堂的风格。[87]在法国和英国中进行的风格性修复在德国也同样非常盛行。

从19世纪中期到晚期这段时间，对席卷德国联邦的修复狂热的反对越来越多。慕尼黑圣母大教堂的修复——完工于1861年——造成了一次丑闻，当被泄露给媒体的细部处理表明艺术作品会被从教堂中取走转而进行出售或者销毁时，诸如威廉•吕贝克这些批评家对这个修复项目提出了严厉的谴责，并宣称这座教堂几乎被毁坏了[88]，这是由于修复者心甘情愿地将工作重心放在了政治动机而不是历史性上。[89]对圣母大教堂项目的抗议是德国第一次有关修复及其对历史建筑完整性的影响的争论。

图14-24 关于海德尔堡城堡（如图所示）的争论标志着德国修复理论中的一个转折点：风格一致性修复逐渐让位于保护方法。

1848年政治动乱的加剧、19世纪60年代的战争以及1871年的政治统一都助长了贯穿19世纪剩余时间中的在德国民族主义和修复实践之间的联系。在1900年，建筑师和作家赫尔曼•穆特修斯对拉斯金著作的翻译帮助将潮流方向从修复转向保护。穆特修斯自己的著作强调了历史建筑的文献价值[90]，他认识到了每个建筑之中蕴含的历史、艺术和考古价值，他一直鼓吹拉斯金进行维护而不是修复的学说。拉斯金的另一名德国崇拜者是保罗•克莱门斯，他是莱茵兰的保护人。他受到了拉斯金的影响，但同时也肯定维奥莱特-勒-杜克的观点。克莱门斯谨慎的选择了保护，他偏向于缓慢的恢复，并且认为没有任何东西值得保存到下一个世纪，或者下一个十年。[91]

风格性修复的支持者和那些积极提倡保护方法的人之间展开的开放性争论于20世纪的前几年在德国认真的展开了，这些讨论的结果极大的影响了德国建筑遗产的最终命运。包括建筑师鲍拉特•保罗•托尔诺-梅茨在内的部分人尝试保持不同于英格兰的乔治•吉尔伯特•斯科特一样的中立者位置，他们的目标是在尊重其原始意图的同时对建筑的历史特征进行保护。[92]其他人则支持那些在理论方面开辟了新天地的理论——除了明智的修补和维护——并且反对对历史建筑进行大规模修复。

在德国，这个争论在反对海德尔堡城堡的修复时达到高峰期，这座城堡是在17世纪时被法国人夷为平地。有关这座城堡处理的可能性的讨论开始于1869年并持续了超过30年。那些赞成进行重建的人将其作为一件荣誉至上的事情而请求帮助：他们想要恢复新近统一的德国的象征并且消除战争失败的记忆。最后，在1891年的时候，作为这座城堡一部分的弗雷德里希堡被修复了。对紧邻的奥托-海因里希斯堡的修复规划在1901年得到了制定，那个时候出现了新提案，也就是认为整座建筑的修复对保存其文艺复兴外观来说是必要的。

被认为现代德国建筑保护奠基者的格奥尔格•德约也参加到这个讨论之中。他支持“保护，只是保护”的宣言并且认为这个被提出的修复项目的执行是以牺牲这座建筑的真实性为代价的。在1906年，在第六届保护讨论会年会上，超过两百名学者对这座城堡的命运进行了争论，而这些论点变得非常有技术含量并且非常激烈。会议的结果是惊人的：没有形成任何决定。随着时间的流逝，这些提倡采用谨慎的保护方法的人获得了实际上的胜利。有史以来第一次在德国的官方领域中，科学性和技术性保护论点战胜了那些基于浪漫主义、民族主义和政治情绪的论点。[93]海德尔堡保护争论的双方都是根据建筑的需要而提出他们的论点；那些为了风格和历史价值进行修复的论点遭到了摒弃。

同时，在附近的奥利地，历史学家、教授和建筑理论家阿洛伊斯•里格尔对保护背后的推论进行了探索。作为奥利地历史文物研究和保护中央委员会的总保护人，他的理论对整个哈布斯堡王朝时期中的保护政策都产生了影响。凭借他的大量著作，他也对德国的保护发展产生了重要影响。在1903年，里格尔出版了截至到那时为止在建筑保护领域最为成熟的章程，这份章程被按照立法规定的形式提交给奥利地政府进行审批。但它并没有被正式的采用，这可能是由于他最终于1905年不幸逝世。

中央委员会是由奥地利国王在半个世纪之前——1850年——建立的，它主要是作为一个自愿组织去负责协调当地社区、专业人士以及个人金融家为保护这个王国的文化遗产做出的各种努力。[94]它的任务包括“对历史建筑的修复项目进行清查、记录和法律保护”。[95]在19世纪，奥利地帝国中的绝大多数保护项目都受到了浪漫主义和历史相对论的影响，并且都倾向于风格性修复。弗雷德里希•冯•施密特的工作是丰富多产又具有影响力的。在完成对科隆大教堂项目以及随后在意大利米兰和威尼斯的工作之后，冯•施密特成为这个帝国中最为重要和多产的修复建筑师之一，他负责整个帝国范围内的修复工作，其中就包括位于维也纳的圣斯蒂芬大教堂和萨格勒布和布拉格的教堂。[96]

在20世纪交替的时候，里格尔完成了对历史建筑类型和价值的合理化和系统化，他将纪念建筑物分为有意识建筑或者非意识建筑，并为它们的保护给出了理由：因为它们能够满足纪念性或者现代用途。[97]在里格尔看来，世纪之交时出现在奥利地和德国的保护争论只是那些认为历史性价值最重要的人（修复者）和那些认为年代价值最为神圣的人（保护者）之间的争论之一。

里格尔他自己对修复的分类也反映了他的各种不同的“纪念性价值”（参见第3章侧栏的“里格尔及纪念性建筑的含义”）。他将干预的类型分为“激进性的”、“艺术—历史性的”以及“保守性的”，它们的范围从对建筑采用以年代价值为重的最小程度干预措施到出于与历史文献一样的手工艺品重要性而进行保护或者维护，再到出于美学价值或者用途考虑而对建筑进行完整的重建。[98]

在整个20世纪早期，建筑保护运动得到了持续发展。艺术历史学家马克斯•德沃拉克制定了奥地利艺术和建筑的第一份全面清单，这份清单随后被用作文化遗产保护法律出台的基础。他的伟大作品——《文物保护教义问答》——是革命型的，因为它代表了第一本真正为建筑保护主义者制定的手册，而且同时是为公共大众而不是为其他学者量身制定。德沃拉克坚信保护并不是建立在神秘知识上的，而是建立在对历史非常人性化的尊重以及对自己文化的赞美。他坚定的认为对建筑进行风格性修复意味着艺术性和历史性重要性的损失并且会破坏应当传递给下一代人的价值。对欣克尔、冯•夸斯特、里格尔和德约来说，第二次世界大战战后德国和奥地利各个城市的景象可能有太多需要承受的东西。德国的重建要求对德国的建筑保护运动进行改造，因为过去的规定不再适用于拥有额外含义并要求新的处理方案的重要历史建筑的新情形。在面对这些挑战的时候，德国建筑保护运动开始对它自己进行恢复。

作者注：上述对于发生在意大利、法国、英国、德国和奥地利的修复和保护实践形成期的阐述是从若干具有类似经历的其他国家中选取出来的，因为这些国家是世界上首批建立起非常合理的保护方法的国家，这些方法随后被证明具有相当大的国际影响力。其他国家在遗产保护措施的发现、采纳以及制度化方面都有其各自的经历，其中一些会在本书的后续以及各个单独部分中进行介绍。

相关阅读

Cantacuzino. Sherban. Re/Architecture: Old Buildings/New Uses, London: Thames and Hudson, 1989.

Choay, Françoise. The Invention of the Historic Monument. Cambridge: Cambridge University Press, 2001. Choay, Françoise, ed. La Conférence d'Athènes sur la conservation artistique et historique des monuments, Paris: Editions de l'Imprimeur, 2002.

Crouch, Dora P., and June G. Johnson. Traditions in Architecture: Africa, America, Asia, and Oceania. Oxford: Oxford University Press, 2001.

Denslagen, Wim. “Restoration Theories, East and West”. Transactions/Association for Studies in the Conservation of Historic Buildings 18 (1993): 3–7.

Erder, Cevat. Our Architectural Heritage: From Consciousness to Conservation. Museums and Monuments series. Paris: UNESCO, 1986.

Fitch, James Marston. American Building. Vol. 2: The Environmental Forces That Shape It. New York: Houghton Mifflin, 1972.

Harvey, John. “The Origin of Listed Buildings.” Transactions of the Ancient Monuments Society, vol. 37, 1–20. London: Ancient Monuments Society, 1993.

Jokilehto, Jukka. A History of Architectural Conservation. Oxford: Butterworth-Heinemann, 1999.

Kain, R. J. P. "Conservation and Planning in France: Policy and Practice in the Marais, Paris." In Planning for Conservation: An International Perspective. Ed. R. J. P. Kain. London: Mansell, 1981.

Miele, Chris, ed. From William Morris: Building Conservation and the Arts and Crafts Cult of Authenticity, 1877–1939. New Haven: Yale University Press, 2005.

Pickard, R. ed. Policy and Law in Heritage Conservation. London: Spon, 2001.

Schnapp, Alain. Discovery of the Past. Translated by Ian Kinnes and Gillian Varndell. London: British Museum Press, 1993.

Tung, Anthony M. Preserving the World's Great Cities; The Destruction and Renewal of the Historic Metropolis. New York: Clarkson Potter, 2001.

UNESCO. Operational Guidelines for the Implementation of the World Heritage Convention. Paris: UNESCO, 2005. First published in 1977.

Waterson, Merlin, and Samantha Wyndham. The National Trust: The First Hundred Years. London: National Trust and BBC Books, 1994.

Watkin, David. The Rise of Architectural History. London: Architectural Press, 1980.

Wines, James. Green Architecture. New York: Taschen, 2000.

注 释

1. Erder, Our Architectural Heritage, 91–92.
2. The Complete Poems of Percy Bysshe Shelley (New York: Modern Library, 2000), 589.
3. Azienda di Promozione Turistica di Roma [Rome Tourist Board], "The Arches of Ancient Rome," RomaTurismo, http://www.romaturismo.it/v2/allascopertadiroma/en/itinerari09.html.
4. Erder, Our Architectural Heritage, 126.
5. Ibid., 91.
6. Ibid., 93.
7. Ibid., 92.
8. Ibid. The British helped the Vatican secure the return of their plundered treasures and even offered a ship for their transport to Rome in 1822. Ironically, this was only a short time after the British Museum acquired the Parthenon frieze in one of history's most famous unresolved cases of restitution.
9. Ibid.
10. Jokilehto, History of Architectural Conservation, 78–79.
11. Ibid., 205.
12. Alvise Zorzi, Osservazioni Intorno ai Restauri Interni ed Esterni della Basilica di San Marco, 1877.
13. Risoluzione del III Congresso degli Ingegneri ed Architetti (Rome: 1883). Boito's principles are paraphrased here in English. The original in Italian is found in Camillo Boito, Questioni Practiche de belle Arti, Restauri, Concorsi, Legislazione, Professione, Insegnamento (Rome: 1893), 28.
14. Liliana Grassi, Camillo Boito (Milan: Il Balcone, 1959), 41–48.
15. Erder, Our Architectural Heritage, 101.
16. Jokilehto, History of Architectural Conservation, 220.

17. Erder, Our Architectural Heritage, 117.
18. St.-Gilles du Garde near Nîmes, contructed in its present form during the twelfth century ce, has a variety of ancient sculptures on its façade, along with well-integrated new work. During the construction of the Basilique St.-Denis near Paris, begun in 1144, Abbé Suger specifically requested that recycled marble columns from the dismantled temple of a Corinthian order be used in the ambulatory of the great church.
19. As the memory of Rome faded during the medieval period, French architects created some of France's greatest buildings—its magnificent Gothic cathedrals. These cathedrals and many smaller churches suffered damage during the religious conflicts of the Reformation, as French Huguenots vandalized and destroyed many religious structures in retaliation for their own losses at the hands of Catholics. Such conflicts affected buildings from all time periods.
20. During this period, churches were altered or demolished as new, classically styled structures were constructed throughout the country. The Gothic style was derided, and French medieval architecture was deemphasized or mocked as ignoble. One of the sole opponents of the Italianization of French architecture was architect Charles Perrault, whose translation of Vitruvius left him well-versed in the classical language of architecture. He decried the importation of foreign architecture as unsuited to the French climate and against the tradition and requirements of French construction.
21. After the monarchy was abolished in 1793, the first ruling body of the new French Republic ordered all royal tombs and mausoleums to be destroyed. Losses included the destruction of fifty-one monuments and the near destruction of the royal tombs at the Basilique St.-Denis. André Thoman, et al., Chronicle of the French Revolution, 1788–1799 (London: Chronicle Publications, 1989), 357.
22. Choay, Invention of the Historic Monument, 64; Jokilehto, History of Architectural Conservation, 70.
23. Choay, Invention of the Historic Monument, 65–66.
24. Ibid., 67.
25. Ibid., 69; and Jokilehto, History of Architectural Conservation, 70.
26. Grégoire coined the word vandalism. Choay, Invention of the Historic Monument, 63.
27. Napoleon's troops traveled with one hundred scholars and specialists ("savants"), including historians, engineers, architects, geologists, botanists, and zoologists, who documented everything they encountered in this strategically important and famously exotic land. Bringing scientists on a military expedition and setting up a scientific institute before victory was declared proved to be a landmark in the history of both art and science. The resulting folios and text comprising the Description de l'Égypte made history in the literature of the arts and sciences as well in the field of book publishing. See also Figure 13-9.
28. Choay, Invention of the Historic Monument, 97.
29. Jokilehto, History of Architectural Conservation, 138. Adolphe-Napoléon Didron's early articulation of sound principles of restoration and conservation practice curiously remain under-celebrated in the story of French heritage conservation, possibly because of the towering reputations of Prosper Mérimée and Eugène-Emmanuel Viollet-le-Duc, who respectively preceded and succeeded him.
30. Although, in practice, Viollet-le-Duc did occasionally retain subsequent modifications to historic buildings for practical reasons.
31. Viollet-le-Duc, "On Restoration," from Dictionnaire Raisonné de l'Architecture Française du XIe au XVIe Siècle, vol. 8, as cited in M. F. Hearn, ed., The Architectural Theory of Viollet-le-Duc: Readings and Commentary (Cambridge, MA: MIT Press, 1992), 269.
32. The Basilique St.-Denis near Paris, begun by Abbé Suger in 1136, is the oldest-documented

expression of Gothic architecture. The English and the Germans, however, maintained that certain characteristics are uniquely theirs and part of their individual national heritages.

33. Viollet-le-Duc's position is the antithesis of the later written theories of Camillo Boito, in particular his restauro filologico, which emphasized that historic value is very important in a restoration project. Boito maintained that additions made to a building in all periods of use must be respected, as should its patina. He opposed bringing back the building to a supposed original state, and he maintained that consolidation should be preferred to repairs, and repairs preferred to restorations.
34. Architectural photogrammetry was further perfected and made efficient by Albrecht Meydenbauer, an Austrian who coined the term photogrammetry and used his critical invention of a wide-angle lens in producing a photogrammetric survey of St. Mary's Cathedral in Freyburg, Germany. From 1959 through 1981, Professor Hans Foramitti, a Swiss working at the Austrian bundesdenkmalamt (Austria's federal administration for the conservation of cultural property), developed a practical system of photogrammetric survey techniques for historic buildings, information that was disseminated through his teachings and publications on the subject.
35. Choay, Invention of the Historic Monument, 98.
36. In 2000, the name of La Caisse was changed to Centre des Monuments Nationaux.
37. Erder, Our Architectural Heritage, 144.
38. By 1930, American philanthropist John D. Rockefeller's donations for projects at the palaces of Versailles and Fontainebleau and at Notre-Dame de Reims totaled more than $2.85 million. This encouraged further government investment in these important and highly visible landmarks of French history. Martin Perschler "John D. Rockefeller, Jr.'s 'Gift to France' and the Restoration of Monuments, 1924–1936," Research Reports from the Rockefeller Archive Center, Spring (1997): 13.
39. Schnapp, Discovery of the Past, 260–261.
40. While neoclassicism in western Europe is widely considered an eighteenth-century phenomenon, its roots can be traced to French and English Renaissance architecture, after which it is seen even more clearly by the introduction of Palladianism in the early seventeenth century.
41. Examples are Fountains Abbey, and the ruins of Newstead Abbey that were incorporated as an extension of the poet Byron's country home.
42. His alterations involved a catalog of extensive changes: demolition of two late-Gothic chantry chapels next to the Lady Chapel; repositioning the altar; removing the seventeenth-century reredos; installing new, iron communion rails and screens across the aisles and at the organ loft; repositioning the thirteenth-century rood screen; repaving the Lady Chapel using recut old bluestone grave markers; refinishing the walls from the east end to the transept; moving the larger tombs from behind the altar to the nave; and scraping off the thirteenth-century vault paintings that one critic described as "doing honour to the Italian school." Denslagen, Architectural Restoration in Western Europe, 37.
43. Ibid., 34.
44. Ibid., 36.
45. Jokilehto, History of Architectural Conservation, 108.
46. Denslagen, Architectural Restoration in Western Europe, 49.
47. Jokilehto, History of Architectural Conservation, 109.
48. From the seventeenth century on, Protestant England had wholeheartedly embraced Classicism's cool simplicity and grandeur. Medieval and Renaissance crafts were laid aside as architects and builders were taught the new canon of antiquity, encouraged by the ideas of the eighteenth-century Enlightenment. The classical churches constructed during the Resto-

ration and Georgian eras were deemed better suited to Protestant liturgical requirements than the medieval Gothic churches. England's great cathedrals, long symbols of banished popery, were abandoned or altered by Anglican clergy to better support a Protestant liturgy. Jokilehto, History of Architectural Conservation, 111.

49. William H. Pierson, Jr., American Buildings and Their Architects, vol. 2, Technology and the Picturesque: The Corporate and the Early Gothic Styles (Garden City, NY: Doubleday, 1978), 151.
50. Hugh Thackeray Turner, "Society for the Protection of Ancient Buildings: A Chapter of Its Early History," Society for the Protection of Ancient Buildings, 2nd Annual Report (London: Society for the Protection of Ancient Buildings,1899), 7–37.
51. See also A. W. N. Pugin's Contrasts (1836). plate shows the Gothic restoration of St. Mary Overy's southern façade, including a sign indicating "Old material for sale."
52. From 1841 to 1843, the society directed the restoration of the twelfth-century Church of the Holy Sepulchre in Cambridge, essentially as a reconstruction. The western entrance was rebuilt in the Romanesque style, a fifteenth-century pinnacle was destroyed, the original windows were replaced with Romanesque ones, and vaults were built over the circular central space. The changes also included construction of a new bell tower on the north side of the church and removal of all Protestant pews in order to "purify" the interior. Denslagen, Architectural Restoration in Western Europe, 61.
53. Ibid., 62.
54. Ibid., 159.
55. Jokilehto, History of Architectural Conservation, 161–62.
56. John Ruskin, The Works of John Ruskin, library ed., ed. E. T. Cook and A. Wedderburn (London: G. Allen, 1903–12), vol. 3:242.
57. John Ruskin, "The Lamp of Memory," Seven Lamps of Architecture, Chapter 6.
58. Ibid.
59. Ibid.
60. For the average architect and builder at the time, the solution for restoring a crumbling stone exterior involved cutting down or scraping a building's stone exterior surfaces—deteriorated and otherwise—and refinishing it, complete with new surface treatments and freshly carved stone sculpture.
61. William Morris, "Tewkesbury Minster," letter to Athenaeum, March 10, 1877, Marxists Internet Archive, http://www.marxists.org/archive/morris/works/1877/tewkesby.htm. Other founding members of SPAB included John Ruskin, architect Philip Webb, and the artist Edward Burne-Jones.
62. Erder, Our Architectural Heritage, 180.
63. Derek Linstrum, "Conservation of Historic Towns and Monuments."
64. With ownership of 612,000 acres, the Trust is the second largest property owner in Britain today, after the Crown.
65. Jokilehto, History of Architectural Conservation, 112.
66. Today, the membership of the International National Trusts Organization consists of 150 members from 53 countries. The INTO holds biennial meetings in different countries of the world. Vibha Sharma, "INTO Launch Today: Conserving Cultural and Natural Heritage," The Tribune (Chandigarh, India), December 2, 2007, http://www.tribuneindia.com/2007/20071203/
nation.htm#2.
67. Jokilehto, History of Architectural Conservation, 112, 127; and Johann Wolfgang von Goethe, "On German Architecture" (1772) and "On Gothic Architecture" (1823), in John Geary, ed.,

Goethe: The Collected Works, vol. 3, Essays on Art and Literature (Princeton, NJ: Princeton University Press, 1986), 8, 10.

68. Barry Bergdoll, Karl Friedrich Schinkel: An Architecture for Prussia (New York: Rizzoli, 1994), 40–42.
69. Among Schinkel's Gothic revival designs were a mausoleum for Queen Louise (1810–1812); the war monument on the Kreuzberg in Berlin (1818–1821); and his figurative paintings of fictional cathedrals set above Germanic towns and landscapes.
70. Jokilehto, History of Architectural Conservation, 114.
71. Denslagen, Architectural Restoration in Western Europe, 169.
72. Jokilehto, History of Architectural Conservation, 117.
73. Ibid.
74. Ibid., 120.
75. Denslagen, Architectural Restoration in Western Europe, 155.
76. Ibid., 155.
77. Ibid., 154.
78. Jokilehto, History of Architectural Conservation, 108.
79. Ibid., 93. Valadier preceded Von Klenze with this type of work in Italy.
80. Denslagen, Architectural Restoration in Western Europe, 157.
81. In his 1837 paper "Pro Memoria," Von Quast stated that restoration fueled by too much funding was destructive and counterproductive to conservation, which sought to conform to what already exists rather than create something new. Denslagen, Architectural Restoration in Western Europe, 157.
82. Ibid., 158.
83. Ibid.
84. Jokilehto, History of Architectural Conservation, 125–27.
85. Ibid., 164.
86. Ibid., 192.
87. Ibid., 193.
88. Denslagen, Architectural Restoration in Western Europe, 163.
89. Jokilehto, History of Architectural Conservation, 193–94.
90. Ibid., 194.
91. Ibid., 195.
92. Ibid., 196.
93. Ibid., 142.
94. Sigrid Sangl, Biedermeier to Bauhaus (London: Frances Lincoln, 2000), 112.
95. Jokilehto, History of Architectural Conservation, 164.
96. Ibid.
97. See sidebar "Riegl and the Meaning of Monuments" in Chapter 3, 38.
98. Jokilehto, History of Architectural Conservation, 218.

第四部分

当代建筑保护实践

佛罗伦萨得到保护的历史中心区。

为了挽救这座建筑，对从整块岩石中雕刻出来的埃及神殿——位于阿斯旺的阿布辛贝神庙——进行了史无前例的重新放置，并将其放置在一个更高的位置。

第 15 章

国际活动和合作

从第二次世界大战到迄今为止的这段时期，是建筑保护领域中最多产的时期。国际事务的空位期以及所有这些最具毁灭性的战争造成的破坏让这个领域的历史出现了一个重要的转折点。[1]

大规模重建成为了紧接着的战后岁月的主要特点，这些重建都是出现在那些受到战争冲突和不断增强的全球经济繁荣影响最大的领域中。这种经济好转首先被美国所享用，然后再传播到其他国家中。尤其是在欧洲西部，城市区域和交通系统的普遍战后现代化对尚处于初生期的建筑保护兴趣带来了挑战，这种兴趣是在两个世纪之前才出现。这种兴趣不断发展成为范围广泛的国家性和国际性潮流。

这个领域对过去半个世纪中全球变革的压力的回应以多种不同的形式得到了反映：从建筑保护章程的制定和相关法律的出台，到专业化政府机构的建立和各个不同的有影响力的遗产保护机构的成立。与这些发展一致，公共大众同时对文化和自然遗产保护的普遍关注在不断发展，这种领悟的结果就是对社会、经济和物质发展构成了限制。涉及遗产保护的不断加热的争论在某些情况下会遭受强烈、甚至是暴力的抵抗。一些更为知名的斗争已经成为了标志着全球不断广泛传播的遗产保护行动的进程的里程碑事件。

今天，在第4章中概括出来的应当进行建筑保护的理由的超长清单被认为比那些反对它的论点更有分量。来自博物馆学、考古学和历史研究等联合领域中有关遗产保护的关注以及对环境保护和能源节约的平行兴趣之间的汇集也增加了进行建筑保护的理由。

由于全球的相互关联性，它发展的程度、对各个级别的原因与结果的认识以及对各个不同国家和族群的多种遗产的关注已经世界各地的人民中得到传播。个人、组织以及政府对保护他们本土领域之外的文化遗产方面的兴趣和尝试现在已经是司空见惯的事，虽然没有出现任何新的东西。正如提到的那样，国际遗产保护努力的根源在于旅行的历史之中，这在几个世纪中都是一种文化了解另一种文化的主要方式。旅行者对他们在旅行过程中所见到的纪念性建筑物的不断描述加剧了本国人对外国历史遗迹场所的兴趣——以及随后对它们进行的保护。发现、对比和学习其他文化和场所的过程反过来也提高了期望——同时包括本地性和国际性的——以及由此而生的国家自豪感。于是，一个新的现象可以被清晰的观察到：为了保护而保护。国际遗产保护实践领域的发展就诠释了这种趋势。

当代国际建筑保护实践——起源

从19世纪早期开始，特定修复项目的构思和方法在整个欧洲范围内被分享并且对各个地方的保护实践的发展造成了影响。例如朱塞佩•瓦拉迪耶在罗马提图斯凯旋门的修复项目中就对原始碎片进行了谨慎的保留和重新整合，并且努力让新、老建筑材料有所区别，这种做法就在采用了随后被定义为原物归位的方法的修复工程中被广泛的模仿。[2]尤金-伊曼纽尔•维奥莱特-勒-杜克的风格一致性方法在所有法国邻近国家的许多重要的民用和宗教建筑修复工程中有所反映，而约翰•拉斯金的影响力主导了19世纪60年代威尼斯圣马可大教堂修复工程之前的激烈辩论。[3]在早期岁月——这个领域中更属于实验性的时期——中，在若干国家中采取的行动措施成为了模板和参考对象。

对这些项目的了解以及欧洲和世界范围内正处于变革期的各大都市中受到威胁的历史建筑数量的不断增加都让对更全面哲学和方法的需要变得更加突出。许多意大利建筑师和学者都开始着手迎接这些挑战。罗马建筑师卡米洛•博伊托提出了一个介于维奥莱特-勒-杜克和拉斯金之间的中间道路，这个方式推荐采用最小程度干预措施并且不会改变建筑的外观。[4]古斯塔沃•乔凡诺尼在20世纪早期一直延续博伊托的道路，他制定了意大利第一份国家建筑保护法律条款，这项法律反过来又奠定了雅典宪章的基础，后者是从国际角度对文物保护哲学和技术做出的首次努力。[5]（参见第14章。）

国际诉求

在过去的一个世纪中，对外国历史建筑和相关文化遗产保护的兴趣和关注已经得到了扩大并将各个不同的个人、特殊利益集团和国家都包括在内。自愿的私人和公共组织在国际遗产保护援助方面的早期案例包括：沙皇亚历山大二世于19世纪60年代派遣到安纳托利亚南部的代姆雷去修复圣尼古拉斯教堂的建筑师，以及济慈-谢莉纪念协会的三个不同国家的委员会（分别来自伦敦、罗马和纽约）在大西洋两岸进行了筹募基金活动之后不久于1903年对位于罗马的济慈-谢莉住所的联合收购。[6]

第一次世界大战后对凡尔赛宫的修复努力的最开始是作为对一名士兵的拯救

行动，这项工作激发了美国慈善家约翰•D•小洛克菲勒的兴趣，他对20世纪30年代进行的许多修复工作都进行过赞助。在第二次世界大战之后，诸如纽约城的塞缪尔•H•克雷斯基金会这类组织对许多修复工作都进行过支持，其中就包括位于法国和意大利的项目。这些对纪念性建筑物提供国际性私人援助的案例对非常多的对在战争中受到损坏的纪念性建筑物和城市进行重建和修复的地区性和国家性努力中起到了补充作用，这些工作主要发生在欧洲、地中海区域和中东，而部分项目至今仍然进行中。

在20世纪的后半叶，全球各地的许多私人的、非政府的、准非政府的以及政府间的重大举措都以有组织和非正式的形式加入到这些努力之中，其共同目标都是致力于保护世界重要的建筑和艺术遗产。（参见附录B："与国际建筑保护相关的机构和资源"）但是在20世纪60年代出现了两个特殊国际诉求：同时对受到人类和自然威胁的建筑进行保护，这标志着对这项问题的全球意识正在不断提高。

▲图15-1　国际建筑保护援助的自愿的个人和公共参与的早期案例包括沙皇亚历山大二世于19世纪60年代派遣到安纳托利亚南部的代姆雷去修复圣尼古拉斯教堂的建筑师。

►图15-2　对第二次世界大战中遭到破坏的佛罗伦萨的天主圣三桥的重建项目得到了纽约城的塞缪尔・H・克雷斯基金会的赞助，这个组织从那时起就开始对数百个欧洲建筑保护项目进行了赞助。

在1960年，埃及和苏丹在尼罗河流域的阿斯旺上建造第二座、更高的大坝的计划让无数重要古代努比亚和埃及纪念性建筑物和考古遗迹面临着被淹没的威胁，其中就包括法老拉美西斯二世修建的著名神庙：阿布辛贝神庙。在河流上进行筑坝将会降低水位，从而使其能够灌溉的区域面积远大于比其季节性洪流的灌溉面积。这两个国家以牺牲河流流域中无数历史建筑和古迹场所的代价进行现代化的决定造成了国际社会的强烈抗议。

为了挽救这些古代财富，时任联合国教科文组织（UNESCO）总干事的维多利诺•韦

◀图15-3 由于阿斯旺高坝的建造而造成的上尼罗河沿岸的大量古代埃及和努比亚纪念性建筑物的淹没问题在20世纪60年代早期产生了一个引起公众共鸣的紧迫问题。拉美西斯二世的巨大雕像被在一个可以俯视纳赛尔湖的高地（见照片背景）上进行重建，如图所示即为这座雕像的拆解过程。（照片来源：AFP）

▼图15-4 阿布辛贝古代神庙的重建过程。作为对这个为挽救努比亚遗产做出贡献的国家的肯定，埃及政府将孤立的神庙建筑赠与给重要的赞助方，包括西班牙和美国在内。（照片来源：AFP/RIA 诺沃斯特）

图15-5 1966年11月4日发生的威尼斯洪水泛滥。

罗内塞发起了首个大型协调组织的国际技术援助努力，并为拯救这些面临威胁的文化遗产提出了资金诉求。他的话语（参见第245页）大大有助于普遍性遗产现代概念的定义。

在很大程度上，国际行动组织挽救上尼罗河沿岸的遗址是成功的。它挽救了埃及的二十多个建筑，另有四个在苏丹[7]，并且推动联合国教科文组织作为国际组织发出呼吁，为了这些特别重要的文化遗址。但是，尽管这一令人印象深刻的壮举吸引了世界的眼光，它并没有筹集到足够的资金去维护所有值得保护的地方。尽管如此，阿斯旺挽救行动产生的宣传效果为其他类似的国际参与行动开辟了道路。

这些令人惊奇的建筑——地球上最为重要的建筑中的精品——正面临着消失的危险。选择一个属于历史的遗产还是一个给人们带来幸福感的现代并不是一件容易的事情。要在神庙和农作物之间做出选择并不容易。这些纪念性建筑物——它们的消失可能就是马上将要发生的事情——并不仅仅只属于那些所有它们的国家。整个世界都有继续看到它们的权利。它们是阿旃陀壁画、乌斯马尔城墙以及贝多芬的交响乐。具有普遍性价值的财富应当获得普遍性保护。[8]（维多利诺•韦罗内塞）

仅仅几年之后的1966年11月4日，威尼斯就出现了污水泛滥的情况，这是由于来自亚得里亚海的强北风触发了河流的高潮。这次洪水泛滥的高水位刚刚超过6英尺（194厘米），至今仍是一项纪录。对威尼斯建筑和艺术品造成的破坏性以及同一时间出现的阿尔诺河泛滥对佛罗伦萨遗产财富造成的损坏是如此的严重，

图15–6、图15–7和图15–8 在风险基金会（英国）的援助下完成的对15世纪的威尼斯奥托圣母大教堂表面的修复，图中包括在保护处理之前和之后的圣克里斯托弗雕像的细部情况。（由风险基金会威尼斯分会提供）

它们促使了一个史无前例规模的国际救灾工作的开展。再一次，UNESCO做出了国际援助呼吁，其结果就是一个帮助威尼斯获得资金渠道的国际援助网络的建立。[9]保卫威尼斯国际运动在UNESCO中提供了三种合作方式。其中包括十九个国家性和国际性私人组织以及被称为监督者的意大利文化部当地机构。这种安排的结果就是完成了超过一百座历史建筑和一千件艺术品的修复和保护工作。

风险基金会威尼斯分会是在洪水侵袭之后很短时间内开展的若干保护救灾援助之一，它是由前任英国驻意大利大使阿什利•克拉克爵士为向威尼斯和佛罗伦萨提供援助而成立；但是它主要将它的工作重点集中在威尼斯的宗教和艺术作品上。[10]这个基金会也对由"监督者"的专家进行的美术和文物修复工作进行了资助，而这些工作都是在UNESCO威尼斯办公室和意大利文化部的合作监管下开展的。它的目标和方法都被许多其他国际救灾援助行动所效仿，它们中的一个——国际文物基金会，随后改名为世界文化遗产基金会——就从中成熟起来并成为世界范围内建筑遗产保护的主导者。[11]

国际协议和会议

几乎早在努比亚和威尼斯救援呼吁之前整整一个世纪的时候，一些欧洲国家就已经开始发展他们自己的文化遗产保护措施，这是出于对另一种威胁类型的考虑——国内冲突。在1874年的布鲁塞尔，俄罗斯沙皇亚历山大二世召集召开了第一次国际性会议以对平民和平民财产在战争时期中的处理进行讨论，其中就包括文化遗产古迹场所在内。这次会议发布的宣言认为文化是人类的共有遗产，并提出了艺术财富的不可替代性。[12]

1899年和1907年在海牙协商的两份国际性协议中将在布鲁塞尔会议上讨论的这个概念正式化了。但是在之后的很短时间内，整个欧洲区域中的建筑遗产都在第一次世界大战期间遭受到了广泛的毁坏，这表明上述这些宣言是完全失效的。[13]即使为了对文化财产进行确认和保护而任命了的特别官员也不足以处理这种情况，德国军队对人民大众的激烈抗议的回应是对比利时勒芬的天主教大学图书馆进行了破坏和对法国兰斯大教堂进行了炮击。[14]

图15-9和图15-10 第一次世界大战时期针对空中轰炸进行的预防性保护行为包括在木制构架中安放沙袋来保护位于佛罗伦萨的米开朗基罗的大卫雕像以及威尼斯圣马可教堂的外观表面。（拍摄：A·W·范·布伦，1914年）

图15–11 a和b 第二次世界大战期间数百座城市和数百万座建筑的大面积受损迫使需要进行一个选择评估：修复或者完全新建。波兰的格但斯克选择在必要的地方进行谨慎的修复和复制；法国的勒阿弗尔（如图所示）选择完全新建，要么是采用由奥古斯特·佩雷设计的激进现代型式，要么是采用与那些已经消失的建筑的几何形式大致相同的复制品（上图）。格但斯克Dlugi Targ（长型市场）精心重建的外观（下一页）表明了这个城市的市民和规划者更倾向于将这座城市恢复到战前的样貌。

在1931年，一个关于重要历史建筑文物的跨国专题讨论会在雅典举行；它确定了具有国际认可性的建筑保护原则。不仅仅只是简单的要求进行保护，雅典宪章侧重于在各个国家之间进行更加密切合作以及建立一个能够共享技术信息和成功经验的论坛的必要性。更重要的是，这个宪章建议不要出于某个单独的考虑而对历史建筑进行保护：普通大众都有权力去了解共有的文化遗产并且应当在它的保护中起到积极作用。

雅典宪章是在动荡的政治和社会时期中起草的。第二次世界大战——其破坏性远胜于第一次世界大战——之后出现了全球性的经济衰退。欧洲的大部分地区都变成了废墟：仅以法国为例，约有46万座建筑被毁坏，历史建筑清单中的15%都受到了破坏。[15]中国东部、日本和东南亚的许多城市都遭受破坏或者被完全夷为平地。在紧接着第二次世界大战之后的几年中，绝大多数国家都面临着由于机械化和新的经济形势造成的快速变更。

虽然在遗产保护圈内对遭受战争破坏的国家最终将会如何修复和重建他们的城市进行过认真的思考，但战后重建工作的执行通常会受到资金和关注的匮乏所带来的限制。绝大多数国家最开始是将他们有限的资源用于满足基本生活需要和经济复苏需求上。相比于这些要求，历史建筑和遗迹场所的修复和保护的首要性就要低得多。在许多国家中，时代精神是要求看到更光明的未来——根据发展的需要、得到改善的健康和教育情况以及全面的重新开始——而不是对历史遗迹的保护。大量的住宅和工业规模预先制造是战后重建中的主流模式。在对历史建筑进行了修复的地方，在使用的五花八门的方法中也存在有科学依据的方法，虽然通常受欢迎的方法是更权宜的复原措施。[16]

图15-12 在其重建工作于20世纪50年代完成之后的波兰格但斯克Dlugi Targ（长型市场）广场。

在1954年，由于建筑和博物馆在第二次世界大战期间遭到了大面积的破坏，世纪之交制定的海牙公约被再次提及。根据早期先例的情况，UNESCO组织并起草了《在战争中保护文化财产公约》。这份有着巨大影响力的文件——通常将其称为（修订版）海牙公约——很快就被102个国家所接收。[17]

1964年在威尼斯举行的一次国际性会议标志着当今时代的开始，也就是建筑保护实践这个专业正式被视为一个真正专业的时代。共有来自61个国家的600名代表聚集到一起并对建筑保护以及世界各地最佳实践的问题进行了讨论。正如在第9章中详述的那样，这次会议的一个目标就是制定一个包含保护原理的章程来取代1931年的雅典宪章。

建筑文物和遗迹场所保护和修复国际宪章——被简称为威尼斯宪章——是由一个由19名欧洲人、2名拉丁美洲人、1名阿拉伯人以及1名亚洲人组成的委员会起草的。威尼斯宪章认为“指导对古代建筑进行保护和修复的原则应当取得一致，并且应基于一个国际基础，每个国家都有责任在其自己国家文化和传统的框架中运用这个规划”是非常必要的。[18]

从1964年开始，威尼斯宪章从很大程度上就对遍及全世界各地的建筑保护道路做出了定义。许多国家都以各种不同形式——部分或者全部——采用了这个宪章。虽然在接下来的几年中也有无数的附加章程和宣言正在起草中——其中一些是作为反对它的反应——但威尼斯宪章始终都是“基准点”。[19]1964年的威尼斯会议标志着具有影响力的国际古迹遗址理事会（ICOMOS）的成立，从那时起一直到现在，这个组织的许多职责使其成为了来自建筑保护专业以及其若干附属专业和学科的专业人士的主要召集人（参见下文及附录C）。

在过去的半个世纪中，那些丰富了建筑保护领域的宪章、宣言和信息传播努力中的绝大部分都是在ICOMOS及其母体组织UNESCO的支持下完成的。诞生于巴塞罗那的保护性清查的概念——在1965年的帕尔马建议中进行了首次讨论和详细阐述——发展成了一个到现在依然被广泛使用的系统。在同一年的威尼斯会议上，参会代表聚焦在那些已经失去其原始功能的建筑的复活上。[20]1966年在英格兰举行的巴斯会议则寻求在建筑保护实践专业人士的帮助下，能够更加明确地对保护原则和方法进行定义。这个会议的讨论主要是处理英国的遗产保护系统，同时包括共有和私有的。

法国1967年在斯特拉斯堡举行的关于保护这个国家建筑遗产的会议因其对与区域性和城镇规划相关的所有建筑保护问题进行的全面考虑而为众人所知。这次会议的亮点在于对巴黎玛莱区保护项目的缺点进行了分析并展示了许多在其建筑保护和复兴历史中从未有过先例的想法。一年之后，玛莱区的审查范围在阿维尼翁举行的名为“场所保护和复兴”的会议被进一步扩大。

1954年海牙公约中的相关随后导致了UNESCO在1970年出台了《禁止和防止文化财产所有权的不正当进口、出口和转让公约》。在1972年，UNESCO在巴黎

国际会议和宣言：发展的里程碑

诸如由ICOMOS举行的那些国际会议是国际建筑保护参与者进行交流的主要渠道。每次会议通常都有一个主要议题。通过同行评审的提交论文会被采纳；特殊团队会议也会举行并且通常都会发表一个与这个领域中面临的某个特定挑战相关的宣言。

从1964年在威尼斯举行的UNESCO会议开始——所有建筑保护会议中最具影响力的会议——大量额外的UNESCO和ICOMOS会议和其他类似的集会都标志着这个领域的发展。1965年的巴塞罗那会议首次对保护性清查的概念进行了讨论和详细阐述，这个概念也从此成为了一个被广泛使用的工具。同一年，在维也纳举行的一次会议首次将重点放在适应性重新使用上，这已经逐渐成为一种挽救历史建筑的方法。法国在1967年举行的斯特拉斯堡会议和1968年举行的阿维尼翁会议则在地区性和城镇规划的背景下对保护项目进行了全面审查，并且鼓励开展更多的建筑保护项目、街区复兴项目以及遗迹场所复苏项目。1969年的布鲁塞尔会议提出了在1975年进行欧洲建筑遗产年活动的计划，这是一个促使欧洲范围内建筑遗产保护合作的开创性事件。

形成这些文件的会议最初都侧重于欧洲的保护实践，但很快就扩展到将更广阔的地理区域和更广泛的保护问题一并纳入其中。ICOMOS促进了系列使用一种更加全球化的方法来处理不同遗产类型的一系列宣言的提出，其中包括侧重于花园和景观的1981年佛罗伦萨宪章以及历史古城区和城市区域的1987年佛罗伦萨宪章；1990年制定的关于考古遗产的章程；1996年制定的关于水下文化遗产的章程；1999年制定的关于文化旅游、历史木制结构建筑和乡土遗产的章程；以及2003年制定的关于建筑修复和壁画的章程。

除此之外，更多涉及特定场所中非西方遗产问题的地区适宜性的章程也在最近几年中得到制定，其中最为重要的一些就包括1979年ICOMOS澳大利亚分会制定的巴拉宪章、1993年ICOMOS新西兰分会制定的奥特亚罗瓦宪章（随后被命名为具有文化遗产价值的场所的保护宪章）以及2002年ICOMOS中国分会制定的中国文化遗产场所保护准则等。1994年由ICOMOS专家在日本奈良会议上制定的奈良真实性宣言对世界文化遗产公约进行了再次审查；这对用于保护的非西方方法的编撰是另一个重要贡献，因为可以提倡文化多样性，并侧重于无形遗产。

举行的第十七届大会通过采用涉及世界文化和自然遗产保护的公约而对此表示了支持，到2007年的时候，已经有超过180个国家批准了这个公约。这份文件准确的定义了世界文化和自然遗产并对其保护实施的指导原则进行了规定。作为国际标准的1972年《世界文化遗产公约》及其附属项目“世界文化遗产清单”的深远影响已经由UNESCO在全球范围内得到了极好的行使（参见附录B）。

1969年的布鲁塞尔会议将它的目标定在一个重要的国际性事件——1975年的欧洲建筑遗产年。这个开创先例的规划促进了欧洲范围内在建筑遗产保护方面的合作，其部分原因在于这个活动在建筑保护方面带来的好处远远超过了其成本。这个主题也成为了1974年博洛尼亚会议的主题。

作为1975年欧洲建筑遗产年活动一部分的阿姆斯特丹会议概括出了一系列设计历史财产保护的原则，这次会议形成了建筑保护是都市规划和土地开发的一个整体部分的认识。为了保证这些保护倡议能够成功地执行，还制定了法律和行政措施。ICOMOS在1977年采纳了格拉纳达宣言，这个会议是为处理郊区文化遗产环境的保护而特别举行。从那个时候开始，大量额外的会议——通常都是处理特殊的主题——开始全世界各个不同的地方中举行。[21]（参见附录C。）

国际机构和框架

除了通过章程、宣言和协议对适用于建筑保护的原则和程序的编纂之外，无数的国家性政府机构和组织在文化遗产的保护中占据了越来越重要的地位。从20世纪60年代开始，许多非政府组织（NGO）以及准政府组织（QUANGO）也成立了，以提供这方面的帮助。

UNESCO 及其附属机构

作为联合国一个下属机构的联合国教科文组织（UNESCO）于1945年在第二次世界大战结束之后成立。它是由37个国家联合成立的，其主旨是“通过教育、科学及文化来促进各国间之合作，对和平与安全做出贡献，以增进对正义、法治及联合国宪章所确认之世界人民不分种族、性别、语言或宗教均享人权与基本自由之普遍尊重”。[22]

UNESCO的一个首要任务是直接对在这场刚刚结束的大战中造成的破坏进行回应。它肩负着“保护和保存全世界具有历史性和科学性的书籍、艺术作品以及纪念建筑物遗产的任务”。[23]这项任务通过在后续几年对20个新增国家的批准而得到了加强。接着在1946年的时候，国际博物馆协会（ICOM）在巴黎成立了，它隶属于UNESCO的管辖。从此，ICOM位于UNESCO巴黎总部的文件中心就成为了全世界各地博物馆的主要资源中心。

当在第二次世界大战中被劫掠的艺术品被归还的时候，UNESCO和ICOM也开始了运作，因为亚洲和非洲的许多地区在那个时期中都被殖民地化了，所以也对重新建立起国家和文化特征进行了有意识的努力。因为UNESCO在这些领域中的许多早期工作都是与可移动的遗产相关的，所以两个机构之间的合作是相互受益了的。

这个支撑网络在UNESCO于1949年成立了国际博物馆协会时得到了强化，它的实际工作也因此扩大到了保护全世界最为重要的不可移动文化遗产，这是其广泛任务中的一项责任。UNESCO在建筑保护方面的任务开始于1951年，隶属于其文物委员会的一组专家团队前往秘鲁库斯科为那里的震后修复工作提供帮助。尽管UNESCO更倾向于提倡保护而不是为具体项目筹集资金和实施，这个组织的参与促使了一系列重要的额外救援行动的展开，例如印度尼西亚的婆罗浮屠、巴基斯坦的摩亨佐达罗以及最近的柬埔寨的吴哥窟、波斯尼亚的莫斯塔以及伊拉克的各个地区。UNESCO首次大型行动的成功可以通过每个年龄组和国籍组对这次行动的反应以及这个组织在调动全球注意力和资源并用于遭受严重威胁的遗迹场所的有效性的测定结果上得到证明。由于它的权力被限制只能进行劝导，所以UNESCO实现其目标的能力在很大程度上都要依赖于公众支持和成员国之间的合作。[24]但不幸的是，不是UNESCO每次做出挽救受到威胁的世界遗产的国际呼吁都能取得成功。宣传最为广泛的一个国际组织未能保护遗迹场所的例子就是位于阿富汗巴米扬的巨型石雕佛像。尽管全球注意力都集中于此，并且UNESCO为了使这个行动能有一个不同的进程做出了敏锐和英勇的尝试，这些不可替代的手工艺品还是被2001年3月被塔利班政府给摧毁了。

因为在早期时就已经在诠释国际合作可能性方面已经完成了许多工作，UNESCO继续成为现在各个不同全球性遗产保护措施中的主要力量。通过国际文化遗产机构和专业人士的周期性聚会、世界文化遗产清单的完成以及这份清单在广泛范围的培训和活动——有助于建立起有关遗产保护的意识——中起到的帮助作用，UNESCO定义出了一个运作机制以及一个文化遗产保护领域的重要参考点。UNESCO形成了之前讨论过的许多文化遗产宪章，它与ICOM和ICOMOS一起在国际文化遗产保护实践的原则和工序制定方面起到了示范作用。

在1956年新德里举行的第九届UNESCO大会上，对成立一个研究、保存和修复文化财产的国际中心的需要进行了讨论。一个政府间的组织于1959年在罗马被成立起来以满足这种需要。这个机构首先被称为罗马中心，随后又被正式称为国际文物保护与修复研究中心（ICCROM）。[25]

ICCROM的首要任务就是建立起一个由保护专家和专业机构组成的活跃的全球网络。它将它的注意力放在考古学家、建筑师、规划师、馆长、材料保护员、教育家和其他专家的跨学科合作上。从20世纪60年代早期到2000年，它提供了涉及历史城镇和建筑保护、材料保护和其他专业主题方面的短期培训课程。从那个时候开始，ICCROM更多的成为了一个涉及各种遗产保护主题的专业化国际会议策划组织，虽然这个组织备受赞誉的建筑保护概念在2006年时被修改成为每两年提供一次更短期的培训课程的形式。另外，ICCROM的图书馆在艺术品和建筑物保护方面依然拥有世界上最大量的收藏品。[26]（参见“建筑保护领域的国际培训”，第272页。）

国际古迹遗址理事会（ICOMOS）于1965年的成立同样也是起草威尼斯宪章的历史建筑建筑师和专家大会的决议。ICOMOS主旨是提倡通过理论、方法和科学技术的使用来实现对**建筑和考古遗产**的保护。[27]

作为一个进行专业对话的论坛，ICOMOS会组织对这个领域中重要问题进行讨论的专业会议。在1994年11月，ICOMOS会议在日本奈良召开，讨论主题是随着全球化而出现的当地文化特性消失以及保护遗迹场所真实性带来的相关问题。这次会议上形成的奈良真实性文件形成了以下共识：

> 在一个受到全球化和均质化影响越来越严重以及一个对文化特性的追求只能通过具有侵略性的民族主义以及对少数民族文化的压制才能实现的世界中，保护实践中的真实性考虑所做出的必要贡献可以澄清并阐明人道主义的集体回忆。[28]

从其于1965年的创建开始，ICOMOS已经取代了文物委员会成为UNESCO在应用于对历史城镇、建筑、工程项目、考古遗迹、历史花园、文化景观和濒临消失的无形遗产的原则、政策和技术方面的主要顾问。同时，它还在UNESCO世界文化遗产清单的提名文件的确认和准备方面发挥了重要作用。UNESCO与ICOMOS的总部都是在巴黎，但都是通过一个由当地办公室和国家委员会组成的全球网络进行运作的。

世界文化清单

1972年，UNESCO制定了其著名的机构章程：世界文化遗产公约。它的若干主要功能之中就包括确定具有无与伦比的重要性以及普遍价值的文化和自然场所

图15-13 UNESCO的亚太区文物古迹保护杰出项目奖设立于2000年。到2007年的时候，23个国家的266个项目中共有97个项目因其优异性而得到了这个奖项的认可。2005年杰出奖的一个获奖项目就是中国云南省西部的沙溪历史古镇保护项目，这个项目得到了大量当地、国家和国际技术和资金合作的帮助。如图所示即为经过修复后的位于沙溪镇寺登四方街正前方的主要建筑。这个建筑之中设有一个介绍了古时茶马古道为沙溪古镇带来财富的相关情况的现代博物馆。（图片由拉尔夫·费纳提供）

并将其列入UNESCO的世界文化遗产清单之中。加入这个公约的每个独立国家的责任就是提交它们国界范围之内的候选场所以供参考（有关世界文化遗产清单的详细入选标准，参见第3章中的“价值或者重要性类型”）。除了国家性法律保护措施之外，入选世界文化遗产清单的场所还会受到UNESCO的管控，并因此会作为人类的共同遗产而象征性的被置于国际社会的全面保护之中。这项公约同时还提倡在保护这些共享遗产并督促所有人在这项进程中提供协助方面进行国际合作以及相互支持，这些协助主要是通过包括大学和遗产项目（与世界建筑师联合会一起合作）、亚太区文物古迹保护杰出项目奖以及UNESCO通过ICCROM提供的培训项目补贴等各种不同的教育措施来实现的。

世界文化遗产清单是由跨政府间组织世界遗产委员会制定和维护的，这个组织的总部就位于巴黎的UNESCO下属的世界文化遗产中心。这个委员会由从世界文化遗产公约的成员国中挑选出来的21个会员国组成。它每年都要进行一系列各种不同的遗产保护倡议活动并举行年会，其年会目标是：

1. 评估世界文化遗产清单提名场所，并向缔约国代表大会提交一份通过他们审查并认可的清单。根据代表大会的最终决定，出版最新的世界文化遗产清单。
2. 管理世界文化遗产基金会，包括就对缔约国提交的资金和技术援助申请进行检查和审批。[29]

图15-14 放置于捷克泰尔奇市政厅的世界文化遗产清单牌匾。

3. 为了促进工作的提高，对世界文化遗产清单认可的每个场所的保护状态进行监管，并管理每个文化和自然场所。

为了提高其在保护、评估和监管方面的能力并为这些场所提供技术支持，UNESCO和世界文化遗产委员会和ICCROM、ICOMOS和国际自然及自然资源保护联盟（IUCN）都致力于作为顾问机构发挥作用。ICCROM主要在与艺术和文化遗产相关的技术培训、研究和文件编制方面提供建议；ICOMOS的方向则是文化遗产，尤其是建筑及其相关领域；而IUCN则侧重于自然遗产保护领域。

到2008年1月的时候，世界文化遗产清单中共有851个场所，其中660个是文化场所，166个是自然场所，剩余的25个则是文化和自然混合场所（包括文化景观在内）。[30]这些场所分布在这个公约184个缔约国中的141个国家。尽管最近为了将诸如非洲这些被忽视地区中的更多场所也包括进来而做出了大量努力，但世界文化遗产清单中有三分之一的场所都位于欧洲。

世界文化遗产公约根据规模和体积将建筑文化遗产划分为三个类型：独栋建筑、建筑群，以及包含了大面积的建筑及其周边环境的场所。根据这个公约的条款1：

1. 建筑文物被定义为“从历史性、艺术性或者科学性的观点来看，具有杰出的普遍性价值的建筑工程、纪念性雕塑和油画作品、具备考古性质的组件或者构件、铭文、窑洞和多特征综合体”。

2. 建筑群被定义为“从历史性或科学性的观点来看，由于它们蕴含的建筑性、同质性或者它们在某个景观中的位置而具有杰出的普遍性价值的独立或者连体建筑的集群”。
3. 古迹场所被定为“从历史性、美感性、民族学或者人类学的观点来看，具有杰出的普遍价值的人工建筑物或者人类和自然共同完成的建筑以及包括考古遗迹的区域”。[31]

除了世界文化遗产清单之外，世界文化遗产委员会还制备并出版了《面临威胁的世界文化遗产清单》，这份清单中就包括那些由于发展、军事冲突、管理不善或者自然灾害而遭受严重和特定威胁的世界文化遗产场所。在这个公约下成立的一个信托基金会有时候能够满足这些财产的紧急保护需要。

世界文化遗产清单是有史以来被设计用来保护人类和自然最伟大的遗存奇迹的最为高效的工具之一，但是通过制定世界文化遗产场所清单及其相关的公共宣传而为它们带来的附加认识和稳定已经被证明在某些情况下是一把双刃剑：在许多情况下，世界文化遗产清单已经为古迹场所带来了额外的压力，这是由它们的最新状态引发的大量访问而造成的。为了消除未来可能存在的问题，2002年时对提名过程增加了一个新的条件：每个候选场所的申请现在都必须附上一份精心编制的能够处理这些问题的保护规划。

其他地区和国际机构

从其于1949年成立开始，欧洲理事会对欧洲重建和复兴一直非常感兴趣。多年以来，这个组织越来越关注建筑保护以及在其47个成员国家之间提倡在遗产政策和技术援助方面进行合作。在1963年，协商大会决定摒弃了其传统的顾问角色，转而更加积极的参与到遗产保护事宜之中，它召集欧洲专家召开了若干次关于遗产保护的专业会议。由此形成的会议进程代表了欧洲遗产保护运动在学术上和思想上的财富，会议上对其面临的挑战进行了讨论并提出了相应的解决方案。这些会议的许多成果中的一项就是遗产保护方面的泛欧洲管理机构的成立，这就是技术合作和现场实施单位。

20世纪70年代，欧洲委员会通过一系列的声明，使其原则规范化，并就其对文化遗产保护的方法给出意见，其中包括对之前提到的阿姆斯特丹和格拉纳达的声明。委员会非常积极地制订了针对90年代初波斯尼亚和黑塞哥维那因为内部冲突造成荒废的历史城镇及其数量众多的历史建筑的行动计划。

在1991年，欧洲理事会在欧洲委员会（EC）的支持下正式发起了极为成功的年度项目——欧洲遗产日。这个倡议在1999年成为了欧洲理事会和EC的联合行动。在整个欧洲范围内9月的一个周末，欧洲遗产日活动让公共大众可以更容易的接触无数历史建筑、古迹场所和其他形式的文化遗产，这个活动的目标在于展示这些场所的共同文化遗产并鼓励公共大众更加积极的参与到古迹文物的保护之中。年度主题在每个国家中各有不同，已经有过的主题包括遗产的特定形式（例如农舍、乐器、烹饪传统、花园建筑）；特定的历史时期（例如中世纪或者巴洛克遗产）；以及对遗产的社会途径（例如遗产和公民身份、遗产和年轻人）。欧洲遗产日倡议获得了极大的成功：签署欧洲文化公约的所有49个国家都积极的参与其中。到了2008年，年度游客的数量预计会有2000万名游客造访超过13000个参与的遗迹场所和项目。

从2007年开始，欧洲遗产日的联络办公室一直是欧盟文化遗产，这是一个成立于1963年的私营宣传团体。欧盟文化遗产提倡通过年度会议的方式对欧洲的建筑和景观遗产提供保护，以及通过对因为在修复和保

图15–15 1989年荣获了欧盟文化遗产奖章的比利时比尔曾的Landcommanderij·Alden·Biesen代表了对之前作为文化中心的“土地会所”进行的修复和适应性使用。本图所示即为比利时国王鲍德温陛下正在汉斯·德·科斯特尔——欧盟文化遗产的主席——的公司揭开代表这个奖项奖章牌匾。从2002年开始，欧盟文化遗产在遗产保护奖励方面的出色表现使其已经能够代表欧洲理事会（照片由欧盟文化遗产提供）。

护方面取得杰出成就而广受欢迎的项目进行嘉奖来帮助提高公共大众对保护杰出性的全球意识。与欧洲理事会一样，它的权限在苏联解体之后得到了极大的扩大，许多新独立的国家都寻求它的帮助来对各自国家领域中的遗产保护进行监管。现在，欧盟文化遗产将超过220个遗产组织、100个区域和当地性结构以及1300个个人会员团结在一起，共同对欧洲的建筑和自然环境进行保护和改善。它宽泛的活动范围包括从对军事建筑进行专业化的深度科学研究到对EC下属的欧盟文化遗产奖进行管理，后者负责对欧洲范围内的最佳遗产保护实践进行奖励。

国际建筑遗产保护领域中的其他重要参与者还包括大量的非政府组织，例如盖提文物保护中心、世界文化遗产基金会、阿迦汗文化遗产信托基金会以及文化遗产无国界（这个领域中的组织和无数其他活动的描述可参见附录B）。这些组织中的每一个都为提高文化遗产保护重要性的国际理解做出了贡献，并且它们偶尔也会与UNESCO进行合作——通常都能形成令人印象深刻的结果，例如前南斯拉夫项目和从20世纪90年代中期开始的安哥拉项目。另外，国际社会对世界文化遗产基金会每两年发布一次的《世界上100个最为危险的遗迹场所关注名单™》的关注也提高了对那些面临危险的场所的意识——通常也会一同提供大量的资金援助。世界文化遗产关注清单™项目的重要性在其于1996年制订之后不久就得到了《纽约时代》杂志建筑评论家赫伯特•默斯坎普的认可，他将第一份清单称赞为“一份极为重要的文件，其重要性远远大于一个对历史进行保护的呼吁。它自己就是历史：一份对在不断缩小的世界中的意识发展的记录”。[32]

到了上一个千年末期的时候，世界银行主导了文化遗产保护领域中最有希望的一个倡议。前任总裁詹姆斯•O•沃尔芬森的信条得到了越来越多的认可，这个信条就是：既然文化是一个全世界所有人都共同拥有的事物，所以对它的丰富性和多样性的认可就应当成为当务之急，因为全世界的经济和文化的全球化已经越来越明显。沃尔芬森的方法被称为“全面发展规划（CDF）”，这种方法随后也被世界银行所采用。它的重要性在于将文化和特性精炼成为一个更加整体发展方法的元素。在其援助经济发展的努力中，世界银行认识到它需要完成规划，并同时将经济可行性和对每个场所历史完整性的保护一并纳入考虑，同时提供经济和技术支持，与其他组织建立起合作关系，并提供实体干预——这些干预对其进行支持的那些场所来说是非常敏感

图15-16 第一份《世界上100个最为危险的遗迹场所关注名单™》的封面，这是世界文化遗产基金会在1996年推行的一个项目。

的。依据这个中心思想，世界银行资助了巴基斯坦的拉合尔、摩洛哥的菲斯麦地那、突尼斯的历史城区以及许多其他地点的都市保护项目。(《历史古城和宗教圣地：都市特性的文化根源》[2001年]一书对世界银行从1995年到2000年将在都市保护方面取得的成就以及对其合理性和所使用的方法的解释进行了很好的阐述。)

尽管世界银行对于主席沃尔芬森在寻求并积极支持遗产保护项目方面的雄心壮志的最初热情已经减退，但这家银行依然在其各个不同的援助项目中保持了对文化遗产保护重要性的一种强化意识。从20世纪90年代末期开始，来自世界银行的贷款就已经被用于这些问题的处理上，它现在的重点放在了考虑到文化遗产保护的可持续性发展上。

▲**图15-17** 世界银行于20世纪90年代末期对摩洛哥菲斯的基础设施改良、选择出来的建筑保护项目以及一系列社会救助项目的支持，展现了国际资金援助为大型遗产保护项目带来的巨大好处。图中所示为参加于2000年6月4日在北京举行的由世界银行赞助的会议的代表们，这次会议的主题是中国都市保护中的挑战和机遇。

►**图15-18** 国家文物局（西安）和世界文化遗产基金会（纽约）分别为位于蒙古乌兰巴托的博格达汗夏宫的修复项目提供了资金和技术援助。2007年，SACH（西安）对这个宫殿中据说使用了108个不同木榫头建造的北门进行了修复。

世界银行的下属机构和类似的其他组织的工作重点则是对更具区域性的项目，这些组织包括欧洲复兴开发银行、泛美开发银行以及亚洲开发银行。上述组织中的每一个对遗产保护的援助非常熟悉，尤其是与历史古城区的基础设施改良相关的项目。

部分更加富裕的国家通过数额巨大的经济支持也参与到各种国际遗产保护项目之中，这种经济支持是通过UNESCO的成员资格或者直接的国家对国家的援助计划而实现的。西班牙、瑞典、德国、法国、意大利、日本以及（最近加入的）中国都对其他国家的建筑保护项目提供了巨大的支持。在某些情况中，是因为两个国家之间存在一种历史纽带；而在另一些情况下，两个国家并没有这种联系。[33]

欧式遗产保护原理的海外现状：行动和反应[34]

欧洲人参与到世界各个遥远地方的建筑保护项目的历史已经有很长时间，同时他们也引入了在不同环境和文化中建立起来的保护原则。其中一个积极结果就是出于研究和记录历史建筑而开发的方法有助于在国际保护实践中形成类似的方

图15-19和图15-20 完工于1653年的泰姬陵处于年久失修的状态，同时由于其镶嵌的次等宝石易于触及而遭到了洗劫，直至印度考古调查于20世纪头十年早期展开之后，这座莫卧儿艺术的标志性建筑物才进行了修复。

图15-21 越南河内的国家历史博物馆位于法国亚洲研究学院之前的考古研究机构之中，这也成为了从法属印度支那时代开始的国际文化遗产研究、文件记录以及保护方面的一个不朽遗产。

法，这是被证明能够带来帮助的事情，因为这个过程中需要处理的障碍有许多。这种演变中的大部分都是与过去两个世纪中国际事务的发展共同出现的，通过相对欠发展地区的欧洲殖民地化或者颁发给欧洲研究者及其后续援助努力的许可或者特权而实现。在绝大多数情况下，这些提倡进行海外文化遗产保护和保存的倡议者发现他们自己需要适应他们的外国同行的兴趣和资源，通常来说，除了将那些对当地建筑和传统有着更深了解的建造者和手工艺人包括在内之外——并且在现场完成这些工作——没有其他的选择。

在许多情况下，国际援助帮助历史建筑免遭特定损失并且提倡在国外建立起有用的文化遗产管理系统。其中两个早期案例就是成立于1814年的英国印度考古研究所（ASI）以及在19世纪90年代开始遍及整个法属印度支那时代的法国亚洲研究学院。

欧洲人在其殖民地中引入的各个不同的机构、资源和方法通常同时成为了当地和地区遗产保护工作中的一股积极力量，对印度、柬埔寨、越南和老挝都造成了值得注意并且长期持续的影响。即使在英国于1947年撤离之后，印度考古研究所依然在继续开展它的工作并且目前负责了超过5000件文物的保护工作。反过来，这些机构通常由直接或者间接的成为了其他国家的模板。例如，印度采用的英国在文物的法律保护以及清查列表和保护方面的系统也对尼泊尔、巴基斯坦、孟加拉国和斯里兰卡在这个领域中的工作都产生了影响。法国将独立但同级分支机构在博物馆和文物方面的责任合并在一个文化部门之中的系统也是许多国家使用的一个模板。

在建筑遗产保护方面的国际性和当地性利益的融合总是一成不变的突出文化敏感性、权力以及“历史所有权”方面的问题。留存下来的传统文化通常也会按照施加于其处于适当位置的建筑的修复和维护技术进行处理，这种情况增加了建筑保护领域中外部援助的真正有益性问题的复杂性。因此，外部援助的需要在四种主要情况下是理所应当的：

> 当传统建筑修复和保存技术已经遗失时，有必要寻求外部援助来选择替代的技术；
> 当缺乏对历史资源进行敏感性处理的重要性的认可和承诺时；
> 当存在当地居民无法处理的无比困难的技术挑战或者任务规模时；
> 当重要的经济援助无法由当地机构提供的时候（参见第7章）。[35]

当地和国际文化价值之间的冲突

虽然外国的遗产保护援助已经对全世界范围内的数千个遗迹场所带来了益处，但这些行动并不会始终满足当地居民的需要。今天的遗产保护专业是由所有领域中的大量经验丰富和新近接受培训的专业人士所组成的，这代表着一种专业的过剩。这种存在于专家和其他重要参与者之间的文化多样性在这个领域各个层面的操作中都造成了更大的文化敏感性。这种史无前例的行动合作和数量的结果之一就是一个不断发展的认知：作为这个世界一部分的保护原则和程序并不需要具备全球有效性。在过去的半个世纪中，在全球文化均质化——从殖民化时代就已经开始——中值得注意的趋势其实比其他形式更加先进，包括雅典和威尼斯宪章以及它们的成果，再加上包括UNESCO、ICOMOS、ICOM和ICCROM在内的一系列超国家组织。

在描述建筑保护领域中全球性原则和程序的非凡传播时，澳大利亚国立大学的访问学者肯•泰勒认为通过国际性专业标准——得到世界范围内认可的最佳实践——的设定，这些组织“在世界范围内的文化方面强加了一个常见印记……［因为］它们的政策创造了全球文化统一性的逻辑，这是通过［力图］强加‘良好行为’的标准而实现的”。[36]在面对这些力量和凝聚力的时候，当地或者传统

图15-22 《中国文物古迹保护准则》的封面（图片由ICOMOS中国分会提供）。

价值多年以来都不属于文化主流的一部分并仍然不被它们自己所属的社区所了解的现象，毫不令人感到意外。泰勒指出普遍性和全球性的标准会压垮当地价值和实践。[37]

基于上述问题，各个不同的非欧洲遗产保护实体和倡议在20世纪末期开始有信心和有效地对遗产保护实践要以欧洲为中心的规则进行了挑战。新的文件被修订并对1964年的威尼斯宪章中提出的原则进行了补充。其中最为知名的是ICOMOS新西兰分会的奥特亚罗瓦宪章、ICOMOS澳大利亚分会的巴拉宪章、ICOMOS中国分会的中国原则以及一系列的其他协议，包括日本的奈良真实性宣言、越南的会安协议以及UNESCO的2003年无形文化遗产保护公约草案。这些文件的每一份都对核心的哲学问题方面的传统思维提出了挑战，并且帮助将这个领域进一步推向接受文化遗产保护问题中更加相对的立场。[38]

新的倡议已经取代了充满缺陷的过时教义，这些倡议已经在大量不同的新的或者补充宪章和宣言中有所阐述。这种持续趋势的活力同时反映了国际文化遗产保护实践的不断成熟及其固有力量。不同的文化价值可以提供有效但相反的保护观点。

这个主题上的进展是不变的：最近，许多其他的国家性和地区性指导协议已经被提出并编纂成文，其中就包括2004年印度国家艺术文化遗产信托基金会（INTACH）制定的《未受保护的印度文化遗产和遗迹场所保护宪章》（见下文）。[39]这些发展反映了现在的现代遗产保护主义者已经认识到一个“普遍性的”、全球性的、可适用的保护哲学在大多数情况下既是荒谬又不是现实的；毫无疑问，明天将会出现无数支持并确认附加价值系统的倡议，这些倡议将会在更多的全世界不计其数的文化遗产实例中得到体现。

在19世纪中期，印度殖民地的统治者尝试对他们认为有价值的印度国家遗产进行保护并指定了5000个符合国家保护要求的主要历史建筑和遗迹场所。这个做法——包括印度考古研究所（ASI）的成立和古代文物法的颁布在内——属于一种具备实用性目标和良好意愿的保护文化和材料资本的外国发明。

现在，在英属印度殖民统治时期已经结束超过半个世纪之后，ASI和其他带有类似目标的文化和自然遗产保护组织连接在一起了，其中知名的组织包括印度国家艺术文化遗产信托基金会。但是，让许多人感到惊慌失措的是，现代印度的遗产法律和法令仍然吸收了英国的建筑保护原则和程序——这些原则和程序实际上并不能更好的满足现代印度文化马赛克的需要。这一点在之前的英国殖民地斯里兰卡（以前的锡兰）和巴基斯坦上也是一样的。[40]

正如其名字所暗示的意思一样，2004年INTACH制定的《未受保护的印度文化遗产和遗迹场所保护宪章》旨在进行补充，这是通过它提供的更加广泛的考虑和标准——历史悠久的印度考古研究所的运行规程——而实现的。这个宪章的主要目标是解决这个次大陆的遗产保护需要，而不仅仅只是ASI权限范围之中的5000个国家认可的文物。它的内容是广泛的。它打开了国家性宪章的新局面，这是通过对本地居民团体在管理、教育、公共意识以及遗产保护方程中的权力和作用以及如何处理印度那些“纪念性”较差的建筑遗产的全面覆盖而实现的。它额外（并且大胆地）提供了一个专业承诺和实践的详细准则，这可以满足不断增长的对专业行为的明确标准，以及遗产保护领域扩张的需要。

印度和斯里兰卡在遗产保护实践方面的最优秀人才与一些受邀的国际专家一起在现有体制存在了近100年的背景下制定出了INTACH印度宪章。一本关于2004年之前的保护标准和规则是如何被强加在这个国家之中的摘要式著作，诠释了从外国观点来看接近当地需要如何能够拯救遗迹场所但同时也会创造不完整和令人不满意的结果，因为对一个文化来说非常重要的东西在另一个文化中可能就不会具有同样的价值。[41]

有形价值和无形价值

继续以印度为例：这个次大陆本土文化——尤其是那些与遗传保护相关的文化——中的生活方式、价值感和传统的详细细节很难被外部人士理解，除了那些有意识这么做的人，例如文化人类学家。正式化的保护方法通常都是不必要的，因为遗传保护对进行中的生活传统来说是必要的。历史可能会通过故事讲述（口头传授）、歌曲和表演而保持鲜活，也可以通过一代代传承下来的传统建筑和装饰技术而实现。绝大多数本土居民的生存经济要求他们对他们的住所进行维护，这是为了避免成本昂贵的新建造工程。在这些本土文化中，实际上的保护协议已经存在了，它在很大程度上已经成为了日常生活的一部分。

▼图15-23　新西兰的毛利人相信每一件事物都有其生命周期，没有任何事物能够对衰退和破坏的自然过程进行干涉。这幅由欧洲殖民者于19世纪晚期完成的油画是少数能够展示毛利人建筑样式的证据之一。（被称为“凯坦格塔”的位于玛那岛的Rangihaeta知名房屋，乔治·弗兰奇·安伽斯；J·W·贾尔斯[平版印刷]第4板，1847年）（图片由新西兰惠灵顿的亚历山大·特恩布尔图书馆提供）

因为印度有组织的遗产保护机构几乎都忽视了这个国家中数量庞大的乡村人口，这个占据了国家文化遗产相当大规模的一个部分远远留后这个国家遗产保护进程，其中部分原因是可能很少有人有意识——或者说有兴趣——采取这些行动。为什么具备更广泛的认知的外部人士也参与到这个过程之中的原因是双重的：印度的种姓制度以及（最通常被提及的原因）印度广泛传承的文化遗产中有太多其他部分也是需要有人关注的。

这种情况对现在的印度建筑保护主义者来说有着多个重要的含义。在以西方为主的遗产保护专家继续讲他们的注意力放在这个国家中留存下来的纪念性建筑上的时候，现在的印度保护主义者则开始强调创造出这些纪念性建筑的传统的连续性。[42]正如印度建筑师、都市规划师以及保护顾问A•G•克里尚•梅农解释的那

样：“在西方，他们的信念是完全防御性的，而在印度在对能够为发展提供一个代替策略的保护意识形态的理解方面则出现了一种新兴的认知……［这就是］更加关注生活质量的提高而不是保存真实性。”[43]另外，遗产和遗迹场所直到最近才被仅仅当作独立的手工艺品进行看待，这些手工艺品都是为了迎合物质文化而不是印度那些有着深远影响的哲学和精神渊源。围篱为了保护ASI清单上的遗迹场所既是为了免遭故意毁坏的恶果，也是为了将它们和当地居民隔绝开来。相邻建筑被拆除以修建新的公园，这些空间既能包围一些清单之中的建筑物，也能进一步的将它们从日常生活中隔绝开来。

新西兰的《具有文化遗产价值的场所的保护宪章》涉及了一个最为引人注目的案例，即主流文化在物质保护方面的方法是如何与本土少数民族文化的需要和愿望形成强烈反差的。在传统的毛利人文化中，每一件事物都被视为具有自然生命周期的。当生命周期耗尽的时候，这个人、物品或者自然特征就必须允许其退化并回归尘土。西方遗产保护箴言——尤其是建筑保护实践方面的——则完全反对这种精神规律。

毛利人对自然再生方面的概念也得到了许多其他传统文化的认同，它们认为“任何人工制造的住所都必须遵从再生的自然需要……［并且应当］从最开始的时候就将其设想成为最终会回归大自然的天衣无缝的湮没现象中的一部分……”[44]许多非洲南部的农村社会对保护和可持续性认知的方式与欧洲和北美洲有着极大的不同。他们的住所建造并不是为了能够无限期的持久，也不是对住所所有者的财富或者社会地位的表现。虽然他们短暂、生物可降解的茅草土屋有时候可能在十年之内就会毁坏，但它们的短暂存在却成为了一些更加持久的事物的证据：传统建造方法的口头和两代人之间的遗产。特定技巧和建筑传统的传承具有比正在讨论的物品的物质性更长的寿命周期；机构会消失，但遗产的记忆依然会留存。传统会因为补足这个社会建筑存量的持续需要而得到加强。当这种需要不再存在的时候——例如，如果现代政府提供使用现代材料建造的住所来替代传统建筑——这些存活下来的习俗也会随着存在的技巧和知识的褪去而消失。为了帮助解决这个问题，日本许多最受尊敬的艺术家都因其设计的“活着的国家遗产”而备受赞誉。他们在创造建筑物时耗尽的这种创造性才能和工艺在某些情况下被认为比建筑本身更加重要。

用《希腊建筑》一书的作者詹姆斯•瓦恩斯的话来说：“建筑是一个文明哲学基础最为可靠的反映。”[45]人类和自然之间的对立是西方思想的主旨。基督教圣经自身就强化了一种信仰，即人类是所有生物的主宰并且地球都一直要为其服务以满足人类的愉悦和使用需要。[46]相反，非西方宗教和部落信仰体系则认为人类和地球之间是相互依赖的，并且提倡生态敏感性的概念。

亚洲的宗教在人类和自然之间没有层级排序或者分离。相比于现代文化，传统文化认为一个场所的原始建筑完整性的重要性远不如其所蕴含的地方精神——它的场所感。尤其是对亚洲社会来说，存活的传统不仅仅是要存活了下来，而且还因为古迹场所的动态物理变化而得到增强和富有生机。对它们来说，一个遗迹场所的真实性在于其地方精神，而这种精神是不会受到建筑或者场所的改建、扩大或者重建而影响的。

与自然保持和谐相处是传统生活许多方面的基本原则，尤其是在整个亚洲地区以及全球绝大多数欠发展的郊区社会中。就建筑来说，与自然世界进行适宜的互动的重要性因为风水学的加入而得到确保，这是一种在20世纪90年代间从亚洲传播到西方文化的哲学方法。时间将会证明这是否是在现代、非亚洲建筑中引入一种与有影响力的新型式自然关联性的第一步。

真实性和耐久性：物质和传统

其他的亚洲宗教——道教、佛教和印度教——都同意毛利人认为建筑自身具有生命周期的看法，却对劣化需要表示不同意。正如南非可持续发展专家克里斯纳•杜普莱西斯认为的那样：

图15-24 从公元690年开始，位于日本梅县的伊势神宫每隔20年都会从仪式上在邻近的地方进行重建，几乎没有任何中断。如图所示为这个建筑复合体的入口。

> 我的看法是一座庙宇及其建造的场所都是神圣的，并且应当进行保存。寺庙建筑只是圣人的一种工具，因此根据生存和死亡的周期性规律，应当允许这个“身体”死去，而这座寺庙则会在另一个“身体”中再生。[47]

由于存在这种不同的态度，在西方极为盛行的材料质量在许多东方文化对真实性和持久性的概念上就不那么重要了。日本神道教信徒在位于日本梅县的伊势神宫上采用的方法就诠释了这个观点的实用性考虑。自从这个建筑复合体于公元690年建造以来，伊势神宫的 “外部”和 “内部”神社每隔20年[48]就会在邻近的土地上进行仪式上的重建，这是为了这座建筑与日照大声Amaterasu Omikami之间的精神纽带保持活力。相关重建内容包括神社中家具和装饰的重新生产以及超过一千件的新制作和安置的献祭财物和服装。虽然这个古代遗址已经成为日本最受尊敬的神社之一，但其新建建筑中符合西方定义的“不真实性”很可能使它不符合世界文化遗产清单考虑的现有规定。[49]

最近由维姆•登斯拉根和尼尔森•古茨乔编辑出版的颇具煽动性的著作《建筑仿制品：东方和西方的复制和仿作》中就包括了对各个亚洲国家和世界其他地方存在的连续重建和建筑复制的传统的相关研究。通过将重建和复制的东亚案例与欧洲和其他西方国家存在的同样问题并置起来，这本著作对于世界不同文化传统看待历史及对其进行保护的态度之间存在的差别（和相似性）进行了很好的解释。[50]

▲图15-25　中国甘肃省敦煌市的莫高窟。在近1500年的历史中，这个由数百个包含佛教圣地的洞穴构成的复合体已经得到明显的修复、恢复和重构。现在，这个遗迹的保护哲学是稳定、保存和保护，同时也会展示随着年代流逝而出现的变化。

◀图15-26　莫高窟4号洞中的彩色石膏墙壁装饰。

在东方和西方建筑保护方法的第一组对比中，陈伟和安德里亚斯•奥斯通过对比世界两个最为重要的建筑工程的保护历史，对其中的差异进行了诠释：中国曲阜的孔庙复合体以及雅典的卫城。[51]这两个工程都是在公元前15世纪建造的，都能反映出随着时间而出现的重要建筑调整，并且在其各自所在地的文化敏感性中扮演着至关重要的角色。现在，它们都名列UNESCO世纪文化遗产清单之中。

曲阜的寺庙复合体是全世界最大的孔庙。它是围绕孔子这位中国最伟大哲学家生长的这座住宅进行建造的，并且已经不断扩大成为中国最大的历史建筑复合体之一，足以与北京故宫相提并论。[52]世间万物变化无常的观点是孔子思想体系的中心，并且这一思想也延续到建筑方法之中。中国人并未像绝大多数欧洲历史纪念建筑物的建造者那样在他们的建筑中强调静态永恒，因此很少有古代传统建筑依然保持了其原始形式。在它的生命周期中，曲阜建筑复合体经过了修复、重建，甚至被扩大了37倍——西方对真实性的定义在此并不适用。它的建筑细节被改变了，但是它的地方精神——镶嵌在孔子思想和中国文化中的精神——却从未改变。

相反，卫城的丰富历史——直到最近仍将拜占庭和奥斯曼帝国时期的宗教和防御建筑包含在内——已经被那些强调某个特定时期——公元前5世纪时古希腊黄金时期的巅峰——的外观的修复者给牺牲了。这个遗迹场所物质遗迹的“发展受阻”将其变成一个能唤起对遥远历史中某个特定时期的记忆的博物馆，但缺乏这个特定时期之前或者之后历史的实物证据。

团体和个人

个人利己主义是欧洲人和美洲人极为推崇的一个特性。这种价值观可以延伸到对西方建筑的欣赏之中，建筑中的视觉美感通常是凭借型式的个性化和自主来实现的。但这种利己主义在文化之中通常具有负面含义，因为集体的权力被认为远比某个人或者社区的权力更加重要。

东亚概念中的纪念性承载的意义要远多于西方文化中大型个别对象的意义。一座中国的宫殿不是一座单独的建筑，而是若干建筑的集合。因此，在非亚洲人的眼中是这样的：“即使最重要和最宏伟的宫殿，当孤立地看待它并将其与任何著名的外国建筑相比较的时候，它看起来就很小很简单并且毫无吸引力”，这是中国建筑师以及杰出的早期建筑保护主义者梁思成的说法。[53]

虽然亚洲并不缺乏个性化的突出建筑，但其建筑中的美感被认为通常都是通过和谐组群建筑而不是单独一座建筑来实现的。整体美感会被引入自然环境中的建筑安置之中并将其延伸到建筑和机构之间的空间中。如果旁观者侧重于一座单独建筑的美感而不是一个复合体建筑中实体的重要性，那么建筑师营造出来的内涵中的很大一部分都会消失。“中国道教建筑思想——它能够分辨出有形建筑和无形结构之间的重要差别——反映了[道教的]基本宗旨：大自然是‘一个有机整体，而其中的无形部分是最关键的’。”[54]

对许多文化来说，建筑放置是根据宗教和天文考虑而决定的，而这些因素自身也会被结合在一起进行考虑。穆斯林清真寺会与圣城麦加对齐；诸如英格兰的巨石阵和爱尔兰的德鲁伊之环这些泛神论遗迹看起来在建造时会将太阳位置纳入考虑。亚洲美学也可以反映出根据宇宙学进行了理性规划的情况。三个世界知名的大型实例是印度尼西亚西部的婆罗浮屠神庙、柬埔寨北部的吴哥窟以及北京的故宫。一个知名度较低的案例是Kyeonghoe-ru，这是一座于1492年作为皇室宴会厅在韩国首尔建造的凉亭。[55]

这些多样而微妙的兴趣显示了全世界范围内有效的建筑遗产保护实践正在逐年得到更好的理解，而对有时存在分歧的观点的认可则提供了重要的对比点，这

▲**图15-27** 位于印度尼西亚爪哇岛的婆罗浮屠佛教寺庙建造于公元7世纪末期和8世纪初期之间，它是一个宇宙的建筑隐喻。在1968年得到UNESCO的援助后对其进行大型修复的之前，这座寺庙的遗迹进行过两次加固保护。（©UNESCO，R·格里诺）

►**图15-28** 巴基斯坦摩亨佐达罗古城（约建造于公元前2500年）是作为印度文明重要来源的哈拉帕文化的所在地。图中所示为UNESCO组织的国际专家正在进行保护泥土砖石遗迹的困难任务。

些对比点有助于形成相互取长补短的专家意见。幸运的是，在文化上根深蒂固的态度二分法——在对待建筑环境和建筑保护哲学方面——并没有对全球遗产保护运动的未来造成可怕的问题；相反，它们突出了文化遗产保护工作多么重要以及紧迫。由于它现在的丰富程度，建筑保护实践领域只能通过对遗产保护方面所谓的东-西方哲学争论如何转变成为能够同时保护和解读文化遗产古迹的现有可能方法作出更加全面的理解，才能够得到提高。

虽然不会在所有的遗产保护核心问题上达成一致，但非西方和西方的保护专家在过去的半个世纪中仍然在世界各个的无数保护项目中进行了合作。婆罗浮屠寺庙和摩亨佐达罗古城是相对早的亚洲建筑保护项目，它们诠释了保护哲学和实践是如何可以成功的将东西方世界的长处结合在一起的。

作为佛教建筑中一个突出的代表，婆罗浮屠寺庙于1814年从印度尼西亚爪哇岛的火山灰和热带植被层之下被挖掘出来。它的阶梯型金字塔使用了佛教雕刻品进行装饰并且可以追溯到约公元842年。在很大程度来说，这个场所的保护历史定义出了印度尼西亚国家遗产保护方法在其于1945年从荷兰的统治中独立出来之后的发展过程。

从1907年开始，婆罗浮屠寺庙就已经成为若干文件和修复项目的焦点，荷兰保护者对它庞大的金字塔型式进行了调查和清理，从而评估其在被忽视多年之后造成的结构不稳定性的严重性。在殖民时期的后期，管理这个场所的责任被交给了新的国家政府中，后者于1969年推出了“拯救婆罗浮屠”计划。在接下来的14年间，一个由UNESCO专家组成的国家团队与印度尼西亚文化部合作一同承担了作为地区性主要文化遗产古迹场所的婆罗浮屠的修复和再现任务。这项工程涉及了数百名工人，他们拆除、重新组装并在一个几乎全新的地基之上复原了数千块石头和砖块。

作为一个发展中国家，那个时期印度尼西亚的经济优先重点是在其他地方，所以保护资金只能通过外部筹集。UNESCO成功的筹集了2500万美元的资金，并让27个国家加入到这个大型保护工程之中，这就是对国际社会坚信——正如一名作者写到的那样——“每个人都是他兄弟的监护人”这一事实——至少在文化遗产领域中是如此——的移动演示。[56]婆罗浮屠在1991年成为了世界文化遗产地；今天，它既是印度尼西亚的一个象征，也是印度尼西亚遗产政策和地区性遗产保护实践的一个典范。

类似的国际援助行动也让摩亨佐达罗古城受益匪浅，这座有着4500年历史的古城位于现在的巴基斯坦，这是印度河谷流域文明的一个主要场所。自从其于1912年被考古学家R·D·班纳吉发现以来，就对其进行了大量的挖掘工作。不幸的是，这些挖掘工作中的绝大多数都对这个场所中留存下来的建筑布局造成了负面效应。由于地面的上升湿气的有害行为，以及改变自然地下水位造成的盐霜，摩亨佐达罗古城脆弱的土质建筑遗迹被溶解了。考古学家将这些问题的出现归因于附件一座大坝的建造，而其他人则认为考古学家应当为此负责。在任何情况中，遗迹的暴露行为都会使其无力抵抗水的侵蚀。

在1964年，时任ICCROM主席哈罗德·普伦德利斯博士在巴基斯坦政府向UNESCO提出了援助请求之后对摩亨佐达罗古城的状况进行了评估。为了消除这个遗迹场所面临的威胁，UNESCO对精心设计的排水系统的建造进行了支持，这个排水系统可以收集并转移地下水和集聚下来的降水。[57]虽然这个解决方案只能部分地解决这个问题，但它确实发挥了作用。[58]一个长期存在的建议仍然没有改变：为了保存它而再次将它掩埋起来，随后再在地面上复制它或者抽象的展示它。[59]

自从这两个国际援助策略实施以来，公众对建筑保护的重要性的兴趣和意识在这些地区中得到了稳定提高。其他类似的高曝光度的国际遗产保护工作也依然发挥了类似的作用，其中包括正在进行中的针对柬埔寨吴哥窟、老挝华普庙的国际保护倡议以及由UNESCO亚太地区办公室协调组织开展的大量规模较小的保护倡议。

建筑保护领域中的国际培训

专业培训在建筑保护领域中的发展同时也是这个领域自身发展的一个反映。就建筑保护以及相关科目开展有组织的专业化培训的需要在20世纪50年代被认识到了，虽然这个领域中提供指导的第一堂高等教育培训课程的正式召开几乎又花费了十年。当ICCROM作为UNESCO命令一部分而于1959年成立起来的时候，它成为了这个领域中的先锋者。罗马成为了这个发展的沃土，这可以从意大利于同一时期开始通过Instituto Centrale per il Restauro（ICR）在这个领域中提供国家性指导得到例证，这个机构由颇具影响力的切萨雷•布兰迪领导了接近30年。类似的，皮耶罗•桑泊内西于1960年在佛罗伦萨成立了文物修复大学高校研究所。到了1964年，土耳其安卡拉的中东科技大学和纽约的哥伦比亚大学都提供了与这些课程具有相似范围和复杂性——虽然在观点上存在少许差异——的建筑保护专业的研究生课程。

现在，遍及北美、欧洲以及世界各地的诸多大学都将建筑保护课程增加到他们的课程表之中，有时是作为一个独立的课程，有时是作为更普遍的历史、考古或者建筑课程中的一个专业。[60]尤其是在20世纪的最后25年中，大量的学士课程和专业课程已经成为现实。事实上，现在许多国家都已经在提供建筑保护专业的正式培训，这同时是对这个领域的流行度以及早期努力的有效性——让遗产保护进入全球绝大多数政府的日程之中——的确实证明。

图15-29 自从其于1958年成立开始，国际文物保护与修复研究中心（ICCROM）就一直位于罗马，这是承担这项任务的机构的理想所在地。

1993年，ICOMOS制定了《关于文物、集合体和遗迹场所保护的教育和培训指导原则》，英国和欧洲其他地方都采纳了它，并在各个学校中设定了建筑保护的全日制课程。它的标准是相当严苛的。这份文件同时还提供了建筑保护专业中每个专业应当掌握的能力和资格的资料介绍。建筑保护培训大会（COTAC）将其作为国家职业资格证书的起草基础（参见第1章中“建筑保护专业定义”和第15章中“UNESCO及其附属机构”）。[61]

许多建筑保护专业的研究生课程包括了一个国际视角，以大学间的合作和海外的保护项目为主要形式的参与通常都会对学生和学者产生巨大的吸引力。现在，两个处于领先地位的欧洲研究生课程——为学生们参与国际实践做好准备——包括英格兰的约克大学以及比利时勒芬天主教大学。法国夏约大学的遗产专业人士培训中心则更进一步，为法国的建筑师、修复建筑师和城市规划专家提供了遗产管理专业的完整研究生培训课程，而提供结构化的卫星课程的世界其他地方包括大马士革；贝宁的波多诺伏；以及最近新增的柬埔寨的暹粒市。[62]

对学生来说，能够获得外国经验的最有吸引力的额外机会都是由ICOMOS通过其年度国际夏季实习生交换计划提供的。因此，建筑保护领域就具备了一种国际关系成分，这可以通过对普遍性遗产情感不断增长的支持的宏观程度得到反映，这个论点是根据UNESCO工作（以及这个领域中的许多其他工作）得出的。

同时，许多其他课程也都会提供保护理论和实践方面的指导，但同时强调他们自己的国家和所在地。例如，从20世纪70年代开始，罗马大学以及位于那不勒斯、锡耶纳、佛罗伦萨、热那亚和米兰的类似大学都已经开始提供强调这个领域中意大利传统的研究生课程。在同一时期中，英格兰建立了涵盖所有研究生级别和专业培训机会的完整规划，其范围从成熟的硕士学位课程（纽约大学、得蒙福大学、莱切斯特大学以及巴斯大学）到兼修制和外部学生研究课程（伦敦的建筑协会和布里斯托大学）。英格兰培训机会的健全性可以通过其专业化培训课程得到例证，其中就包括西迪恩学院提供的建造和装饰艺术工艺培训课程以及牛津大学提供的兼修制或者全日制课程——对保护官员很有吸引力但并不是专门为他们而制定的。[63]

在美国，哥伦比亚大学、宾夕法尼亚大学以及康奈尔大学都提供了文物保护方面的理科硕士学位课程，并提供——如果没有学习这个专项课程的话——参加国际建筑保护实践的机会。[64]

其他提供高质量建筑遗产保护课程——强调国家性或者地区性具体情况但能够吸引外国学生就读——的大学实例包括：意大利的罗马第三大学和罗马大学，塞尔维亚贝尔格莱德的Academia Istropolitana Nova，澳大利亚墨尔本的迪肯大学，新加坡国立大学，香港大学，以及北京的清华大学。

除了之前提及的ICCROM在非洲、中东、东南亚等地提供的地区性培训课程之外，其他课程还包括UNESCO太平洋地区办公室资助的位于中国澳门的亚洲学院，以及新近建立的“世界文化遗产工作”专业的硕士学位，后者是想在意大利的都灵大学中对世界文化遗产地的管理者进行培训，这项课程也得到了国际劳工组织国际培训中心的赞助（http://www.itcilo.org/masters/worldheritage）。由于它们的发展，所有这些课程和教育机会（以及许多其他形式的机会）的本质描述通过网络而得到了最佳研究。

在建筑保护教育的正式指导确定之初的几十年中，各个机构都侧重于这个领域的理论性和物质性方面以及相关的方法，并强调美感和历史价值；但是在最近几年中，他们的研究生——现在已经是经验丰富的专业人士——已经开始提及这个领域中的其他方面，例如保护规划、考古保护以及无形文化遗产的保护。这些方面都包含了经济和社会价值，同样也是完成有效遗产保护实践的同等重要组分。[65]现在，这些研究生代表了新一代的建筑保护主义者，他们让这个领域在全球范围内的专业级别和补充的文化部门（或者它们的同等部门）、多样化的当地机构、建筑及其所有相关专业、专业化的NGO以及大学都在不断扩充。它们既要承担我们的项目，也在培训未来的保护主义者，因此有助于确保我们今天所知的这个动态专业的正在形成。

注　释

1. Sequels to this volume will contain more on the history of the formative years of architectural conservation practice during the first half of the twentieth century.
2. Valadier collected displaced elements from around the site and reinstated as many as possible in the arch's restored geometry, carefully distinguishing old from new. It is reported that those pieces that could not be re-reinstated were placed in the attic of the monument. See Appendix A to compare anastylosis, restoration, and reconstruction.
3. Alvise Zorzi, Osservazion, Intornoai Restauri Interni ed Esterni Della Basilica di San Marco.
4. George Christos Skarmeas, "An Analysis of Architectural Preservation Theories: From 1790 to 1975," (PhD diss., University of Pennsylvania, 1983), 83. See also Boito, chap. 16, "Italy."
5. The 1883 Resolution in Italy, the first national charter on restoration authored by Camillo Boito, and the Charter of Madrid of 1904, with their lists of principles, may be seen as a precedent for the Athens Charter.
6. The boarding house in Rome where Keats died in 1821 is now a museum that features memorabilia related to Percy Bysshe Shelley, John Keats, and Lord Byron, the trio of young poets who symbolize the English romantic movement.
7. For many Sudanese, the disproportionate number of monuments saved in Egypt compared with those saved in Sudan is an example of how Nubian cultural heritage is considered less important than that of Egypt.
8. Speech by Vittorino Veronese, director-general of UNESCO, launching a funds appeal for Abu Simbel in 1960. E. R. Chamberlin, Preserving the Past. 7.
9. The Florentine relief effort was led by the Italian government—in particular, by its Ministry of Culture.
10. The Venice in Peril Fund's first project was the restoration of the late Gothic church of Madonna dell'Orto. It also helped restore less famous churches in order to bring attention to lesser known monuments and to aid buildings that were otherwise unlikely to receive assistance.

11. See Appendix B for information about the activities of the US-based World Monuments Fund and Save Venice, Inc. Other international assistance to Venice at the time included two initiatives from the Federal Republic of Germany, one from Australia, two additional efforts from the United States, two from France, one other from the United Kingdom, two from Switzerland, and eight from Italy.
12. Jokilehto, History of Architectural Conservation, 282.
13. Ibid. In the aftermath of World War I, three reconstruction options were usually considered: Some people wanted to keep ruined buildings and sites with especially poignant wartime associations in their existing state as memorials; some wished to create gardens in place of ruined buildings; and others favored restoring and reconstructing buildings to their prewar appearance.
14. Ibid.
15. Ibid., 285.
16. By 1962, Warsaw had risen from its ashes as a result of a massive campaign of accurate reconstruction and careful restoration. Reconstructed buildings in the new Stare Miasto (Old Town) historic center of Warsaw corresponded to the former ones in outward appearance, but internal changes incorporated modern amenities and occasionally increased the floor area by the insertion of added floor levels.
17. The (revised) Hague Convention was first ratified in 1956. As of 2005, it has been ratified by 114 nations, with the United States and the United Kingdom being the most notable exceptions. That it exists as a standard attests to its strength, though recognition of, adherence to, and enforcement of heritage protection measures has been uneven at best, as was demonstrated during the Balkans conflicts of the 1990s and the Iraq War beginning in 2003.
18. International Charter for the Conservation and Restoration of Monument and Sites (the Venice Charter), http://www.icomos.org/docs/venice_charter.html.
19. Roland Silva, Problems, Aims and Future Directions to Conserving the Past [Online] Rev. October 18, 2002. Available: http://www.unescobkk.org/culture/roland.html (Web site since discontinued).
20. Case studies presented outstanding examples of success, such as the Spanish experience in creating its network of paradores, and Italy's Ville Venete conservation scheme.
21. As documented by specific conference proceedings and available from the International Council on Monuments and Sites (ICOMOS).
22. UNESCO 1945–2000: A Fact Sheet, rev. October 22, 2002. Available: http://www.unesco.org/general/eng/about/history/back.shtml (accessed October 22, 2002.) (Web site discontinued.)
23. UNESCO, Constitution of the United Nations Educational, Scientific and Cultural Organization, adopted in London, November 16, 1945, art. I.2.c, http://portal.unesco.org/en/ev.php-URL_ID=15244&URL_DO=DO_TOPIC&URL_SECTION=201.html.
24. At present, 191 countries subscribe as members of UNESCO, and six are associate members. The long story of cultural heritage protection as a goal within the United Nations Educational, Scientific and Cultural organization is well described in Dr. Henry Cleere's "Protecting the World's Cultural Heritage," Chapter 5, in Concerning Buildings: Studies in Honor of Sir Bernard Feilden, ed. Stephen Marks, (Oxford: Butterworth-Heinmann, 1996).
25. ICCROM's history (including the story of the evolution of its present acronym name) and the development of professional training in architectural conservation throughout the world is best documented in Derek Lindstrum's "The Education of Conservation Architect: Past, Present, and Future," Chapter 6 in Concerning Buildings: Studies in Honour of Sir Bernard Feilden ed., Stephen Marks. (Oxford: Butterworth_Heinmann, 1996.)

26. At the time of this writing, the libraries of the J. Paul Getty Museum and the Getty Conservation Institute in Los Angeles, California, exceed ICCROM's holdings with respect to the Getty's more general holdings on art history and its numerous indexing projects.
27. ICOMOS, "About ICOMOS," International Council on Monuments and Sites, http://www.international.icomos.org/about.htm.
28. This was the theme of a traveling exhibition entitled Culture and Development at the Millennium: The Challenges and the Response, launched in Washington, DC, in September 1998 by the World Bank. This was followed one year later by an ICOMOS conference in Mexico with the theme Heritage @ Risk.
29. This fund, although not large given its mandate, plays an active role in promoting the protection of important cultural and physical sites in the world, particularly in developing countries and underdeveloped regions.
30. World Heritage Centre, "World Heritage List," UNESCO, http://whc.unesco.org/en/list (accessed January 7, 2008).
31. "UNESCO World Heritage Convention," UNESCO, http://whc.unesco.org/en/conventiontext/.
32. Herbert Muschamp, "Monuments in Peril: A Top 100 Countdown," New York Times, March 31, 1996.
33. Other countries providing international heritage conservation assistance to specific projects include: Poland, Hungary, India, the United States, Russia, the Czech Republic, Austria, Norway, Finland, Great Britain, Australia, New Zealand, and Canada.
34. For this purpose, the term European is defined as countries beyond the geographical borders of present-day Europe so as to include countries that primarily derived from European colonialization and similar direct influences in the New World, in particular North America. As such the terms West and East are used in this context to describe Euro-American and East Asian cultural and cultural heritage protection sensibilities.
35. There are cases in South and East Asia where perpetual maintenance and even prescribed methods of repair and "restoration" of religious monuments were long-standing traditions. Passages within the fifth-century Sanskrit Mayamatam: Treatise of Housing, Architecture, and Iconography (trans. B. Dagens) prescribed repair methods to Hindu religious monuments in southern India and even mention how religious merit can be gained for doing the repairs. Evidence of maintenance and complex repairs and restorations of Buddhist shrines in caves at Mogao in Dunhuang, Gansu Province, China, and temples and shrines at Pagan, Myanmar (formerly Burma), from over five centuries ago, can be seen in visiting these sites today.
36. William Logan, "Globalising Heritage," in Taylor, "Cultural Heritage Management: A Possible Role for Charters and Principles in Asia," International Journal of Heritage Studies, 10, No.5, (December 2005): 419.
37. Taylor, "Cultural Heritage Management," 420.
38. Although some have felt the Burra Charter's inclusion of "aesthetic" values somewhat dilutes this point.
39. Professor of Architectural Planning and History Seung-Jin Chung at Hyupsung University in Korea calls for a different approach to conserving East Asian architectural heritage that is distinct from that of the West in an article entitled "East Asian Values in Historic Conservation," Journal of Architectural Conservation 11, no. 1 (March 2005): 33–70.
40. Visionaries and heritage enthusiasts Lord George Nathaniel Curzon and John Marshall earnestly applied themselves to Indian architectural heritage protection in their creation and development of the Archaeological Survey of India (ASI). Marshall established specific architectural conservation principles and guidelines, complete with detailed technical recommendations, two decades before the Athens Charter of 1931. The ASI's procedures were updated in the 1980s with the assistance of Bernard Feilden.
41. Heritage protection measures under the British Raj were concerned almost exclusively with India's most important monumental architectural heritage. There was little local input, especially involving rural populations, regarding native Indian preferences toward protecting the country's built heritage.
42. A. G. Krishna Menon, "Conservation in India: A Search for Direction," Abstracts and Texts, Architexturez.net, http://www.architexturez.net/+/subject-listing/000058.shtml.
43. Ibid.
44. James Wines, Green Architecture (New York: Taschen, 2000), 20.
45. Ibid., 35.
46. Genesis 1:28; "Man's role is to subdue the earth…and to rule over the garden." See also Genesis 2:15. A likely but controversial claim that Western cities have evolved as they have as a direct consequence of biblical sustainability in Chrisna Du Plessis, "Global Perspectives: Learning from the Other Side," Architectural Design 71 (July 2001): 16.

47. Ibid.

48. There has been only one breach, during the fifteenth century, of the ritual, which is proscribed in the text from 804 ce, Record of Rituals for the Imperial Shrine of Ise. The sixty-first rebuilding, accomplished in 1993, cost $3 million. Dora P. Crouch and June G. Johnson, Traditions in Architecture: Africa, America, Asia, and Oceania (Oxford: Oxford University Press, 2001), 364, 367. See also Isao Tokoro, “The Grand Shrine at Ise: Preservation by Removal and Renewal,” in Serageldin et al., Historic Cities and Sacred Sites: Cultural Roots for Urban Futures (Washington, DC: World Bank, 2001), 22–29.

49. If the Ise shrine was to be nominated to the World Heritage List, its challenge of passing the listing criterion pertaining to “authenticity” could conceivably be countered by citing UNESCO’s Convention for the Safeguarding of the Intangible Cultural Heritage, dating from 2003.

50. Denslagen and Gutschow, Architectural Imitations, 2005.

51. Chen Wei and Andreas Aass, “Heritage Conservation: East and West,” ICOMOS Information, n.3 (July/September 1989).

52. Nine courtyards and 466 elegant rooms, added in many dynastic styles, are spread in a symmetrical north-south axis over the twenty-two hectares of Qufu’s living religious enclave.

53. Liang Sicheng, “Chinese Architectural Theory,” Architectural Review July (1947): 19.

54. Amos Ih Tiao Chang, The Tao of Architecture [originally published as The Existence of Intangible Content in Architectonic Form Based Upon the Practicality of Laotzu’s Philosophy] (Princeton, NJ: Princeton University Press, 1956), quoted in Crouch and Johnson, Traditions in Architecture, 332.

55. The original building was burned in the Japanese invasion of 1592; but today’s structure, an exact copy built in 1867, provides an excellent example of an aesthetic building treatment that also represents cosmological ideas. Three partitions on the uppermost floor “represent heaven, earth and man; and eight columns…symbolized eight sticks called ‘goae’ [that represent] the phenomena and shapes of heaven and earth and of all creatures. The middle floor had twelve columns which symbolized the twelve months, and the lowest level had twenty-four columns for twenty-four solar terms.” Kim D.-W, “Kyeonghoe-ru, Korean Architecture and the Principle of the I-Ching,” Architectural Culture October (1983): 47–51.

56. E. R. Chamberlin, Preserving the Past, 180.

57. The project’s first phase alone cost approximately $7.5 million.

58. Rising damp problems persist, and damage to the foundations and lower levels of the buildings continues.

59. Barraud Dani and Farhat Kenoyer, “Pakistan: Erosion Threatening World’s Oldest Planned City,” Radio Australia, rev. October 22, 2002. Available: http://www.abc.net.au/ra/asiapac/ archive/jul/raap-6jul2001–4.htm (accessed October 22, 2002).

60. In the United States alone, other important graduate programs in architectural conservation are offered at Columbia University, Cornell University, the University of Pennsylvania, and the University of Hawaii. Each program addresses architectural conservation in the broadest sense, though within each curriculum can be found emphases on theory, conservation science, and planning.

61. Guidelines on Education and Training in the Conservation of Monuments, Ensembles and Sites, adopted at the Tenth ICOMOS General Assembly in Colombo, Sri Lanka, 1993.

62. L’École de Chaillot is a venerable 120-year-old institution that prepares its graduates for the French civil service and state examinations in restoration architecture, among other things. Its restoration architecture section is guided by Pierre-André Lablaude, architecte en chef for Versailles.

63. The best history of formal higher education and its prospects is offered by Derek Lindstrum, founder and long-time head of the architectural conservation program at the University of York. See Lindstrum, “The Education of the Conservation Architect: Past, Present and Future,” chapter 6, in Concerning Buildings, 96–118.

64. Michael Tomlan, “Historic Preservation Education: Alongside Architecture in Academia”, Journal of Architectural Education (May 1994): 187–196. Dr. Tomlan is chairman of the (US) National Institute for Preservation Education (NICPE) that tracks all graduate and post-graduate level training opportunities in American historic preservation.

65. The culmination of this interest is reflected in the adoption of the Convention for the Safeguarding of the Intangible Cultural Heritage in 2003. As adopted at the thirty-second session of the UNESCO General Conference in Paris on October 17, 2003, it takes the 1972 World Heritage Convention as its model, but with major modifications, as required by the subject matter.

LIBRAIRIE
Librairie
DESIGN LIBRAIRIE
TASCHEN
LIBRAIRIE LEKS
DESIGN LIBRAIRIE

巴黎马莱区的一条街道。

第 16 章

21 世纪的多维度领域

随着建筑保护已经成为一个越来越全球化的现象，它在其积累下来的经验的运用方面也变得越来越一致。这个现象背后的催化剂是其对社会性、文化性、政治性以及经济性立场方面的吸引的普遍性以及让这个世界变得越来越小的现代科技。大卫•皮尔斯将遗产保护描述为“造成其真正流行的唯一一个与建筑相关的原因”，接受这个观点的人在最近几年中得到了增加。[1]

因为都市化、非集权化和全球化的问题已经重新塑造了当代的发展景象，所以文化遗产保护和管理也要求进行重新评估。尽管——这也是对其做出的反应——在过去60年中发生的变化数量达到了史无前例的地步，但具体就建筑保护而言，它几乎在每个国家的议程上都是作为一个可行并且有益的内容出现的。建筑修复和保存已经不再是严阵以待的精英们为获得一个值得的普遍性认可的模糊任务。除了它广泛的吸引力之外，当地性、国家性和国际性旅游业也为世界最遥远地区的遗产保护工作的可行性提供了一个重要论据。

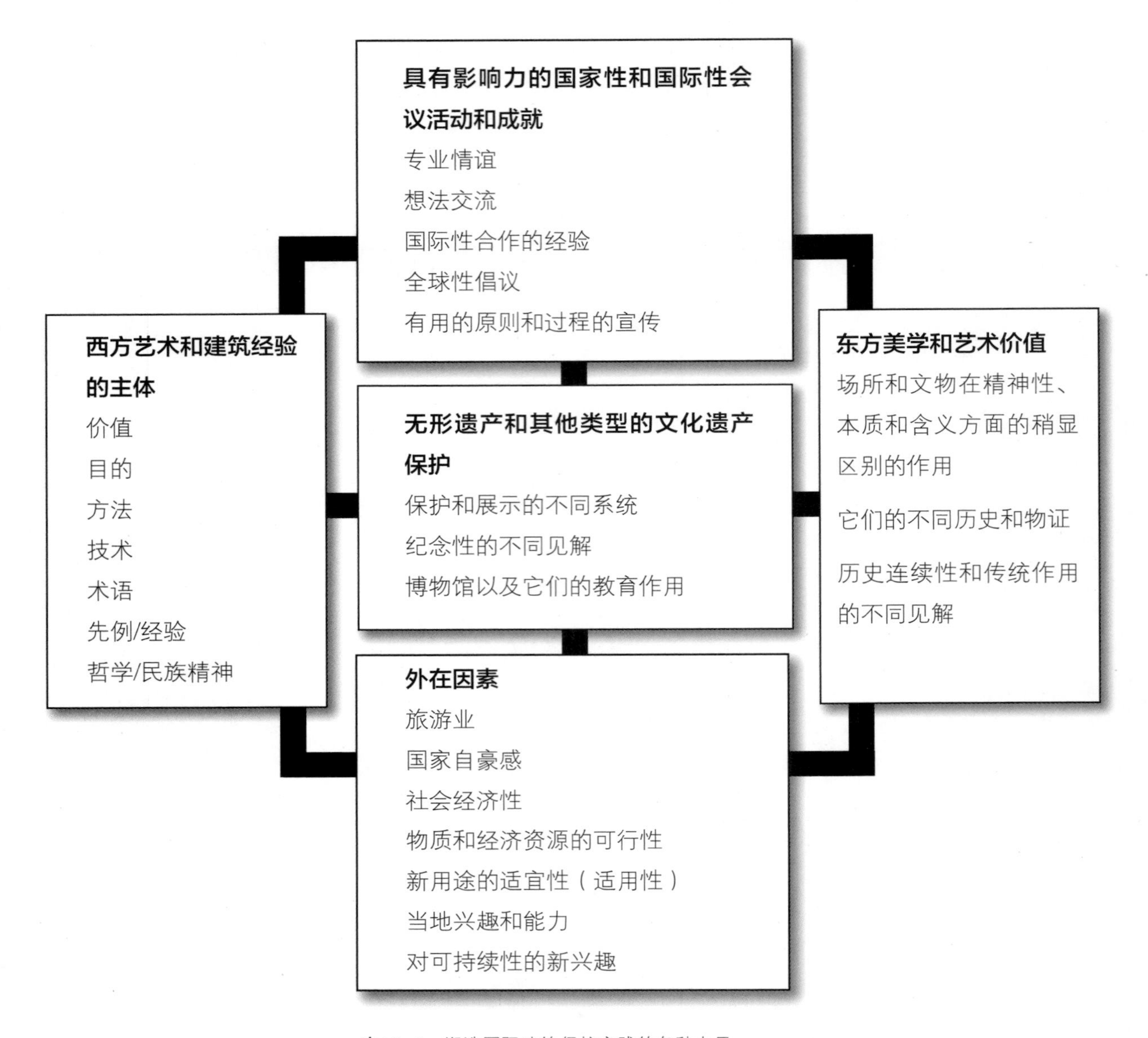

表16-1 塑造国际建筑保护实践的各种力量

虽然在保护世界建筑遗产时面临的问题是多种多样的，但在遗产保护专业以及对其他补救措施的兴趣方面形成了相当重要的共识。国际组织的努力以及它们解决这个领域中首要问题和空白问题的决定，促进了技术、方法、原则和培训技术的附带转移，而这也是这项工作自身性质所决定的。其他因素也发挥了相应的作用。现在，世界已经认识到这种史无前例规模的历史是源自得到改进的教育和学识以及即时交流的现代习俗和承受得起的旅行。

影响现代建筑保护实践的20个行动

1. 由于1964年埃及阿斯旺上大坝的建造以及1966年佛罗伦萨和威尼斯的洪水泛滥造成的严重威胁而引起的源源不断的国际兴趣和支持。
2. 著名历史遗迹场所破坏和修复的惯例，例如华沙的Stare Miasto（旧城区）以及波斯尼亚莫斯塔的老桥。全世界对阿富汗巴米扬大佛破坏的广泛报道是另一个案例，虽然它们并未得到重建。
3. 具有超凡魅力的大型遗迹场所的修复，例如印度尼西亚的婆罗浮屠、柬埔寨的吴哥窟、巴黎的大卢浮宫项目，以及莫斯科东部的金环。早期实例包括帕特农神庙（希腊）、威廉斯堡殖民地（弗吉尼亚州）、特奥蒂瓦坎（墨西哥）和蒂卡尔古城（危地马拉）。
4. 开始于19世纪中期的在法国建筑师尤金-伊曼纽尔·维奥莱特-勒-杜克的彻底修复和建筑完工哲学，以及法国作家维克多·雨果和考古学家阿道尔夫·拿破仑·迪德龙和英格兰艺术家、历史学家和提倡者约翰·拉斯金和威廉·莫里斯提倡的重视岁月带来的变化的更加保守方法之间的争论。
5. 20世纪70年代中期和80年代对美国的海港区域、运输设备、政府综合体建筑以及类似建筑的超大规模的修复和适应性使用而确定的案例。
6. 建筑师、工程师、保护科学家以及保护者在埃及阿斯旺的阿布辛贝神庙和菲莱神庙项目（为了保护它们而对它们进行了迁移）、北卡罗来纳州的哈特拉斯角灯塔项目、比萨斜塔以及尚未完工的威尼斯摩西港保护项目等工程中取得的令人印象深刻的技术成就。保护科学——其中就包括精细工艺品保护——中也取得了类似的功绩，例如从1997年9月在意大利阿西西古镇开始的震后修复工程，以及位于米兰的由米开朗基罗创作的《最后的晚餐》和梵蒂冈西斯廷教堂天花板的清理和修复项目。
7. 格外流行的历史建筑和考古复合体建筑的保护和展示，例如古罗马广场、庞贝古城和赫库兰尼姆古城、帕特农神庙和卫城、马丘比丘、哈特谢普苏特神庙以及吴哥窟。
8. 修复工艺训练操作以及研究生课程学习机会在各个国家中的确定。
9. 更加广泛公布的文物违法交易，最为知名的国家包括意大利、希腊、中国、秘鲁、柬埔寨和伊拉克。
10. 遗产旅游的经济发展潜力的实现。
11. 具有国际适用性的章程和指导原则的确定，尤其是1931年的雅典宪章、1964年的威尼斯宪章、美国内务部长制定的历史文物保护标准和指导原则（1976年）、巴拉宪章（1979年）以及中国原则（2000年）。
12. 联合国教科文组织（UNESCO）及其支持组织和项目的确定，其中包括国际博物馆协会（ICOM）、国际文物保护与修复研究中心（ICCROM）、国际古迹遗址理事会（ICOMOS）以及世界文化遗产中心。
13. 在建筑整体保护方面具有特殊影响力的重要国家性遗产保护法律和判例的发展，例如法国的马尔罗法令（1964年）。
14. 财政激励政策，例如联合国以联邦税收优惠的形式对具备资格的历史建筑复原工程提供的优惠（1976年）、用于援助的匹配资金以及慈善组织的行动。
15. 致力于建筑遗产保护的国际性非政府组织的工作，例如世界文化遗产基金会（纽约）、盖提保护中心（洛杉矶）以及阿迦汗文化遗产信托基金会（热那亚）。
16. 成立于1899年的英国国家信托基金会实例。
17. 在艺术品方面具有影响力的政府、公司以及社会领导者和声音，例如安德烈·马尔罗、约翰·贝杰曼、杰奎琳·奥纳西斯、黎巴嫩的拉菲克·哈里里以及世界文化遗产基金会的哈德良奖获奖者。

18. 杰出的教育家、专业的艺术和建筑历史学家以及建筑师，例如切萨雷·布兰迪和吉奥瓦尼·卡尔博纳拉（意大利）、伯纳德·费尔登（英国）、詹姆斯·马特森·费奇（美国）、雷蒙德·勒迈尔（比利时）、梁思成（中国）、保罗·菲利波（荷兰/意大利）、阿洛伊西·里格尔（奥地利）以及ICOMOS皮耶罗·加佐拉奖的所有获奖者。

19. 特别有影响力的推进改革的活动家，例如英格兰的约翰·拉斯金和威廉·莫里斯以及美国的简·雅各布斯和詹姆斯·马特森·费奇。

20. 能够让日常现场工作加速并简化的电脑化信息文档和检索系统以及用于遗产保护领域中的特殊摄影、激光测量和诊断技术。

在建筑保护领域中使用适宜的方法和技术的案例在全世界各个地方都能找到并可以在任何时候对其进行观察和学习，这是通过进行第一手的观察（至少有一些距离）、检查出版的项目介绍以及越来越多的对以书面形式或者发布在互联网上的几乎同时取得的进展进行审视。对专家和学者来说，有关正在进行的或者已经完工的保护项目的信息可以通过相关的出版物以及其他学术方式从而很容易获得的，例如专业座谈会以及特别安排的参观。而对更加广泛的受众而言，部分更加著名的修复项目可能成为新闻或者自身就是公众非常有兴趣了解的内容：从1999年开始的为期两年的里斯本贝伦塔修复工程（图17-14和图17-15）就成为了葡萄牙著名国家报纸《民众报》策划的常规报道内容的对象；过去十年中对莫斯科大剧院和威尼斯凤凰歌剧院的修复项目都得到了当地和国际戏剧和歌剧爱好者的支持；同时期于20世纪80年代开展的对位于纽约港的自由女神像以及埃利斯岛部分区域的修复都与获得了国家持续关注的这座雕像的百年庆典相关。[2]

美国保护专家和教师威廉•查普曼将目前正在柬埔寨吴哥窟工作的国际团队做出的超大规模和复杂的努力描述为“世界上观察当地遗产保护实践的最大独立实验室”。如果现在有人造访吴哥窟，可能就会很容易的注意到这个古代高棉首都的无数石造神庙中已经开展了几十个大型修复和保护项目，各个不同国际团队使用的技术是基本相似的（参见图17-70）。每个保护项目的细节以及各个方法中偶尔存在的差异的细微差别都被吴哥窟国际文件编制中心进行了记录并且也经常出版。在吴哥窟工作的每一个国家性或者国际性团队都有义务在由APSARA当局每两年举行一次的国际协调会议中报告他们的工作进展，这个机构拥有这个考古公园的管辖权。尤其是在夏季技术会议上，在吴哥窟工作的专家团队会展示预计工作以及项目进展报告以供同行进行审查和柬埔寨当局、他们的顾问以及UNESCO进行审批，后者是作为柬埔寨政府的秘书处。

有人可能会问，所有这些建筑保护项目以及它们的项目开发团队究竟有什么共同之处？从项目整体结构和方法的观点来看，它们几乎都是一致的。每个项目的开始都是一个解决一个商定的保护问题的提案；然后是这个提案的官方审批，接着是要求完成的保护工作的不同实施阶段，最后是完工项目的文件编制。在将受到保护的建筑资源投入使用的时候，对这个遗迹场所的期望是能够得到适当的维护、保存和监管。

虽然很容易明白文化遗产保护已经成为一个全球合作的工作并且还涉及类似的方法和目标，但还是有人指出在国际范围内知识和工作的分享并未取得太大的成功。ICOMOS加拿大分会前任主席弗朗索瓦•勒布朗认为理解错误以及迥然不同的背景会让全球保护领域的整合变得更加复杂：

> 全世界各个地方都存在巨大的文化差异，其中就包括通常无法从一种语言翻译成另一种语言的不同的文化和遗产概念。如果这是一个无法翻译的精神概念并且是与遗产价值息息相关的，那么交流就会变得非常困难。同样的，遗产问题也可能存在巨大的差异，并且世界上某个地方的问题可能和另一个地方的问题之间是完全无关的。例如，莫桑比克北部存在的一个问题是当其主要问题是调查员会在每年的特定时间中面临被狮子吃掉时，应当采用哪种技术进行调查。这个问题与巴黎或者东京存在的问题就有着天壤之别。[3]

确实，世界各地的遗产保护主义者都依然面临着大量的挑战。勒布朗关于文化误解以及背景特殊性依然将成为最复杂的问题的论述确实是正确的。但更积极的一面在于，通过其他人的经验进行学习的希望也是非常大的。关键之处就在于继续努力以增进沟通，进行更加专业化的教育，以及形成对文化遗产保护的更广泛支持。

注　释

1. David Pearce, Conservation Today (London: Routledge, 1989), 228.
2. In many of these examples, the public dissemination of information about ongoing restorations helped ancillary efforts in project funding.
3. John Ward, "ICOMOS Canada and Sharing Knowledge," ICOMOS Canada Bulletin 6, no. 2 (1997), http://archive.canada.icomos.org/bulletin/vol6_no2.html.

第 17 章

当代实践的全球性总结：挑战和解决方案

全球建筑保护实践准确清单的缺失让这个领域在其自己的历史和成就方面存在不完全的证据。虽然存在针对特定场所——甚至整个国家——文化遗产保护努力的研究，但这些信息并未得到整合——表明世界各个区域在建筑保护方面的成就如何能够结合在一起以形成一个整体。直到更加全面的全球保护实践分类目录被制定出来的时候，再通过数据分析，关于全世界范围内当代实践的模式以及建筑保护的发展方向的印象才能呈现在世人眼前。[1]

紧接着出现的建筑保护实践的全球蔓延是从在有组织的遗产保护传统时间最长的地方开始的，然后移动至那些这种考虑仍然相对新甚至可能仍在形成的场所中。这些后续地区的出现都是具有地域性原因的，虽然能够塑造出保护经验的文化关系和联系有时候也是一种历史根源。保护工作重点被放置在每个区域中建筑保护实践的突出特点以及它们对整个领域的贡献。由于对能够引用的案例数量方面存在明显的限制，但关于特定区域中存在的挑战、解决方案和发展趋势方面的选择早已做出。下文列举了全世界每个区域中的现有挑战和未来发展的案例，总计不超过10个。[2]

欧　洲

尽管它有动荡的历史和长期的边界变更，但欧洲是世界上最古老和最著名的一个文明发源地并留下了大量的文化遗产，其中包括古希腊和古罗马时代的纪念建筑物、中世纪和文艺复兴时期的教堂和城镇以及现代的技术和建筑奇迹。虽然是最小的大陆之一，但欧洲已经证明了它在世界历史中最具影响力的作用，同时包括古代时期以及尤其显著的最近5个世纪。这种全球领导权包括建筑保护的专业领域，它的出现最开始是作为其强大的公民社会、民主传统以及民族主义倾向形成的公共关注。

从造成世界分裂的两次世界大战开始，欧洲就一直遵循一条政治一体化的道路，这条道路的顶峰就是欧盟（EU）的成立和巩固，这个组织目前已有27个成员国，而这个大陆上的绝大多数其他国家正在申请加入并等待入盟进程的结果。欧洲对遗产保护关注的不断增加成为过去60年的主要特色，第一次和第二次世界大战造成的破坏成为其主要诱因，而冷战后时期的欧洲政治关系的重组也为其赋予了新的目的和希望。欧洲现在在遗产保护方面面临的最大挑战是在这个新近统一的大陆的政策和程序得到整合和标准化的同时，其文化多样性却正在增强。

在苏联解体之后，许多中欧和东欧国家开始了转变成为民主政府和市场经济的艰苦过程，这个地区的遗产受到了彻底私有化以及重要国家补贴取消带来的威胁。虽然共产主义时代的中央集权和意识形态的政策已经不再存在，但欧洲这个地区的绝大多数国家在十年之后仍然难以应付这些新的挑战以及由于不受控制的发展和旅游业增加带来的新压力。同时，民族主义在欧洲东部和东南部的复兴使得遗产成为这些地区的居民心中的一个重要问题，这使得产生了对被前任政府所忽视的建筑类型和时期的重新关注——尤其是那些宗教建筑。

欧洲各个国家已经签署了地区性文化协议，并且从20世纪50年代起就已经有政府和非政府组织对他们的共有遗产进行保护。欧洲文化公约是提倡互相尊重、肯定各自国家遗迹场所并提出共同的欧洲遗产这个概念的首份文件。[3]这个公约通过许多附加协议而得到了补充，例如1975年的欧洲建筑遗产宪章，这份文件更加明确的处理了建筑遗产保护问题。[4]

欧盟和欧洲理事会都开始越来越多的提倡那些能够让保护程序和实践变得标准化并整合整个大陆范围内的专业和技术资源的规则和项目，例如欧洲遗产网络。从其于20世纪60年代成立开始，欧盟文化遗产——泛欧洲文化遗产联盟——就成为了欧洲在这个领域中的主要组织，它提供了另一个合作平台，并成为了保护受到威胁的遗产的监察人，而且还为成功的保护项目提供了梦寐以求的奖项。[5]随着欧盟的扩大，越来越多的国家采用了这种共享经验的文化，遍及欧洲东部和东南部范围内的遗产法律和政策都得到了更新。另外，EU项目也已经扩大到了欧洲之外的地区，通过例如欧洲-地中海合作伙伴这类创新项目而支持海外的项目和能力建设。在最近几年中，本着文化外交的精神，欧洲一直都在对南亚、东亚、撒哈拉以南地区以及加勒比地区的遗产保护工作提供支持。

事实上，欧洲利用其作为全球领导者的地位来提倡并支持世界范围内的文化遗产保护工作的历史已经超过了半个世纪，通过对国际组织的参与，它鼓励对其保护原则的运用及其政策的采用。正如之前所述的那样，在世界文化和自然遗产保护方面的国际合作主要起源于欧洲，其主要的组织包括联合国教科文组织（UNESCO）、国际古迹与遗迹理事会（ICOMOS）、国际博物馆协会（ICOM）以及国际自然保护联盟（IUCN）。同样的，可以很肯定的说建筑遗产保护的现代领域在很大程度上都是由欧洲思想和专家建立并引导的。组织了形成1931年雅典宪章和1964年威尼斯宪章的各次会议的专家中的绝大多数都是欧洲人。这些文件反映了欧洲在共享知识及其合作精神方面一贯的优势；他们还充满了尤为突出的西方价值观以及遗产概念，而世界其他地区已经在最近几十年中开始对这些观念进行重新评估。

现在，差不多每一个欧洲西部和北部国家在遗产方面都有非常完善和严格执行的法律条款、高质量的教育课程、行政监管主体以及公益活动，欧洲东部和东南部的国家则可以快速的赶上。欧洲范围内过度依赖政府提供建筑保护资助的各个国家已经看到了非营利组织的发展并开始接受最近几十年中出现的用于建筑遗产保护的新型资金筹集方案。勤奋的欧洲遗产保护主义者已经开发出了能够让国内和国外保护实践受益的新技术、新方法和创造性方案。可能最为重要的是，章程中对有价值的文化遗产的定义已经在最近几十年中逐渐扩展到整个欧洲地区，同时它也开始从其他文化中学习经验和传统，这让其之前在世界其他地区中的单向影响力变得平衡起来。

欧洲面临的特殊挑战

图17-1　旅游业带来的压力。许多欧洲历史古城中在旅游季节中出现的势不可挡的人气（以及随后的过度使用）——例如威尼斯和布拉格，如图所示就是泛滥成灾的游客——已经对许多重要古迹场所的特性甚至物理完整性造成了威胁。这些城市中心区的社会经济完整性也受到了威胁，因为它们的当地居民被迫离开，主要原因包括房产价值的提高、仅为游客服务的商店和餐厅的剧增以及人群和噪声造成的生活质量下降。例如，威尼斯的人口从1900年的19万人减少到现在的6万人，其中剩余的很大一部分都是旅游相关行业的工作人员，他们每天都要为这座城市中超过10万名的游客提供服务。

图17-2　不受控制的开发。已经超出了希腊雅典（如图所示）和西班牙托雷多历史中心城区的都市开发项目景象揭示了许多欧洲历史城镇的历史规模和特点是如何受到不足够的控制和反应迟钝的开发造成的威胁的。在就这方面来说，保护区域的紧邻区域就是一个具体问题。19世纪后期见证了老旧城墙以及中世纪的邻近建筑因为林荫大道和路堤的建造而被拆除，而为了建造高速公路和运输系统以及大量住宅综合体和工业扩张而进行的重新开发成为了整个20世纪的时代特征。许多历史建筑已经消失，感觉迟钝的新设计和开发仍然在进行中，其代价就是欧洲许多城市中的建筑遗产。

图17-3　机动化交通适应是让历史古城完成现代化的最大动因。除了鼓励对历史建筑和密集的中世纪街道模式进行拆除之外，汽车还会因为空气污染以及需要开阔空间以停放车辆——不顾这些空间的重要性以及被破坏的风景——而对历史建筑造成威胁。汽车依然是欧洲现在在遗产保护方面面临的一个主要问题，虽然许多城市已经以各种不同的方式开始解决这个问题。罗马（如图所示）要求持有特殊的居民停车许可，而且停放在历史中心城区中的商业车辆必须遵守时间限制规定。尽管汽车提供了所有的便利，但是现在并没有简单、廉价的解决方案可以克服这种交通模式不断增高的成本。（图片由欧盟文化遗产提供）

图17-4　小城镇和郊区的人口外迁。许多欧洲小城镇和郊区中的景观正处于危险的状态，因为它们的人口被都市中心所吸引，这是为了追求更好的就业机会以及相对刺激的都市生活。在托斯卡纳南部，皮蒂利亚诺这座古代山镇是这个国家无数拥有如画景色的郊区城镇中的一个，这些城镇都面临着生命力缺失的困境，而这种生命力通常都是由其仍然在此居住和工作的年轻一代所提供的。在某些情况中，这些小城镇已经被那些渴望在郊区安置第二个住所的城市居民所注意到，或者从诸如艺术家社区或者公司休息寓所这类重新安置项目中获益；但是，其他大量城镇被为人忽视，很少有居民仍然在其中居住，并且面临着恶化到无法进行保护的程度。

图17-5　保护考古遗迹。因为遍及欧洲各个地方的城市和郊区考古遗迹一直面临着非法挖掘和破坏带来的压力，所以这也成为了一个始终需要考虑的问题。欧洲城市高昂的土地价格使得经常会为了有利于进行新的开发而忽视遗产保护。即使没有这些压力并处于最好的环境条件中，对考古遗迹进行原址保护和展示也是很难实现的，这是由于它们的易碎性以及对刚刚发掘出来的建筑碎片进行保护的特殊问题和特点所造成的。在诸如保加利亚中北部的玫瑰谷这类乡郊地区中，违法挖掘有价值的文物的现象在20世纪90年代中期的时候极为猖獗。如图所示即为一座色雷斯坟墓被盗墓者用推土设备挖掘之后的残破景象。

◀**图17-6　私人部门支持的匮乏。**现在，绝大多数欧洲国家都已经拥有制定完善的遗产保护系统，其中就包括了有兴趣的非政府组织以及自愿者团体。但是，由于欧洲国家遗产保护的支持几乎都是由政府提供的这一长期传统，因此部分最富裕的国家的公众对建筑遗产保护仍然缺乏广泛的支持和兴趣。但是这个情况却在一些为人忽视长达几十年的地方——欧洲东部的犹太人集聚区——得到了改善，其中就包括了波兰克拉科夫的卡齐米日区，这个地区就在最近几年中进行了缓慢的重建。在另一方面，公众对于遗产的意识和欣赏程度在罗马尼亚和格鲁吉亚这些国家中是相当低的，尤其是那里的乡村居民对于那些需要进行保护的重要建筑场所经常都是漠不关心的。即使著名古迹场所——例如那不勒斯的赫库兰尼姆古城（如图所示）——附近有着数量相当多的居民，但他们也已经习惯于认为意大利政府是唯一一个应当为这些遗产的遭遇负责的主体，而实际上有大量额外的机会可以将这些独一无二的窗口整合到它们紧邻的生活社区的历史之中。

▶**图17-7　欧洲东部在资源和工作数量方面的匮乏。**虽然欧洲大陆相较之前已经更加统一，但其在冷战时期中分裂的40年造成了今天的东欧和西欧在建筑保护的经济条件和能力方面存在巨大的差异。从20世纪90年代早期开始，之前由国家支持的修复工作室及其专家框架就发现它们已经很难融入自由市场经济之中。而在需要完成的工作数量方面也存在一种不平衡的状态，因为共产主义时期的政策对特定的建筑遗产类型来说通常都是不均衡并且具有破坏性的，例如宗教建筑以及前任领主的宅邸。这种矛盾在重新统一的德国中也依然非常明显，尽管做出了共同规划和复兴努力，但要在之前的东德地区中使建筑保护的重要性上升到与这个国家其他地区相同的程度，依然还要大量的工作需要完成。乌克兰利沃夫的历史中心城区却保持了令人惊讶的完整程度。但它的保存主要归因于其地理位置的偏远并且还要感谢长期遭受的忽视，但对其历史建筑和场所进行有效的保存和展示却要求付出巨大的努力。在俄罗斯，现在的保护和重建优先权的特点经常要么是非常缓慢，要么是非常迅速。位于芬兰湾的圣彼得堡市郊的康斯坦丁宫在2002年成为了废墟（如图所示即为一个细节）；到了2006年，整座宫殿被作为一个高规格政府接待场所已经得到了完全的修复。

图17–8 战争损毁。战争是对文化遗产最古老也是历史上破坏性最大的威胁，而它依然是现代欧洲的一个问题。在过去的二十年间，巴尔干半岛及高加索地区部分国家中的历史建筑环境都直接或间接的遭受了战争和国内冲突的侵害。前南斯拉夫地区的若干例子证明，不同文化的建筑象征物尤其容易成为攻击目标。前南斯拉夫中央地区的大量历史古镇和场所都遭了肆意的毁坏——其中就包括萨拉热窝的国家图书馆、莫斯塔的桥梁以及武科瓦尔的克罗地亚城。各个国家的重建进程有着巨大差别，杜布罗夫尼克旧城就在短短数月的时间就完成复原工作。高加索地区的车臣则刚刚开启它的修复工作，而科索沃地区受到损坏的城市由于其他方面的优先权而依然保持原样。因为在巴尔干半岛冲突中的被迫放弃以及在其地域中新国界线的新局面，波黑的Pocitelj古镇及其一度声名显赫的清真寺（如图所示）可能永远都无法再现其早期的活力。

图17–9 种族和宗教差异。在欧洲许多国家和居民之间长期存在的种族矛盾——例如在希腊和土耳其以及在前南斯拉夫地区之间——经常对这些地区的建筑遗迹场所的保护工作造成干扰。土耳其加济安泰普中属于亚美尼亚人的建筑遗产尚未得到完全修复并被重建成这个地区中历史最悠久的古镇。位于塞浦路斯军事分界线之上的未被好好照管的希腊东正教教堂的腐朽以及波斯尼亚的萨拉热窝图书馆的损毁（如图所示）就是两个例子。虽然范欧洲体系和价值观在鼓励进行合作、尊重文化差异并实现历史资源的复兴，但这些遗迹场所中的许多地点始终未能达成公共或者私人共识——以及获得将其作为有用的建筑资源而进行适当修复和重建的支持。

◀**图17-10 国际合作。**作为现代建筑保护运动的组织者以及世界范围内绝大多数政府间遗产保护组织——包括UNESCO、ICOMOS、ICOM以及ICCROM在内——的发源地，欧洲在提倡和协助国际合作方面起到了带头作用。这种支持不仅让不同国家的建筑遗产从中获益，而且整个欧洲也是如此。重建方面的合作案例可以在任何发生过严重国内动乱的地方——例如前南斯拉夫——或者遭受过重大自然灾害的地方中发现，后者的一个著名案例就是位于意大利中部的阿西西古镇在于1997年末期遭受强烈地震之后对历史建筑和艺术作品进行的高质量修复工作。莫斯塔老桥——在波黑战争期间于1993年被破坏——的多年重建项目是获得最广泛赞誉的一个高质量遗产保护项目，这个项目的完工需要感谢许多主要在欧洲的政府、国际组织和私人机构的合作。在战后时期对莫斯塔其他建筑的修复提供了帮助的非政府组织（NGO）中最主要的一个是位于伊斯坦布尔的伊斯兰艺术和文化研究中心（IRCICA），这个机构赞助了多次针对莫斯塔战后保护的会议的召开，同时在世界文化遗产基金会和阿迦汉文化信托基金会之间就内雷特瓦河沿岸具有代表性的建筑的规划和修复达成了潜在的技术和资金合作关系。就阿西西古镇的情况而言，意大利政府对来自许多地区性、国家性、国际性的物质和经济援助进行了协调，这些援助都是为了帮助这个地区的修复和重建。（照片由穆尼尔·布什纳基博士提供）

▲**图17-11 过去和现在的领导力。**整个欧洲范围内具有超凡魅力的政治和民间领袖已经对建筑保护产生了浓厚兴趣，并为提高遗产问题的意识以及对特定项目的资金赞助方面做出了巨大贡献。坦率直言的个人就历史保护发表言论的传统开始于维克多·雨果、约翰·拉斯金、威廉·莫里斯以及其他传诵至今的人物。在20世纪90年代的英国，威尔士亲王对那些会有损于历史场所的规划法律和开发方案的批评拯救了大量的重要历史遗迹场所，例如可能会受到提出的不适宜的商业开发方案损害的伦敦帕特诺斯特广场的近郊。更多的时候，遗产保护中的领导力都是在当地层面中出现的。例如在伊斯坦布尔，当地律师和遗产保护倡议者塞利克·古勒尔索伊诠释了这座城市中的历史本土木制建筑的价值和潜能，这是通过对大量这类建筑的修复成规模适宜的文化遗址酒店而完成的。如图所示即为古勒尔索伊修建的圣索菲亚寄宿学校的正面外观。

图17-12　保护历史古城和街区。欧洲见证了对其历史建筑和历史古城保护的史无前例的成功，这已经从保护单独的纪念性建筑发展成为保护整个历史都市城区。法国于1962年颁布的马尔罗法令就是那些要求对历史建筑所处的整个地区进行保护的最重要和最具影响力的法律之一。位于巴黎的不断衰败的玛莱区（如图所示）就是第一个得到据此进行改变的街区，从对其17世纪到20世纪早期的大量历史建筑的修复转变成为一个充满活力、大受欢迎的住宅和商业建筑混合区。欧洲范围内无数的城市在得到有效的法律条款、技术支持以及重要的资金筹集方案等方面的援助之后，对其历史城市区域进行了整体保护。佛罗伦萨、博洛尼亚、热那亚、威尼斯以及卢卡等地的历史城市中心区还仅仅是意大利的少数实例。

图17-13　现代建筑和便利设施的高质量嵌入物。在最近几十年中，欧洲出现了大量过剩的表示敬意的新建筑，其中就包括位于受保护的历史城区中的历史建筑上的那些令人感到同情的新添加物。这些项目的规模从单个建筑外观修复到大型城市改造计划各有不同。在阿姆斯特丹（如图所示）中就有大量能够与那些时间久远的邻近建筑很好的融合在一起的改造建筑外观和新建建筑。弗朗索瓦·密特朗在20世纪90年代为巴黎卢浮宫博物馆和杜伊勒里宫制定的宏伟改造规划的主要项目就是建造一个极为大胆的新入口，也就是现在大家所熟知的由美国建筑师贝聿铭设计的玻璃金字塔式样的入口。这个项目为这个建筑综合体提供了迫切需要的入口改造，同时也为处于这个综合体的主要庭院之下的大面积挖掘区域增添了许多空间。

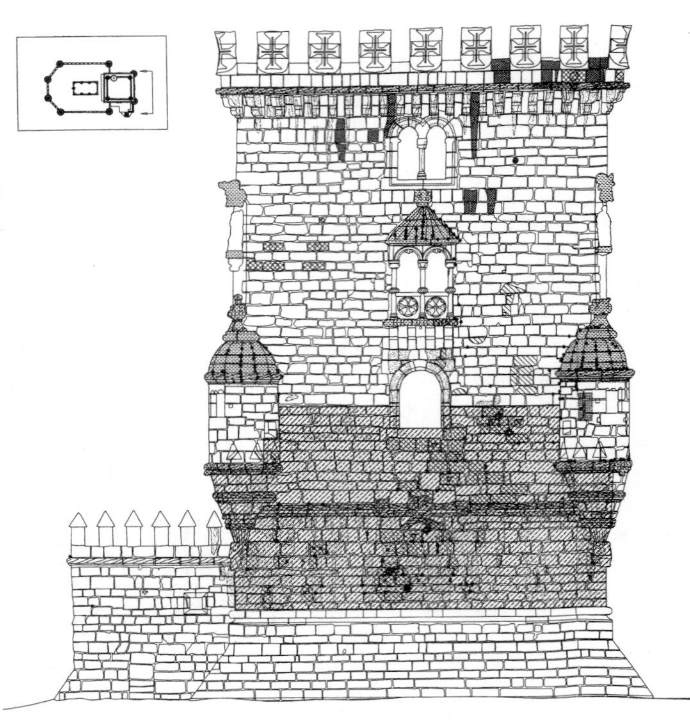

图17–14和图17–15　复杂的保护技术和文档编制系统。随着新的保护技术、方法和创造性的实施方案在最近几年的引入，它们已经改变了建筑保护领域中的可能性，其中欧洲的许多个公用和私有应用研究实验室在这些发展中发挥了重要作用。现在，包括超声波砌体分析、摄影测量法以及内窥镜分析等在内的非入侵性以及诸如航空照片、电脑辅助地理资讯系统（GIS）和全球定位系统（GPS）绘图等先进的文件编制方法都已经成为欧洲建筑保护实践中常规使用的措施。在里斯本贝伦塔的保护项目中，来自里斯本高等技术研究所以及葡萄牙国家土木工程研究所（LNEC）的保护建筑师和专家与私人顾问一起合作，设计出了对构成这座历史长达500年的重要建筑的老旧砌石进行电脑化定量和定性调查的方案。这个项目是在得到了Portuguese Instituto Portugues do Patrimonio Arquitectonico、世界文化遗产基金会（纽约）和世界文化遗产基金会葡萄牙分会的资金和技术支持下完成的。

图17–16　木质建筑保护。木质建筑的脆弱性和暂时性使其特别容易遭受岁月和大自然的破坏，但是欧洲在最近几年中，为了保护和修复这类建筑遗产而制定了开创性的措施。尤其是在欧洲北部，木材一直都是历史上最为主要的建筑材料，而其保护措施则包括有组织的木质建筑修复工艺培训课程到尖端的化学和水雾技术，并且为木质建筑的修复和保护制定了具有针对性的消防系统。最近的项目包括由挪威政府提出的修复其所有留存下来的中世纪木构教堂并在每座教堂中安装处于顶尖水准的防火系统。位于芬兰西部的劳马古城也采取了类似的措施，这是目前最大的、保存最良好的北欧木构城镇。在经过超过十年的讨论和规划之后，位于俄罗斯北部基日岛的宏伟的18世纪的基督显圣容大教堂（如图所示）开始了一个长达15年的加固和修复工程，这个项目将为其安装一个必要的钢结构支架从而使其具有具有一定的悬架能力，这个支架的安装需要通过拆除部分建筑、结构修复、再从地基开始向上重新组装等工序才能完成。

▲▲图17–17 **创新的考古展示。**长期以来，遍及欧洲各地的大量史前时代和古代遗迹一直被认为需要采用特殊的保护和展示措施。这个大陆上的考古学家和遗产保护主义者已经很好的处理了这个挑战，这使得欧洲——尤其是其地中海沿岸——成为世界上见证针对考古遗址的创新性保护和展示措施的最佳场所。英格兰在考古遗址保护和展示方面一直处于领先地位，对位于萨塞克斯郡的鱼溪罗马宫殿遗址（如图所示）的原址展示就是一个杰出的早期案例，这个项目开始于20世纪70年代。瑞典军舰瓦萨号从斯德哥尔摩港的拯救及其在一个全新博物馆建筑中的处理和展示为海洋遗产的展示确定了标准。在欧洲的其他地方，考古遗址都被当作现有历史建筑的特色进行展示，例如克拉科夫的瓦维尔城堡和佛罗伦萨的圣母百花大教堂，这些处于城市地基水平的遗址都已经成为其所处城市的重要特色。

▲图17–18 净跨空间与胶合叠层桁架在鱼溪罗马宫殿遗址中构成了一个完全自然的明亮围场，这个围场可以小心翼翼的避免对其中那些留存下来的令人印象深刻的马赛克地板造成伤害。

图17-19　西班牙和葡萄牙的国营旅店与遗址旅店系统。在20世纪，西班牙和葡萄牙为它们无数的历史古堡、要塞、宫殿、女修道院以及修道院开发了一个创新性的重新利用方案，这些历史建筑都是由于需要发生变化和缺乏维护而导致未被使用并开始衰败。数百座这样的建筑得到了修复并被转变成大量的奢华酒店，这些酒店都是由西班牙的国有旅游委员会及葡萄牙的一家私人公司所有。除了进行保护并确保这些重要历史资源的未来防护之外，这些项目还对这两个国家的郊区以及关注度较低的旅游区的旅游业起到了促进作用。为了对重要历史资源进行保护，一座位于西班牙特鲁希略的历史宫殿被改造成了一座国营旅店，这为这个曾是设防区的上城区带来了其迫切所需的便利设施并确保了这个历史中心城区的活力。

图17-20　在特鲁希略国营旅店中的一间**客房**。

图17-21 得到保护的英国乡村住宅——保存特定建筑类型的典范。为了减缓英国乡村住宅的令人担忧的破坏速度——尤其是在第二次世界大战期间——许多保护提倡者做出的努力工作开始取得了成效。这些涉及历史学家、遗产保护行动家、英国国家信托基金以及随后被称为英国文化遗产保护机构的团体之间的通力合作提高了公众对于这个国家许多乡村住宅的消失的警觉，明确的指出了这个情况的恶果以及保护这些特殊的国家性历史资源的好处。通过用实例进行示范以及包括成立用以收购历史建筑的公民信托基金、保护措施以及允许公众访问在内的各种不同技术的使用，这些工作不仅通过使其能够更加可行的使用而拯救了无数的住宅，并且在英国建筑遗产在公众间的流行也做出了巨大贡献。莱斯特郡贝尔沃城堡中的部分建筑全年对公众开放，而其所有者拉特兰公爵家族则居住这座大型建筑中的其他部分，这就是一个极好的例子（照片的使用得到了第九任拉特兰公爵遗嘱的受托人的许可）。

图17-22 工业遗产的适用性使用。欧洲也使用了创新性的适应性使用方案来保护其大量的已经失去原始用途的历史工业建筑。通过将德国鲁尔山谷沿线大量之前的钢铁制造厂转变成为商业开发区，从而将可行的新用途、创造性的重新利用设计以及经济性极高的开发策略结合在一起为城镇、开放商和投资者都带来了利益。有时，这些保护措施会面临复杂的重新利用挑战，例如布鲁塞尔的旅游和出租车交通中心，这座建筑中的一部分最近被改造成一个多功能商业中心。从伦敦到伊斯坦布尔的工厂和码头被改造成为博物馆和艺术画廊综合体以及多功能新开发区，这类案例可以参见英格兰的利物浦、意大利的热那亚和那不勒斯、里斯本、德国的卑尔根和汉堡、哥本哈根（如图所示）以及其他城市的大型港口改造项目。

▲▲**图17-23 现代派建筑杰作的保护。**作为现代派建筑的发源地，欧洲永远不缺乏20世纪的地标性设计。虽然许多这些建筑正面临威胁并还有许多尚未完工，尤其是在莫斯科——这里有康斯坦丁·梅尔尼科夫、莫塞夫·金茨堡以及其他大师的许多先锋派建筑，但其他地方的20世纪地标性建筑设计还是得到了妥善的修复。其中令人印象深刻的案例包括勒·柯布西耶在巴黎附近设计的萨伏伊别墅、约瑟夫·霍夫曼在布鲁塞尔设计的斯托克雷特宫、沃尔特·格罗皮厄斯在德绍设计的鲍豪斯学院大楼（图示为修复之前的外观）以及埃里希·门德尔松在德国波茨坦设计的爱因斯坦塔。阿道夫·卢斯在布拉格设计的缪勒别墅的修复工程于2000年开始，这个项目为现代主义标志性建筑修复工程的质量确定了新的标准，这与在路德维格·密斯·凡·德·罗在捷克布尔诺设计的图根哈特别墅未来几年之内将会出现的迫切修复需要形成了一致。国际组织DOCOMOMO（国际现代建筑文献组织）引领了确定并研究典型20世纪建筑的方式并提倡对其进行保护。

▲**图17-24 德国德绍的鲍豪斯学院大楼，**图示为其在1999年进行精心修复之后的外观。

图17-25　文化景观和林荫大道。在20世纪晚期时，对欧洲人造环境的实质关注的规模得到了进一步的扩展并将历史文化景观也包括在内，而这些景观的占地面积通常高达数百平方英里。从1992年开始，UNESCO已经对许多欧洲文化和自然混合遗产地进行了确认，这些遗产地都是见证了自然和人类之间存在的独特历史性互动。另外，UNESCO在欧洲确认的接近200个生物圈——得到确认的自然环境和生物多样性保护实例——中的大部分也被包括在文化遗产地之中。欧洲更具创新性的一个将文化和自然保护结合在一起的项目于1992年在捷克摩拉维亚南部启动，莱德尼采城堡和瓦尔季采城堡附近的广阔区域因其国际重要性而得到认可。世界文化遗产基金会与捷克文化部协同合作进行了规划并开展了多个建筑保护示范项目，这有助于形成一种协同效应以及一股可以很快入选UNESCO世界文化遗产地清单的发展势头。除了这些行动之外，那些得到国际援助的有进取心的当地自然爱好者让这个区域中的老旧铁路系统重新投入使用并重新建造了连接这个区域中各个城镇的历史小路和大道。捷克林荫大道项目现在已经扩展到整个捷克以及几个邻近国家之中，这个项目现在已经让步行或者汽车穿越从布拉格到维也纳和从布达佩斯到克拉科夫的完整历史路线变为可能。

北非和西亚

就欧洲、亚洲和非洲之间的关系而言，位于地中海南部和东部沿岸和阿拉伯半岛的国家是那些极为重要的文化遗产的发源地，这种重要性不仅是对这个区域而言的，而且对无数现代文明和人类普遍历史来说也是同样的。这些真正具有普遍性的遗产包括世界范围内部分人类文化生产最早期证据以及最古老城市的大面积遗址，还有记录了这些城市长达数千年占领历史的一层又一层的历史文献。今天，这个区域中的文化遗产保护主义者的负责对象不仅包括美索不达米亚、埃及、波斯文明的文物和考古遗址，而且还包括中世纪伊斯兰城市以及那些与这些古代历史同时存在的十字军、殖民者和现代发展的证据。

这个地区的漫长历史中有着丰富的对老旧建筑进行重新使用、对重要场所进行修复和维护的案例；但是，为了保护而保护是20世纪在北非和中东地区存现的问题。在许多情况下，这些由欧洲人引入的想法很快就被这个地区中新近成立的各个文化部门所采纳。在第二次世界大战战后的半个世纪中，这个地区的各个国家按照不同的方向在发展，因此各有不同的保护政策也随之出现。

虽然如此，但构成北非和中亚的各个国家都共享着它们文化历史的各个方面，并且现在都面临着与它们历史古城所面临的一样的威胁。这些威胁中最常见的就是因为高利润的交易而非法掠夺考古文物、执法宽松、政治不稳定、人口增长、落后的基础设施发展以及严苛的沙漠环境，这些问题从某种程度上都导致了建筑遗产的衰败。

最近几十年中，在伊拉克、伊朗、以色列、巴勒斯坦领土以及黎巴嫩中发生的冲突让许多具有价值的建筑场所和城市区域受到战火的侵袭。在许多情况下，这个地区不间断的冲突使得保护项目的当地倡议或国际援助都无法开展。为了引起大众对冲突对历史古迹造成的决定性影响的注意，世界文化遗产基金会将整个伊拉克国内的所有文化遗产地都包括进其2006年的“100个最可能消失的地点的监管清单™”。虽然这个地区中的少数国家可以宣称它们脆弱的经济情况会使保护工作变得复杂化，但许多中东国家——尤其是海湾各国——因其巨大的石油储量而拥有充裕的资金，可是它们并没有始终将遗产问题当作首要问题进行考虑。

在北美，丰富的文化遗产资源得到足够保护的情况仅在埃及出现，这个国家强大的最高文物委员会拥有广泛的权力以及一个复杂的官僚机构。这个地区的其他国家除了官方确认它们的文化遗产场所之外，几乎碌碌无为。这些有限的工作几乎都全部集中于指定的世界文化遗产地之中，而对其他数百个重要的历史建筑、城镇和城市毫不在意或者根本从未进行保护。对文化和政治区域而言，殖民地时期的遗产遭受的忽视更加严重。文化遗产旅游为北非带来了收入，但这又因为这个地区中部分最具吸引力的城市仍然难以通行而受到阻碍。一个可以实现可持续旅游业的全面方法甚至在突尼斯都是迫切需要的，尤其是因为它成功的都市保护项目可能成为一种典范而受到了邻近国家的密切关注。

几个世纪以来，欧洲人一直对北非和“圣地”的文化遗产充满了兴趣。正如稍早前解释的那样，国际遗产保护运动成熟的部分原因在于埃及阿斯旺水坝的修建。从那个时候开始，诸如UNESCO、世界银行、阿迦汗文化遗产信托基金会就一直开始对这个地区的重要场所的修复工作提供协助。ICCROM通过其为北非以及近、中东国家（NAMEC）历史古城提供的支持项目提高了大家对文化遗产保护的意识，并培训出了许多当地的专家。

在过去半个世纪中一直困扰阿拉伯世界——尤其是在以色列及其周边邻国之间存在的长期紧张态势——的尚未得到解决的冲突，使得遗产问题在这个地区优先问题的排名中一直靠后。跳出单独的博物馆场所，转而将遗产保护者的价值和优势与更广泛的社会联系在一起，这是这个地区保护运动发展和成熟的必然趋势。基于文化遗产保护而承认当地发展项目只会强化对这个地区中遗迹场所的认识、欣赏和保护。将遗产保护的教育潜力与更强的政府支持和国际援助整合在一起才是对北美和中东地区建筑遗产保护的关键所在。另外，在这些国家中建立起更具地区性的合作机会和知识分享网络能够为这个地区中的遗迹场所带来极大的好处并改善当代保护实践。通过现场项目实现的文化遗产旅游业和国际最佳实践措施的不断提倡，中东和北美可以快速的成为建筑保护实践领域中的领导者。

北非和西亚面临的特殊挑战

◀图17-26　**现代开发需要和考古遗迹保护之间的调节**，这是中东部分地区面临的一个特殊挑战，因为那里的许多重要考古遗迹埋藏在地区主要建筑所在地之下。黎巴嫩泰尔的腓尼基古城遗址（如图所示即为一个建造于罗马时代的大门）的保护和展示就是一个恰当的例子：这座可以追溯到公元前900年的古代海港城市遗址为新的沿海公路和港口开发造成了困扰。解决方案就是根据对这个区域进行的全面考古调查结果而制定的明智的土地使用规划，那就是敏感的景观、建筑和工程设计应当达到既能满足新的基础设施需要，又能实现对古代泰尔城仅存的少量遗址进行保护和展示的需要。

▼图17-27　**多层历史及其展示选择**是中东地区的一个特殊问题，因为无数遗址场所的早期居住证据可以追溯到几千年之前。从19世纪开始，考古学家和历史学家就已经开始对圣经原文进行研究，这是由于某些历史基于民族主义的目的而比其他历史更受关注，但问题依然存在：谁的历史是谁的，并且这些历史中的哪些更适合重新使用和解读规划？在这个保护和演绎同一地点的不同历史这个问题上，中东没有其他遗迹场所能像耶路撒冷的圆顶清真寺（如图所示）、哭墙和所罗门圣殿那样清晰，世界上两个最伟大的宗教都宣称这几个基本一致的场所是它们各自宗教中最为神圣的遗产。耶路撒冷也是基督教信仰的发源地，同时还拥有圣墓教堂以及耶稣最终逝世的场所，这一切都是与这座城市息息相关的。

图17-28　在穆斯林世界的宗教公产系统中工作并确定其首要性增加了以灵活且可持续性的方式对遗产场所进行修复、保护和演绎的复杂性。一个历史建筑的所有权或者控制权归属于宗教公产（waqf，一种长期存在的拥有土地和建筑所有权的伊斯兰宗教团体）所用可能会成为问题，尤其是当诸如sabils（慈善水剂药房）和madrassas（教学设施）这类建筑在为其找到新用途之前任其腐烂和/或闲置不用的时候。穆斯林建筑在很大程度要归功于这些宗教和社区的信托资本，这些资本的首要目的就是在这个地区中建造出令人印象深刻的建筑。现在有无数的修复和适应性使用的机会存在于整个阿拉伯世界的历史古城之中，但这些机会却无法轻易变为现实，这是由于宗教公产复杂性造成的，即使在这个项目是得到政治赞助的情况下，它们也会涉足其中。遗产保护主义者依然面临着挑战，宗教公产有关当局需要找到就符合这种情况的历史建筑保护问题进行协商的更佳方式。直到那个时候，这个地区最优秀建筑师中的部分人正陷入可能更加绝望的地步。如图所示，优素福省长于1634年在开罗建造的sabil就是一个极佳的例子。（照片由费萨尔·阿里·拉贾佩提供）

图17-29　为了质量较差的现代建筑而抛弃传统建造技艺的情况经常能在北非和中东的发展中国家中见到。西方风格的钢铁、混凝土和玻璃建筑的广泛接受是有其自身的吸引力，因为这代表了舒适的现代性，而且其在可供楼层空间方面的成本效率也是很难超过的。但是，许多这类建筑提供的热舒适性以及这类建筑在炎热气候中使用空调和进行维护的成本在最近几年中受到了公众的质疑。从20世纪中期开始，用混凝土砌块和砌石块建筑替代传统固体土质建筑并未能达到预计的那种更好建筑方式的作用。位于也门塔里木、萨那和希巴姆（如图所示）的那些引人注目的高大土质建筑（以及雕凿的自然石头）展示了古老的土质建筑的潜力。这类建造方法正在快速消失，直到也门土质建筑的保护得到了少数国际建筑保护主义者以及认同它们的独特性的当地人的帮助下才得以延续。虽然很难想象用太阳晒干的砖块进行建造会出现大面积的回归，但仍然可以从中学到关于其保暖性能和传输性质、成本效率以及修复这些建筑的容易程度和经济性的有关知识。埃及建筑师哈桑·法特希于20世纪70年代提出了要制定出能够满足现代需要的高效但又充满想象力的新型建筑设计，但绝大多数设计都无济于事。

图17-30a和图17-30b　合理且有用的20世纪建筑在今天被忽视的情况在北非、中东以及全球其他地方都屡见不鲜。阿拉伯世界的绝大多数主要城市都是由欧洲建筑师和规划师在19世纪或者20世纪早期设计或者重新设计的。那个时期的新建筑通常都具有很高的质量并且有针对当地环境的敏感性设计。从节约能源、规模以及美感的角度来看，在中东和北非各国独立之前建造的所有气候适应型建筑都要优于其替代品。摩洛哥卡萨布兰卡Cite des Jeunes的ATBAT居住综合体是由利昂·奥特契夫和罗伯特·珍建造的，它作为一个成功的新型住房设计而成为了法国杂志《建筑结构》的主题。现在，这座建筑与众不同的特征——例如它的阳台和整体配色方案——已经消失于当地居民进行的后续调整和填充活动中。同时，例如休伯特·布莱德于1917来了建造的Immeuble Bessonneau（又被称为林肯酒店）这类艺术性装饰纪念物也遭到了同样的忽视。（照片由梅沙·亨特提供）

图17-31 遗迹产品的不平等开发会同时对一个国家的旅游经济及其更受欢迎的遗产目的地造成负面影响。让感兴趣的游客拥有更多数量的选择和遗产主题，这可以增加一个国家在游客选择旅游目的地时的吸引力。另外，拥有无数的产品也可以减轻那些最受欢迎的遗迹场所承担的压力。利比亚和突尼斯拥有非同寻常的文化旅游潜力，尤其是利比亚急需进入对其遗迹场所进行有组织的保护和展示的最终规划和筹备阶段中（图中所示即为塞布拉塔古城，这是这个国家数十个古罗马城市中的一个）。摩洛哥和约旦处理同一问题的方式可以提供许多经验，它们都选择以遗产圈的形式来突出它们的重要遗迹场所，而周边的次要遗址也打造得同样令人感兴趣。这种方法既明显又不可避免；将国家性遗产当作一个产品系统来看待、开发和呈现在许多方面已经被证明是有效的，例如形成提高的旅游收入、外来者在当地有更多的开销、停留更多的时间以及实现旅游宣传的希望。（照片由拜伦·贝尔提供）

北非和西亚的发展前景

图17-32 在保持和演绎大型遗产区域方面的成功可以参见约旦的佩特拉古城，这是多年的总体规划和平衡的场地管理所取得的成果。这座古城因为在19世纪成为旅行者的一个特殊目的地而闻名于世，约旦文物部和其他相关机构与佩特拉国家信托一起合作，对这个世界文化遗产地进行了超过20年的管理并取得了不断的成功。一直以来，不得不做出艰难的决定，例如不允许马匹——这是一个浪漫但有存在实际问题的主题——进入古城以及拆除位于这个考古遗址中心区域的向游客兜售商品的贝都因居住区。同时完成大量场所改造工作，包括提供场所交通情况、为了防止洪水泛滥而对古代排水系统进行了部分修复，以及在整个遗迹范围内安装了线路标志和其他解释性提示物。虽然在这个大型遗址场所在石材保护和演绎方面还有许多工作要做，但确实已经取得了巨大的成就。

图17-33 建筑适应性用途在旅游业方面的创新可以在约旦的许多遗址场所中见到，例如将安曼附近的大型马车店复原，并改造成一个以传统菜肴和娱乐活动为特色的餐厅。而在更加担心不受控制的酒店建筑会破坏整个遗迹区域氛围的佩特拉古城，在一个欧洲企业家的领导下形成了一种合作关系，即对整个小规模的泰贝特扎曼村庄进行了改造使其可以为旅客通宵开放。村庄中少量剩余的人口成为了这家企业的持股人——在其自愿重新安置到附近的现代住宅中之后——他们就在这个村庄酒店中工作，其工作角色从管理到经营餐厅再到继续从事传统行业的艺术家——例如玻璃吹制、金属制品和烘焙——各有不同。

图17-34 20世纪90年代对突尼斯和菲斯麦地那街区的**历史中心城区**的成功保护在很大程度上要归功于世界银行的努力。这两个场所都作为增添新便利设施的案例而得到了仔细研究，包括供水、废水处理以及供电等在内，在其困难的安装完成之后，这些便利设施的运行不会对现有社区居民造成太大的干扰。世界银行项目以及其他类似的贷款项目还伴随着特殊社会经济性分析带来的额外优势，而这些分析通常会使用特殊开发的经济和规划模型。这些在这类大型都市保护项目中开展的研究及其获得的反馈在给世界其他地方的类似项目提供思路方面做出了很大的贡献，并且逐渐提高了这些事业的回报。这些类型的项目也会为遗产保护领域中带来大量新的、强有力的参与者。

图17–35　在同一个场所中通过考古学演绎不同的历史已经在中东两个主要遗迹场所实现了，一个是耶路撒冷，另一个是叙利亚的阿勒波。耶路撒冷老城的解释可以成为一个成功的早期都市保护项目案例，以色列文物局于20世纪七八十年代对其进行了发掘并发现了最早可以追溯到公元前500年的住宅区，这个住宅区可以作为建筑和考古重写体而为来到耶路撒冷老城的居民和游客提供有效的解读。而在阿勒波城堡（如图所示），阿迦汗文化遗产信托基金会与叙利亚文化部合作并且得到了世界文化遗产基金会的支持之后，对位于这座重要历史遗址——世界上最古老的居民区之一——顶部之上的大量建筑进行了调查、加固和保护。成为一个多层的塔勒，考古行动已经揭示了其过往历史的大部分，其中就包括最近由德国海登堡大学的考古学家发现的一座极为完整的古代赫梯神庙。从20世纪90年代早期开始在阿勒波城堡开展的研究和保护工作的质量已经成为这个地区的一个典范。

►**图17–37　伊拉克冲突后的重建**是非常广泛的，并且也是需要许多年才能完成的。海湾战争对之前牢固地控制的国家遗产保护项目造成的不稳定不仅导致了伊拉克境内数百座各个时期的遗迹场所遭到了猖狂的毁坏和破坏，同时也让这个国家的文化部和博物馆系统处于混乱状态。留存下来的石质塞西封拱门可以追溯到公元3世纪（如图所示），20世纪80年代在其附近的军事设施并未能对其形成帮助。为了当和平重现的时候，能够为伊拉克遗产保护专业的筹备提供帮助，世界文化遗产基金会和盖提保护研究中心进行了联合行动，它们从2004年开始就为伊拉克专家中的领导干部提供了大量在国外完成的遗产文件编制和培训课程。其他团体也为当条件成熟时提供进一步的帮助而做好了准备，其中包括由UNESCO成立的国际协调委员会以及由捷克政府赞助的一个国际保护计划，这个计划旨在为埃尔比勒古城的保护提供帮助。

图17-36　世界知名遗址的旅游管理在埃及留下了一个令人印象深刻的记录，其中部分原因在于这个国家重要的文化遗产对外国游客来说一直都是具有相当诱惑力的。虽然位于吉萨平原的金字塔和斯芬克斯雕像构成的大型遗址区域以及位于卡纳克和卢克索的巨大神庙并未在解读和交通方面造成任何实际问题，但位于卢克索的国王谷和王后谷中的那些“必看”景点却存在这些问题。有越来越多的知名墓穴的入口处排满了过度拥挤的人群，其中就包括最近发现的多层拉美西斯二世的墓穴，这个遗址的这个问题在最近几年中变得非常严重，因而提出了与游客数量管理相关的急迫问题。通过与埃及最高文物委员会合作，美国大学在开罗开展的底比斯绘图项目——同时也得到了世界文化遗产基金会和美国运通公司的资助——开展了一项能够更好的展示国王谷的项目。其中一个想法很简单：在重要位置设置若干个完全相同、持久耐用并且设计精美的标志牌进行展示，以供游客在等待进入墓穴的时候进行研究。这个方法同时可以减少游客中的厌倦情绪以及他们在墓穴中耗费的时间。

图17-38 北非和西亚地区的**遗产保护中各种不同的国际合作关系**已经产生了许多令人印象深刻的成果，尤其是在过去十年之中。通过与许多国家的东道国政府，阿迦汗文化遗产信托基金会已经为这个地区的若干重要遗址场所中投入了数量可观的资金和保护专家。这个组织最近取得的成就要属在开罗老城建造的艾资哈尔公园，过去一个世纪中在这个占地面积共计74英亩的区域中堆放的的城墙碎石被全部清除，从而创造了一个景观丰富的城市公园，其中还设有温泉和大量修复后的历史建筑。正如大型项目经常会发生的情况一样，这个项目也是在具体协调工作的开展下完工的。就这个项目而言，不仅有埃及最高文物委员会以各种有价值的方式参与进来，而且其他的国际NGO——例如世界文化遗产基金会和联合国的福特基金会——也参与其中并共同资助了许多个历史建筑保护项目。（照片©阿迦汗文化遗产信托基金会/阿迦汗文化遗产服务-埃及）

图17-39 建筑保护领域中令人惊叹的技术成就也在中东的部分场所中出现了，尤其是在埃及。通过与埃及最高文物委员会合作，盖提保护研究中心克服了保护卢克索王后谷纳菲尔塔莉墓穴中的彩色漆面时面临的技术难题。保护领域中的其他国际援助包括在20世纪80年代对哈特谢普苏特神庙进行了大量修复工作（如图所示）的德国考古协会和波兰PKZ保护工作室、长期致力于对卢克索神庙中雕刻石头进行文件记录和保护工作的芝加哥大学东方研究所。于2001年启动的北非和中东地区遗址支持计划（NAMEC）是ICCROM最为有效的项目之一，他同时对这个地区的技术支援和专业培训提供了极大的帮助。

撒哈拉沙漠以南的非洲地区

非洲大陆中具有压倒性地位的文化和建筑多样性在外来力量的大规模开发和殖民化引入的共享经验中得到了统一。虽然世界上的许多地区都在努力应对后殖民主义的并发症，但这个问题在撒哈拉沙漠以南的非洲地区显得格外严重，因为这种思想影响了所有的当地经验，其中就包括遗产保护在内。[6]这就是现在绝大多数撒哈拉沙漠以南国家的遗产保护专家面临的三个最主要挑战的根源所在，其中包括无效的政府机构、贫困的经济情况以及所有权和责任之间的冲突感。前两个因素导致了遗产保护资金匮乏、遗产保护政策执行不力以及整个撒哈拉以南地区受过培训的专家的不足，但第三个因素在许多方面都是最难处理。

早在殖民力量确立欧洲模式的结构和政策之前，传统的文化遗产管理系统就早已在撒哈拉沙漠以南的非洲地区中存在了。整个非洲大陆几个世纪以来，一直通过宗教仪式、禁忌和宗教束缚来确保神圣场所和建筑综合体的留存。[7]这些传统系统中最重要的方面就是整个群体在遗产保护中的参与，而这个方面已经随着西式法律规定和机构以及接受西方培训的保护专家在上个世纪中接管了这些历史遗址而消失了。[8]虽然与遗址场所的传统联系在绝大多数非洲地区都被割断了，但博茨瓦纳的社区信托项目则提供了一个关于当地群体如何可以维持所有感并从文化遗产中获得经济利益方面的积极案例，这个案例值得整个非洲大陆去模仿。

就这个世界上的所有大陆而言，非洲的建筑保护始终面临着最大的威胁。虽然无法免遭困扰世界其他地方的发展压力和自然灾害的侵扰，但非洲的遗产遭受的困扰更多的是来自出于人道主义考虑——例如HIV/艾滋病流行和营养不良——的政府和人道援助组织对优先权的合法占用，而这些行动都会消耗大量的资源和能源。绝大多数非洲国家经常会发现他们自己受困于对他们的文化遗产场所提供更好保护的国际压力以及改善基础设施和经济发展的当地需要之间。另外，政治不稳定和游击战冲突都会对撒哈拉沙漠以南的非洲地区的中部和北部区域的遗产保护造成影响，正如在中东那样。

遗产保护的前景在部分非洲国家中——例如津巴布韦——看上去非常糟糕，这些国家的国名及其大部分的自豪和特性都来自它的文化纪念建筑物，但未能对它们进行有效的保护和保存。但是，其他国家中——例如南非——出现了值得鼓励的趋势，这些国家都是作为在建筑遗产保护方面取得了成功的地区经济和文化领导者的身份出现的，而这些国家取得的成功也使其能够对周边国家的发展提供帮助。

幸运的是，对非洲建筑遗产的国际肯定以及对其保护项目的经济支持在近几年中得到了大幅提高。最近由ICCROM发起的雄心勃勃的非洲2009项目给撒哈拉沙漠以南的非洲地区的历史遗迹带来了一个新的希望，这是通过致力于提供问文化资源的当地意识和肯定、提高专业能力以及建立信息交换网络而实现的。[9]UNESCO已经对撒哈拉沙漠以南的非洲地区中的数十个文化遗产地及其丰富的野生动物和自然景色进行了确认，这种认可已经为东非旅游业和经济的增长做出了贡献。南非现在是这个大陆在文化遗产保护方面的领导者，它为保护其领域内所有类型的历史制定了一个平衡方案，其覆盖范围从开普敦、约翰内斯堡和比勒陀利亚的殖民地遗产，到最近刚刚获得世界文化遗产地提名的马蓬古布韦文化景观。这些以及其他的非洲文化景观和无形遗产地清单折射出一个积极的趋势，那就是认可蕴含在更多的非洲传统社会参照点、路线及其神圣自然因素中的重要性。

在过去的十年中，对部分国家专家和政府机构对当地群体在历史遗产中的敏感性已经得到大幅提高，并且为让他们从开始的遗址保护规划阶段到最后的管理阶段都参与其中而做出了大量努力。[10]许多得到认可的西非遗址——例如马里的廷巴克图和贝宁的阿波美皇宫——依然还是活跃的仪式中心和运行的城镇，因此保护主义者必须要在它们使用者的需要和遗址及其完整性的维持之间保持谨慎的平衡。

在撒哈拉沙漠以南的非洲地区，改善当代保护实践从长远来看涉及塑造和重塑看待遗产保护的当地意识、对所有权和使用权的传统模式进行修复、现有法律条款的执行以及非洲大陆内部合作的提高。国际遗产保护团体也还必须发挥积极的作用，从而才能确保未来能在非洲的遗产保护中获得成功。谨慎的平衡援助和建议，尊重差异，侧重于通过改善当地居民在独立执行和资助保护项目的能力而给他们赋予参与权。

图17-40　欧洲殖民主义造成的“苦难”历史在撒哈拉沙漠以南的非洲地区似乎是无处不在的，这种程度已经严重到几乎不被注意到地步。他们富裕的自然资源、农业潜能及其所在位置使得这些国家构成了对于外来影响格外敏感的非洲大陆海岸线。虽然从许多方面来看，殖民运动已经让这个大陆的部分区域步入了现代世界的行列，但非洲的文化遗迹遗产却被尖锐的划分成土著的和殖民的，而现在有着巨大的需要去同时照顾到这两者。例如，在这个大陆的西海岸和东海岸同时存在着奴隶贸易的实体残余痕迹——本图所示即为冈比亚奴隶城堡的情形。帮助确保对这些苦难历史的历史文件材料进行有效保护是UNESCO奴隶贸易档案项目的宗旨，这个项目通过冈比亚、塞内加尔、加纳和贝宁的当地项目开始对奴隶贸易的文件资料进行数字化。距离塞内加尔达喀尔约2.5英里（4公里）的格雷岛作为奴隶贸易据点的历史已经接近两个世纪之久。在一个针对UNESCO于1978年确认的文化遗产地保护项目的基础上，塞内加尔政府据此将这个著名的遗迹场所展示在所有游客眼前。本图所示即为格雷岛上“奴隶城堡”的一个角。（照片由拜伦·贝尔提供）

图17-41 非洲大陆在过去400年间发生的**社会模式和继承系统的破裂**已经让历史在许多非洲人现在的生活中的含义和作用破裂了。在这种情况下，场所感、归属感以及连续性都面临着危险。一个人口迁移和安置的最佳象征可以在约翰内斯堡中找到（如图所示），来自各个不同非洲国家的移民定居在这座城市之前商业中心区的各个不同街区中，但他们仍然凭借其语言和种族联系而保持统一。从中也可以看到居住在之前商业中心区的大型移民人口如何可以保持共存，以及他们各自的未来又是什么样的。

图17-42 其他社会优选项目——撒哈拉沙漠以南的非洲地区中存在的疾病、饥荒以及国内冲突——已经引起了公众的注意，并消耗了本应用于有组织的遗产保护项目的大量资源。约翰内斯堡东部的索韦托的人口过剩（如图所示）对依旧无限期的“临时性”定居点进行了最好的诠释。可以理解的是，拯救生命并改善可怕的生存条件始终都是国家和外国救援机构的首要工作。但是，当文明社会进行发展并开始繁荣的时候，遗产保护项目通常也是需要着手处理的首要活动之一。这些项目中较为主要的两个是ICCROM提出的非洲2009项目——这个项目旨在为遗产管理者提供如何成功的整合遗产管理和保护实践方面的培训，以及非洲发展新伙伴计划（NEPAD）——这个项目提倡将非洲不可移动的文化遗产的妥善管理作为一个可持续发展和扶贫工作的工具。以大学为基础的CRATerre-EAG——法国格勒诺布尔的土制建筑国际中心——旨在对土制建筑进行保护，它已经对几个非洲国家的手工建造建筑的保护项目中提供了巨大的帮助。

图17-43a和b 处于危险之中的岩石艺术（岩石雕刻）——这是一个遍及从地中海沿岸到南非的非洲各地的急迫问题。从最早出现的人类化石记录开始，非洲的岩石艺术就成为这个大陆宣称的其作为人类起源地中最具持久力的证据。总的来说，纪念建筑物——非洲大陆拥有的数千个岩石艺术遗址——自身在过去一个世纪中并未发挥出它们应有的作用。相关问题包括从故意毁坏和盗窃到对岩石艺术遗址进行蓄意亵渎，从而使游客远离它们。对保护非洲岩石艺术时面临的问题进行的系统性检查和记录已经由岩石艺术国际协会（IFORA）开始着手进行。本页所示即为津巴布韦西北部的一个面朝悬崖的避难所及其在岩石上的壁画。（照片由维尔纳·施密特提供，1999年）

图17-44 在有效保护文化遗产方面，**撒哈拉沙漠以南非洲地区保持着外来威胁的记录。**这个地区除了面临着由人类和自然对文化遗产造成的常见威胁中的绝大多数之外，还存在着野生动物带来的问题：加纳和肯尼亚地区的大象会推翻墙壁和石碑；津巴布韦卡米国家公园中四处挖掘的食蚁兽会破坏石墙的地基（如图所示）；许多非洲中部和南部国家中的狮子会对遗产记录团队构成生命威胁。处于赤道地带的非洲国家的严苛热带气候条件几乎会对所有耐久度最高的建筑的生存能力造成威胁，例如这个地区的历史石构建筑。

撒哈拉沙漠以南非洲地区的发展前景

图17-45 在许多撒哈拉沙漠以南的非洲地区——例如马里和加纳——**对土质建筑的有效保护**已经成为了这个大陆以及世界其他各地的一个优秀遗产保护实践案例。在马里，维护土质建筑的古老传统被有意识的传承下去，其中穿插着对精美着色外观多色画法的保护方式的科学分析以及来自盖提保护研究中心的技术援助。最近几年中，来自CRATerre-EAG项目的技术援助在诸如加纳的拉拉班加清真寺这类保护项目中发挥了重要作用。位于杰内-杰诺村庄的清真寺（如图所示）同时成为了继续为其居民提供良好服务的非洲土质建筑以及通过周期性修复确保了古老建筑传统的连续性这两个方面的典范。（照片由拜伦·贝尔提供）

图17-46　大量令人印象深刻的建筑保护项目所取得的成就在撒哈拉沙漠以南的非洲地区随处可见，这些遗址场所包括从肯尼亚得到加固的遗迹到目前正在埃塞俄比亚拉利贝拉的从岩石开凿出来的教堂中开展的部分非同寻常的文件编制和遗迹展示工作。在南非的开普敦，遗产保护主义者已经使用欧洲修复原则对南非最古老的欧洲人聚集区中的大量建筑进行了修复。位于厄立特里亚西北部的意大利殖民城市阿斯马拉代表了一种乌托邦式的理想，当其于20世纪30年代进行建造的时候，它是按照由那个时期意大利知名建筑师制定的一系列先锋派设计（如图所示）而建造的。阿斯马拉能够留存下来的主要原因在于缺乏改变及其相对较远的地理位置。阿斯马拉的建筑和故事已经在最近的文件和出版物中得到很好的解读；因此，它的存续就显得更为可能。（*照片提供者及©均为爱德华·丹尼森，2003年*）

图17-47　撒哈拉沙漠以南的非洲地区得到保护的无形遗产在世界文化遗产地清单中的理查德斯维德（南非）和马蓬古布韦文化景观的单独清单中都能找到。这些大型区域及其人类使用证据的匮乏反映了在其余各地发现的有意识建造的“纪念性”建筑的对立面。相反，这个地区中部分原著居民的建筑和原料文化却精妙了折射出数千年的非洲历史，其中主要的例证就是这个大陆许多原著居民今天仍然保留的生活实践。居住在现在南非西北部的理查德斯维德文化景观中的游牧纳马族的文化遗产中最主要的形式就是使用短暂建造材料建造的椭圆形小屋，这些材料由覆盖着编织的芦苇垫的弯曲的小棍组成。比勒陀利亚展出了这种类似纳马人居住的用编织芦苇建造而成的住所建筑的复制品，如图所示即为这种复制品。

图17-48a和b 意大利政府于2006年将阿克苏姆方尖碑送还至其位于埃塞俄比亚阿克苏姆的原始所在地，就是**对不断增长的归还它国艺术品的兴趣的良好诠释**。这座78英尺（24米）高的单体建筑从其于公元4世纪被竖立起来之后，一直是阿克苏姆仪式中心的若干方尖碑中最高的一个，直至意大利工程师于1937年将其移走并放置在罗马的意大利-非洲事务部（后被用作联合国食物和农业组织的办公大楼）正前方，作为其交通转盘的中心。意大利在第二次世界失去了作为其殖民地的埃塞俄比亚。差不多在半个世纪之后，作为一个友好的姿态，意大利政府开始组织将这个埃塞俄比亚文化遗产的标志性建筑送回其祖国，这一行动在2008年9月4日得到了欢快的庆祝。（照片由埃塞俄比亚驻伦敦大使馆提供，©ICCROM）

中亚和南亚

在最近几年中，中亚和南亚多样而广泛的遗产同时经受了由人类和自然造成的破坏，其中就包括阿富汗巴米扬巨型佛像雕塑在2001年遭到的破坏——由对传统观念进行攻击的塔利班政府造成的，以及2004年12月的海啸对斯里兰卡加勒和其他文化遗产地造成的破坏。在中亚，文化遗产的保存和保护只是一个刚刚出现的趋势，并且还受困于脆弱的经济能力和各有不同的优先权，但南亚在遗产管理和系统方面却有更强的传统，而这种传统在最近已经取得了一些保护成功。

五个被陆地包围的中亚国家一直处于贸易路线的交叉路口处，而且在其漫长历史的绝大多数时候还都有存在某个帝国的疆域。这个地区同时对西方和东方文明的重要性现在才得到更广泛的认可和肯定，因为最近的政治发展已经让这些国家引起了国际社会的关注。国际参与是中亚当代建筑保护中的关键组成部分，因为这些新近独立的国家政府的注意力都被现代化、工业化以及人道主义问题所占据了。宗教场所在这些新近被去世俗化的国家中的修复已经得到了当地资源最大程度的关注，而诸如UNESCO和阿迦汗文化遗产信托基金会这些国际组织也对这个地区的额外的建筑和其他文化遗产保护行动提供了支持。

遍及整个区域之中的苏维埃统治的后遗症、阿富汗政权的持续不稳定以及宗教原教旨主义的增强都对中亚的文化遗产保护造成了负面影响，导致了这个地区不确定的未来。为了维持并推广由外部组织发起的项目，中亚还需要更具当地性的专家和培训计划。这个地区中工艺质量通常是很低的，公众对遗产保护问题的兴趣和支持也是非常低的，并且都市保护几乎是完全缺失的。

在南亚，快速的都市化和人口激增对遗产构成了巨大威胁，因为新的开发项目会侵占遗迹场所，而污染和废物管理问题则会影响环境。这个地区的文化复杂性也对保护者带来了巨大的挑战，但同时，这个地区中共同关心的问题则提供了一个进行合作、专业交流以及知识共享的机会，这可以促进克服紧张政治关系的共同基础——尤其是在巴基斯坦和印度之间。

在最近几十年中，现代化和经济发展同时成为了政府和私人议程的主要项目，而文化遗产保护则经常由于这些进程而被边缘化。公众对于保护建筑遗产及其经济潜力重要性的意识在印度国家艺术文化遗产信托基金会（INTACH）于1984年成立之后得到大幅提高，这是一家非营利的志愿组织；但正如世界其他各地中出现的情况一样，它的信息需要不断强化。[11]虽然建筑保护现在已经在印度政府的议程中占据了重要地位，但这个国家发现它自己远远落后于现代的保护实践和标准；但是，这个国家强大的经济能力和广泛的政府支撑结构使其能够快速赶上。[12]其他南亚国家正跟随着印度的引导取得了混合型的成功，这是以较少的资源面对迫切的保护需要时取得的成绩。

南亚各个国家维持了他们的传统遗产和神圣场所之间的强烈联系；即使殖民经历也没有割绝这种联系，世界其他各地出现的情况并未在此出现。但不幸的是，从这些国家的独立开始，许多南亚国家的政府政策并没有根据这些联系而制订，反而削减了当地居民对遗迹场所的责任感。但现在，对这些关系的重要性的理解已经被越来越广泛的传播，而当代实践也见证了建筑保护方面更具整体和更具人类学性质的方法的合并。创新型新项目被用于处理以群落为基础的保护措施，例如尼泊尔建筑木工工艺的复兴、将斯里兰卡的学生与其附近的庙宇联系起来从而确保对这些庙宇的保护，以及巴基斯坦将文化遗产与可持续旅游业整合在一起。[13]

凭借其迅速成长的人口、与遗产之间的强大群落联系，以及经济影响力的不断增长，南亚很有可能在未来几十年的世界专业文化遗产管理舞台上扮演一个日益重要的角色。例如尼泊尔的加德满都山谷保护信托组织和斯里兰卡的文化三角地带这些项目很好地诠释了对地区性文化现实认知的改善促使了更加有效的保护实践。INATCH于2004年制订的印度未登记文化遗产地保护宪章为印度、这个地区已经整个建筑领域做出了一个新的贡献，这个宪章已经做出了许多不同凡响的创新（参见第16章）。在印度成为经济和组织领导者之后，这个地区已经做好了在建筑保护领域继续推进传统和创新的准备。鉴于有更多的相似性而不是差异性，南亚各国正处于一个将遗产保护工作结合起来并以共同的目的来克服这个地区中剩余冲突的独特位置。

图17-49　过分热心的翻新和修复工作已经成为从中亚向东直至孟加拉国的这个区域的遗产保护工作中的一个普遍问题，其中部分原因在于这个地区在这个领域中相对短暂的参与，同时也是部分原因在于20世纪大部分时期中被指派到这些地区的俄罗斯修复者采用的过度干预哲学。由于缺乏强健的保护社会思潮以及更加微妙的保护领域最佳实践的案例过少，因此要克服这种大面积修复的传统是非常困难的。可以很明确的说，在许多情况下覆盖有釉面瓦的土质建筑或者石质建筑都存在严重衰败的情况，针对有特色的部分废墟的慎重的保护方法并不可行，因为除非一个建筑被建造能够经受来自水侵和地震震动的侵袭，不然它的保护将很可能是短暂的。一些关于哪些建筑应当被修复的决定一直都是明显带有政治性的，这个方面的最佳案例依然还是萨达姆·侯赛因在20世纪80年代对做出的为了反映这个政府的力量而对巴比伦遗址进行大规模重建的指令，但这个至今仍然存在争议的指令有其自己的历史性。阿曼的巴赫莱要塞也发生过涉及不同建筑类型的过度修复的类似问题（如图所示）。

图17-50和图17-51　战争和肆意破坏会让文化遗产地瞬间毁灭，而这些文化遗产地则是耗费了许多年才创造出来并且也存在了几个世纪之久的。这种情况的生动情形在可以追溯到公元632年的阿富汗巴米扬大佛于2001年3月遭到轰炸之后的短短几个星期之内就传播到世界各地去了。这更像一种具有宗教性质的破坏偶像主义或者一个单纯的肆意破坏行动而不是一个战争行为，这些蓄意破坏让这些在125英尺和180英尺（38米和55米）高的岩石悬臂上雕凿出来的佛教塑像在瞬间飞灰湮灭。UNESCO在这个事件发生几周之前与塔利班政府代表进行谈判的英勇努力并未起到帮助，而这个国家现在则希望能够重建这些佛像。（完整的巴米扬大佛照片[1972年]由拜伦·贝尔提供；遭受毁坏的巴米扬大佛照片由希奥尔希奥·托比克斯提供）

▶▶**图17-52a和b　例如保护从岩石绝壁中雕刻的洞穴和结构这类建筑保护领域中的技术问题**在中亚和印度次大陆并不罕见。相关实例包括阿富汗的巴米扬大佛；印度南部马哈拉施特拉邦的阿旃陀石窟；以及斯里兰卡锡吉里耶的石刻人物。在经过广泛和复杂的土工技术研究之后，上述遗址场所中的绝大多数都可以得到解决，但它们的保护问题是非常巨大且广泛的。在阿旃陀石窟（如图所示），艰难的结构修补以及缓和水侵的努力在过去通常都是采用混凝土加固以及增加补丁，而这些措施在实际上已经被证明从长远来看是无效的（照片由©ICCROM/鲁道夫·卢扬·朗斯福德提供）。

▲**图17-53**　存在于这个次大陆绝大多数地方的**沉重的人口负担和发展压力**给处于城市区域或者周边区域的遗迹场所带来了问题，那些区域曾经一度都是精心雕琢并且通常都是奢华的豪宅（围绕一个建筑的有界区域），这些区域中通常都包含着属于主要建筑一部分的支撑建筑或者景观特色。住房短缺以及未受控制的定居点成为了这个次大陆上许多城市和城镇的特色。清除这些定居点并将其居民重新安置到更加适宜的位置并不是一件容易的事，但一个多世纪以来，这个问题在这个地区中却得到了很好的处理。相关案例包括印度阿格拉的泰姬陵以及新德里的胡马雍陵（如图所示）。这些建筑的水景设计和空间特点都得到了修复，虽然它们的原始景观美化只是受到现代种植方案的启发而已。

►**图17-54**　亚洲各地的宗教遗迹场所中由**成群的朝圣者带来的压力**有时也会对这些神圣场所的保护造成困扰。约旦的基督教遗址，穆斯林遗址，尤其是在麦加——先知穆罕穆德的出生地；以及宗教节日时出现在斯里兰卡康堤佛牙寺的数量庞大的朝圣者，这些都是重要的宗教遗址能够有多大的吸引力以及如何可以淹没一个重要遗迹场所的极佳案例。朝圣者的数量能达到相当高的程度，本图所示即为一个最受尊敬的锡克教遗址，位于印度东部阿姆利则的16世纪建造的锡克教圣庙Sri Harmandir Sahib（照片提供者及版权所有者均为梅格纳姆图片公司的拉古·拉伊）。

中亚和南亚的发展前景

图17-55 从它们在商业历史中的地位来看，**中亚和南亚的丝绸之路**属于世界著名地标。从远古时代到19世纪中期，这些不计其数的贸易路线上传递的货物和文化影响使沿路城镇富足起来，这是以它们自己的方式实现了对十三四世纪蒙古入侵者时期历史的保护。对于丝绸之路不断增长的兴趣——包括它们的文献材料及相关研究在内——使得这些著名的运输路线成为遗产旅游业之中一个很有前途的新产品。由知名音乐家马友友和艺术家平山郁夫主导的国际友谊和遗产宣传方案在强调贸易历史的重要性以及丝绸之路在其形成时期的国际合作方面做出了巨大贡献。乌兹别克斯坦的阿亚兹卡拉遗址（如图所示）就是这些遗址中的一个，其他遗址包括乌兹别克斯坦的撒马尔罕和布哈拉以及处于丝绸之路北部的中国开封，这些遗址都可以从不断增多的中亚文化旅游产品中获益。

◀图17-56 建筑保护方面的现场培训是在伊朗Chogha Zanbil这座有着3300年历史的泥砖城堡完成的。相关保护问题包括不均匀沉降、侵蚀、糟糕的排水系统、干扰性的现代砖块和混凝土修补以及游客造成的损坏。由于这个遗迹的重要性，于20世纪90年代在Chogha Zanbil的开展工作（如图所示）成为了伊朗自1979年伊斯兰革命以来的第一个国际援助保护项目。这个项目是由UNESCO、CRATerre-EAG和伊朗文化遗产组织（ICHO）联合开展的，同时也得到了日本政府的资金援助。这个项目的关键组成部分在于一个多层次的现场培训工作，这可以有助于伊朗建筑保护主义者和其他地区性参与者专注于与土质建筑保护相关的问题多样性。地区性参与行动包括来自伊朗、阿塞拜疆、哈萨克斯坦、塔吉克斯坦以及土库曼斯坦的年轻专家。培训项目为Chogha Zanbil设立了一个持久的现场保护支撑，并且可以作为伊朗政府在遍及整个国内的其他重要的历史遗址处成立一系列附加研究中心的人员基础。

◀图17-57 印度和斯里兰卡许多地方的**大型遗迹场所**都得到了保存和展示。拉其普特统治者位于印度北部和细部的房产和城镇、构成斯里兰卡中北部黄金三角的处于引人注目的景观设置中的古代神圣场所以及之前占婆内尔和哈比的印度教王国遗址都是相关的案例。许多这些遗址都从保护规划中获益匪浅，这些规划决定了优选序列、考虑了交通情况并规划和提供了现代便利设施，这使得这些遗址能够成为可持续性遗产旅游目的地。构成斯里兰卡UNESCO遗产地黄金三角的许多遗址——Vadatage Polom就是其中一个（如图所示）——完成了漫长历史、异域地质和地理奇迹以及令人惊叹的建筑及艺术成就之间令人瞩目的混合。

图17-58　印度拉贾斯坦邦的遗产酒店系统就是遗产旅游路线开发的一个典范，并且成为了游客在印度可能感受到的所有旅游体验中最为特殊的一个。这个创新概念早在20世纪70年代就已经确立，它的主要内容就是在适应性使用的宫殿及其配套设施中款待寄宿客。住处根据价格、相互之间的距离以及奢华程度各有不同。游客会受到慷慨的欢迎并让他们感觉自己成为了拉贾家族的贵宾，从而让他们能够感受到这些往日帝国的记忆。之前的拉贾皇宫中的客房布置的这种系统性提供了各种各样的旅游选择以及周边活动，例如宫殿游览、特色餐饮、自然徒步旅行以及诸如此类的活动。拉贾斯坦邦的遗产酒店系统在提供维持这些遗迹场所所需的资金方面起到了很大的作用。本图所示即为焦特布尔的乌媚巴万皇宫及其作为遗产酒店的一部分。

图17-59　都市保护的进程在印度的许多地方都可以看到，也就是加尔各答和阿默达巴德的历史遗址，这些地方的针对都市环境改善的措施已经得到了令人瞩目的结果。印度的保护建筑师德巴希什·纳亚克完善了研究当地人并让妇女和儿童参与到清理和提高他们邻近环境之中的方式，并对重要历史建筑的保护给予了特别的重视。在阿默达巴德，通过与城市政府和福特基金会行政官的合作取得了家庭健康改善项目的许可，纳亚克为年轻人安排了小额贷款、遗产教育以及徒步旅行等项目，这是作为被称为健康和遗产项目的创新性计划的一部分（见图1-6）。现在其他案例的数量也越来越多，例如加尔各答的达尔豪斯广场商业区从英国殖民时期开始的正在逐步进行的都市改善项目（本图所示即为经过修复之后的位于达尔豪斯广场的作家大厦）。多少得到外国援助的重要建筑保护和遗址改善项目正在拉贾斯坦邦的杰伊瑟尔梅尔镇和纳高尔镇中开展。这些项目都是有印度考古研究所参与的。杰伊瑟尔梅尔镇正在接受来自世界文化遗产基金会的国际技术和资金援助，而纳高尔城堡项目则是有盖提保护研究中心和焦特布尔王公的联合参与。

东亚和东南亚

在整个东亚和东南亚地区中，佛教、孔子学说以及先辈普遍性尊重的思想传统形成了一种文化遗产保护的道德标准，并且已经延伸到了历史建筑和遗址场所之中。虽然绝大多数东方文化在维护和延续与历史遗址相关的记忆和传统方面有着很长的历史，但整个地区之中这些其规模从亚洲城市的传统形式到各个独立建筑的装饰性细部处理各有不同的文化遗产都面临着威胁。尽管有大量重要的艺术遗产需要进行保护，但绝大多数东亚和东南亚国家在这项工作上投入的管理政策和管理资源都是不足够的，因而无法将建筑保护与其更大的开发方案结合在一起。从某些方面来说，中国和日本是其中的例外，它们格外能够接受文化遗产管理方面的新方法，并且已经开始在全球遗产保护流域中留下它们自己的标记。另外，东南亚范围内的一些项目则为国际保护实践的发展提供了案例和机遇。

最近几年中，东亚强势的经济情况使得重要资源用于遗产问题的通道变得畅通。另外，针对保护的强烈基层支持也对日本从20世纪60年代开始的立法和机构发展起到了推动作用。[14]日本一直以来都以其重建传统——最著名的遗迹是位于伊势的神社——以及对新颖和现代的偏好而闻名于世。但日本文化同时也对工艺物品和建筑上的sabi——或者说因年久而产生的光泽或颜色变化——非常欣赏。但是现在，精通传统建造技艺的手艺人的匮乏是这个国家在保护其历史建筑中面临的最大挑战。作为UNESCO活动的坚定支持者以及世界文化遗产基金会的最大捐赠者之一，日本政府使得世界各地保护项目的成功变为现实。[15]

朝鲜有一种根深蒂固的中央集权管理体系，这个体系已经成功地缓和了许多遗迹场所面临的发展压力，虽然其广泛的官僚主义和重叠的责任划分常常会使当地政府变得工作效率低下。幸运的是，非政府组织在朝鲜历史城市和遗迹场所的监管中发挥了重要作用。虽然朝鲜依然对外部影响有所限制，但UNESCO在认可其文化遗产方面的努力可能会有助于让这个奉行孤立主义的国家融入一个更加宽阔的保护潮流之中。虽然朝鲜和其强大的邻国日本之间充满了不信任和敌意，但这些远东国家之间牢固的文化纽带还是在21世纪早期对合作关系以及专业和技术共享等方面起到了推动作用。

如果有一个地方拥有对其自身历史与众不同并且长期存在的兴趣，以及一种参照并敬畏其历史的传统，那一定是中国。很少有国家能够宣称其拥有中国拥有的那种几十个世纪的文化连续性以及大量的留存文化遗产。历史始终都是中国人生活和文化中的一个主要方面，除了20世纪中很短的一段时期之外，传统价值的维护、遗迹场所的连续使用以及西式专业主义的发展都在最近几年中让其保护领域得到了加强。

中国现在在建筑保护领域中面临的最大挑战包括保护那些受到以史无前例的规模和速度进行发展和增长的各个城市中的历史建筑。在几十年糟糕的规划和大规模城市更新方案之后，中国现在将其重点放在现代化以及工业和经济增长之中，这就让当代的中国城市面临着重大的损失，并极度需要得到大家的关注。UNESCO、世界银行以及中国国家文物局于2000年在北京举行了一个国际会议来探讨这个问题以及各种可能的解决方案。[16]

中国在现代全球经济中不断增多的合作和融合使其开始进行这种国际协作，这同时为中国文化遗产和国际专业遗产保护团体带来了好处，后者在许多时候都对其自身标准和实践进行了调整以适用中国的传统和方法。一系列的专业交流和会议促成了ICOMOS中国分会制定的《中国原则》于2000年的出台。[17]（参见第9章。）这份文件带来的进程和国际合作关系很快的就成为了对保护其文化遗产有兴趣的非西方国家根据本国家标准来制定特定遗产保护指南的范例。

文化和历史关系将中国的遗产与蒙古和台湾联系在了一起，这些国家中的管理政策和保护实践也反映了这些相互关系。由于政治差异，在20世纪晚期的时候，蒙古和台湾都曾试图让其特性有别于中国，他们的政府和遗产专家追求与更加遥远的合作伙伴和国际组织建立起独立的关系和联系。但是，由于其被排除在联合国之外，台湾不能像蒙古一样从UNESCO的援助或者其他国际组织的协作性参与中受益。西藏文化遗产许多方面的遗留物处于岌岌可危的状态。

东南亚地区更加著名的纪念建筑物——包括吴哥窟和婆罗浮屠在内——至少从19世纪中期开始就已经吸引了当地和国际学者、旅行家以及遗产保护主义者的注意，这构成了这个地区在建筑保护领域发展的参与基础。这些遗迹场所吸引了来自全世界各地的专家，并进而通过不断发展的新保护技术和过程而创造出了保护范例、工作关系以及制度。大量有才华的当地遗产保护专家的涌现，为知识的传承以及从国际性支援项目中获取经验带来了希望，这些项目包括从这个地区知名历史纪念建筑物到数千个重要的其他历史建筑和遗迹场所。

各个不同的政府间技术援助和支持项目——涉及法国、日本、德国、新西兰、澳大利亚以及随后加入的美国和UNESCO、ICOMOS、ICCROM、世界文化遗产基金会以及盖提保护研究中心等国际性组织——在东南亚之中一直非常活跃，但地区性组织也在建筑保护领域中起到了重要作用。例如，文化遗产管理就是东南亚国家联盟（东盟，ASEAN）提倡进行地区性合作和协作的许多领域中的一个，东盟保留了一个特殊基金用于对其十个成员国的保护项目提供支持。在最近几十年中，文化遗产旅游业在东南亚变成了一股越来越强劲的力量，尤其是在泰国、柬埔寨和印度尼西亚。而拥有知名度较低的历史遗迹场所的其他地区政府也已经注意到这一点，并也开始进行广泛努力来保护并推销他们自己的遗产，并且也取得了不同程度的成功。

东亚和东南亚面临的特殊挑战

图17-60 东亚和绝大多数东南亚国家存在的**现代化和发展压力**已经使北京、上海、香港、东京、大阪、曼谷、吉隆坡和新加坡等地在城市发展方面取得了惊人的成就。这种情况在二线城市——这类城市共有数百个——也是一样的，这些城市包括越南的河内、日本的奈良和京都、泰国的清迈、老挝的万象、缅甸的仰光，以及印度尼西亚的登巴萨和雅加达（如图所示）。在每个城市中，遗产保护法律和关注都是存在的，但进行有效建筑遗产保护的成功案例的报道却是各式各样的。都市保护方面的最大成功只有在那些规模较小的历史古镇中才可以找到，例如越南的会安古镇、老挝的琅勃拉邦、中国云南省的丽江古城，以及马来西亚的乔治敦这些地方。UNESCO的世界文化遗产地清单的入选，或者入选的前景，是这些历史古镇几乎完成存续下来的一个决定性因素——这再一次成为强大的普遍性遗产利益的力量的证据，从实际情况和认知来说都是如此。

图17-61 东亚和东南亚国家在19世纪晚期和20世纪的**建筑和考古遗产输出**现在在世界各地随处可见，因为这些物品中最为重要的大部分都最终出现在博物馆或者成为了著名的私人藏品。这种极为明显的购买和出售文化遗产的活跃商业在特殊文物贸易商和更加知名的拍卖行提供的产品以及亚洲文物价格不合理的飙升——这是一个更好的例子——中都可以得到反映。这种潮流的另一个实例就是纽约的“亚洲周活动”，2007年的时候举行了不少于五个以“亚洲”为主要特色的大型特殊文物展示及拍卖。对非法文物交易越来越严厉的管制正在使这种潮流在美国的公开性逐渐消失，这也影响了博物馆的收购行为和价格产生了影响。当以广义角度来看待的时候，这个问题——对这个主题的现有国际关注度——是“太少，也太晚”。进行简单收购的更好案例在许多亚洲和世界历史建筑遗址的建筑雕塑身上已经发生了。例如，在整个20世纪70年代，公开展示的宗教雕塑——本图所示即为位于尼泊尔加德满都的印度教石碑——已经是司空见惯的事情。但为了防止盗取，这些仅存少量的户外的雕塑现在都已经被封存在铁栏杆之后。

图17-62 建筑保护实践中的经验匮乏和/或职业奉献精神缺失在亚洲相当普遍，尤其是在蒙古、朝鲜、不丹以及缅甸这些国家之中，因为有组织的遗产保护传统和系统并未在这些国家中得到完善的建立。在蒙古，因为现在的纪念性文化遗产较少，因此也就没有一个进行保护的有效系统。在朝鲜和缅甸，政治议程并未对得到认可的国际保护实践进行全力支持（虽然许多NGO都尝试在缅甸开展工作，而且UNESCO也对朝鲜的少量保护项目进行了指导）。特殊顾问和部分NGO最近开始对不丹提供帮助，这里面临的挑战是其实体隔离而不是其他什么问题。考虑到这些情况，遗产保护主义者只能希望当有更加稳健的遗产保护项目在这些国家中开展的时候，这些从其他国家中获取的来之不易的经验教训才会被采纳——必要时可以进行调整——而不是必须重新去学习。

图17-63 合格的保护工作人员和专业人士培训机会的匮乏在东亚和东南亚地区依然是一个问题，虽然最近几年中在正式的遗产保护培训方面已经取得了一些进展。各个不同层级的培训可以通过许多大学建筑和考古研究生课程的保护课程和项目完成，也可以通过与这个主旨相关的无数NGO提供的大量现场培训课程完成。从1991年开始，世界文化遗产基金会就向来自柬埔寨金边皇家艺术学院的考古学和建筑学研究生提供了现场学习的机会。ICCROM特别在东南亚提供了多个项目，其中一个就是其“活态遗产场所保护项目”。UNESCO的东南亚及太平洋地区办公室对文化遗产工艺培训课程起到了巨大作用。东亚和东南亚地区受过培训的建筑保护专业人士的短缺已经被其流传下来的传统建造技艺和整个地区普遍存在的丰富艺术才能所抵消。

图17-64、图17-65和图17-66　基于旅游目的而过度开发的案例可以从中国南部云南省丽江古城的基础设施完全翻新和再现得到例证。部分沿着小溪建造的阶梯式街道仍然维持了其外观的真实性。但同时也存在经过校直并重新铺砌过的街道和广场，并且还增加了大量的商店——其中许多都是出售完全相同的旅游产品。再加上不断减少的纳溪少数民族——他们建造了丽江并居住在其中——这为这座经典的中国历史古镇的修复工程带来了一种不真实的质感——尤其是与那些在这个地区各个历史古镇都可以看到、未被修复的真实实物相比的时候。这种过度开发的另一个实例则可以在遥远的柬埔寨中找到，并且其源头就是于2008年做出的允许每个晚上在吴哥窟进行son et lumiere（声音和灯光）表演的决定。这种夜间娱乐项目在这个全国最受尊敬的国家遗迹场所——这个建筑的建造首先就已经考虑了月亮和太阳的运动——中的引入被许多人视为完全不必要的，并且也是对这个场所圣洁性的不尊重。

图17-67　当几乎全新的替代感受被开发的时候，历史的市场营销呈现出一种全新的维度。在某些情况下，越来越多的游客只能看到那些平庸建筑组件的增添物，而这些物品从美学性上来说都是不协调，而从历史性上来说也是不准确的。虽然这会引发出涉及真实性的问题，但这却有可能使得过度造访对这些场所造成的威胁得到减轻。泰国就存在这样的两个实例（对其历史准确性的关注程度各有不同）。这两个实例中更具野性的一个是曼谷附近的古城七十二府（Muang Boran古城，如图所示），这个古城中保存了大量重新安置过来的历史古镇，虽然它主要还是在一个占地320英亩、与这个国家现在形状一模一样的公园中展示泰国重要历史纪念建筑的复制品。这个开放式博物馆在其组成部分的精准性和细节处理上给予了极大的关注，而过夜客人则可以这些泰式建筑中住宿并接触大量教育性产品。泰国历史的另一面存在于这国家和缅甸的边界处，许多在第二次世界大战中牺牲在缅甸铁路上的人们都在那里的建筑中得到纪念。这种感人肺腑的故事更像在旅游季节中通过对桂河大桥（因电影《桂河大桥》而闻名于世）破坏的定期重演以及烟火的声光特殊效果而完成的不协调的描述。

图17-68　非绿色的建筑和并列的规模是快速发展的东亚和东南亚城市以及世界绝大多数其他地方中的新型都市建筑的特点。尽管这种完全不同的规模、材料以及总体设计——例如，曼谷许多新型玻璃幕墙摩天大楼中的绝大多数——并不是特别适宜于这个地区的建筑环境。湄南河沿岸的曼谷老城区的景色展示了这座城市中古老的天主教大教堂，其仅靠处在一系列占据了曼谷历史河道岸线的摩天大楼之中的古老的东方大酒店。

图17-69　当得到执行的时候，强硬的法律和政策就成为了东亚和东南亚文化遗产保护实践中的一种资产。中国的由中央政府主导的规划确保了在决定哪些文化遗产需要进行保护（以及哪些不需要）这个方面起到了一定的控制。违反与文化遗产保护相关的法律而受到的处罚包括罚金、监禁甚至是死刑。文物掠夺和非法交易正在缓慢的萎缩，这是那个时期国际性政府合作的成果，这个有利可图的贸易中的大部分都被迫转入地下。包括青铜器和陶器在内的可移动遗产的交易则已经超过了本书的涉及范围。但是，当部分历史建筑因为需要在国际文物市场中私卖而被拆解的时候，这个问题确实应当被归入建筑保护的范畴之中。部分国家（也就是美国）最近制定的与从特定国家中进口文物相关的法律，以及最近那些开创先例并且广泛发布的归还失窃文物的呼吁，至少已经对博物馆的收购行为造成了一定的影响。诸如提高遗迹保护等其他措施也阻止了文物遭受的掠夺和私卖，这可以从增加了场所守卫的监视以及柬埔寨吴哥窟的文物警察的行动了解一二，被赋予了“格杀令”特权的后者在必要时可以为了保护寺庙里的雕塑而击毙窃贼。

◀**图17-70　文化遗产保护方面有效的国际合作**现在可以在柬埔寨吴哥历史古城中见到。一个被称为吴哥及暹粒地区保护和管理局（APSARA）的临时行政机关被成立起来以保护吴哥考古公园。这个当局已经发展壮大到拥有了数百名行政人员和专业人士，它在这个广阔的受保护的吴哥文化景观——其中包括超过40座重要庙宇以及其他建筑——的安全防护方面取得了相当突出的成就，而在同一时期，这个国家的文化遗产依然面临着重大损失或者折中主义的威胁。在其一年两次的会议中，APSARA的国际协调委员会对所有拟议的工作、正在进行的工作以及其他与这个世界文化遗产地安全防护相关的事宜进行了检查，其主要方式是同业互查（如图所示即为为了观察保护团队的工作而对塔布隆寺进行的实地考察）。在UNESCO和APSARA的支持下，共有十几个外国团队协同工作来保护和展示吴哥窟。ICOMOS、ICCROM、世界银行以及包括亚洲协会和世界文化遗产基金会在内的其他实体在东亚和东南亚都进行了组织地区性研讨会和提供外国援助的努力。在一个更加局部化的基础上，在这个地区其他地方中运作的组织包括马来西亚遗产信托——它在马来西亚乔治城的历史古镇中进行了先锋性的群体保护努力；位于美国的加德满都谷保护信托——它修复了加德满都谷中的许多建筑；以及位于曼谷的SEAMO考古及艺术地区中心（SEAMO-SPAFA）——它在泰国及其周边国家中开展了一系列各种不同的研究和保护工作。

▲**图17-71**　文化遗产、自然以及休闲旅游领域——或者上述项目的结合——中**越来越精细化的旅游产品**在东亚和世界其他地方都是非常受欢迎的。绝大多数东亚国家的旅游业都在过去几年中得到了快速发展，这与这个地区的日益繁荣以及旅游机会的增多是一致的。反过来，民俗旅游的产品也得到了增加：参观场所并与那些被认为待在幕后或者不为众人所知的人见面。虽然高端旅游业的主要受益人通常都是外国旅游公司，而在一个更基本的层面上来说，可以在遗迹场地中赚取外国游客美元的非常创新的观点则在整个东亚地方层出不穷。这一点，从上述地区中那些更受欢迎的旅游景点的入口处出售商品的无与伦比的数量中就可以明白。精明的商人有时候会设计出几乎无法抵抗的旅游愉悦感受，例如提供复古食谱、经过重建的历史餐厅，历史街区的“三轮车观光”，游船观光等。本书作者曾经欣然接受参与各种不同的历史感受重演活动，从造访指挥中心和匍匐爬过越南胡志明市郊区的古芝地下通道，到花费30元从中国八达岭长城顶部用长弓将一支箭射向长城脚下的干草堆。东南亚的自行车观光变得越来越流行，因为可以非常廉价地看到更多的地方。本图所示即为一名捷克裔美国人在骑车的时候在越南中部发现了偏僻小路和村庄。（照片由肖恩·麦克劳克林和卢博米尔·梅拉提供）

◀**图17-72和图17-73　在解决存在冲突的哲学方面取得了一些进展**——也就是保护真实的建筑细节处理和表面处理与修复和复制历史建筑以使其看起来像全新的一样之间的冲突。过去20年中，在亚洲开展的各种不同的国际建筑保护项目和规划对于让建筑保护哲学中存在的传统差异变得和谐已经做出了巨大贡献（参见第15章中“欧式遗产保护原理的海外现状：行动和反应”以及边框“当东方遇见西方”部分的内容）。如何对位于北京南缘的可以追溯到明朝和清朝时期的先农坛中刷过油漆的表面材料进行修复和保护的综合方法就是这类案例中的一个。凭借北京市文物局和世界文化遗产基金会之间的技术和经济合作伙伴关系，经过三年的研究、测试、实验项目以及讨论，最终达成一致将这座重要的历史建筑复合体中的几座建筑的外观修复成其完工时的样子，这主要是因为它们必须再次发挥其作为内部建筑的保护性外壳的作用。中国建筑修复中一个不同并且新式（在当时）的哲学则在保护这座建筑的内部中被运用——天花梁和椽子上大部分完整的原始涂层表面只是简单地被清理、加固，并以其被发现时的条件进行展示。

▲**图17-74　污染清理以及得到改善的生活环境**绝对是亚洲各个国家政府议程上的首要项目，虽然这些方面取得的成就的记录是相当不均衡的，其主要原因在于大多数地区的经济资源有限。干净的水源和得到改善的卫生计划越来越多，有时候也会得到国际贷款计划的援助，例如世界银行和亚洲发展银行。其他则是依靠地方的积极性，例如想要修复位于中国中部的京杭大运河一部分的极具雄性的计划。直到19世纪早期的时候，这个大运河系统延伸了约有1115英里，它就像长城一样并曾经一度将杭州和北京连接在了一起，同时也将这个国家庞大的自西向东的水系连接在了一起。它于公元前486年开始建造，并于忽必烈统治时期完工。这个大运河的整体部分仍在使用。新近修复的部分已经在最近开放了，现在正在制定让其他部分也一并重新开放的计划。中国京杭大运河流行的每个省中的国家文物局正在进行一个将其向世界文化遗产地清单提名的行动。

澳大利亚 – 太平洋地区

太平洋的覆盖面积超过了地球面积的三分之一，并且包括超过13000座岛屿。这些岛屿之间通常非常遥远的距离以及它们在气候和地理上的差异产生了无数各种各样的本土文化——并且都带有与众不同的遗产。欧洲人十六七世纪的时候开始在这个地区进行殖民，而这种早期相互作用形成的许多遗迹场所也得以幸存下来。今天，澳大利亚-太平洋地区——又被成为大洋洲——中的各个国家在文化遗产管理方面取得的成功很大程度上要归因于遗产多重感知和形式的协商以及制定的可行社会经济方法。澳大利亚和新西兰是特别有影响力的地区合作伙伴。[18]

当代遗产保护实践于20世纪70年代在澳大利亚开始，这是由于公众对历史遗迹的兴趣的增加以及政府为了对这种兴趣做出回应——为了保护和管理这个大陆上目前正在受到开发威胁的早期欧洲定居点的证据——而制定的各个层级的法律规定。[19]同时，对这个国家的历史、文化和自然资源也进行了广泛的调查，其中就包括其原住民遗址，这些遗址的价值在那个时候还没有被更广泛的澳大利亚社会所认可。但是现在，澳大利亚先进的保护方法已经保护并确认了其文化遗产的完整范围。在最近几年中，澳大利亚的原住民增加了他们的曝光度，并维护了他们在与他们所有的遗产中的相关权利，这导致特别涉及了原住民遗迹的法律的出台。

澳大利亚已经成为保护领域中的一个国际领导者并且经常会有他人向其寻求文化遗产问题和特定项目上的指导，不仅是在太平洋地区，而且在整个世界范围内都是如此。尤其是从巴拉宪章——ICOMOS澳大利亚分会于1979年首次起草——的出台之后，澳大利亚已经成为文化包容性遗产政策、整体式自然和文化保护以及有效保护管理和政策开发方面的典范。[20]新西兰的保护文化遗产价值场所宪章（又被称为奥特亚罗瓦宪章）——ICOMOS新西兰分会于1992年制订这个宪章来为这里的保护实践提供指导——对原住民和非西式遗产观点的问题的论述甚至比巴拉宪章更加明确，但其背景的特异性使其影响力较差。[21]

对新西兰原住民毛利人的文化遗产的肯定，以及对他们在保护具有文化重要性的场所的固有优势的普遍认识，始终成为这个国家在保护运动中的特点。新西兰中有组织的遗产保护开始于20世纪早期，首先是关注这个国家的自然遗迹，随后于20世纪50年代扩展到将历史文化遗址也包括在其中，因为它们受到破坏的威胁越来越严重。许多人认为新西兰对建筑保护的投入仍然次于环境保护；但是，政府已经做了大量工作，以确保其历史中重要的手工艺品能够以私人和公共收藏品的形式被保存下来。[22]新西兰是世界文化遗产地清单中认可的第一个文化景观——汤加里罗国家公园——的所在国，其原始风景和引人瞩目的群山对毛利人来说都具有宗教重要性。

在太平洋岛屿密克罗尼西亚群岛、美拉尼西亚群岛和玻里尼西亚群岛的各个地方，建筑保护通常并未与其他形式遗产的保护区分开来：在大洋洲的绝大多数地方，自然、建筑以及无形奇迹和传统都具有非常高的价值。联系历史的当地方式已经嵌入到上一代人和下一代人在土著知识、口述传统以及表述行为实践的传承之中，这使得历史对现在来说是存在个人相关性和社会重要性的。有时候，这种无形遗产也能在考古遗址、纪念物和建筑物以及特殊的自然和文化景观中发现物质载体。在大洋洲的许多岛国中，传统领袖以及他们的私人土地所有权在遗产管理实践中有着巨大的影响力，这使得与其他群体进行合作对成功的保护和遗迹解读来说都是至关重要的。[23]

大洋洲的建筑遗产同时也包括其殖民历史的证据，但部分太平洋地区的岛上居民将对西式资源的保存视为对开展他们自己遗产保护形式的阻碍物。[24]因此，与之前殖民者之间依然存在的政治纽带就能给许多太平洋地区国家的遗产保护带来巨大的帮助，这些国家通常都有以引进的欧洲模式为基础的行政和法律框架，并且通常都依赖外国的经济和技术援助。美国和法国在援助文化遗产保护工作方面格外积极，但对象都是那些之前是其殖民地，但现在都在太平洋地区中拥有他们的领土区域的国家。

现在大洋洲保护主义者面临的挑战不仅仅包括经济来源的频繁短缺，而且还包括培训机会和对这个地区遗产和文化的知识的匮乏，这些都导致产生了前后矛盾的标准和应用。事实上，太平洋地区的文化遗产只有非常非常少的部分得到了文件记录或者经过了任何保护或者基本维持措施：许多这个地区的重要遗址都受到恒定的生物腐蚀——尤其是植物生长——以及海平面身高造成的威胁。[25]不受控制的旅游业对大洋洲遗产的开发和商业化造成了威胁，这与世界其他地方的遗迹一样。虽然旅游业的增加，这些遗产需要得到更加精心的管理，尤其是有太多太平洋岛屿遗址所在的位置距离城市中心区非常遥远。[26]

尽管如此，大洋洲依赖于其历史成就，并开始对更大范围的保护领域做出有价值的贡献，尤其是与多文化遗产的保护和保存相关的领域，这是通过当地群体的参与而实现的。随着太平洋岛屿开始磨炼他们独立的方法，并加强了与有更完善的文化遗产保护传统的澳大利亚和新西兰之间的地区性对话和合作，他们必然能够在国际遗产保护团体中赢得他们应有的认可。

澳大利亚 – 太平洋地区面临的特殊挑战

图17–75　文化遗产类型的巨大差异、其所在位置通常都在横跨大洋几千公里的遥远且隔绝的地方，并且这个地区的大多数遗产在传统意义上都不属于“纪念性”的，这些问题都对澳大利亚–太平洋地区的遗产保护工作带来了特殊挑战。图17–75至图17–78以及图17–81至图17–86都是对文化遗产资源的巨大范围进行的例证。本图所示即为位于复活节岛（智利）的得到精心保护和良好展示的摩艾石像。

图17–76　位于法属塔西提的艺术家保罗·高更的住宅和工作室遗址，这个遗址现在是一个解说中心。

图17–77　南太平洋拉包尔的前日本空军基地中的瓦尔式（Val）轰炸机残骸。

图17–78 位于巴布亚新几内亚Kaimari的**巨型考拉维**（Great Kau Ravi，“男士仪式之屋”）。太平洋地区一直缺乏可供使用的可持续性遗产保护方法，这通常是由于其采用的模式都是基于这个地方之前殖民者的遗产文件记录和保护系统。相关调查的结果都是由那些缺乏相关背景知识或者不能完全理解正在研究中的人们和场所的价值和顾虑的那些人在进行的。这个地区中最令人骄傲的遗产中的大部分都是无形的，而更具纪念性的建筑和遗址它们自身本来就是临时性的。相比于那些接受欧洲和美国文化遗产文件记录和保护方法培训的文化遗产专家，人类学家和社会学家通常更适宜承担这种基于保护目的的遗产评估。另外，那些已经控制其他国家和原住民的外国管理部门之间通常都是没有联系的，这可以在美属萨摩亚、英属斐济以及菲律宾部分地区中可以看到（照片由澳大利亚博物馆，AMS320；和弗兰克·赫尔利摄影公司提供）。

图17–79 天气情况、潮汐起伏以及海平面变化对太平洋地区的岛国和遗产来说都是潜在的威胁。台风、海啸掀起的巨浪以及这个世界中的新威胁——缓慢升起的海平面——都是存在于自然界的巨大威胁。太平洋地区的许多文明都位于低洼的环状珊瑚岛上，它们都有海港以及一定程度的临海聚居。面对自然灾害时的脆弱性是非常现实的，这可以从台风以及偶尔出现的海啸的相关报告中了解到，其中有史以来最为致命的一个于2004年12月发生在印度洋的苏门答腊邻近海岸西侧的地方，这次台风的影响力一直向西扩展到非洲沿海。本图所示即为2006年9月发生在威克岛上的台风所造成的后果（照片由美国空军/技术军士沙恩·A·科莫提供）。

图17-80和图17-81　岩石雕刻（岩画）保护的不彻底是整个澳大利亚-太平洋地区面临的一个在世界其他地方也普遍存在的问题，而它通常又是远古人类居民仅存证据。专家已经对雕刻在复活节岛火山凝灰岩露头层之中的象征性和艺术性表现进行了保护，而澳大利亚原住民的岩石雕刻（岩画）已经被视为这个国家的一种象征。但出乎意料的是，尽管许多澳大利亚遗产保护主义者已经付出了巨大努力，但澳大利亚西部布鲁普半岛这个可能是世界上最大、最古老的原住民岩画集中地却面临着现代人为作用引起的危险。预计丹皮尔工业港附近共有100万个原住民岩画雕刻品正受到附近工业生产的危险，其中包括液化气的生产和运输以及矿物加工。由于发展目的而对宽广的岩画区域的侵入以及相关工业生产产生的空气污染已经对这些被绝大多数专家认为人类艺术最古老的表现产品（可以追溯到公元前两三万年）产生了显著的影响。即使极具威望和影响力的澳大利亚遗产保护团体——国家政府之中的原住民游说集团——和这个国家政府高层的成员看起来都对解决方法一筹莫展，因为迁走这个工业海港绝对不会被认为一个可行的选择（照片由罗伯特·G·贝德纳里克提供，并得到其许可）。

澳大利亚－太平洋地区的发展前景

►**图17-82　国家性遗产保护章程的编制**已经被纳入到一个国家通常专业化的遗产保护问题的考量之中，这一点从澳大利亚的巴拉宪章和新西兰的奥特亚罗瓦宪章可以得到例证，它们是理论运用于遗产保护实践方面最令人印象深刻的案例。这些章程涉及了这个领域中部分最为困难的问题，例如毛利人就认为以物品形式存在的文化遗产就应当以自然死亡的形式消亡（参见第15章）。尽管有这些章程的存在，但对这些章程中涉及的更加无形的遗产进行保护却依然非常困难，这是因为要对那些不了解这些事物重要性的人进行指导是非常困难的。例如，前去参观澳大利亚中北部的乌卢鲁（艾尔斯岩石）的游客就会被事先告知这是一个原住民的神圣场所并设有禁止攀爬的警告标识。尽管如此，绝大多数游客还是会“进行攀爬”。不论是奥特亚罗瓦宪章——其主旨是对毛利人遗产进行保护——还是巴拉宪章，凭借它们更加宽广的范围和潜力，这些章程对于那些拥有少数民族的其他国家来说都格外具有指导意义，因为这些国家的国家性遗产保护法律中并未完全将这些少数民族包含在内。来源于澳大利亚和新西兰的遗产宪章的对象可以用本图所示的一个可移动物品作为象征：一个毛利人的矛。

◄**图17-83和图17-84　遗产保护中的当地参与**在澳大利亚-太平洋地区中已经越来越多，其中取得的许多成就已经成为了典范。在复活节岛中，经过多年的反抗之后，在智利国家林业公司（Corporacion Nacional Forestal，或者CONAF）的敦促下以及在国际NGO的援助下，拉帕努伊人（当地人）开始参与到参观这个岛上无数纪念性建筑的旅游线路的建设和开发之中。在促成多文化联盟以实现对斐济列雾卡小镇（如图所示）的遗产保护和文化多样性保存方面已经取得了成功，当地居民的遗产保护兴趣和这个岛屿上的英国殖民者政权背景之间的矛盾在一系列的城镇会议上得到了清晰的表达。澳大利亚-太平洋地区中有许多个优异的NGO，例如新西兰历史遗迹信托、澳大利亚文物局、斐济国家信托以及库克岛文化和历史遗迹信托等，它们作为会议召集人和沟通渠道的作用在这个地区的遗产保护领域中是无可估量的。通常来说，那些组织有很多人参加的周期性会议——而巴拉宪章、奥特亚罗瓦宪章、伊内姆（Ename）宪章以及奈良真实性宣言等原则都是这些会议的成果——的团体以及世界范围内的其他经验都被当作当地遗产保护兴趣而进行考虑（照片由布彭德拉·库马尔和斐济欧瓦罗岛列雾卡镇罗迈提维（Lomaitivi）工作室的摄影师曼哈尔·维塔尔提供）。

图17-85　照料“良知遗迹”是遗产保护时间中的一个特殊方面，澳大利亚就以两种类型的实例展示了这个问题。第一个实例是将原住民合并到遗产保护进程之中，正如1979年制定的巴拉宪章中阐述的那样。第二个实例就是使用同样的遗产价值观方法来记录和整合“苦难”历史，作为著名流放地的位于澳大利亚塔斯马尼亚岛的阿瑟港（如图所示）现在成为了一个监狱和罪犯遗址，就是这类例子中的一个。最近，针对新喀里多尼亚岛的保护兴趣团体也采取了类似的行动。采取措施去记录、保护和纪念这个地区的第二次世界大战遗址（除了在战时由在此服役的军队建立的数百个纪念物之外）也是同样存在的（参见图17-77）。

图17-86　保护整座文化景观的概念是在UNESCO将第一个文化景观——新西兰的汤加里罗国家公园——纳入世界文化遗产地清单的提名和通过之后才正式成立的，这个文化景观中的原始景色和令人印象深刻的群山对毛利人来说是具有宗教重要性的。同样的，澳大利亚的卡卡杜国家公园也代表了一种混合型（自然和文化）的世界文化遗产地。其他重要的景观——例如如图所示的菲律宾的水稻田——也从这种关注和照顾中获益匪浅。UNESCO的世界文化遗产中心在过去几年之中一直对新西兰和大洋洲的遗产保护项目提供了积极的支持并举行了“世界遗产——太平洋2009”这类研讨会（于2005年10月举行）等活动，来自大洋洲和法属领土的许多国家以及复活节岛（智利）都参加了这项活动。这次研讨会得到了北欧世界文化遗产基金会和意大利信托基金会的赞助，这表明了想要对大洋洲遗产保护进行援助的其他国家的延伸以及全球性兴趣（照片由拜伦·贝尔提供）。

北美地区

在北美，第二次世界大战之后的这段时期中，工业、住房和商业公司越来越大的扩张以及城市通过郊区的发展而不断向外延伸是其主要特色。虽然内城区历史建筑是战后时期第一个十年中的主要特色，但对美国和加拿大的这些资源所蕴含着的固有价值和经济价值的意识也与日俱增。类似的城市环境以及值得珍惜的历史建筑的损失对这两个国家的居民都造成了刺激。

加拿大的遗产及其遗产保护政策和实践反映了英国和法国——它的母国——的文化和法律传统以及其强大南面邻国的平民主义者和经济影响力的结合。随着20世纪的进程，加拿大已经连续不断的对其保护机制进行了重组和强化，并对其遗传法律进行了升级。最近，在这个漫长历史中出现了一个重要的发展：加拿大文化资源管理系统的行政管理体制改革使用了加拿大公园管理局采用的一种侧重于预防性维护和连续维护的管理方法，后者是这个国家的国家公园和遗址场所的管理机构。[27]在2002年，加拿大公园管理局和加拿大文物部启动了一个被称为“历史遗迹倡议”的联合项目，旨在通过对法律和标准进行升级，并提高执行和实施力度来进一步提高加拿大的文化遗产保护工作。[28]加拿大按照美国的方式将其遗产系统分散化的决定给省级机构赋予了更多的职责，同时也成功的鼓励了当地参与和创新。

尽管采取积极行动的历史已经长达100年了，但专家仍然估计加拿大有21%的建筑遗产还是在最近的30年中消失了，为了确保剩余的遗产财产——尤其是那些联邦所有的财产——能够留存下来，必须要采取强制措施。[29]需要关注的直接挑战包括海岸线侵蚀——这会让这个国家绝大多数重要考古遗址面临消失的威胁——以及废弃的教堂和历史工业建筑——很难为这些建筑找到一个新的、适宜的用途。另外，开发压力也会对加拿大各城市内城区中的建筑环境造成持续侵害，有人认为，这甚至会威胁到包括魁北克历史城区这类世界文化遗产地。

美国的建筑保护实践始终都是采取一种极为平民主义的方法，并且其成功始终都依赖于当地参与。这是最小程度政府支持造成的结果，这个国家存在一种认为“良好市民”有责任对遗产进行保护的普遍信仰以及利益驱使的动机，并且强调实用性和实际性——而不是理论性——的方法和措施。作为经济激励的结果，美国历史保护——这是美国人偏好的一个术语——的参与者已经将商业财产所有者、房地产开发商以及一般投资人包括在内，这远比世界其他地方的范围宽大得多。另外，美国的财富和慷慨始终会形成一种对慈善事业进行热忱支持的传统，其中就包括历史保护。这种公共经济支持不仅包括了这个国家最富裕的阶层和偶尔出现的重大公司支持，同时还包括加入到这个国家无数志愿者组织中成千上万的普通市民。

美国在历史建筑保护方面最为重要的国家级别非政府组织是国历史保护信托。这个私人自愿组织成立于1949年，其旨在提供“领导能力、教育、提倡和资源去保护那些能够讲述美国历史的不可替代场所”。[30]最近成立或者参与进来的创新式公共私有合作伙伴包括侧重于美国小型城镇的主要街道项目，以及侧重于重要国家性纪念物的白宫千禧年委员会。

虽然与欧洲各国和加拿大相比，美国政府在经济贡献上较少，也并未广泛地参与到建筑保护项目之中，但它却积极参与了对这个国家接近一个世纪的历史的文件编制之中，从《美国历史建筑调查》到《美国历史工程记录》。另外，国家公园管理处（NPS）对相当大数量的国家历史建筑和遗址进行了维护，并且为了提倡保护和鼓励合作，这个机构还制定了一份被称为“国家史迹名录”的由重要历史遗迹场所组成的荣誉清单。从1976年开始，NPS和各个州的历史文物保护办公室就开始对有效税收优惠系统的实施进行监管，这是为了进一步鼓励私人参与到历史建筑和遗迹场所的保护之中。

考虑到美国目前为止在历史保护方面取得的成功，许多项目的目标都已经从修复和复原转移到预防性维护，而整个修复行业则被认为在可预见的未来中依然能够保持繁荣。另外，随着特殊利益团体增加了它们的曝光度并提高了它们的声音，那些对印第安人、夏威夷土着人以及阿拉斯加人、拉丁裔美国人、非洲裔美国人来说非常重要的遗迹以及其他具有特定社会文化性利益的场所，将有可能作为全部美国人的遗产而逐渐得到保护和重视。美国的经验启发了世界其他各地的文化遗产保护主义者，并扩大了他们对于具有历史重要性的事物的定义：不仅是景观风景和大量的历史街区，而且还包括战后经济建筑、郊区住房开发，以及具有科学重要性的场所。对美国式实践的模仿还包括了其强大的基层志愿服务和非营利网络，以及为了刺激经济能够以包容并尊重历史建筑的方式进行开发而制定的有效税收激励政策。

北美地区面临的特殊挑战

图17–87　郊区化和城市扩张在20世纪的绝大部分时间中已经成为北美生活的标志，尤其是第二次世界大战之后。这种形式的扩张反映了对产权的坚定信仰、房屋所有权的渴望以及在那个时期为了对更好的生活质量进行追求而远离城市中心的愿望。从20世纪70年代开始，在很大程度上由于不断增长的历史保护运动和良好的交通系统，对都市生活的一种新的欣赏导致了“回归城市”运动的出现，而这又反过来刺激了改良的城市基础设施的出现。这种趋势也反映出了许多美国公民和加拿大人对发展限制的一种领悟，即使在土地富足的北美地区，现在他们对更高效的使用现有已开发的土地产生了一种新的兴趣。除了其中心商业区之外（如图所示），底特律的开发充斥着对空间的肆意挥霍并且极度郊区化，因此很难想象任何类型的“回归城市”运动可以恢复其历史中心区的活力而不会进一步将其为数众的超大地块进行分化。

图17–88　对汽车的依赖并不仅在北美地区存在，虽然美国在开发其土地和城市方面处于领先地位，但这也会导致汽车和其他机动交通工具的广泛使用。在美国的许多城市中，在生活中不使用汽车是不可能的，因为这些地区的大量公共交通工具不可避免的都无法有效发挥作用。洛杉矶（如图所示）、休斯顿和亚特兰大是美国主要依靠汽车而发展起来的若干大型城市中的三个代表。让移动交通工具与其所需的道路系统和支撑设施配套起来对于美国的历史建筑环境产生了重要影响。现在众所周知的美国国家州际高速路网及其在加拿大的对应大街的出现——尤其是从20世纪50年代晚期到70年代早期——对历史保护运动在这些国家的出现造成的刺激性远胜于其他任何因素。在一个经典的因果关系案例中，城市居民通常很快就会变成保护主义者，这是作为对那些被认为“衰败的”历史区域的破坏做出的回应，而这种破坏又是新建高速公路和大面积“城市重建”的基础。

▲**图17–89** 对受到保护的历史建筑、街区以及文化景观带来的**无形效益的忽视**通常是北美经济中存在的一个问题。在规划建筑项目的时候，经济可行性始终是一个重要的标准，但这其中也同样存在其他考虑因素。历史建筑环境中蕴含的同样具有价值的较难感触得到的部分包括：许多群体拥有的特殊场所感、来源混合使用的真实多样性以及特殊的景观特色——不论是自然的还是人造的。居住在宾夕法尼亚州兰开斯特县的阿米什人（如图所示）稀有的、留存下来的场所感以及生活方式就是民族文化在快速变化的美国社会中持久保留信念的一个实例。尽管对其保护采取了保护措施并获得了广泛的同情，阿米什人社区在宾夕法尼亚州中部的情况并不是非常良好。附近区域中不断增加的房地产开发和道路扩宽项目意味着将会导致这个著名的美国文化景观发生变化。

▲**图17–90 地方性博物馆和大量传统遗产名胜古**迹未能提高数量不断增长的美国人对它们的兴趣。各种不同的研究已经表明，不仅这个国家重要历史遗迹的访问数量有所下降，而且较年轻的游客们都期待感受耗时较少并更具娱乐性的非传统展示方式——如果可能的话，使用多媒体。这就意味着为了在吸引游客注意力的同时又不会让内容变得空洞，教育家和博物馆馆长以及他们的员工必须要采用这种方式去讲授美国历史遗迹的故事。今天，历史建筑博物馆在展示和解读方面面临的挑战并不容易解决，虽然处理这些问题的起点应当包括对这个场所同时在历史和现在的价值和重要性的理解。早在20世纪90年代早期的时候，维吉尼亚州的威廉斯堡殖民地（如图所示）就已经注意到这个问题，他们是以增强游客在这个国家第一个首都中的感受而作为回应的。现在，游客们会在威廉斯堡殖民地中接触到蓄意凌乱设置的环境，例如需要进行上漆的木制墙板、秋季落叶焚烧时的味道和景象以及较为原始的街道和小路。

图17–91　美国为建筑修复制定的联邦税收优惠政策依然是鼓励广泛参与到那些拥有未被充分利用以及老化建筑的历史城市区域的改善行动之中的最有力工具。在整个2007年间，约花费了43.5亿美元对约34800座能够产生收入的建筑进行了授权修复，这就是这种政策的证据，而这个项目的管理者并未考虑得到修复的建筑拥有的稳定效果或者附加价值，也没有考虑到一座得到改善的历史建筑对其周边环境带来的“乘数效应”。在某些圈子中存在着将这种刺激政策扩大并将私人财产所有者也包含在内的兴趣，这对于保护美国整个国家范围内的建筑环境能够带来巨大的有益效果。整个国家范围内的数百座城市和城镇都从针对历史保护的联邦税收激励政策中获益。本图所示就是一座位于旧金山的宅邸，它通过转型成为一个法律事务所而得到了保持。

图17-92 从20世纪80年代开始，作为城市和郊区土地使用规划措施中一个必要组分的**保护规划**就为美国和加拿大的生活环境的改善起到了巨大的积极效应，并具备更大的可能性，因为对建筑和自然资源方面的更广泛的限制是可以实现的。得到修复的都市公园和"智能发展"的规划可以在北美地区第一个这种类型的项目中得到诠释，即圣安东尼奥的河畔走廊（如图所示）。建筑师以及整个社区主要改变残破商业建筑的愿望得到了实现；而在13年之后，它比以往更加成功。许多其他诠释适应性使用的方案——其中最为著名的是旧金山的吉拉德里广场和波士顿的法尼尔厅-昆西市场重建项目——已经成为许多北美地区、甚至世界其他各地无数类似项目的学习典范。

图17-93 从20世纪70年代开始，美国的兵役已经承担起保护重要美国军事遗产的任务，同时包括国内和国外的。以保护为中心思想的各个组织对各个历史军事基地进行过历史调查同时，对已经不再服役的军事设施进行了维护。旧金山的普雷西迪奥要塞之前被美国陆军当作基地使用，其历史可以追溯到西班牙人于18世纪在加利福尼亚州南部定居的时候，它的转型就是对退役历史军事设施进行适应性使用的多年努力中的一个实例。普雷西迪奥要塞信托是一个独立的联邦机构，在其管理下，包括位于国家历史名胜区之中的蒙哥马利街营房（如图所示）在内的诸多建筑都被出租给民用实体，这是为了支撑这个前军事基地的运营以及项目的开展。

图17-94 从2001年9月11日之后，**提高得到承认的文化遗产地中的实体安全性**就已经成为美国内务部的首要大事。通过一系列国家学习班以及其他形式的演示案例和解决方案，提高美国全国各地中各种不同类型的遗迹场所的安全性得到了提倡并取得了良好效果。这个问题的多层面本性在相关的专业领域中已经有所反映，包括建筑师、景观建筑师、博物馆专家、教育家、实体监视专家、执法机构、预防性保护专家以及大量材料制造商在内。美国及若干其他国家在景观建筑师、工程师和安全专家的参与下，已经形成了文化遗产保护中的一个方向，其主要困难是在增强重要历史建筑和遗址的实体保护的同时，还需要保持其吸引力和易接近性。直到2002年之前，华盛顿特区中央广场的华盛顿纪念碑都是通过其地基的一个出入口进入的，但这个场所在这之后就进行了更加严苛的管理。它新安装了一个接待台和进入区，这样游客现在就需要从距离原始接待区域150英尺远的地方进入这个场所，走过两个弯曲的铺砌斜道中的一个并通过一个——后加在这个纪念碑地基的——安全扫描设施才能进入这个建筑。

图17-95 针对新建建筑和现有建筑改造的“绿色建筑设计”是北美出现的一个格外有希望的趋势。这种兴趣的证据可以从节能型建筑数量的不断增加中得到，这些建筑都是符合能源与环境设计先锋奖（LEED）测定能耗的评分系统这类新标准的。同样重要的是现有建筑及其材料在成为可回收资源的价值的更加广泛认识，不论是可以被用于进行修理和新建筑的历史构件，还是被当作迅速发展的金属、玻璃和纸制产品回收行业用于进行新产品重组。按照特别注重节能的方式进行重建的一个美国办公建筑实例就是位于密歇根州兰辛的克里斯特曼建筑公司总部大楼，这座始建于1928年的商业建筑因其更新工程而在2008年时史无前例的荣获了双白金LEED认证。许多特征决定的特色——例如历史黄铜镶边、楼梯硬件以及这座建筑的木制地板、木质装饰和窗户——都得到了使用，其总数超过了现有外部结构的90%。凭借一个新建的中庭，绝大部分室内空间都可以接受自然光线和景色，而电脑化的环境系统管理系统则对其使用者的气候和光线需要进行了优化。整个改造工作的最终成本并未超过新建一座同样规模的建筑（照片由克里斯特曼建筑公司/摄影师吉恩·梅多斯提供）。

图17-96 保护现代建筑杰出作品的兴趣也在北美地区有所增加。其中的部分原因是由于有太多优秀的案例可以选择，还有部分原因在于这种类型的建筑最终已经“达到法定年龄”。文物市场以及变得越来越大声的对其进行保护的倡议让现代设计的价值抬高了许多。保护20世纪北美地区（以及世界部分其他地方）中更加优秀的建筑案例的主要发起人是美国国家历史建筑保护信托会、DOCOMOMO-US以及世界文化遗产基金会下属的世界文化纪念物守护计划™，还要加上从2007年开始的WMF的“处于危险之中的现代主义”项目。这些组织的努力又受到了大量20世纪建筑设计中的主要标志性建筑物的消失带来的刺激。对由现代主义建筑师爱德华·德雷尔·斯通于1931年在纽约长岛区韦斯特伯里为A·康格·古德伊尔建造的住所（如图所示）进行的紧急援助，同时对哪些是处于危险之中的重要现代主义实例以及如何为其提供帮助这两方面进行了诠释。通过世界文化遗产基金会和长岛历史协会之间的快速合作，这座建筑得以保留。这座建筑在其预计被拆除的几天之前，被这对即兴合作伙伴所收购，然后将其转售给了更欣赏其价值的所有者。

拉丁美洲和加勒比海地区

包括墨西哥和中北美在内的拉丁美洲以及加勒比海的岛国一起构成了横跨两个大陆的重要地理区域。这个地区的遗产包括由欧洲人建造的殖民定居点和宗教纪念物以及原住民的文化景观、村庄以及史前时期宏伟的纪念性遗迹。虽然至少早在20世纪中期的时候就已经建立起全面的法律条款来保护这些遗产，但直到20世纪90年代的时候才采取了有效的遗产保护行动来确保其未来。这些存在于许多案例中的最新政策反映了环境性和文化性遗产保护的精妙结合，但这个地区的许多遗产在今天仍然处于危险之中。

拉丁美洲遗产现在面临的威胁包括考古遗址的掠夺、不稳定的政治环境、开发压力、从郊区到城市的移民以及文化遗产保护方面经济资源和公共兴趣的缺乏。地区性环境威胁包括破坏力巨大的地震，例如那些导致厄瓜多尔基多（2007年）、墨西哥城（1985年）、墨西哥普埃布拉（1999年）以及秘鲁（2007年）等地进行重建的地震，同时还包括频繁出现的飓风和热带风暴，例如于1998年袭击了中美洲的米奇飓风就找这个地区的许多城镇和城市中造成大面积破坏，其中就包括了洪都拉斯科潘古迹公园以及危地马拉的其他国家性文化遗产地在内的诸多重要遗迹场所。

南美洲的许多独特地区——包括安第斯山脉、巴西和柯诺苏（这个大陆的最南端）在内——都有其各自独有的历史和当代文化；但是，这个大陆的遗产都共享着许多特点，其中就包括早于16世纪头十年的土著文明以及伊比利亚圣典政权的相似性。

南美洲为数众多的文化和自然财富为旅游业提供了极佳的潜在机会，但能够基于旅游收入而进行开发的大多数遗产都处于危险状态之中，这是由于政府为遗产保护设定的优先性偏低以及公共对参与文化遗产保护的认识程度较差所造成的。另外，有效的历史城市保护可能是现代南美洲的文化遗产保护专家所面临的最大挑战，这是由于其城市发展通常都不受控制所造成的。

但是，南美洲的城市和建筑遗产的前景却在某些方面变得越来越光明，因为私人和当地机构已经越来越多的参与到遗产保护工作之中。当地机构也与国际组织和欧洲政府形成了合作关系以提高培训质量、教育公共大众并完成模范的保护项目。侧重于保护和遗产问题的泛南美洲组织的缺乏造成了所取得的各种成就的孤立，并且不能进行合作和信息共享从而为这个大陆中的所有13个国家的历史建筑和古城带来好处。

相反，中美洲是大量代表其共享遗产而开展工作的重要地区性组织的诞生地，其中包括ICCROM的“拉丁美洲及加勒比地区文化遗产保护项目”（2008—2019年，LATAM），这个项目于2008年得到确定并且“其主旨是提高和增强保护能力、促进沟通和交流并提高这个地区的意识”。[31]至少这个项目的第一阶段中（2008—2011年），LATAM的行动将以优选出的五个主题为中心而开展：文化遗产保护的教育和培训；文化遗产的非法贩运；保护行动中经济指标的定义；文化遗产的风险管理；以及遗产保护出版物及其宣传。[32]在这个地区之中，墨西哥在其建筑遗产保护和保存方面有着格外突出的传统，这是通过由受到保护的考古遗址和博物馆以及得到保存的历史城镇中心而构成的广泛网络所实现的，这个网络中的大部分遗产都处于集中控制的状态。相比于拉丁美洲的其他地方，墨西哥给文化遗产赋予了更大的公共价值，这就可以使政府的优选性和政策始终处于受控状态中。

加勒比地区的建筑遗产都遭受着强烈日光、地震活动、热等风暴以及高降雨量等问题的威胁。作为对这些问题以及其他会造成旅游业季节性和不切实际变化的问题的回应，加勒比各个岛国之间的合作已经被证明是极为有效的，其中就包括由大加勒比地区文物古迹组织（CARIMOS）开展的工作。然而，大量这类岛国之间的保护经验有着显著的差别，这是由于不同程度的政府支持、公共参与程度和非营利组织参与程度以及旅游业和开发带来的负面影响所造成的结果。与欧洲各国的合作也对许多加勒比国家提供了帮助，多米尼加共和国哈瓦那和圣多明哥的历史中心城区在世界文化遗产地清单中的成功提名也鼓励了这些地区开展进一步的建筑保护工作。古巴的孤立政治特性也形成了一些极具创造性和成功性的遗产保护方案，尤其是与哈瓦那丰富的建筑遗产相关的修复和重建项目。

最近通过美洲国家组织（OAS）这类机构达成的章程和协议反映了文化遗产保护在拉丁美洲和加勒比地区的成熟：曾经仅仅只是关注各个独立的建筑和历史街区，现在已经将文化多样性和文化的无性表现一并包含在内。同时，更严格的法律、增强的政府承诺以及这个地区各个国家的公共教育都成为对其具有丰富性和多样性的遗产进行保护的必要条件。尽管存在无数的挑战，但20世纪90年代的合作和成功项目已经奠定了一个坚实的基础，而打造这个领域的势头在每一年中都变得更加有效。

拉丁美洲和加勒比海地区的特殊挑战

图17–97 拉丁美洲地区中**历史建筑环境所面临的严重自然威胁**整合在一起，从而使得保护历史建筑对建筑师、工程师和材料保护者来说始终都是一个持续的难题。这些自然威胁除了热带气候常见的极高生物危害程度之外，还包括厄尔尼诺现象（由太平洋气流造成的周期性极端天气条件）、在拉丁美洲中部和西海岸的绝大多数地方肆虐的地震灾害以及加勒比地区的热带风暴。2007年8月在秘鲁利马发生的大型地震就是最近影响拉丁美洲的许多自然灾害中的一个。本图所示即为1998年1月由于厄尔尼诺现象而在秘鲁Rio Moche de Huaca del Sol造成的海岸线侵蚀。（照片由卡洛斯·韦斯特·拉·托雷提供）

▶图17-98　拉丁美洲及加勒比海地区在文化遗产保护方面缺乏泛区域合作，尤其是在建筑保护方面。虽然诸如CARIMOS等专业成员和倡议组织一直在为加勒比海地区各国服务，并且OAS中也有许多针对文化遗产保护的项目，但进行国际合作项目的潜力始终很大。世界文化遗产基金会于2002年5月在巴西的圣保罗组织了一次会议，这次会议被其各个参与者视为南美洲所有13个国家的建筑保护专家的第一次集会（本图所示即为这次会议的海报）。迄今为止大量成功的都市保护项目——由世界银行和泛美开发银行资助——已经证明了进行更多这种类型的援助的巨大潜力。

▼图17-99　复杂的遗产继承系统和复杂的所有权条件对加勒比海地区许多国家的重要历史建筑的保护产生了负面影响。来自英国、西班牙和法国这些的之前执政国家的财产所有者通常会把这些房地产——其中包括建筑遗产——全部留给其继任者，而后者对于庄园宅邸和制糖厂这类财产是没有太多的兴趣和需要的。对历史建筑或者遗迹场所来说这种不明确的所有权以及维护责任的模棱两可是非常不好的。例如，按照英国的法律，巴哈马群岛中的财产应当根据长子继承权制度只由一个家庭成员继承。而根据巴哈马群岛的法律，继承的遗产应当被平等的划分给所有继承人，这种做法非常普遍。但是，这种从根本上全新的继承和责任系统通常会造成一个财产由多个所有人。当这些财产在政局变更期间在没有得到补偿金或者签订明确转让法律条款就被遗弃或者占有的情况下，这个问题会变得更加复杂。而那些被视为剥削阶级的“其他人”的遗产则会受到更多的冷漠或蔑视。位于巴哈马群岛的伊柳塞拉岛上的大量18世纪英国殖民房屋就是如此，如图所示。

拉丁美洲和加勒比海地区的发展前景

图17-100　数量不断增加的主题性遗产保护倡议给拉丁美洲带来了好处，其中包括墨西哥尤卡坦半岛的殖民地教堂保护项目，以及尤卡坦半岛和危地马拉北部的玛雅之路（Ruta de Maya）复兴计划。沿着这条道路上，有着大量得到修复的城镇、女修道院以及大庄园，游客可以舒适的了解到这个地区过去和现在的生活方式，并且想待多久就待多久。乌斯马尔的考古遗址和小型城镇（如图所示）就是尤卡坦半岛上通过进行旅游适应改造而得到保存的遗产案例中的一个。类似的主题性和遗产路线倡议也可以在两个国家的Los Caminos del Rio项目——这个项目将同时位于墨西哥和美国境内的里奥格兰德古镇连接在一起——以及智利南部智鲁群岛大量历史木制教堂的保护工作中看到。

图17-101　体验文化和生态系统以及它们相互之间的相关性对那些渴望了解一个新地方的外来者来说非常有吸引力，尤其是当住所充足且有趣以及当旅游路线不会出现回溯的时候。危地马拉文化部在将其作为旅游产品系统而展示玛雅遗迹场所的多样性方面已经做出了努力。著名的蒂卡尔遗址（如图所示）是在森林环境中呈现的，但是其古代庭院区域以及紧密围绕它的丛林还是得到了明智而审慎地清理。弗洛雷斯古镇附近的赛巴尔玛雅遗址也有类似的环境，虽然对其的造访主要是因为那些留存下来的无比精美的玛雅雕刻石柱。从2004年开始，文化部已经开始着手展示埃尔纳兰霍大型遗址，其规划是刻意让这座古城留在未受干扰的丛林环境之中，但这并不容易实现。保护并展示各种各样的类似文化遗产遗址，这样它们的共性和差异才可以被精心的展现出来，这代表了一个国家在文化遗产管理方面的水准，同时也可以成为一个遗产保护的典范（照片由拜伦·贝尔提供）。

图17-102　关于共享文化遗产及其保护的会议——例如2004年3月在墨西哥坎佩切举行的国际历史防御工事保护研讨会——在拉丁美洲及加勒比海地区举行的频率越来越高。另一个实例是开始于2002年的国际合作努力，其主旨是对十七八世纪的瓜拉尼耶稣会信徒传教活动——在巴拉圭、阿根廷和巴西有着广泛传播——系统进行更好的保护和展示。（阿根廷的小圣伊格纳西奥）。这个项目得到了UNESCO、Fundacion Antorchas（阿根廷）和美国运通基金会以及其他通过世界文化遗产基金会提供的资助，举行了许多国际技术研讨会，并开展了大量保护项目，以展示留存下来的各具特色的石质传教建筑，同时还新建了一个解说中心。

图17–103和图17–104　在严苛的预算条件中取得的成功建筑保护在哈瓦那随处可见，这主要归功于一个人的深谋远虑和领导能力——城市历史学家尤西比奥·莱亚尔·斯宾格勒。在面临20世纪90年代中期的危机——历史建筑快速恶化并且政府或者外部资助少得可怜——时，不屈不挠的莱亚尔处理这个问题，就好像这是一个紧急分类情况。首批改造项目包括之前用于接待外国游客的酒店。凭借从这些开发中获得的资金，额外的前商业建筑——例如药房、百货公司以及少量宅邸——也得到了雅致地修复，从而为哈瓦那迅速增长的旅游市场提供服务。实际上，莱亚尔以循环资金建立了一个得到良好管理、非营利的都市重建公司。但是，这其中最为引人注目的是这个项目涉及了如此之多的各种各样的建筑类型。在修复之后，它们被用于合理的商业用途，而从中获得的收益随后又被重新投资进来，从而去进行更具雄心的项目。对莱亚尔及其由年轻专家组成的团队而言，研究、文件编制以及修复工作的水准是相当之高的。这些图片描述了曾经哈瓦那老城的常见景象以及未来的迹象：处于倒塌边缘的建筑和得到修复后的街道景观。

图17–105 私营成分对建筑保护支持的不断提升也在拉丁美洲的部分地区中可以发现，其中最引人注目的是墨西哥。例如“艺术品采用”这类创新项目——这个项目的前身是作为墨西哥城中一个保护油画非常感兴趣的艺术赞助人俱乐部——已经也开始对整个墨西哥内的历史建筑开展工作。墨西哥瓜纳华托州萨拉曼卡大教堂中大量镀金内表面的修复就是这个项目承担的若干艺术品和建筑保护项目中的一个。部分大型银行——其中的佼佼者是墨西哥银行——对建筑修复项目慷慨解囊，少数私人慈善家也是如此。这些项目中的许多也参与到世界文化遗产基金会的资金筹措活动之中（照片由奥古斯丁·埃斯皮诺萨/里卡多·卡斯特罗·门多萨提供）。

图17-106和图17-107　前殖民统治政府的援助目前已经在拉丁美洲的许多国家中出现了，这些援助是通过位于马德里的西班牙国际合作发展（AECID）项目实施的。这个项目最令人瞩目的是其对墨西哥、古巴和秘鲁等国建筑保护方面特种作业培训课程的支持。另外，从AECID项目中获得大量的经济资助被用于修复和保护特定建筑，例如科尔卡山谷文化景观的教堂（如图所示），秘鲁阿雷基帕的历史老城区；以及巴拉圭的瓜拉尼耶稣会信徒传教活动遗址。就东道国政府和当地市政当局而言，它们的责任包括以实物捐献形式（至少25%）的项目管理以及偶尔要求的基于遗产保护目的的财产捐款。

图17-108　高质量的修复项目和富于想象力的适应性使用项目在整个拉丁美洲及加勒比海地区各处都可以找到，例如巴巴多斯的德拉克斯·霍尔住宅修复项目、海地的亨利要塞以及维京群岛圣约翰的安纳贝格制糖厂，此外还有许多加勒比海国家中大量得到精心修复的城镇建筑。在过去的半个世纪中，中美洲和南美洲涌现出了大量杰出的保护项目，其中包括这个大陆上更加知名的历史古城中那些不计其数的城镇建筑，例如哥伦比亚的卡塔赫纳和波哥大、巴西的欧鲁普雷图和里约热内卢、智利的圣地亚哥、秘鲁的库斯科以及厄瓜多尔的基多。墨西哥同时在其殖民时期（其中最为引人注目的是其宗教建筑）和前哥伦布时期遗产修复方面有着出类拔萃的能力。La Fundidora是之前位于墨西哥蒙特雷市的一个发电厂（如图所示），它在文化和商业目的方面的适应性使用，就是对令人印象深刻的历史工业建筑进行富有想象力的适用方面的一个极为优异的案例。

极地地区

相比于世界其他各地，南极洲和北极圈存在有着显著差异的文化遗产保护挑战。对两极地区保护问题的关注一直以来都是更多的侧重于环境方面，而不是文化或者历史建筑事物；但是，确确实实存在的考古遗迹、建筑和居民点其实更加重要，这是由于它们的稀缺性和脆弱性造成的。在这些地球表面的极端地区中，发现了无畏的欧洲和北美探险者留下的大量遗产，同时包括现代以及更加遥远的古代，他们克服了严苛的气候条件对这些地区进行了调查并占据领地。这些遗迹的形式范围从健全的探险小屋、食物储存、及其他大本营建筑，到隐藏所和石堆纪念碑，到早期渔业设施设施，再到纪念碑等。北极地区的文化遗产的多样性要远胜过南极地区，因为它同时包括了原住民遗迹以及早期捕鲸业、矿业和渔业活动的证据。

最近，极地地区独一无二的文化遗产已经得到了国际认可和关注，对其进行保护的重要预备步骤也已经开始。这些地区严苛的气候条件为保护工作带来了巨大挑战。除了由于气候条件而造成保护工作在这些地区进行的时间有限之外，风力驱动的冰雪、腐蚀、霉菌和真菌都会对建筑材料造成影响。两名建筑保护专家设想建筑材料的腐败速度还会加剧，这是由于全球变暖而导致的紫外线增多所造成的。[33]在另一个方面，绝大多数极地地区永久冰封的环境也会让许多遗迹处于一种保存状态，这是世界上其他气候条件永远无法实现的。

虽然前往这些遥远地区的旅游业仍然相对稀少，但其中仅有的少量旅游活动却并没有得到官方控制，这偶尔也会威胁到这些脆弱遗迹的完整性。南极洲旅游运营商国际协会成立于1991年，它为这些来到世界最南端的游客制定了严格的规定。这起到了一定的帮助作用，可是部分遗址——例如探险家卡斯滕•博克格雷温克（1898—1900年）、恩斯特•沙克尔顿（1907—1909年的第一次探险）以及罗伯特•法尔孔•斯科特（1901—1904年和1910—1913年）等人脆弱的木制探险小屋——仍然容易遭受偶尔出现的“旅游损耗”，因为游客们总是不约而同地集体出现这些场所之中。这些遗迹中的部分还会遭受各种野生动物的侵袭，因为它们可能会占据这些住所，这是一种很难控制的情况。

南极洲在决定哪些文化遗产值得受到保护这方面缺乏明确的政治权威，这也对保护工作在这里的开展造成了影响。未经协调的工作、相互矛盾的领土争议以及尚未明确的责任划分使得私人机构和国际组织成为这些地区文化遗产保护中的主导者。北极地区在文化遗产保护方面等的工作已经被划分给8个不同的国家（加拿大、芬兰、格陵兰岛[丹麦的一个省]、冰岛、挪威、俄罗斯、瑞典和美国），它的进展稍好一点，但它也同样被合作和标准化方法的缺乏所困扰。[34]

幸运的是，大量文化和自然遗产保护组织已经开始在极地地区开展工作。1987年在新西兰成立的非营利组织南极洲遗产信托就是首个将其工作目标定位为保护19世纪晚期和20世纪早期（1895—1917）南极探险者的遗产的组织。从这个时期开始，这个信托组织被认可为对其四个基地进行照料负有责任（代表国际社会）的组织，并且还发起了罗斯海遗产修复项目来保护这些探险过程中留下的基础设施。在2004年和2006年，沙克尔顿的探险小屋入选了“100个最可能消失的地点的监管清单™”。斯科特的探险小屋则在2008年入选。

2000年，ICOMOS成立了“极地地区遗产国际委员会（IPHC）”来清查南极洲和北极洲的重要文化遗迹场所并提高其知名度。迄今为止，它已经确定了76个值得采取特殊措施的遗迹场所，并且它也在这些遗迹场所之中留下了标志。[35]虽然没有积极的参与到任何特定保护项目之中，但IPHC仍然为极地地区遗产保护专家提供了一种交换信息的方式。在北极洲，许多保护项目——例如由美国内务部发起的那些项目——已经与原住民形成了合作伙伴关系，而这些原住民已经在这些地区中居住了几百年，并且愿意保存他们的历史。

虽然极地地区的遗产保护实践仅仅处于成型阶段，但对北极洲有管辖权的各个政府以及在这个极端地区中开展工作的各个国际组织已经开始对保护这个广阔地区稀少但很重要的早期人类活动证据所面临的挑战进行回应。虽然大部分工作还没有完成，但重要的第一步——了解并记录极地地区历史遗址的证据——已经开始了，也涌现出了擅长在这些极端气候条件下进行工作的团体和专家。这些进展在恰到好处的时候出现了，这为北极地区带来了不断增长的商业兴趣，并且最近也得到了气候变化将会对其产生影响的科学结论。

极地地区的特殊挑战

▲图17-109　极地地区中会侵蚀建筑材料和其他物品的严苛气候条件是很难——如果不是不可能——控制的。虽然冰点以下温度的相对稳定性是保护有机材料的理想环境，但其他环境问题会对建筑和物品带来风险，例如风力驱动的冰雪对木制和其他脆弱表面造成的侵蚀、金属的腐蚀以及生物生长等。这些病理学问题会给长期存在的建筑材料和系统带来严重的威胁，虽然这些建筑最初都是被按照短期使用而设计的。极地地区处于危险之中的重要遗产中最为显著的一个是罗伯特·法尔孔·斯科特船长的探险基地（如图所示），这是他参加1910—1913年英国南极洲探险时为对位于南极洲埃文斯角的南极点进行尝试时修建的（照片由南极洲遗产信托提供，并且版权归其所有，http://www.nzaht.org/AHT）。

▲图17-110　极地地区文化遗产场所的控制和监管的缺乏——尤其是偶尔出现的故意毁坏文物行为和盗窃行为相关的——可能成为一个问题。这些遗址的遥远性使得它们容易遭受救援人员和纪念品猎人的破坏。每年差不多有4000名游客会造访这些越来越受欢迎的南极洲遗址目的地，也就是各个探险家的小木屋以及营地。部分探险小屋在南极洲中所面临的另一个（并且多少有点令人感到惊讶的）威胁则源于它们成为了海鸟和企鹅的栖息场所，海鸟粪会在对解读整个遗址非常重要的外屋中造成保护问题。恩斯特·沙克尔顿建造于罗德斯角的探险小屋的狗房和储藏建筑区域（如图所示）就诠释了这个问题，虽然这个问题在挪威探险家卡斯滕·博克格雷温克的探险小屋中更加紧迫，后者被认为在1895年完成了人类在南极洲的首次登陆。

▲**图17-111　海平面变化会影响某些处于南极洲低洼地区的特定原住民定居点。**几百年来一直作为鲸鱼加工场的赫西尔岛（如图所示）如今面临着不复存在的威胁，这是由于这个区域不断后退的海岸线所造成的。北极洲原住民的传统生活方式同样面临许多挑战，其中绝大多数都要涉及机械化。虽然非常容易理解阿留申人和因纽特人猎人和群体如何可以快速地适应雪上摩托车、预先制造的建筑材料、汽艇和现代捕猎工具来替代他们传统的住所和生存方式，但每种技术的采用都伴随着留存下来的遗产模式的改变（照片由育空政府的M·D·欧尼克提供）。

►**图17-112和图17-113**　许多年来，其国境延伸至这两个地区的各个国家都**进行了系统性清查、分析和规划来保护著名的极地地区文化遗产场所。**这些行动是由专家在其自身所在国的国家遗产框架中进行组织的，这代表了极地地区文化遗产保护中重要的第一步。ICOMOS在2000年11月成立了极地地区遗产国际委员会（IPHC）来建立一个专家网络，并促进涉及极地地区保护技术和实践的想法和信息的交流。IPHC——从2008年改名为北极理事会——的一个重要行动就是对具有国际重要性的遗迹场所进行了环北极地区性分析。IPHC同时还与有关当局合作来增强重要遗迹的文化遗产保护工作，例如位于北极洲或者南极洲国际公地中的大本营、石堆纪念碑遗迹纪念碑。本页所示即为其中两个案例，分别是位于斯瓦尔巴群岛——属于挪威的北极群岛——的20世纪早期捕猎者的小屋以及搁浅于加拿大北部剑桥湾的罗阿尔德·阿蒙森的莫德号轮船。这个小屋遗址是挪威的国家性文物，但同时也是其现在所在位置的历史的一部分，因此它也增加了这个区域的旅游业潜力（照片由摄影师苏珊·巴尔提供）。

►**图17-114** 对于**保存极地地区自然和文化遗产的兴趣**已经得到增长，这是与最近几年中对气候变化不断增多的科学调查和日益扩大的关注息息相关的。现在已经开展的少量建筑和其他文化遗产保护项目已经成为其他人参照的典范。通过其旨在对沙克尔顿、斯科特和博克格雷温克等人的探险小屋进行保存的罗斯海遗产修复项目，新西兰的南极洲遗产信托在极地地区遗产保护方面发挥了领导作用。凭借从其姐妹组织——英国南极洲遗产信托——和国际社会中得到资助，恩斯特·沙克尔顿在罗德斯角的探险小屋最近已经完成了结构稳固和防水性处理，同时还完成了对4500件人工制品的保护工作。信托代理人现在整年都在南极洲工作，并承担了保存斯科特船长1910年在埃文斯角建造的大本营（如图所示）的任务。在过去的五年中，这些建筑经历了史无前例的气候条件，由于合成结构损伤的存在（参见图17-109），这些建筑确实面临着消失的危险。育空地区历史和博物馆联合会对位于加拿大最南端并且作为鲸鱼加工场已经长达几个世纪历史之久的赫西尔岛（参见图17-111）的文件记录工作表明没有任何迁移其居民的计划，虽然其海岸线正在后退，但在其消失之前只会进行记录。所有上述三个遗址场所都已经被列入“100个最可能消失的地点的监管清单™”之中（照片由南极洲遗产信托提供并且版区归其所用，http://nazht.org/AHT/）。

注 释

1. UNESCO or ICOMOS are in the best position to produce such a detailed country-by-country survey of the status of heritage conservation in the world. A step in this direction was begun by US/ICOMOS in the 1970s, through its sponsorship of national reports for France, Poland, and the Netherlands, Turkey, and other countries. Since 1999, members among the leadership of ICOMOS international have admirably attempted a version of this through its Heritage @ Risk program, resulting in biennial status reports on heritage thought to be in danger—with candid mention of the reasons for the threats—on a country-by-country basis. A somewhat similar initiative was completed under the leadership of Arlene Fleming, heritage conservation consultant for the World Bank, who led an effort at compiling a database of useful heritage conservation contacts, legislation, administrative structures, and other information for countries the World Bank serves.
2. The author thanks the World Monuments Fund for its support. As one of its senior staff members since 1990, I have gained a knowledge of international architectural conservation practice without which this book could not have been written. Opinions found within this book are mine and should not necessarily be viewed as those of the World Monuments Fund organization. Five additional volumes were drafted as part of the present Time Honored: A Global View of Architectural Conservation project; these are more specific about the roles of, solutions to, and challenges in architectural conservation around the world. Additional information of this kind, though usually from more specialized perspectives, can be found in the publications and Web sites of organizations like the United Nations Educational, Scientific and Cultural Organization (UNESCO), the International Council on Monuments and Sites (ICOMOS), Europa Nostra, the Getty Conservation Institute, the World Monuments Fund, the newly established Global Heritage Fund, and a plethora of national heritage publications. (See also Appendices B and C.)
3. Council of Europe, "European Cultural Convention," Paris, open for signature on December 12, 1954, and entered into force on May 5, 1955, Council of Europe, http://conventions.coe.int/Treaty/EN/Treaties/Html/018.htm.
4. Council of Europe, "Convention for the Protection of the Architectural Heritage of Europe," Granada, open for signature on October 3, 1985, and entered into force on December 1, 1987, Council of Europe, http://conventions.coe.int/treaty/en/Treaties/Html/121.htm; and Council of Europe, "European Convention on the Protection of the Archaeological Heritage (Revised)," Valletta, Malta, open for signature on January 16, 1992, and entered into force on May 5, 1995, Council of Europe, http://conventions.coe.int/Treaty/en/Treaties/Html/143.htm.
5. Europa Nostra, "About Europa Nostra," Europa Nostra, http://www.europanostra.org/lang_en/index.html.
6. Colonizing countries also left behind their own contributions to Africa's built heritage, from slave-trading forts on the continent's west coast to plantation estates in the east. Today's African governments must make difficult decisions about these painful physical reminders of past oppression, and limited budgets seldom make room for these sites.
7. Webber Ndoro, "Traditional and Customary Heritage Systems: Nostalgia or Reality? The Implications of Managing Heritage Sites in Africa," in Linking Universal and Local Values: Managing a Sustainable Future for World Heritage, ed. Eléonore de Merode, Rieks Smeets, and Carol Westrik, World Heritage Papers no. 13, conference proceedings, Amsterdam, May 22–24, 2003 (Paris: UNESCO World Heritage Centre, 2004), 81.
8. Ibid.
9. ICCROM, "Africa 2009," ICCROM, November 21, 2007, http://www.iccrom.org/eng/prog_en/04africa2009_en.shtml.

10. Dawson Munjeri, "Anchoring African Cultural and Natural Heritage: The Significance of Local Community Awareness in the Context of Capacity-Building," in de Merode et al., Linking Universal and Local Values, 79.
11. O. P. Jain, "The Practical Experience in Implementing Conservation Objectives" (paper delivered at the WMF Conference "Heritage Conservation: New Alliances for Past, Present and Future," Colombo, Sri Lanka, July 28, 2004).
12. Ibid.
13. Gamini Wijesuriya, "'Livingness' in Asian Contexts and Attitudes Towards the Past: Alliances Within" (paper delivered at the WMF Conference "Heritage Conservation: New Alliances for Past, Present and Future," Colombo, Sri Lanka, July 28, 2004); and "Northern Areas Conservation Strategy: Background Paper on Cultural Heritage and Sustainable Tourism," IUCN Pakistan, October 2001, 16.
14. Junko Goto and Arnold R. Alanen, "The Conservation of Historic and Cultural Resources in Rural Japan," Landscape Journal 6, no. 1 (1987): 45.
15. Japan has provided technical and management expertise to foreign countries and has demonstrated its role as a leader in conservation theory as well, due in large part to the 1995 Nara Document on Authenticity. This document codified several non-Western conservation approaches by stressing intangible heritage, the roles of craft traditions, and how diversity and respect for conflicting heritage values should be accommodated.
16. UNESCO World Bank, China-Cultural Heritage Management and Urban Development: Challenge and Opportunity, conference proceedings, Beijing, July 5–7, 2000, World Bank, http://www.worldbank.org.cn/Chinese/content/culture.pdf.
17. "Conservation and Management Principles for Cultural Heritage Sites in China," Getty Conservation Institute, http://www.getty.edu/conservation/field_projects/china/.
18. William Chapman, "Asia and the Pacific: A Big Area to Cover!" in "Preservation in the Pacific Basin," special issue, CRM (Cultural Resource Management) 19, no. 3 (1996): 4.
19. The struggle by Australia's heritage conservation community has yet to be completely won. Some of the country's greatest heritage of all—the large field of aboriginal rock carvings and paintings at Dampier on the Burrup Peninsula—is threatened by industrial development, including harmful air pollution. (See Figures 17-80 and 17-81.) Further details may be found in Robert G. Bednarik's recent publications, Australian Apocalypse: The Story of Australia's Greatest Cultural Monument (Melbourne, Australia: Australian Rock Art Research Association, 2006); and "The Science of Dampier Rock Art—Part 1," Rock Art Research 24, no. 2 (November 2007): 209–46.
20. "The Australia ICOMOS Charter for the Conservation of Places of Cultural Significance (the Burra Charter)," adopted at Burra, Australia, August 19, 1979, with many subsequent revisions.
21. ICOMOS New Zealand, "Charter for the Conservation of Places of Cultural Heritage Value," adopted in New Zealand, October 4, 1992; and Dinah Holman, "Local Planning and Conservation Charters," Planning Quarterly, no. 100 (1990): 22.
22. Stephen Rainbow, "A National Tragedy," New Zealand Historic Places, no. 64 (1997): 9.
23. Dirk H. R. Spennemann and Neal Putt, "Heritage Management and Interpretation in the Pacific," in Cultural Interpretation of Heritage Sites in the Pacific, ed. Dirk H. R. Spennemann and Neal Putt (Suva, Fiji: Pacific Islands Museums Association, 2001).
24. Chapman, "Asia and the Pacific," 4.
25. Felicia R. Beardsley, "Jungle Warfare 2000," in "Pacific Preservation," special issue, CRM (Cultural Resource Management) 24, no. 1 (2001).
26. Richard Williamson, "The Challenges of Survey and Site Preservation in the Republic of the

Marshall Islands," in "Pacific Preservation," special issue, CRM (Cultural Resource Management) 24, no. 1 (2001).

27. ICOMOS Canada, "H@R!: Heritage at Risk; National Reports, Canada," ICOMOS, http://www.international.icomos.org/risk/canad_2000.htm.
28. Heritage Canada, Towards a New Act: Protecting Canada's Historic Places (Ottawa: Minister of Public Works and Government Services, Department of Canadian Heritage, 2002), 2.
29. ICOMOS Canada, "Canada: Heritage at Risk! 2001-2002" (ICOMOS: 2001), (http://www.international.icomos.org/risk/ 2001/cana2001.htm).
30. National Trust for Historic Preservation, "About the National Trust for Historic Preservation," National Trust for Historic Preservation, http://www.nationaltrust.org/about/.
31. "Launch meeting: LATAM—Conservation of Cultural Heritage in Latin America and the Caribbean Programme (2008–2019)."
32. LATAM phase one info, see http://www.iccrom.org/eng/news_en/2008_en/events_en/07_30 meetinglatamCOL_en.shtml.
33. Susan Barr and Paul Chaplin, "H@R 2001–2002: Polar Heritage," ICOMOS, http://www.international. icomos.org/risk/2001/polar2001.htm.
34. For example, in Canada, the Yukon government has taken the initiative to preserve the decaying remains of the region's built heritage and to attract tourists. The Department of Tourism and Culture has listed a number of historically significant buildings and archaeological sites that require protection under its Historic Sites program.
35. International Polar Heritage Committee, "Historic Sites and Monuments in Antarctica," International Polar Heritage Committee, http://www.polarheritage.com/index.cfm/sitelist01up.

都灵的里沃利城堡，其中的Manica Luonga被适应性地用作图灵现代艺术博物馆（安德里亚·布鲁诺，建筑师）。

第 18 章

历史的未来

迎接挑战并且超越

文化遗产保护——尤其是建筑保护——领域的长期演化的最佳描述应当是与巨大不利、人类和自然的各种行动以及偶尔出现的具有破坏性的经济和社会性趋势之间的斗争。对这个领域的领导者来说，这是一场通过案例展示工作方式的永恒斗争，而这又是通过为那些毫无防备能力的人类艺术作品所做的无数工作而实现的。但这些塑造了今天的建筑环境保护的工作始终都是不完美的，同时一路走来也遭遇到了悲剧的结果以及巨大的挫败。

政府和国际组织日益增强的作用反映了建筑保护不再只是一个品位的问题，而已经成为了一种基本社会责任的表现。同样的，可以很肯定的认为公众对于这个课题的兴趣——以及要求更加适宜的处理文化遗产的诉求——也是深入人心了的。虽然认为更老就是更好的态度——主要是受到19世纪的古文物收藏家和激进主义分子所拥护——并不是一种在今天会被频繁提及的理念，但认为更老的物品肯定是稀有的，并且值得对其注意和保护的态度却比以往更加盛行。[1]

建筑保护领域的成熟——尤其是在过去的20年间——已经形成了一个由具有类似观念的个人组成的全球性群体，并且他们对于前面存在的挑战以及处理它们的最佳措施方面有着令人惊讶的一致观点。随着全世界各地的人们都在追寻他们所处环境中的意义和稳定性，并且对其进行保护的兴趣越来越大，所以文化遗产保护及其所有相关问题在这个几乎覆盖到所有地方的增长性行业之中都已经非常稳固。

对历史的广泛兴趣则对现在产生了很大影响。全球化为地域性文化差异带来了威胁；快速的现代化和发展正在以让人担心的速度改变着实体环境；对未知未来的理解能让历史感到安慰。这些和其他因素结合在一起对文化遗产在20世纪中的支配地位起到了鼓励作用，尤其是在最近几十年中。随着变化的动态在不断增长，并且这个世界看起来每隔一年就会变得更小，大卫•洛温塔尔的话语看起来也越来越正确："回家、回想风景、更新记忆以及回顾遗产的需要是普遍的，也是必要的。"[2]

随着对有组织的文化遗产保护的兴趣在全世界范围内的传播和发展，其前景也是可以被看见的。保护并重新展示具有真实性的国家文化遗产实例的大型活动在许多地方都获得了新的推动力，例如在俄罗斯和其他东欧国家，它是从之前不甚支持的政治意识形态中新出现的；正在经历快速实体和社会变革的诸多国家，比如中国；以及那些正在从国内冲突中恢复过来的国家，比如柬埔寨、阿富汗以及组成前南斯拉夫的各个国家。文化遗产已经成为那些正在为经济一体化而努力的国家和地区开展工作的一个重要途径，例如欧盟诸国以及东南亚国家联盟（东盟，ASEAN）各个成员国。撒哈拉沙漠以南的非洲地区以及中亚地区那些最近没有发生太多动乱的发展中国家，在提高遗产保护实践方面的缓慢但确实存在的努力仍然面临着巨大的挑战。伊拉克和巴基斯坦地区这些持续发生的冲突并且存在优先权差异的地方中，首要问题是防止保护行动不会被其他行动所取缔。但保护重要文化遗产场所的世界性意识和兴趣却在最近的紧张局势和冲突行为造成的令人痛心的破坏时间中得到再次激发，例如阿富汗的巴米扬大佛、印度的阿约提亚以及整个前南斯拉夫地区。

尽管取得了一些成功，绝大多数国家中的建筑遗产保护仍然面临着极为艰巨的工作，而来自自然和人类的威胁以及受过培训的专家和必要资金的普遍匮乏，都会使这些工作变得更加复杂。历史建筑和遗迹场所——不论是单个实体或者复合体的一部分——每天都在消失，这是绝大多数建筑材料不可避免的腐朽过程的必然结果。地球上没有任何场所可以免遭这些威胁：在过去的几年中，诸如布拉格和德国德累斯顿这些欧洲历史古城都遭受了洪水的侵袭；地震将伊朗巴姆的历史古镇夷为平地；巨型海啸摧毁了南亚和东南亚许多国家的生命和文化遗产；而飓风和洪水则毁坏了路易斯安那州的新奥尔良。

远胜于这些自然灾害的威胁则是人类对他们所处的实体环境造成的压力。虽然现在的都市和城镇规划和当代建筑实践在将历史建筑整合在新设计之中的敏感性方面远胜过去，但其造成的损失依然非常巨大。但不幸的是，在世界许多地方，精心规划的土地开发和建筑并未被实施，相反则是在城市和郊区中出现了无数的单独的、未经规划并且通常都是违法的建筑项目，这给建筑和自然环境都造成了巨大的威胁。

自从威尼斯宪章于1964年颁布之后，许多年都未再通过任何一部对建筑遗产及其保护的诸多方面进行探索的新宣言。虽然它们看起来都是类似的，但其绝大多数对于这个领域来说都还是具有其重要的原创性贡献。它们的累积效应促进了许多问题和观点之间的对话。专家会议（各个专家通常能够达成一致并明确具体解决方案的整体规划会议）以及大型会议——例如ICOMOS于2005年在中国西安举行的第15届双年会——变得越来越有效率，并且对这个领域产生了积极的影响。[3]由于许多这种会议产生的原则声明以及最近制定的章程的众多性，使得注意这个动态的遗产保护领域的动向成为了一个看不到终点的工作，但它也反映了其重要性和多面性的特点（同时参见第15章中"国际会议和宣言：进展里程碑"以及附录C部分的内容）。

尽管存在着这些挑战，但这个领域已经从一些不同寻常的优势中获益，并且目前也能看见一些重要并且有希望的发展。对其实用性价值的广泛认可，以及对其代表的原因的更加广泛的同情，是这些因素中最为重要的，而所有这些因素都能够提高在未来拥有更多资源——以及建筑保护实例——的可能性。

有这方面需要的群体可以向国际遗产保护组织和其他专家寻求帮助，这同样具有巨大价值。从冷战结束之后开始，那些关注遗产保护的政府和非政府组织（NGO）在世界各地尝试提供帮助方面几乎已经不存在任何地缘政治学障碍。（当然，在各个历史遗产的政府管辖部门和法律所有者的邀请下参与的，并且关于明确工作程序和其他责任的协议必须在任何深入规划或者实施开展之前就签订。）这种史无前例的接触和通畅，加上这个领域的因果关系和以解决方案为导向的本质，从而以各种不同的方式对国际遗产项目起到了推动作用。这涉及技术和经济合伙领域中越来越精细的合作方法，这反过来可以让参与的组织和政府之间实现各自优势和能力的互补。

从20世纪90年代早期开始，世界银行及其许多附属机构就为构造使文化成为国际援助的重要目标的国际性思维做出了巨大努力。联合国教科文组织（UNESCO）以及从事遗产保护的其他国际组织已经明确注意到并以新的方式将文化遗产当作一个能够同时促进经济可持续性和责任性发展的工具在使用。

遗产保护方面的双边和多边政府间倡议的数量也有了大幅增加。构建良好并且得到国家资助的机构——例如法国亚洲研究学院——依然在柬埔寨和印度开展他们的研究和保护工作，国际合作已经扩大并将许多参与者包括进来，印度政府在柬埔寨的吴哥窟非常活跃，土耳其在前南斯拉夫巨变之后对巴尔干半岛各国都提供了援助，波兰那些得到政府资助的工作室对埃及和越南重要历史遗迹场所的保护提供了帮助；沙特阿拉伯则对整个伊斯兰世界的保护项目提供了资助（参见第15章和第16章）。

来自美国的美国运通公司、塞缪尔•H•克雷斯基金会和盖提保护研究中心以及位于英格兰、葡萄牙、墨西哥、印度、日本、项目和其他地方的其他私人和公司基金会已经为全世界各地的建筑保护项目提供了急需的资金。这个名单中还可以加上那一长串慷慨的私人赞助者。在世界范围内从事遗产保护方面工作的数千个非营利组织——不论大型还是小型——也反映出了一种广泛传播的认识，那就是政府需求与可行的当地资源之间的缺口是需要进行弥补的。处于这些情况的中心位置的始终是那些其作用通常未被认可但又不应该被忽视的个人。他们是团体领导者和倡议者、政府官员及其员工、文物监护人、教师、建筑师、工程师以及特别顾问，此外还有在项目中工作的手工艺人和工人，因为他们才是这个领域的骨干。

文化遗产保护的管理政策和程序方面的不断发展以及新出现的文件记录和保护技术已经在最近几年中极大地提高了世界范围内的保护实践，并且很有可能在后续的工作中取得更多的发展。电脑化库存管理和数据库的可达性以及它们使用的便捷性使得信息正在以几十年前根本无法相信的规模和速度进行交换。

建筑保护专业的学位课程、由国际文化遗产保护和修复研究中心（ICCROM）等机构提供的短期培训、许多大学级别的其他教育机会以及国际古迹与遗迹理事会（ICOMOS）提供的那些国际性实习课程，它们让从业者的经验、专业技术和专业知识都得到极大的提升。考古和建筑历史的同属领域将保护作为它们工作中的重要部分，同时在许多地方都在挖掘、教育、研究和保护工作方面形成了令人印象深刻的结合，例如位于陶力克-克森尼索的古希腊人殖民地遗址，德克萨斯大学在乌克兰塞瓦斯托波尔开展的工作，德国海德堡大学在蒙古对成吉思汗位于哈拉和林的旧都开展的工作，以及英国布拉福德大学在庞贝古城的工作。另外，有更多的建筑和都市规划学派已经开始在其课程之中增设了历史背景、都市重建以及建筑保护方面的课程。同样地，对文物和遗迹保护至少提供补救性的指导也成为现代考古学中几乎所有研究生课程中的一部分。

在处理这个领域的不足方面也已经迈出了重要的脚步，例如缺乏具有更加平衡的世界代表性的世界文化遗产地清单。这些差异在很大程度上是由于缺乏理解所造成的，因而需要对UNESCO章程中表述的观点进行加强，那就是“对其他文化的忽视是造成冲突的根源”。[4]最近对遗产可能分类——UNESCO应该关注并保护的遗产——的扩充已经起到了作用。在之前的时候，遗迹要么是被划分为文化或自然类；而现在，一种“混合型”分类也是得到认可的，因为某些文化并不存在这两者之间的差别。UNESCO和ICOMOS在平衡世界文化遗产地清单方面做出了很好的努力，它们通过增加新的成员国并资助更多样的专业会议和活动，从而将更多场所的更多遗迹一并包括进来。同时，许多主要的NGO在最近几年中已经达到了一个非常高的专业程度，例如世界文化遗产基金会、盖提保护研究中心以及阿迦汗文化遗产信托。虽然它们的运作方法可能有所差异，但每个组织的主要目标都是为了提高对保护建筑及相关文化遗产的重要性的全球性意识。这些组织以及在遗产保护领域中的其他声音中反映出来的同一信息的强化在展示可能性和赢得公众支持方面起到了很好的作用。

向前走

到2020年的时候，预计地球陆地表面的70%都会以这种或者那种方式为人类需要提供服务，其中的绝大多数将被用于建造环境。到2025年的时候，全球人口预计会达到80亿。这些引人注目的数据表明尽管建筑保护到目前为止取得了一定的成功，但发展和开发的压力也只会随之增加。因此，保护全球文化遗产是一项得不到喘息之机的努力。为了确保对现有的得到认可的文化遗迹场所进行持续保护，持续的警惕以及新的解决方案和倡议都是必需的。将这种保护延伸至更多的遗迹场所则是一个主要挑战。

未来，国际机构在提倡文化遗产保护政策以及提供信息、资金和获得专业知识方面将会继续起到重要作用。但是，为了防止冗余，必须在更好的进行协调工作方面应当取得进步。

扶贫工作应当包括对来自贫困和边缘化群体的文化遗产的保护提供支持，这样才可以增强他们的自尊，并赋予他们负责改善他们自有环境的权力。这些穷困地区的遗产尤其容易受到大规模开发项目的威胁，因为这些项目通常会造成替换——更糟的情况则是会进一步破坏它们的价值和完整性。遗产保护应当被更多的开发项目所顾忌，因为对建筑遗产进行的修复和适当维护不仅可以竖立当地居民的自信心和自豪感，而且还可以对可持续性的旅游业提供鼓励，并收获其经济效应。

可能会提供帮助的一些想法[5]

1. 限制新的土地开发，直到现在已经开发（建造）的区域得到更有效的使用。更加全面地认识到“精明增长”的价值，尤其是与建筑遗产优化处理和保护相关的方面。
2. 在更多的国家中为保护建筑遗产而提供额外的税款减免，以及政府提供的其他经济激励政策。
3. 通过更加广泛的“绿色设计”规划来降低能源消耗，例如减少人们在他们居住场所和工作场所之间必须行驶距离。
4. 确保所有接受过建筑、规划和房地产开发培训的人员以及与政府政策管理相关的人员至少要接受建筑遗产保护的基础入门课程。
5. 按照美国国家信托的“主要街道”项目以及西班牙和拉丁美洲旨在进行遗迹场所优化处理和保护的escuela taller系统来制定额外的清理、修复和城市改良规划。
6. 培养、记录并歌颂可持续性文化遗产保护方面的当地发明。
7. 奖励在遗产保护方面有杰出著作的作家和媒体。
8. 在小学层面开始教授更加全面的遗产意识。
9. 支持ICOMOS的工作，为文化遗产建立一个全球性的观察站，这个观察站能够记录并分享有关文化遗产的破坏为什么以及如何发生的、保护又是如何实现的，以及遗产保护与世界文化的相关性是什么等方面的知识。[6]
10. 确保新建建筑能够适应气候并且是根据后续的实体适应性进行规划和设计的。
11. 为文化遗产保护领域建立更加广泛的文献库。
12. 认识到军事行动在世界范围内的开销，并尝试削减它，将节约资金中的大部分用于建筑环境和文化遗产保护的优化处理之中。
13. 提高全球金融实体和其他重要财政机构在历史都市基础设施改善项目及其相关建筑保护领域的参与程度。

新的技术方案也应当被开发出来，以减轻大众旅游对广受欢迎的遗迹场所造成的危害效应。诸如拉斯科洞窟壁画替代品这类复制品的建造并不是始终可能或者令人满意的；因此，雅典卫城、国王谷各个陵墓以及吴哥窟等地的游客就应当受到限制，以更好地控制，因为过度使用已经对这些历史资源的实体完整性造成了威胁。另外，在某些情况中应当采取特殊措施来防止历史遗迹在缺乏它们当地生活和特点的空洞情况下经营。

不是所有值得进行保护的项目在经济上都是可行的。许多人认为政府必须更多地介入到对其国家遗产的保护之中，虽然在这种介入应当以哪种形式完成并且应当介入到哪种程度等方面存在着许多不同的选择。现在已经越来越清楚，这个世界对主动性和投资的依赖性是越来越重。当重建和复兴的成本也作为一个因素介入其中的时候，通常都需要这种或者那种形式的政府资助。因此，如果要确保文化遗产保护是年度预算的一个项目，那么在土地使用规划、建筑条例以及设计准则等方面的国家性环境行动规划以及法律和管理机制就是必要的。反过来，遗产保护管理机构的规划者也必须确保所有建筑类型、群体以及历史主题都应当在建筑环境的保存过程中得到处理，即使可能会涉及“苦难”历史，例如悲剧和失败。

在教育中，文化遗产是一个自我强化的组分。通过教育对其价值进行交流——从学龄儿童开始并包括社会的所有阶层——可能是群体可以为其未来进行的最佳投资。这一点可以通过学校组织的遗迹参观、教育材料、在绘画和摄影课程中进行以遗产为中心的规划，以及通过诸如互联网这类的电子媒体来提供相关知识等形式来实现。正如之前一样，针对文化遗产保护——包括建筑保护在内——的最具创新性的观点和解决方案中的绝大多数都是源自对其感兴趣的当地业余爱好者、志愿者和积极分子之中。这一点非常合乎道理：那些想要创造建筑环境和生活方式的个人才是首先会去寻求对其进行保护的人。

随着文化遗产保护运动面向未来，它的许多目的——尤其是那些能够确保连续性并将重要实例作为历史的灵感来源而进行保存的目的——也应当保持无限期的可行。考虑到那些处于危险之中的所有遗产以及这个领域迄今为止取得的成就，未来文化遗产保护主义者应当努力去接受这些挑战，这是毋庸置疑的。

相关阅读

Ashworth, G. J. and J. E.Turnbridge, eds. Building a New Heritage: Tourism, Culture and Identity in the New Europe. London: Routledge, 1994.

Barnett, Jonathan, ed. Smart Growth in a Changing World. Washington, DC: APA Planners Press, 2007.

Bednarik, Robert G, Australian Apocallypse: The Story of Australia's Greatest Cultural Monument Occasional AURA Publication 14, Melbourne: Australian Rock Art Research Association, 2006). "The Science of Dampier Rock Art"—Part 1, Rock Art Research 24 (2) 2007: 209–246.

Brandon, Peter, and Patrizia Lombardi. Evaluating Sustainable Development in the Built Environment. Oxford: Blackwell Publishing, 2005.

Cunningham, Storm. The Restoration Economy: The Greatest New Growth Frontier. San Francisco: Berrett-Koehler, 2002.

Cuno, James. Who Owns Antiquity? Museums and the Battle Over Our Ancient Heritage. Princeton, NJ: Princeton University Press, 2008.

Feifer, Maxine. Tourism in History: From Imperial Rome to the Present. New York: Stein and Day, 1985.

Feilden, Bernard M., and Jukka Jokilehto. Management Guidelines for World Cultural Heritage Sites. 2nd ed. Rome: ICCROM, 1998.

Fladmark, J. M., ed. Cultural Tourism. Papers presented at the Robert Gordon University Heritage Conference, 1994. Shaftesbury, UK: Donhead, 2000.

Fladmark, Magnus, ed., Cultural Tourism. Donhead, St. Mary: Donhead Publishing, 1994.

Fowler, Peter J. "Archaeology, the Public and the Sense of the Past," in Our Past Before Us: Why Do We Save It? Edited by David Lowenthal and Marcus Binney. London: Temple Smith, 1981.

Herbert, D. T., ed. Heritage, Tourism and Society. London: Mansell, 1995.

Hewison, Robert. The Heritage Industry: Britain in a Climate of Decline. London: Methuen, 1987.

Hoffman, Barbara. Art and Cultural Heritage: Law, Policy, and Practice. Cambridge: Cambridge University Press, 2005).

ICCROM Conservation Studies 3 (2005). Stovel, H. Stanley-Price, N., Killick, R.,eds. Conserving Religious Heritage, papers from the ICCROM Forum on "Living religious heritage: conserving the sacred," held in Rome on 20–22 October 2003.

Joffroy, Thierry, ed. Traditional Conservation Practices in Africa. ICCROM Conservation Studies 2. Rome: ICCROM, 2005.

Jokilehto, Jukka. "A Century of Architectural Conservation." Journal of Architectural Conservation, no. 3 (November 1999): 14–33.

Lowenthal, David. The Heritage Crusade and the Spoils of History. Cambridge: Cambridge University Press, 1998.

MacDonald, S, ed. Preserving Post-War Heritage: The Care and Conservation of Modern Architecture. Shaftsbury: Donhead, 2001.

Quaedvlieg-Mihailovi´c, Sneška, and Rupert Graf Strachwitz, eds. Heritage and the Building of Europe. Berlin: Maecenata, 2004.

Prudon, Theodore H. M. Preservation of Modern Architecture. Hoboken NJ: John Wiley & Sons, 2008.

Serageldin, Ismail, and Joan Martin-Brown, eds. Culture in Sustainable Development: Investing in Cultural and Natural Endowments: Proceedings of the Conference on Culture in Sustainable Developments, World Bank, Washington, DC: 28–29, 1998. Washington, DC: World Bank, 1999.

Serageldin, Ismail, Ephim Shluger, and Joan Martin-Brown, eds. Historic Cities and Sacred Sites: Cultural Roots for Urban Frontiers. Washington, DC: World Bank, 2001.

Stille, Alexander. The Future of the Past. New York: Farrar, Straus and Giroux, 2002.

Teutonico, Jeanne Marie, and Frank Matero, eds. Managing Change: Sustainable Approaches to the Conservation of the Built Environment. Los Angeles: Getty Conservation Institute, 2003.

Towse, Ruth, ed. A Handbook on Cultural Economics. Northampton, MA: Edward Elgar, 2003.

UNESCO. Final Act of the Intergovernmental Conference on the Protection of Cultural Property in the Event of Armed Conflict. Conference held at The Hague in 1954.

UNESCO. http://unesdoc.unesco.org/images/0008/000824/082464mb.pdf. Legislation that serves as the basis for all subsequent discussion on cultural heritage protection prior to and during times of conflict.

World Commission on Environment and Development. Our Common Future (The Bruntland Report). Oxford: Oxford University Press, 1987.

注 释

1. Pierce, Conservation Today, 232.
2. Lowenthal and Binney, Our Past Before Us, 236.
3. Over one thousand delegates from around the world attended the five-day ICOMOS Fifteenth General Assembly and Scientific Symposium in Xi'an, China, which offered hundreds of scholarly and specialist presentations and numerous specialty optional study tours. The proceedings were immediately published on the World Wide Web, a resolution addressing development around heritage was passed, and a regional outpost for ICOMOS in Asia was launched.
4. W. Brown Morton, III, "What Do We Preserve and Why?"167.
5. See also illustrations of "Promising Developments" in the region by region summary coverage of "Special Challenges" and "Promising Developments" throughout the world. (Chapter 17).
6. A proposal made in 2005 by architect Dinu Bumbaru, vice president of ICOMOS International.

附 录 A

国际建筑保护实践中使用的命名法

一些关键术语

从18世纪开始，建筑保护从业者使用的术语就一直在演变，因为这个主题已经从一种基础兴趣发展成为一门学科，并最终成为今天的这种多层面专业。由于其希腊语和拉丁语的词根，许多被广泛使用的术语第一眼看上去就有明显的意义。但是，依然需要谨慎对待才能完全理解它们的含义（或者多个含义），因为一个准确的定义通常包含了细微差别。

翻译又为建筑遗产保护的专业术语增加了另外的微妙区别。在过去几十年中，随着遗迹保护已经超越了政治边界变成一个全球性的事务，在全球各个不同地区工作的专家使用的术语被快速采用，创造出了今天在国际建筑遗产保护实践中使用的极为统一的术语。这种词汇表由于不同文化贡献的术语而被大大丰富。于是，建筑保护领域的从业者就有大量的词语可供使用，这些词语既可反映这个领域显著的多样性，还反映了其全球适应性。

联合国教科文组织（UNESCO）、国际古迹遗址理事会（ICOMOS）、国际博物馆协会（ICOM）以及与它们并肩作战的其他重要的遗产保护倡议团体发表的各个国际章程和宣言，在让这个领域的术语保持一致方面做出了巨大的贡献。因此，查找这些组织使用的具有代表性的有效术语的最佳资源就是它们发布的作品。其他富有成果的资源则在更具影响力和更详细的各个章程之中，例如ICOMOS澳大利亚分会的《巴拉宪章》、ICOMOS新西兰分会的《保护具有文化遗产价值场所宪章（奥特亚罗瓦宪章）》以及《内务部考古和遗迹保护标准和指南》，而在线数据库则包括盖提文物保护中心的艺术品和建筑分类词汇汇编。

下面所列是在国际建筑保护实践中使用的一些已经确定了的重要术语及其来源——在可能的情况下。这个列表绝对不是全面的；例如，专业化的技术术语就被排除在这个术语表之外。在许多情况下，同一术语在不同的来源下的不同定义也被列举出来，这是为了展示一个术语在含义方面如何可以包含不同的细微差别。

来源和缩写

AKTC：阿迦汗文化信托基金。

BC：ICOMOS澳大利亚分会的《巴拉宪章》，巴拉，澳大利亚，1999年（以及其后的修订本）。

BMF：伯纳德•M•费尔登，《历史建筑保护》（伦敦：巴特沃斯科学出版社，1982年）。

DM：《现代法语-英语词典》（巴黎：拉鲁斯出版社，1960年）。

EP：埃里克•帕特里奇，出自：《现代英语简明词源词典》，第4版（纽约：麦克米伦出版社，1966年）。

G：盖提词汇项目，盖提文物保护中心。

HSG：D•贝尔，《苏格兰文物局国际保护宪章指南》（爱丁堡：苏格兰文物局，1997年）。

IIC-CG：国际保护协会—加拿大分会，加拿大文化遗产保护从业者保护实践职业道德规范和指南（渥太华，加拿大：IIC-CG，1985年）。

JJ：尤卡•尤基莱托，《建筑保护历史》（牛津：巴特沃斯-海涅曼出版社，1999年）。

JMF：詹姆斯•马斯顿•菲奇，《遗迹保护：建筑世界的监护人管理》（夏洛茨维尔，弗吉尼亚州：弗吉尼亚大学出版社，1990年）。

JS：詹姆斯•斯特赖克，《受到保护的建筑：历史遗迹的发展管理》（伦敦：劳特里奇出版社，1994年）。

MW：梅里安姆-韦伯斯特在线词典，http://www.merriam-webster.com/

NZ：ICOMOS新西兰分会的《保护具有文化遗产价值场所宪章（奥特亚罗瓦宪章）》，奥克兰，1992年。

RHUD：《兰登书屋大词典》，第2版。（纽约：兰登书屋出版社，1993年）。

SI：美国内务部考古和遗迹保护标准和指南。USPO，华盛顿特区。

VC：1964年威尼斯宪章，1965年被ICOMOS采用。

WM：威廉•J•穆塔夫，《保存时间：美国保护措施的历史和理论》（纽约：约翰•威利父子出版社，1997年）。

WP：马克•弗拉姆，《保存良好：安大略遗产基金会建筑保护实践和原理手册》（安大略省，加拿大：波士顿•米尔斯出版社，1988年）。

适应（adaptation）：对一个场所进行改造以使其适宜于现有用途和预计用途（BC）。

适应性使用（adaptive use）（同见改造（rehabilitation））：1.一种被改造以适应已经被改变的环境的形式或者结构（RH）。2.将一座建筑用于其原始建造用途之外的用途，例如一座工厂变成一座住房（在WM之后，213）。3.改造一个场所以使其适应预计的兼容性用途（艺术，1.9、1.10，BC；艺术，22，NZ）。

原物归位（anastylosis）（希腊语：ano，向上或者之上；stylo，柱体；stylosis：styloun的衍生词，意为使用柱子进行支撑；EP）：1.“通过重新组装掉落的部件以及——在必要的时候——嵌入新的材料对坍塌的纪念物或者建筑进行修复”（RH）。2.“使用其原始材料并按照其原始建造方法对一个纪念物进行的重建或者复原。这种方法允许谨慎并在有合理依据的情况下使用新材料来代替那些已经遗失的石块，而建筑如果缺失了这些石块的原始元素则无法被重新竖立起来（乔治•巴拉诺斯，雅典卫城的修复者，大约1932年）。”3.“对现存但又四分五裂的部件进行重组”（VC）。

考古遗产（archaeological heritage）：“物质遗产的一部分，其主要信息是通过考古方法实现的。它包含了人类存在的所有遗迹，它是由与所有人类活动表现相关的场所、遭到遗弃的建筑、所有类型（包括地下和水下场所）的残存物以及所有与它们相关的可移动文化物质组成的。”（国际文化遗产管理理事会[ICAHM]、考古遗迹保护和管理宪章[洛桑，1990年]）

建筑保护（architectural conservation）（同见保护、文物保护、保存、修复）：（拉丁语：servare，保持安全或者完整，保存）1.“照料一个场所从而使其保留其文化重要性的所有过程。它包括维护措施并可能根据环境采取保存、修复、重建和改建等措施，通常都是这些措施中一个或者多个的联合。”（艺术，1.4，BC；艺术，22，NZ）2.“基于未来的考虑而为文化遗产提供安全保障的所有行动。它的目的在于以最小的干预程度对物品在文化性方面具有的重要特性进行研究、记录、保存和修复。”（IIC-GC）3.文化遗产保护的一个主要目标是“维护和提高公民身份的表达和巩固所需的参考模式”（1987年彼得罗波利斯宪章）。4.“保护的目标是延长文化遗产的生命周期并——在可能的情况下——在不破坏真实性和含义的前提下阐明其中蕴含的艺术和历史信息”（HSG，24）。

建筑遗产（architectural heritage）（同见文化遗产、文化财产）：1.建筑群：因为它们的历史、艺术、科学、社会或者技术兴趣足够明确从而可以在地形学上界定单位的同一类的都市或者乡村建筑。2.“建筑遗产应当被认为包括下列永久性特征：i.纪念碑：具有显著历史、艺术、科学、社会或者技术利益的建筑和结构，包括它们的固定装置和配件；ii.场所：同时包括人类和自然作品，部分建造并且具有足够的特点、在地形学上能够进行界定、并且具有显著历史、建筑、艺术、科学、社会或者技术利益的同类区域。”（欧洲理事会，《欧洲建筑遗迹保护公约》，格拉纳达，1987年）。3.“欧洲的建筑遗产不仅是由我们最重要的纪念物组成的：它还包括我们所在城镇中的次要建筑以及处于自然或者人为环境中的特色村落……整个建筑群——即使它们不包含任何一个具有优秀品质的案例——都可能具有一种能够为其赋予一种艺术品的性质、将不同的时期和风格融合成一个和谐整体的氛围。这样的建筑类型也同样值得被保存……”（欧洲理事会，《欧洲建筑遗迹宪章》，阿姆斯特丹，1975年9月26日）

建筑价值（architectural value）：“保护了一座建筑可察觉的建筑价值的因素，例如以建筑外观的表现方式、不可替代的建造工艺、各个建筑构件，以及在它们的组合中体现的技巧、特定时期的建造特点，这些因素现在都已经永远消失了”（WP）。

联想（associations）：“存在于人和场所之间的特殊联系。人和一个场所之间的重要联想应该被尊重、保存并不应被遮掩。对这些联想进行解读、纪念和庆祝的机会应该被研究和使用”（BC）。

真实性（authentic）（同见原始性、原型）：（希腊语：authentikos，原始的、原发的；拉丁语：auctor，起源，权威）1.不是假的或者复制的；真正的、真实的；具有真实感并且不存在虚假或者歪曲（RH）。2.“‘真实性’意味着这个物品按照同时期风格进行制造，并不是复制品……‘这是一个真实的复制品’意味着这是一个准确的复制品，复制品的历史细节处理是正确的”（JS，138）。3.“原始是与复制相反的，真实是与虚假相反的，真正是与伪造相反的。真实性并不意味着与相同具有同样的意义。真实性是指独创的，仅有一个原始物。”（JJ，298）。4.在物质方面是真实的，其知名的源头和创始人同样如此。（《牛津简明英语词典》，HSG引用，22）。“必须小心，不要将‘真实性’和‘原始性’混为一谈：所有原始的构件都是真实的，但不是所有的真实构件都是原始的。移除添加物的修复和重建通常能够获得更大的美感或者‘时期’一致性，但代价是牺牲了这个场所存在感的真实性记录”（HSG，28）。

品牌化（branding）（同见文化商品化）：“遗产吸引力的整体形象就是它的名字、标识、内容、推广信息和地点的混合物。”（肯尼思•罗宾逊等人，“出售遗产产品”，《遗产管理手册》，理查德•哈里森编辑，[波斯顿：巴特沃斯-海因曼出版社，1994年]，382页）。品牌化将与一个历史资源或者机构相关的所有重要信息（谁？什么？哪里？）与推广信息联系在一起。品牌化被用于触发即刻认知（品牌认知）及其相关内容，这与产品非常类似。更相似的一点在于它可能被接受并最终赢得用户的赞扬或渴望。根据具体产品以及它联系形象的方式，它的推广方式有着很大的不同。

建筑（buildings）（有历史意义的）：“一座‘有历史意义的建筑’……具有建筑、美学、历史、文献、考古、经济、社会甚至政治和精神或者象征价值；但最为重要的价值始终都是情感上的，因为它是我们文化身份和连续性的象征；它是我们遗产的一部分”（BMF，1）。

建筑环境（built environment）：“人造结构、基础设施元素和关联空间及特征的集合”（G）。

文化商品化（commodification of culture）（或者历史）（同见品牌化）：当经济价值被赋予某些之前并未从经济方面进行考虑的事物时的行为；这种处理方式将事物视为可以交易的商品。（维基百科）文化遗产领域的相关实例，包括通过古罗马广场等场所采用的阶梯收费系统，或者吴哥窟等庙宇采用的多日浏览制来控制每日造访人数。这种控制措施可能还包括了地方当局对他们历史展示的类型的限制措施，这是一种起到品牌化作用的行为。诸如旅游业等行业则因为以更直接的方式对文化进行商业化而闻名于世。酒店、航空公司、旅行社和旅行指南就是那些创造（并移动）了场所、人种以及历史的特定表示的一部分事物。一般来说，这种商业化过程的特色都是通过异域性、种族性、浪漫化或者神秘化来赚取旅行者的美元。

兼容性用途（compatible use）：“一个场所的功能，以及可能在这个场所中出现的行动和实践。兼容性用途代表着一个尊重这个场所的文化重要性的使用方法。这种使用不存在——或者最低程度的存在——对文化重要性的影响”（BC）。

保护（conservation）（同见建筑保护、遗迹保护、保存、修复）：1.“照料一个场所从而使其保留其文化重要性的所有过程”（BC）。2.这个学科涉及直接针对文化和自然遗产长期安全措施的处理、预防性处理和研究（G）。3.“保护涉及在现有情况中保持过去的样貌。这个过程包括老旧建筑的保存、修复和/或改造；设计一个尊重其邻近建筑和历史连续性的新建筑；在多样且丰富的城市结构中将新、旧建筑融为一体。”（凯鲁•埃纳姆和卡利达•拉希德，《保护规划工具》，AKTC，68.4。）“保护是灵活多变的：它可以包括修复、创造或者简单的尊重环境和气候。它强调的是一种和谐相处并尊重全局的愿望……保护具有更广阔的意义，其中之一便包括了愿意对历史进行钻研的创造性思维的态度。”（穆罕默德•马基亚，《一名考虑保护的从业建筑师》，AKTC，100-101.）

保护区域（conservation area）（同见历史及建筑区域）：一个在其开发过程中必须格外谨慎的特定城镇或者地区，它们外部可能强制设定一个保护性或者缓冲性区域，从而能够控制交通流量、工业污染、新建建筑高度、土地使用类型等影响因素（SU）。

保护（conservation）（整合，integrated）：保护工作的各个不同方面的相互依存，包括下列方面的整合：1.各个不同领域的专业技能，包括建筑学、技术、考古学、历史、社会学和经济学；2.应当被保存在一个建筑之中从而这个地点才能被视为一个整体而不是各个分离部分的各个不同组件；3.社区对这个行动计划以及将这个地点融入社区活动的意见、要求和需要；4.以都市和地区规划经济和社会发展为目标的保护措施和保护主义的整合（HSG）。

保护（conservation）（预防，preventative）：这种措施更多地使用在物体上。“通过对贮存使用和处理的最佳条件进行规定从而延缓文化财产的衰退速度并预防损坏的所有措施”（IIC-CG）。2.“预防必须通过控制其环境而对文化财产提供保护，也就是防止物品腐朽、损坏。必须通过可靠的周期性检查维护程序防止任何疏忽的出现”（BMF,9）。3.保护旨在防止材料或者艺术品未来腐朽的行为，其中包括了提供适宜的环境条件（G）。

保护者（conservator）：（拉丁语：seruaure/seruus，保护人；EP。）1.在一般意义上，这个术语是指以保护文化财产为主要职业以及接受过培训、具备知识、能力并有从事保护实践工作经验的任何人（IIC-CG）。2.对建筑和自然遗产的直接长期安全保护的处理、预防性处理和研究负有责任的个人（G）。

加固（consolidation）：（拉丁语：solidare，牢牢地固定）1.“固化；强化”（RH）。2.“为了确保其持续的稳定性或者结构完整性，在文化遗产的现有结构中使用物理填加物或黏合剂或支撑材料”（BMF，9）。3.通过引入或者增加能将其紧密连接在一起的材料实现对腐朽或者脆弱区域的稳定化（G）。

文化生态（cultural ecology）：人类及其文化环境之间的相互关系。文化生态必须保持平衡，就像保持平衡的自然生态一样。（恩斯特•艾伦•康纳利，《作为一种伦理观念和社会资产的遗迹保护》，《纪念建筑物和社会专题讨论会：列宁格勒》，USSR，2-8,1969年9月[巴黎：ICOMOS，1969]，36）。

文化演变（cultural evolution）：1.演变："形成或者发展的任何过程；从生物学上来说，通过突变、自然选择和遗传漂变等过程造成的一代人和另一代人在基因库上的差异"（RH）。2."我们人类体内非基因信息的变化，包括储存在我们的大脑、我们的书籍、我们的建筑、我们的电脑磁盘、我们的电影之中的信息，这些都是一直在改变着。"（保罗•R•欧利希，《人性：基因、文化和人类前景》[华盛顿特区：岛屿出版社，2000年]）

文化遗产（cultural heritage）（同见建筑遗产、文化财产（综合））：1."从过去开始传递到每个文化并进而传递到整个人类的材料符号——艺术性或者象征性——的整个语料库。作为文化特性的肯定和富集的一个组成部分，作为一个属于全人类的遗产，文化遗产为每个特定场所赋予了其可辨识出的特点，它也是人类经验的宝库。"（1989年UNESCO中期规划草案）。2."人类历史的当代表现。"（S•苏利文，《文化遗产规划工作室读本》，暹粒省，柬埔寨，世界文化遗产基金会（NP），2000年3月。）3.文化遗产具有"与人类活动联系在一起的历史学、考古学、建筑学、技术性、美观性、科学性、精神性、社会性、传统性或者其他特殊文化重要性。（NZ）"4."因为不同因素——建造技术、美观性、用途/联想、环境和现存状况——质量对比"而在一个地点上体现出来的"文化价值的证据"（HSG，36）。

文化景观（cultural landscape）：1."建筑纪念物、自然特征以及能够为一个特定地点赋予其特征的社会、历史、种族和文化实践的总和。技巧、工艺、当地历史、人口和农村进程现在也被认为是定义并支撑一个文化景观的必要结构。"（邦妮•伯罕姆，《建筑遗产：现有风险状态的悖论》，《文化财产国际期刊》，7，第1期[1998年1月，159]。）2.由于人类行动而发生了显著变化的土地和水域；用来与自然景观进行对比，后者是指人为影响——如果有的话——在整个地区的生态学上没有产生显著作用的特定区域（G）。

文化财产（cultural property）（综述，general）（同见建筑遗产、文化遗产）：1.被整个社会认定具有某种特定的历史、艺术或者科学重要性的物品。2."构成文化和国家遗产一部分的物品"（1972年UNESCO定义，根据HSG，19）。3."不仅仅包括已经确定和预定的建筑、考古和历史遗址和结构，而且包括未预定或者未分类的历史遗迹以及具有艺术或者历史重要性的近代遗址和结构"（1968年UNESCO《因为公共或者私人工程而濒临危险的文化遗产保护推荐措施》的前言[1.2]）。

文化财产（cultural property）（不可移动遗产，immovable heritage）：1.自然、建筑、艺术或者历史纪念碑，具有历史或者艺术重要性的考古遗址和建筑（IIC-CG）。2."一个现在被用来包括与人类多层面文化传统相关——并由其创造出来——的所有类型的实物、结构、建筑、建筑群和考古遗址的通用术语”（BMF，6）。3.历史遗迹和所有建筑作品都被包括在不可移动遗产范畴之内，包括宗教、军事、民用和居住建筑。不可移动遗产包括工业和农业建筑、作坊、工厂、农田、谷仓、磨坊和当地乡村住房，还包括属于前述建筑的固定装置、家居用品和室内陈设以及与其开发联系在一起的考古发掘物（BMF，6-7）。

文化财产（cultural property）（可移动遗产，movable）：1.艺术品、手工艺品、书籍、手稿以及其他源于自然、历史或者考古的物品（IIC-CG）。2.“无法与结构、建筑或者遗址形成某些特殊联系的所有艺术品、工艺和手工艺品……[包括]油画和雕塑、陶瓷品、家具、档案文献，其中绝大多数都是纺织品、家庭用品和出土文物……”（BMF，6）。

文化重要性（cultural significance）（同见文化重要遗址）：“对上一代、现在这一代或者下一代来说具有的一种历史、科学、社会或者精神价值……蕴含在这个场所自身以及它的构造、环境、用途、联想、含义、记录、相关场所和相关物品之中。对不同的个人或者群体来说，一个场所的价值可能各有不同……[并且]可能还会因为这个场所连续的历史而发生改变。应当知道……文化重要性可能会因为新的信息而发生改变。文化重要性一词等同于遗产重要性和文化遗址价值”（BC）。

除名毁忆（damnatio memoriate）：拉丁术语，用于描述为了让一个人从历史中消失而在其死后清除他或她的题词或者图像的做法，就像埃及法老阿肯那顿和罗马皇帝图密善的实物痕迹经受的待遇一样，相关行动还可参见宗教改革运动和反宗教改革运动。

解救（degagement）：法语翻译：“打开一片视野”（DM）。就历史遗址而言，解救是指让这个遗址与覆盖它的植被分离开来，并清除覆盖其上的泥土和聚集起来的碎屑。

致密化（densification）：一个用于描述人口密度增加的美国都市规划术语，不论是人为增加还是自然增长。

文献记录（documentation）：1.在对一个文化财产的检查和处理过程中累积下来的所有记录、书面材料和图片资料；在适用的情况下，它还包括检查记录、处理方案、所有人同意书、处理记录和总结，以及未来使用或储存的推荐建议（IIC-CG）。2.文化遗产管理中的一种活动和策略，它的作用在于辨识和描述文化遗产的一个或多个方面，并以一种有形形式记录下来。文献记录包括出版物、公共事件和教育项目的发展，它被认为是建筑保护规划决策的基础。3.收集并记录信息，尤其是可以确定或提供事实或证据的信息（G）。

复制品（duplicate）（同见摹本、模仿、复制、再现）：（拉丁语：duplicare，复制；EP。）1.与原作品一模一样的复制品（RH）。2.“在一组图片或者印刷品的情况中……是指同样格式和介质的额外复件”（G）。

地役权（easement）：1.不动产的部分权益，通过捐赠或者购买，明确记录在案，保护该财产内部、外部或者周边空间中应当被保护的确认元素（WM，

214）。2.一名财产所有人持有的在特定用途情况下——按照正确的方式——将土地让给他人使用的权利（RH）。3.通常来说，一名自然人以契据或意愿的形式获得的一种关于他人拥有的土地的非盈利权利，这种权利能够让前者有权将该土地用于特定限制用途（G）。

全体（ensemble）（纪念碑的，monumental）：1.一件事物的所有部分合起来，从而让每个部分都被认为是与整体相关的（RH）。2.“展现自然、科学、美学、历史或者种族意义，被限定在某一个地形区域内并且将周边环境视为其保护区和中间区并进而引出整体优势的可移动或者不可移动事物的集合”（皮埃尔-伊夫•利根，《危险和风险》[斯特拉斯堡，法国：文化合作理事会，1968年]）。

建材（fabric）（建筑学，architectural）：“所有……一个场所中的……有形材料……包括构件、固定装置、内藏物和物品。建材包括建筑内部和表面残留物，以及挖出物。建筑可以定义空间以及……成为一个场所重要性的重要元素”（BC）。

立面（facade），立面主义（facadism）：1.“一座建筑的正面，尤其是给人留下深刻印象或者起到装饰作用的那一面；一座建筑朝向公共通路或者空间的任何一侧及其相应的表面处理”（RH）。2.在保护过程中对一座历史建筑仅存的一面进行保留，从而使其成为这座遭到严重改变或者完全毁坏的建筑的回忆物（WM，215）。3.保留一座建筑的正立面并在其后建造一座全新且通常更大的建筑物的做法（G）。

摹本（facsimile）（同见复制品、模仿、复制、再现）：（拉丁语：simulare，精确呈现、复制、模仿）：1.一个精确的复制品，例如一本书、一幅油画或者一份手稿（RH）。2.精准再现，通常以与原作同样的尺寸，尤其是书籍、文献、印刷品或者图画；现在通常采用照相复制，在过去则采用雕刻或者其他印刷制作过程进行复制（G）。

绅士化（gentrification）：1.高收入或者中等收入家庭或个人购买并修葺不断退化的都市社区中的住房和商店，从而提高了房产价值，但通常会让低收入家庭和小型企业主流离失所（RH）。2.内部移民，例如高收入人口替代经过修复的住所中的低收入人口，而失去住房的人口被迫去寻找新的住所（JMF，40）。3.中等和高收入人口修理不断衰败的都市区域并在其中定居下来（G）。

遗产（heritage）（综述，general）：1.由于某人出生的原因而得到或归属的一些事物；继承的份额或比例（RH）。2.自然和人类创造物和产品的统称，它们完全构成了我们在时间和空间中居住的环境。遗产是一种事实，一种社会的财产，一种可以传递下去的丰富继承物，它能引起我们的认知和我们的参与。（《1982年德尚博宣言》）

遗产资源（heritage resource）：“一个历史环境中可以使用或者值得进行保护的每一个元素”（环境保护主义者和规划者意见）（WP，8）。

历史和建筑区域（historic and architectural area）（同见保护区域）：“历史和建筑（包括民俗）区域应当被认为是在都市或者乡村环境中构成人类定居点

的任何建筑群、结构和开放空间，包括考古和古生物学遗址在内，它们在考古、建筑、史前文明、历史、美学或者社会文化观点方面的凝聚力和价值都是被认可的。在这些本质上有着很大不同的区域之中，很难按照下列特定方面进行区分：史前文明、遗址、历史古镇、老旧都市城区、村庄和村落以及同类的纪念性建筑物，现在一般认为后者应当被原封不动地保存下来。”（《1976年UNESCO内罗毕建议书》，1.1a）

历史保护区（historic conservation area）：1.包含具备下列因素的一个或多个社区的都市区域：a.历史遗产，b.具有类似或相关建筑特点的建筑，c.文化凝聚力，以及d.上述因素的任何组合。（《1966年美国国家遗产保护法》，第470节）2.因为具有文化或者历史重要性、或者蕴含与众不同的时期、建造工艺或居民特点而被一个管理机构划定的街区或地区（G）。

建筑环境（historic environment）：“建筑环境是过去人类活动及其——人们在现有世界中可以看到、理解并感受的——联想的所有实物证据。i.它是人类通过几千年的斗争和合作创造出来的栖息地，它也是人类与自然互动的产物；ii.它是围绕我们四周的日常体验和生活的一部分，因此它是动态的并始终会发生变化。在一个层面上，它完全构成了场所（例如城镇或者村庄，海岸或者山丘）和事物（例如建筑、被埋藏的地点和沉积物，田地和树篱），而在另外一个层面上，它是我们栖息的事物，同时包括实质上和想象上的。它具有许多方面，这既取决于与有形遗物的接触，还取决于情感和美学回应，以及回忆、历史和联想的力量。”（来自英国文化遗产保护机构的“讨论文献记录1”，《历史环境相关政策评论：咨询》[伦敦]英国文化遗产保护机构，2000年）。

历史园林（historic garden）（同见自然遗产、古迹）：1.能够反映一个历史时代的花园，不论是以形式还是凭借其珍贵的历史植物（SU）。2.“由于历史性和艺术性观点而在公共大众中形成的一个建筑和园艺兴趣组合。就其本身而言，它应当被视为一种纪念建筑物（艺术.1）。‘历史园林’一词同样适用于小型花园和大型公园，不论是正式园林还是‘景观’园林（艺术.6）。不论如何，它都是与一座建筑联系在一起的——在这种情况下，它是一个不可分割的组分——历史园林不能从其自有的特定环境中分离出来，不论是乡村、艺术还是自然环境（艺术.7）。历史园林是一种建筑成分，它的组成部分主要是植物，因此是具有生命力的，这意味着它们是容易枯萎和可再生的。因此，它的外观反映了季节周期、自然生成和衰败以及艺术家和工匠让它永久保持不变的愿望之间的永久平衡”（艺术.2）（《1981年ICOMOS佛罗伦萨宪章》）。

历史古迹（historic monument）：参见古迹。

历史文物（historic objects）：各种实物历史资源的分类术语。这个术语包括了俄罗斯以及绝大多数前苏联社会主义共和国之中的建筑作品。

历史保存（historic preservation）（同见建筑保护、保护、保存、修复）：1.这个北美术语在西欧、澳大利亚和新西兰被称为建筑保护。它是指对被保护主义者认可的处于同样环境之中的手工艺品、建筑或者场所的维护（JMF）。

2. “‘历史保存’一词在功能上已经过时了，[但是]‘历史保存’一词依然深入美国的保护实践之中，所以它在组织名称中也变成了一种惯例（例如，历史保存国家信托基金），相关法案已经通过了，教育项目已经开始，美国正在开始被称为历史保存主义者，尽管这个术语已经不再适用。”（J•M•费奇，《保存：20世纪80年代的城镇和道德规范》中的相关章节[华盛顿特区：历史保护出版社，历史保存国家信托基金]，140。）

历史遗址（historic site）：1.一座城镇或建筑等的位置和地点，尤其是关于它的环境；这个区域或者地面的具体地块之前从未——或者将要——有任何事物位于其上。2.与值得纪念的行动相关的特定景观，例如：大型历史事件；众所周知的神话；史诗般的战斗；或者著名照片的拍摄对象（《1981年ICOMOS佛罗伦萨宪章》）。3.构成一个因为它们对公共大众的自然、科学、美学、历史或者种族重要性而值得进行保护的特定地形区域。（利根，《危险和风险》。）

破坏偶像主义（iconoclasm）：1.破坏或者销毁形象的行动或者想法，尤其是那些与宗教崇拜相关的形象；基于错误或者迷信而对珍贵的宗教机构或者贸易机构等进行攻击（RH）。2.破坏宗教形象或者反对对它们进行崇拜的主义、做法或者态度（G）。

不可移动遗产（immovable heritage）：参见文化财产。

无形文化遗产（intangible cultural heritage）：“社区、群体以及——在某种情况下的——个人将其视为他们文化遗产一部分的做法、展示、表现、知识、技能，以及与它们相关的工具、物品、手工艺品和文化空间。”它着重指“口头传统和表达，包括：语言；表演艺术；社会实践、宗教仪式和节庆活动；与自然和宇宙相关的知识和做法；传统工艺。”（UNESCO，《无形文化遗产安全措施公约》，巴黎，2003年，艺术.2。）

整体保护（integrated conservation）：参见保护（整体）。

完整性（integrity）：（拉丁语：integer、integritas，未发生改变的、完整的；EP。）：1.保持完整、整个、没有衰败的状态；健全、未加改善的或者完美的状态（RH）。2.材料完整性或者完备性；一种没有受到损坏或者尚未腐朽的状态。一种用于在遗产清单和保护决策中判断历史建筑、建筑群和遗迹景观的资格性的概念，就像世界遗产名录那样。（UNESCO，《世界文化遗产策略》。J•尤基莱托，《ICCROM意见书》，4.2，自费出版，52-53。）3.完整性既是一种物理品质也是一种道德品质（HSG，30）。

空隙（lacuna）：1.一个缝隙或者缺少的部件，就像在手稿、连续或者逻辑论证之中发生的情况（RH）。2.在艺术和建筑修复和保护中，是指艺术或者建筑组分中缺失的元素。3.一个文本或者一个物品的空白区或者缺失部分，例如油画或者手稿，通常是由于损坏或者意外疏忽导致的（G）。

自由主义（laissez faire）（类似于保护）：在历史建筑、遗址或者艺术品保护中采取的“不干涉”或者“什么都不做”的态度（DM）。一种在某种历史资源最好保持原样时、物理状态处于稳定状态时或者最佳保护策略就是继续等待直至有更加适宜的干预情况出现时才被认为可行的保护方法。

具有生命力的纪念物（living monument）：在他或她居住的社会中被视为一种非常成功的鲜活形象，进而成为一种稀有的国有资产。日本和韩国都坚持了当今艺术珍宝清单，其中一些就是与历史建造工艺传统联系在一起的。

具有生命力的遗产（living heritage）：在同一地区具有延续性的本地社区中依然存在的传统。

具有生命力的国家宝藏（living national treasure）：参见具有生命力的纪念物。

管理规划（management planning）：一个确定了保存遗址的一系列适当措施的总体框架，包括实体保护在内。“在保护领域之中，管理和保护这两个术语有时候是被交换使用的，它们都用来代表被采取以确保一个文化遗址的长期保护和适当使用的所有或者部分措施。这其中包括文献记录政策、重要性评估、实体研究和干预，以及游客管理等。”（莎伦•苏利文，《丝绸之路上的古代遗址保护》，内维尔•阿格纽编辑[洛杉矶：盖提文物保护中心，1997年]，30。）

维护（maintenance）：1.财产或者设备的维持（MW）。2.对一个场所的建材和环境的持续保护性护理……[但]……有别于维修。维修涉及修复或者重建（BC）。

物质文化（material culture）：1.“被博物馆专家认为应当被划分在收藏品之中的手工艺品，但通常也包括建筑和环境的外部世界”（WP，8）。2.一个社会或者文化连通群体制造的实物集合（G）。

模仿（mimesis）（同见复制品、摹本、复制、再现）：（希腊语：mimeisthei，模仿。）1.仿造或者再现的另外一种说法；一种美学概念，即在作品创作过程中将模仿作为主要的操作部分（G）。2.在世界文化遗产名录的入选中判断突出普遍价值的一个考虑因素。（UNESCO，《世界文化遗产策略》，J•尤基莱托。《ICCROM意见书》，4.2，53。）

最低干预程度（minimal intervention）：艺术和建筑保护实践中的一种干预程度，意指采取影响程度最低的措施来保护一种实体历史资源。

记忆术（mnemonic）：（希腊语：mnaomai，我记住了；mnestis，记忆。）1.帮助或者想要帮助记忆（RH）。2.提高记忆的设备或者策略，例如诗歌、韵律或者图片（G）。

纪念物（monument）（同见历史园林、自然遗产）：（拉丁语：monere，提醒）：1.为了纪念一个人、一次事件等而竖立起来的物品，例如建筑、立柱或者雕塑；从过去留存下来并被认为具有历史或者建筑重要性的任何建筑、石碑等；因为其历史重要性、壮美的自然风光等因素而引起公共大众普遍兴趣、并且由政府进行保护和管理的一个区域或者地点；任何经久不衰的痕迹或者某些事情的著名案例（RH）。2.“有形的物质建筑，通常由石头、砖块或者金属组成，它们能让经过者回想起某些人、某些事或者某些概念”（韦恩•R•戴恩斯，《纪念物：世界》，《不能清除古代纪念碑》，唐纳德•M•雷诺兹编辑[阿姆斯特丹：戈登和布里奇出版社，1996年]，27。）3.纪念物一词在《威尼斯宪章》中不仅指大型建筑，而且还包括了那些随着时间的流逝而让它们自己获得一种文化价值的更加中等的建筑。ICOMOS认可各式各样的纪念物：a.展示国家历史、文化历史、民俗文化、工业历史、运输史、军事史和考古史的历史纪念物；b.展示城镇规划和都市主义、建筑学、美术和应用美术、景观设计和文化景观的艺术性纪念物。（路德维格•戴特斯，《纪念物之间的差异：根据它们的社会用途和修复做出决定的第一步》，《纪念物和社会讨论会：列宁格勒：USSR》，1969年9月2-8日[巴黎：ICOMOS，1969年]，118-19。）4.一个历史纪念物的概念不仅包括单个建筑作品，而且还包括发现特定文明、重要发展或者历史事件的都市或者乡村环境。这个概念不仅适用于伟大的艺术作品，也适用于由于时间的流逝而获得文化重要性的更加谦虚的历史作品（VC）。

封存（mothballing）：起源为一个美国术语，意味阻止或者极大减缓一座历史建筑或者其部分的衰败速率，采取的措施包括扩大其窗户以及维修或者修补流水的表面，从而使其获得相对的维护自由并防止水侵和故意毁坏。对于多余的军事基地或者工业场地等过剩财产来说，封存可能是一种适宜的干预措施，这可以让它们在未来有着不同的用途。

博物馆化（museialization、museumification）：使用一种博物馆专家的方法对遗产进行分类和解释。

自然遗产（natural heritage）（同见历史园林、纪念物）：1.根据美学或者科学观点而具备出众的普遍价值的物质和生物形态组成的自然特征。2.地理或地形形态和构成在科学或保护方面具备出众普遍价值的濒危动植物栖息地的准确划定区域。3.“自然遗产地和构成在科学方面具备出众普遍价值的濒危动植物栖息地的准确划定区域”（《1972年UNESCO关于国家层面的文化和自然遗产保护建议》[2]，HSG，21）。

原始性（original）（同见真实性、原型）：（拉丁语：originale，[春天的]起源、原点）：“属于某些事物的起源或者开端或与其相关，或者一种处于初始阶段的理论；全新的、鲜活的、创新的；被复制的某些事物；一个可以衍生出各种衍生物的主要类型或者形式……与复制和模仿相反”（RH）。

重写本（palimpsest）：（希腊语：palim，再一次；psestos，修磨匀顺。）：1.一种羊皮纸文稿或者类似物品，其上的文字记录被部分或者全部抹去从而为其他内容留出空间（RH）。2.“在其上书写了两种或者更多内容的羊皮纸文稿，每个内容都受到为另外一个内容留出写作空间的影响”（JS，48）。3.从字面上来说，这是一个重复使用的文件；在建筑保护领域中，历史的层次也在一座历史建筑或者一个遗址的建材中有所表现。4.在其上进行了不止一次书写的书写材料，通常是羊皮纸文稿；前一份内容可能会被不完美地抹去，因此只有部分剩余内容可辨识（G）。

过去（past）：一系列回忆，同时包括个人的和共有的（WP，8）。

铜绿（patina）（同见残缺之美）：（意大利语，一层薄膜或者一层釉面，可能源自在废弃的圣餐碟或者浅底盘上产生的铜锈；EP。）1.由于环境因素造成的老化外观，可以通过自然或者人为的方式形成；尤其用在由于氧化或者腐蚀造成的金属表层相关的地方（G）。2.薄膜或者包浆，通常是绿色的，这是由于氧化作用在老旧铜器表面上形成的，这被认为具有装饰价值；在其他物质表面上的类似薄膜或者色彩；在工具表面上发生的钙化作用，通常意味着年代悠久（RH）。3.铜绿构成一种资源的历史完整性的一部分，只有当需要对建材采取必要保护的时候，才允许对其进行破坏。铜绿的伪造应当避免（《ICOMOS加拿大阿普尔顿宪章-建筑环境保护和改善》，1983年）。

生动（picturesque）：像或者暗示一幅画；适合画作。一种不同寻常的方式引人注目或者引人入胜；不规则的或者古雅的吸引力（MW）。源自画家使用的意大利语和法语词汇，生动一词被18世纪的英国审美家用来描述自然或者人为创造的景观，通常与乡村住房和公园联系在一起。

场所（place）：“场所的概念应当被进行广泛地解读为……[还可以保护]地点、区域、土地、景观、建筑或者其他类型、建筑群或者其他类似建筑，还可以包括组成部分、内含物、空间和景色……记忆、树木、花园、公园、历史事件场所、都市区域、城镇、工业场所、考古遗址和精神及宗教场所……对各个不同的个人或者群体来说，场所具有一系列不同的价值”（BC）。

规划受挫（planning blight）：在都市规划中，由于缺乏决策或者制定了抱负过大的计划而造成的经济疾病。

保存（preservation）（同见建筑保护、保护、历史保护、修复）：1.保持活力或者存在；使持久；保持安全，免受损害或者伤害；保护；维持、维护（RH）。2.鉴别、评估、记录、文献记录、策展、获得、保护、管理、复原、修复、稳固、维护和重建，或者正在进行的各种行动的组合。（《1966年国家历史遗产保护法》，公法，89-665，美国法典，16，第89次国会第二次会议。[1966年10月15日]，470w.）3.为延缓文化财产的衰败或者预防其损坏而采取的所有行动。保护涉及控制环境和使用条件，可能会包括为了——尽快地——将一个文化财产维持在其原始状态中而采取的处理措施（IIC-CG）。4.采取措施来维持现有形式、完整性和建筑或结构的材料、遗迹场所的现有形式和植被覆盖面的行动或者过程。它可能包括在必要时采取的初期稳定工作，以及正在进行的历史建筑材料的维护工作（SI）。5.为了“将一个场所的建材维持在其现有状态”并延缓衰败而采取的行动（艺术1.6，BC；艺术22，NZ）。6.现存形式、材料、场所完整性的保留（《ICOMOS加拿大阿普尔顿宪章-建筑环境保护和改善》，1983年）。7.保护意味着将一件工艺品维持在其被博物馆机构接收时的同样物理状态（JMF）。

预防性保护措施（preventative conservation practice）：参见保护（预防性）。

原型（prototype）（同见真实性、原始性）：（希腊语：prototypn，原物。）作为基础或者构成某些物品的原物或者模型；能够诠释一个阶级或者模型的典型特征的某人或者某物；范例（RH）。

重组（reconstitution）（同见重建、再创造、复制）：（拉丁语：constitutus，建立；constituere，竖立、建立。）1.重建；再次组成（RH）。2.在建筑只能通过一件接一件地重新组装起来才能被保存下来的情况时，对结构以及建筑的建材采取激进的实体干预从而确保其持久的结构完整性，要么是在原址完成，要么是在新址完成（JMF）。3.建筑保护领域中的一种干预措施，通常比

"重度修复"更加彻底，但又不如完全重建那样彻底，它可以确保原始材料的重新使用，通常在其原始构成中起到同样的目的。

重建（reconstruction）（同见重组、再创造、复制）：（拉丁语：reconstruere，重建。）1.建造：通过将部件组合在一起进行建造或者塑造；重建：重建；改造；再次建造（RH）。2.通过将[老的和新的]材料引入到建材中……从而尽快地将一个场所恢复到已知的早期状态（艺术，1.8，BC；艺术，22，NZ）。3."根据文献记录或者实体证据，重建在历史上发生过或者存在过的事物"（BS 7913:1998）。4.根据历史、文学、图像、绘画、考古和科学证据而采取的——整体或者部分——重现一个文化财产的所有行动。这种措施的目标是提高对一个文化财产的了解，它的根据是少量或者没有任何原始材料、却拥有前期状态的明确证据（ICC-CG）。5.重新建造某一个特定时期的已经消失的建筑、结构或者文物（或者部分）的准确形式和细节处理的行动或者过程（SI）。6.重建只有在符合下列情况时才适宜：一个遗址需要保持完整才能够存续下去；其文化重要性只有以整体形式才能体现；具体措施不是推测性的。重建不应当构成现场工作的主要部分，它应当被视为一种新的建筑作品，应当避免让典型特征的展示普通化。一般来说，考古遗址不应当进行重建（HSG，49）。7."重建……让一个场所恢复到已知的早期状态，它又因为在建材中引入了新的材料从而有别于修复"（BC）。

重建（reconstruction）（文献学，philological）：根据历史和间接信息进行全面的修复或者重建，与实体证据相反。

再创造（re-creation）（同见重组、重建、复制）：（拉丁语：recreare，赋予新生[从而恢复生气或者充满活力]；再次生产；EP。）1.重新创造的行动（RH）。2.对一个场所的推测性重建（艺术，13，NZ）。

复原（rehabilitation）（同见适应性使用）：（拉丁语：re-，再次，+habilitas，使其适应；EP。）1.恢复至良好的状况、操作或者管理；恢复至之前的能力、站立状态或者排名（RH）。2.对一种资源进行调整使其满足当代的功能标准，这可能会涉及适应新的用途（《ICOMOS加拿大阿普尔顿宪章-建筑环境保护和改善》，1983年）。3.让衰败的文物、结构、社区或者公共设施恢复到之前的良好状况，这通常涉及修补、修理、转换、扩展、改造或者重建等措施（G）。4.通过修补或者修改让一个财产恢复到可实用状态的行动或者过程，从而使得在保存这个财产中具有重要历史、建筑和文化价值的部分或者特点的同时又能够有效发挥当代用途（SI）。5.只有在为整个遗址制定了连贯政策并进行了详细的调查和评估的情况下，复原才是适用的，这种过程不存在特征损失，居民和公共机构应当参与整个过程（HSG，51）。

修复者（restorer）：（法语：restaurateur。）进行特定修复工作和保护干预措施的手工艺人和技术专家——而不是建筑师或者管理员。"在19世纪中期的英国，修复者指那些重视美学和结构一致性并因此将对每座建筑及其每一个构件都按照其主要风格进行重建、再创造或者补全视为一种创造性工作的人。[人们普遍相信]……他们设计的新外观的价值非常值得，历史证据的失真、美学完整性的丧失以及真正由它（或者真实年份）引起的所有视觉和情感特征的清除”（HSG，3）。

可逆（reversible）、可逆性（reversibility）：（拉丁语：revertere，反转；EP。）1.在发生改变之后，可以通过反转这种改变而重新恢复到原始状态（RH）。2.恢复到之前状态或者条件的能力；不属于不能撤回的永久性的特点（G）。3.可逆过程的选用始终都受到欢迎，这是基于在未来的开发中处理不可预见的问题或者资源完整性可能会受到影响时，能够获得最大范围的选择（《ICOMOS加拿大阿普尔顿宪章-建筑环境保护和改善》，1983年）。

保护措施（safeguard）：1.保护、防护、确保安全（RH）。2.“历史或者传统区域及其环境的确认、防护、保护、修复、修理、维护和更新”（《UNESCO内罗毕建议》，1c）。

背景（setting）：围绕一个场所的区域，其中包括视觉可见区（BC）。

幻影（simulacrum）：（拉丁语：simulare，准确复制；复制；模仿—因此，冒充[EP]。）少许的、不真实的或者肤浅的相似或类似（RH）。

具有文化重要性的遗址（site of cultural significance）（同见文化重要性）：一个“对上一代人、这一代人和下一代人来说，具有美学、历史、科学或者社会价值”的遗址（BC，1979年）。评估一个遗址的文化重要性（以及它对社会的“价值”），要求在当地情感和一种更加客观、科学的全球观点之间保持微妙的平衡。《1992年ICOMOS新西兰宪章》认为本土保护“是有条件的，它由本土群体做出的决定并且只能在这种背景下进行”（HSG，32）。“文化重要性的陈述”必须根据现场研究和调查结果进行。这种陈述将会确定这个遗址的价值，总结出指导未来干预措施的哲学，因此成为了这个遗址的行动规划中的一个整体部分（HSG，38）。

斯堪森（Skansen）：开设第一家露天建筑博物馆的瑞典地名，这个博物馆专门致力于展示前工业化时代的瑞典生活。从此开始，无数其他场所都根据斯堪森准则被认定是户外建筑博物馆，这些场所中的建筑都以一种类似于小型工艺品展示的方式在受到控制的博物馆环境中进行展示。

社会资本（social capital）：“等同于‘实物资本’和‘人力资本’——能够提高个人生产力的工具和训练——的概念，‘社会资本’指能够为了互惠互利而促进协作和合作的社会组织特点，例如网络、标准和信托基金。”（罗伯特•普特南，哈佛政治学家，理查德•马德森在提交给“保护和发展领导人会议”的论文中引用了上述话语，这次会议是由云南省外国文化交流协会和美国-中国艺术交流中心赞助的，1999年9月25日在中国丽江举行。）

稳定（stabilization）（同见加固）：（拉丁语：stabilire，使固定；EP。）1.稳定；固定或稳固，使……变得稳固或固定；使其维持在一个给定或者稳固的程度或者数量（RH）。2.有助于让建材保持完整并处于某个固定位置的过程（艺术，12，BC）。3.延缓腐朽并让一个遗址的现有形式和材料处于一种平衡状态的周期性措施，改变程度最小（《1987年世界环境与发展委员会》）。4.在维持其现有存在的必要形式的同时，采取措施重新建造一种抗风化的围护结构和结构稳定性的行动或者过程（WM，217）。

庄严（sublime）： 1.“因为感觉而屈服”（弥尔顿）。2.思想、情感或者精神上的庄重（《大不列颠百科全书》，http://www.britannica.com。）。

可持续发展（sustainable development）： 1.不会对未来的附加开发选择造成干扰的干预行动（例如经过规划的改造工作）（《1987年世界环境与发展委员会》）。2.确保今天对资源和环境的使用不会危及下一代人对它们进行使用的前景而进行的开发（G）。3.可持续发展是“在不会危及下一代人满足他们的需要的能力同时满足现有一代人的需要”（《1987年世界环境与发展委员会》）。4.“遗产保护管理中的一个关键概念，这一点是为了确保对遗产的现有使用既令人满意又不会破坏将其传递给下一代人的机会”（《1995年欧洲理事会塞杰斯塔宣言》，3，HSG，33）。

普遍性价值（universal value）： “普遍重要性……[它]并不是……源自类似于一个特定理想或者模型的所有产品，而是来自每一个产品都具有创造性和独特表达的概念……[它]展示了相关的文化背景。就一个具有普遍性价值的文化遗产资源来说，它自身并不意味着是‘最好的’；相反，它意味着它具有成为‘事实’、原创性、真实性的特定创造性特征，就像一个普通、普遍的人类遗产的组成部分一样”（JJ，295-296）。

稳定物价（valorization）： 试图为某种物品设置限定价格的行动或者过程，通常属于政府干预措施并通常涉及补助（《韦伯斯特纳新国际辞典》，第2版。）。在文化遗产领域，稳定物价同时与可移动和不可移动文物的提倡和评价相关。政府对遗产古迹的购买和罗列意味着对它们的修复进行投资；因此，保护和展示可以稳定它们的存在。

本土建筑（vernacular architecture）： 1.得到社会认可的历史性和真实性价值的表现，这些价值直接与文化、物质和经济环境相互呼应；一种当地或者地区性的建筑。它的结构、形式和建造材料都由当地气候、地质、地理、经济和文化情况所决定（《1992年ICOMOS国际本土建筑委员会塞萨洛尼基宪章》，1）。2.使用当地材料建造的适应当地特殊要求的建筑，建造者身份通常未知，并且很少参考建筑理论中的主要风格（G）。3.“当从原始社会到现有社会的文化发展轨迹非常明确并且相对无可争辩的时候，本土建筑和乡土文化遗产即重叠在一起”（HSG，37）。

残缺之美（wabi-sabi）（同见铜绿）：日本术语，意指一个物品由于自然老化、生锈或者损坏而获得的额外美观价值。

时代精神（zeitgeist）：（德语：时代精神）1.一个特定时期的普遍特征（RH）。2.19世纪早期的哲学家格奥尔格•威廉•弗里德里希•黑格尔持有的一个概念，即任何时代都存在一种共同的信仰，他认为geist（“精神”）存在于这个特定时期的所有事物之中。“时代精神”的主张认为它的内容在各个不同时代可能有着绝大差异。黑格尔将这种发展称之为“辩证过程”，他将其归因于存在于每个个人问题之中的个人思想和推理冲突的发展（JS，7）。3.一种普遍的思想和道德状态或者文化趋势，以及一个时期的品味特征（G）。

附　录　B

与国际建筑保护相关的机构和资源

网络资源

一、文献和研究数据库

Archnet：伊斯兰建筑

http://archnet.org/lobby/

这个网站侧重于伊斯兰建筑、都市设计和开发，以及穆斯林世界的相关问题。它是由麻省理工学院和得克萨斯大学奥斯汀分校伊斯兰建筑团体开发的，并且得到了阿迦汗文化信托基金会的经济援助，后者是一家致力于改善社会建筑环境的私人、无宗派国际发展组织，它对穆斯林世界有着巨大的影响力。

艺术和考古技术文摘（AATA）

http://aata.getty.edu

AATA在线是盖提文物保护中心（GCI）与国际历史及艺术品保护机构联合推出的一项服务。这个数据库包括了超过10万份经过专家评审的、保护和遗产管理相关的国际文献文摘，数据库每季度进行更新。

保护信息网络文献数据库（BCIN）

http://www.bcin.ca

作为文化财产保护、保存和修复方面最完整的网络文献资源库，BCIN从1987年开始就得到了全球范围内各个图书馆和文献中心的支持。它的数据库包括：之前难以获得的、来自私人资源的材料和书籍；出版和未出版的专题著作和期刊；会议论文集；技术报告，期刊文章和论文；视听资料；软件，以及可用计算机处理的档案。对专家、博物馆及其他遗产机构来说，从1987年开始可以实现在线查询的BCIN是一个值得信赖的资源。它现在收录有接近20万份引文，其中包括1955-1997年出版的第一批共34卷艺术和考古技术文摘（AATA）。

美国国家公园管理局数据库

http://www.ncptt.nps.gov

由美国国家公园管理局进行维护的遗产保护和考古网络资源。

二、国际建筑保护组织

阿迦汗文化信托基金会

邮政信箱：2049
1211，日内瓦，2
瑞士
电话：(41)(22) 909-7200
http://www.akdn.org

从1988年开始，阿迦汗文化信托基金会——这是一家私人、无宗派的慈善基金会——就致力于改善有大量穆斯林人口居住的社会的建筑环境。它承诺支付并开创了许多项目，包括：对当代建筑和相关领域的卓越典范提供支持；对历史建筑和公共空间进行保护和创造性重新使用，以促进社会、经济和文化发展；建筑实践、规划和保护的教育项目；对伊斯兰文化、历史和当代穆斯林社会建筑环境之间密切联系的了解。

国际保护技术协会（APTI）

4513号，林肯大道，213室
莱尔，伊利诺伊州，60532-1290，美国
电话：(1)(630) 968-6400
http://www.apti.org

APTI是一家成立于1968年的多学科组织，致力于推广保护历史结构及其环境的最佳技术。它的交叉学科成员都是国际性的，包括保护主义者、建筑师、工程师、保护者、顾问、承包商、手工艺人、博物馆长、开发商、教育家、历史学家、景观建筑师、学生、技术专家，以及直接参与历史建筑和遗址保护的其他人员。通过它的出版物、会议、培训课程、奖励、学生奖学金和技术委员会，APTI可以向任何涉足历史保护领域的人士提供各种各样的信息服务。

吴哥窟及暹粒省地区保护和管理局（APSARA）

187号，巴斯德街
Chaktomuk区，金边
柬埔寨
电话：(85)(5) 23 720 315
http://www.autoriteapsara.org

柬埔寨政府成立了APSARA来承担文化遗产的研究、保护和保存，以及柬埔寨中北部大吴哥窟区域内的都市和旅游开发。作为对吴哥窟历史遗址进行全面地国家管理的第一步，APSARA负责这个遗址的管理和旅游开发。从其于1994年成立开始，联合国教科文组织（UNESCO）就一直发挥了APSARA的秘书处的作用。

普拉斯卡鲁威尔士议会政府保护局

5/7号，Cefn Coed
Parc Nantgarw
卡迪夫，CF15 7QQ
威尔士
电话：(44)(0) 1443 33 6000

http://www.cadw.wales.gov.uk

保护局（Cadw）是威尔士国民议会的历史环境部门，旨在推进威尔士的历史环境的保护和鉴赏，主要对象包括历史建筑、古代纪念碑、历史公园和花园、景观和水下遗址。这个部门负责管理历史财产、向选定的历史财产提供补助，以及出版关于威尔士建筑遗产的各类书籍。

欧洲理事会

欧洲大道

67075，斯特拉斯堡邮政

法国

电话：（33）（0）3.88.41.20.00

http://www.coe.int

欧洲理事会成立于1949年，总部位于法国斯特拉斯堡。欧洲理事会的基本任务是促进自由、人权和法治，其成员国的文化遗产是其中的一个重要方面。它也是该理事会推广的可持续发展模型的支柱，这种发展模型的目的是为了平衡欧洲的经济复兴和环境保护之间的关系。这个理事会在文化遗产领域的目标是促进成员国之间的合作，以遵守欧洲文化公约、制定新的遗产政策并提供技术援助。

欧洲理事会：欧洲遗产技能基金会

欧洲宫

F-67075，斯特拉斯堡邮政

法国

电话：（33）（0）3.90.21.45.37

www.european-heritage.net

这个基金会向规划和管理专家（建筑师、考古学家、遗产保护专家、自然资源调查官员）以及技术专家、管理人和专业手工艺人提供培训、信息交流、联络和发展机会。它还帮助各个主权国家建立特定主题的跨国项目。

无国界文化遗产/Kulturarv utan Granser（CHwB）

6204号信箱

102 34 斯德哥尔摩

电话：（46）8 32 20 71

http://www.chwb.org

作为波黑内战期间对文化遗产的蓄意破坏的回应，CHwB于1995年正式成立。这个组织旨在建立公众意识并促进公众参与，它侧重于一个专项工作，即修复遭受战争或灾难的区域内的或者因为其他原因危及到的文化遗产。最近，CHwB的工作范围——包括文化遗址保存、修复、博物馆建立、档案重建以及现场经验交流——已经得到扩展，并且已经在西藏和科索沃、阿尔巴尼亚开展了项目。

DOCOMOMO：现代主义运动记录与保护国际组织

法国建筑协会

德拉波特多瑞宫

293号，多梅尼大道

75012，巴黎，法国
电话：+33（0）1 58 51 52 65
传真：+33（0）1 58 51 52 20
http://www.archi.fr/DOCOMOMO/docomomo_fr/index2.htm

DOCOMOMO是一个同时致力于记录并保护重要现代主义建筑和遗产以及推广现代都市主义的非政府组织。它于1988年在荷兰成立；它的主要目标在《1990年埃因霍温宣言》中有所阐述。截止2008年，这个组织的成员已经超过2000人，他们活跃于五个大洲的47个机构中。它的国际秘书处现在位于法国巴黎。

阿维尼翁学院

6号，rue Grivolas
84000，阿维尼翁
法国
电话：(33)(0) 4.90.85.59.82
http://www.ecole-avignon.com

从1983年开始，阿维尼翁学院就成为了向建筑遗产保护主义者——主要来自法语世界——传授专业技术知识的主导机构。它的资源中心专门从事培训和顾问咨询业务，这个结构是在一种帮助手工艺人掌握修复和保护法国丰富的建筑遗产所必需的技巧的愿景上创建的。

英国古迹署

客户服务部
邮政信箱，569
斯温顿，SN2 2YP
英格兰
电话：(44)(0) 870 333 1181
http://www.english-heritage.org.uk、

英国古迹署的目标是提高对英国历史的公共理解，并保护这个国家的历史环境，从而使其能够获得可持续性的未来。这个机构为伦敦制订的“蓝色牌匾”计划是世界上历史最为悠久的计划之一，这个计划在过去140多年中一直致力于在历史遗址中强调重要的人物或者事件；这个计划在1998年被扩展到整个国家范围内。《2002年国家遗产法》也对英国古迹署的行动发展提供了支持，这个法案使其有责任对英国沿海水域的海洋考古进行监管。现在，这个机构的职能包括确保位于海床之上或者之下的古代纪念碑的保存。

欧盟文化遗产/欧洲文化、建筑和自然遗产保护国际联合会

国际秘书处
35号，兰格沃豪特大道
NL-2514 EC，海牙
荷兰
电话：(31)(70) 302 40 50
http://www.europanostra.org

这个非营利的泛欧洲保护组织创立于1965年，其主旨是保护和提升欧洲建筑和自然遗产，以及推广高级建筑和规划标准。这个机构的成员国包括超过200个非政府组织（NGO）、100个当地和地区性机构，以及来自

35个欧洲国家的差不多1000名个人成员。欧洲遗产保护实践中取得的杰出成就将获得欧洲委员会每年颁发的欧盟文化遗产奖——欧罗巴文化奖——的奖励，这是由欧盟文化遗产管理的一个奖项。

德国世界遗产基金/Die Deutsche Stiftung Welterbe

http://www.welterbestiftung.de

这个机构于2002年在斯特拉松德和维斯马的历史中心区入选“世界遗产名录”时正式成立，德国世界遗产基金（GHWF）发起了一项倡议，从而为《世界遗产公约》的实施做出了积极的贡献。这个机构的任务是：对那些位于资源较少的地区中的世界遗产地提供援助、保护并保存它们的遗产价值、协助潜在的世界遗产地做好申报准备，从而能够进一步提高世界遗产名录的平衡性。截至目前的项目所在地包括蒙古、乌克兰、拉脱维亚、俄罗斯、塞尔维亚、黑山、阿塞拜疆和刚果。

盖提文物保护中心（GCI）

1200号，盖提中心大道，700室

洛杉矶，CA 90049-1684

电话：(1)(310) 440-7325

http://www.getty.edu/conservation/institute/

从1985年开始，J•保罗•盖提信托基金的这个项目就一直致力于促进保护实践，以及与视觉艺术相关的保护、理解和解读的教育事业，包括文物、收藏品、建筑和遗址。它的活动包括对腐朽性质和材料处理进行研究；教育和培训；模型领域项目；以及同时通过传统出版物和电子手段传播信息。

GCI的“艺术和建筑宝库（AAT）”是保护专家的主要信息来源，网址为http://www.getty.edu/research/conducting_research/。而“AATA在线”——艺术和考古技术文摘——是该机构与国际历史及艺术品保护机构联合推出的一项服务。这个数据库包括超过10万份经过专家评审的、保护和遗产管理相关的国际文献文摘，数据库每季度进行更新。

全球遗产基金

艾默生大街625号，200室

帕洛阿尔托，CA 94301

电话：(1)(650) 325-7520

http://www.globalheritagefund.org

这是一个相对新的非营利国际保护机构，它的成立目的在于保护位于发展中国家的重要考古和文化遗产地并确保它们的长期保存。这个机构旨在提供及时的投资、专业知识、监管，并主张对大型考古遗址和古代城镇进行保护。

苏格兰文物局

电话：(44)(0)131 668 8716

http://www.historic-scotland.gov.uk

苏格兰文物局是一个直接向苏格兰大臣负责的机构，其职责在于为这个国家的环境提供安全保障并增加其乐趣。通过一个由5个不同团队组成的地区性网络，这个机构对超过300个财产进行了监管。这个机构中的一个教育部门帮助学校制定适宜的课程；通过它组织的会议、短期课程和研讨会，苏格兰文物局对保护者的技能提高起到了帮助作用。这个机构的奖学金、实习生计划和补助金对保护和研究提供了进一步的支持。

印度国家艺术文化遗产信托基金会（INTACH）

洛迪大厦71号

新德里，110 003

印度

电话：4631818,24641304,24632267,24632269,24692774,24645482

http://www.intach.org

INTACH负责对印度国内具有考古、艺术、科学和国家重要性的历史、文化和自然资源进行记录和保护，同时还对国内大量登记和未登记的纪念建筑物及文化遗产地的保护提供帮助。这个机构的任务在于通过研讨会、讨论会和出版物让公众对他们的文化遗产具有敏感性，这个机构也在寻求与教育机构、文化组织、政府和其他国家及国际机构形成战略合作关系。最近，这个机构对活态遗产提出了新的侧重点，其中包括生活方式、社会习俗以及传统工艺和表演。

国际文物保护与修复研究中心（ICCROM）

圣米迦勒大道13号，00153

罗马，意大利

电话:（39）(6）587901

http://www.iccrom.org

ICCROM是由UNESCO在1956年成立的，目的在于通过广泛侧重于培训（同时包括一般培训和地区性培训）、研究和公共倡议来促进世界文化遗产资源的保护。这个机构作为教育机构的授权工作，是通过周期性的专业遗产会议和举办短期培训课程来实现的，它同时还需要负责维护世界上最古老的文化遗产保护参考图书馆之一。

国际博物馆协会（ICOM）

联合国教科文组织大厦

米奥利斯大街1号

75732，巴黎邮政编号15

法国

电话：(33)(0）1.47.34.05.00

http://www.icom.org

从1946年开始，这个由各个博物馆和博物馆专家组成的非营利组织已经发展成为一个侧重于自然和文化遗产保护的全球性网络。相关费用由其来自140个国家的21000名成员以及政府和承诺为诸如研讨会、出版物以及培训课程等教育机会提供费用的其他实体支付。ICOM的行动与UNESCO的行动有着紧密的联系。

国际古迹遗址理事会（ICOMOS）

49-51号，联邦大街

75015，巴黎

法国

电话：(33)(0）1.45.67.67.70

http://www.icomos.org

ICOMOS是一家国际性非政府机构，它也是UNESCO在纪念碑和遗迹保护及防护方面的首席顾问，同时还是世界遗产委员会在世界遗产名录的遗址提名事宜的顾问机构。在采用了《1964年威尼斯宪章》之后，这个机构于1965年正式成立。通过来自106个国家、110个国家委员会以及21个科学委员会的超过7600名成员组成的网络，ICOMOS渴望为文化环境的保护、修复和管理制定出国际性标准。许多这些标准都已经以ICOMOS会员大会宪章的形式进行发布。

国际历史和艺术品保护协会（IIC）

6号，白金汉街
伦敦，WC2N 6BA
英格兰
电话：(44)(0) 20 7839 5975
http://www.iiconservation.org

在过去50多年中，IIC通过出版物、会议和民族团体等形式对全球范围内历史和艺术品防护及保护工作所需的知识、方法和工作标准起到了极大的推动作用。通过季刊《保护研究》和年刊《保护回归》，这个机构对保护科学家、建筑师、教育家和学生以及藏品管理者、博物馆长、艺术历史学家和其他文化遗产专家了解他们领域中的技术进步提供了帮助。IIC每两年会针对一个现有特定主题举办一次大型国际会议。

国际建筑师协会—Union Internationale des Architectes（UIA）

51号，雷努阿尔大街
75016，巴黎
法国
电话：(33)(0) 1.45.24.36.88
http://www.uia-architectes.org

UIA是一个面向建筑师和建筑专业学生的国际专业组织。这个组织代表了处于国际水准的专业建筑师；为政府机构起草正式声明；在建筑和城镇规划中提出先进的观点；鼓励与其他学科之间的互动；对发展中国家的建筑组织提供帮助和支持；推动建筑教育的发展；促进建筑师、研究者和学生的国际交流。

国际自然保护联盟（IUCN）

玛维妮大街28号
CH-1196，格朗
瑞士
电话：(41)(22) 999-0000
http://www.iucn.org

作为于1948年成立的第一个全球性环境组织，IUCN是世界上最大的环境知识网络。这个组织的任务是协助各个国家保护自然的完整性和多样性，并确保自然资源的使用既公平又具有生态可持续性。目前成员包括来自181个国家的超过10000名科学家和专家以及超过800个NGO。IUCN支持并发展前沿保护科学，在现场项目中使用这些研究成果，随后再通过与政府、民间团体和私人公司之间进行对话，从而将研究和成果与当地、国家、地区以及全球政策联系在一起。IUCN的数据库、评估、指导方针和案例分析在世界上都是赞誉颇多的，并且也经常被用作环境相关信息和参考的来源。

日本国际协力机构（JICA）

第6~13层，新宿Maynds大楼

2-1-1 代代木，涩谷区
东京，151-8558
日本
电话：(81)(3) 5332-5311/5312/5313/5314
http://www.jica.go.jp

日本对发展中国家的援助从20世纪50年代开始扩大，并且每年都在增加和拓宽。JICA负责日本发展援助项目中的技术-合作方面，从紧急灾难救济到为各种不同的用途提供补助金，其中包括文化遗产。JICA共有1200名员工，他们同时在日本国内和超过50个海外办公室中工作。

历史名城联盟

秘书处
国际关系办公室
京都
御池寺町，中京区
京都，604-8571
日本
电话：(81)(75) 222-3072
http://www.city.kyoto.jp/somu/kokusai/lhcs

这个成立于1994年的联盟由来自49个国家的65个城市组成，这个联盟的目的在于通过对历史名城的奇迹和成就的理解来促进世界和平。各个历史名城之间国际关系的加强是通过周期性举办的历史名城世界大会实现的。

东京国立文化遗产研究所

上野公园13-27号，台东区
东京，110
日本
电话：(81)(03) 3823-2241
http://www.tobunken.go.jp

这个研究所是由一名私人慈善家在1930年成立的，目的在于调查和研究文化遗产。今天，这个机构除了成为与艺术历史、表演艺术历史、保护科学和修复技术相关的各种基础研究的研究所在地之外，它还负责对与遗产保护相关的当代问题进行应用性研究。这个机构的美术部和表演艺术部负责对日本和东亚的美术及非物质文化遗产进行研究，例如音乐、舞蹈、民俗和戏剧。修复技术部在其下属的物理、生物和化学部对修复材料和技术进行开发和评估。从1995年开始，它下属的国际保护合作日本中心为国际专家提供了各种技术培训机会，维护了信息数据库，并与诸如位于华盛顿特区的史密森尼学会这类合作伙伴联合举行了国际座谈会。

国民托管组织（英格兰、威尔士和北爱尔兰）

邮政信箱39号
沃灵顿，WA5 7WD
英格兰
电话：(44)(0) 870 458 4000

http://www.nationaltrust.org.uk

国民托管组织是世界上第一个遗产保护组织，它由三位慈善家在1895年成立，主旨在于收购英格兰、威尔士和北爱尔兰受到威胁的海岸线、乡村和建筑，并为其提供安全保障（这个机构在苏格兰的对应物是苏格兰国民托管组织）。这个机构现在照管着超过61.2万英亩的乡村、差不多600英里的海岸线以及超过200座建筑和花园，其中大多数都向游客开放。作为一个独立于政府之外的注册慈善团体，它依靠外部收入和超过260万名会员的会费来维持运转。

苏格兰国民托管组织

威姆斯大厦

夏洛特广场28号

爱丁堡，苏格兰

英国，EH2 4ET

电话：(44)(0) 844 493 2100

http://www.nts.org.uk

苏格兰国民托管组织成立于1931年，这个机构成为了苏格兰境内建筑、风景和历史遗产的保护者。通过其接近30万的会员，它更多地是以一家独立慈善团体的身份在运作而不是一个政府分支机构。

无国界遗产（Patrimoine sans Frontieres）

弗朗索瓦•特吕弗大街61号

75012，巴黎

法国

无国界遗产于1992年在法国文化与交流部的支持下成立，它是一个致力于保护世界范围内受到威胁或者被忽视的文化遗产地的NGO。它的活动包括确认受到威胁的文化遗产地和问题、提高公共大众对它们的意识、筹集资金、依靠合作伙伴网络对具体项目提供支持、为其他遗产保护组织提供建议、组织展览会和共同编辑出版物。

拯救不列颠遗产

考克罗斯大街70号

伦敦，EC1M 6EJ

电话：(44)(0) 20 7253 3500

http://www.savebritainsheritage.org

为了针对受到威胁的历史建筑而进行的活动提供帮助，一个由作家、历史学家、建筑师和规划师组成的团体于1975年成立了拯救不列颠遗产。今天，这个机构通过提供建议和发布新闻稿对当地保护工作提供帮助。它的官网包括英国第一个针对英格兰和威尔士地区受到威胁的历史建筑的在线注册系统，这类建筑中的大多数都已经被登记。拯救不列颠遗产的出版物涉及大量各式各样的保护问题。

古代建筑保护协会（SPAB）

斯比塔耳广场37号

伦敦，E1 6DY

英格兰

电话：(44)(0) 20 7377 1644

http://www.spab.org.uk

SPAB是最大、最古老、最具专业技术水准的国家性团体，它致力于拯救历史悠久的历史建筑以确保其免遭腐朽、拆除和损害。这个团体是由威廉•莫里斯在1877年成立的，其目的是抵抗许多维多利亚时代建筑师对中世纪建筑进行的破坏性“修复”，这个问题现在依然是这个组织的主要关注问题。SPAB会员包括从保护专家到历史建筑所有者、再到对建筑遗产保护有兴趣的私人个体。它的活动包括咨询保护服务和教育，其工作重点侧重于对下一代的教育。

联合国教科文组织（UNESCO）有形财产部和世界遗产中心

芳德诺广场1号

75352，巴黎，07SP

法国

电话：(33)(0) 1.45.68.10.00

http://www.unesco.org

UNESCO成立于1945年，是联合国下属的一个专业机构，目的在于更好地保护遗产而推动国际合作。《1972年世界遗产公约》的通过以及“世界遗产名录”（网址：http://whc.unesco.org/en/list）的维护，让UNESCO成为保护全球文化遗产的国际合作前锋。它的“国家委员会”网络已经覆盖了超过190个国家，而它的运转则是通过接近60个国家的外地办事处实现的。UNESCO每年出版的与其工作相关的各种主题的文章超过100篇。

世界银行

H街1818号，NW

华盛顿特区，20433

电话：(1)(202) 477-1234

http://www.worldbank.org

世界银行的任务是全球减贫和提高生活标准。它通过两个开发机构——国际复兴开发银行（IBRD）和国际开发协会（IDA）——向发展中国家提供经济资源和技术援助。IBRD侧重于中等收入且资信可靠的贫困国家，而IDA则侧重于世界范围内最贫穷的国家。每个机构都可以向发展中国家的教育、卫生、基础设施、通信和许多其他目的提供低息贷款、无息贷款和补助金，其中包括文化遗产保护。

世界纪念性建筑基金会（WMF）

麦迪逊大道95号

纽约，纽约 10016

电话：(1)(646) 424-9594

http://www.worldmonuments.org

世界纪念性建筑基金会最初是一个致力于保护世界范围内面临危险的建筑和文化遗址的私人非营利组织。从1965年开始，WMF已经在91个国家的超过500个遗址中开展了工作。WMF的工作覆盖了各种各样的遗址，并且拥有能够反映这个领域需求发展的项目地区：建筑保护、能力建设、培训和教育、顾问咨询以及救灾减灾。每两年，WMF都会出版它的“100个面临危险最大的世界纪念建筑物遗址观察名单™”，这是代表那些急需干预的遗址场所做出的一次全球性行动呼吁。

国际和地区性大会、章程及推荐做法[1]

——阿琳•K•弗莱明

文化遗产

大量重要的宪章、法律、宣言和指导方针，包括相关网址在内。

US-ICOMOS官网按照年代先后顺序将被各个国际组织采纳的宪章、决议、宣言、指导原则和建议书进行了罗列。

又见：卢森，让-路易斯.《对遗产宪章和公约用途的思考》.《盖提文物保护中心时事通讯》，19页，第2期（2004年夏天）。

1954：《武装冲突事件中对文化遗产进行保护公约》的摘要信息/UNESCO。

1964：《纪念物和遗址保护及修复国际宪章》（《威尼斯宪章》）/ICOMOS。

1968：或者私人工程/UNESCO。

1999：《ICOMOS澳大利亚分会巴拉宪章》（《巴拉宪章》）/ICOMOS澳大利亚分会。

考古学：发掘现场、遗址和材料

（又见："武装冲突"和"转让和贸易"）

陆 地

1956：《考古发掘适用国际准则推荐》/UNESCO。

1968：《因公共或者私人工程而面临威胁的文化遗产保护建议书》/UNESCO。

1969：1992年修订,《考古遗址保护欧洲公约》/欧洲理事会

1976：《美洲国家考古、历史和艺术遗址保护公约》/美洲国家组织（OAS）。

1990：ICOMOS。

水 下

1996：《水下文化遗产保护和管理宪章》/ICOMOS。

2001：《水下文化遗产保护公约》/UNESCO。

建 筑

1931：《历史纪念物修复雅典宪章》/国际联盟，历史纪念物建筑师和技术专家大会。

1956：《建筑和城镇规划国际竞赛建议书》/UNESCO。

1964：《纪念物和遗址保护及修复国际宪章》（《威尼斯宪章》）/ICOMOS。

1968：《因公共或者私人工程而面临威胁的文化遗产保护建议书》/UNESCO。

1976：《美洲国家考古、历史和艺术遗址保护公约》/美洲国家组织（OAS）。

1976：《历史区域当代作用安全保障建议书》/UNESCO。

1985：《欧洲建筑遗产保护公约》/欧洲理事会。

1987：《历史古镇和都市区域保护宪章》/ICOMOS。

1992：《文化遗产价值场所保护宪章》（《奥特亚罗瓦宪章》）/ICOMOS新西兰分会。

1999：《ICOMOS澳大利亚分会巴拉宪章》（《巴拉宪章》）/ICOMOS澳大利亚分会。

1999：《乡土建筑遗产宪章》/ICOMOS

1999：《历史保护原则：木材结构》/ICOMOS

2000：《克拉科夫宪章》/克拉科夫，波兰。

2000：《中国古迹遗址保护原则》（《中国原则》）/ICOMOS中国分会。

2004：《印度无保护建筑遗产和遗址场所保护宪章》/新德里，印度国家艺术文化遗产信托基金会（INTACH）。

2005：《世界遗产和当代建筑维也纳备忘录——历史都市景观管理》/UNESCO。

2008：《ICOMOS文化遗产古迹理解和保护宪章》（《恩纳姆宪章》）/ICOMOS魁北克分会，加拿大。

武装冲突

1907：《艺术和科学机构以及历史纪念物保护公约》（《罗里奇协定》）/ 泛美联盟。

1907：《陆战法规和惯例章程海牙第四公约》。

1954：《武装冲突事件中对文化遗产进行保护公约》（《海牙公约》）/UNESCO。

1954：《第一议定书》。

1977：《日内瓦公约，附加议定书I和II（基于《1954年海牙公约》）》/ICRC。

1998：国际刑事法院，根据《罗马规约》成立。

1999：《第二议定书》。

2003：《文化遗产蓄意破坏宣言》/UNESCO。

涉及文化和自然资源综合体的国际公约

1954：《欧洲文化公约》/欧洲理事会。

1972：《世界文化和自然遗产保护公约》（《世界遗产公约》）/UNESCO。

1972：《文化和自然遗产国家层面保护建议书》/UNESCO。

1976：《美洲国家考古、历史和艺术遗产保护公约》/OAS。

又见：《巴拉宪章》和《奥特亚罗瓦宪章》。

非物质遗产

2003：《非物质文化遗产安全保障公约》/UNESCO。

又见：《巴拉宪章》和《奥特亚罗瓦宪章》。

景观：都市和乡村

1962：《景观和遗址风景及特征安全保障建议书》/UNESCO。

1968：《因公共或者私人工程而面临威胁的文化遗产保护建议书》/UNESCO。

1972：《世界文化和自然遗产保护公约》（该公约随后进一步扩展，将文化景观一并包括在内）/UNESCO。

1972：《文化和自然遗产国家层面保护建议书》/UNESCO。

1976：《历史区域当代作用安全保障建议书》/UNESCO。

1982：《历史名园》（《佛罗伦萨宪章》）/ICOMOS。

1999：ICOMOS澳大利亚分会（《巴拉宪章》）/ICOMOS澳大利亚分会。

2000：《欧洲景观公约》/欧洲理事会。

博物馆和可移动文化遗产

（又见：“转让和贸易”、《1954年海牙公约》以及《第一议定书》和《第二议定书》。）

1960：《让博物馆向所有人开放最有效措施建议书》/UNESCO。

1976：《文化遗产国际交流建议书》/UNESCO。

1978：《可移动文化遗产保护建议书》/UNESCO。

1980：《动态影像安全保障和保存建议书》/UNESCO。

又见：《奥特亚罗瓦宪章》。

转让和贸易

（又见《1954年海牙公约》以及《第一议定书》和《第二议定书》。）

1964：《文化遗产违法进出口及所有权转让禁止和预防措施建议书》/UNESCO。

1970：《文化遗产违法进出口及所有权转让禁止和预防措施公约》/UNESCO。

1976：《美洲国家考古、历史和艺术遗产保护公约》/OAS。

1976：《文化遗产国际交流建议书》/UNESCO。

1978：《可移动文化遗产保护建议书》/UNESCO。

1985：《文化遗产相关犯罪欧洲公约》/欧洲理事会。

1995：《盗窃或非法出口文化文物公约》（《国际统一私法协会公约》）/意大利政府。

重要缩写：

ICOMOS：国际古迹遗址理事会

ICRC：国际红十字委员会

OAS：美洲国家组织

UNESCO：联合国教科文组织

注　释

1. 这份名单由阿琳•K•弗莱明在2007年1月起草，文化资源管理顾问，电子邮件：halandarlene@msn.com。

附　录　D

精选 100 本有注释的参考书目

下列关于建筑保护和相关主题的一系列书籍主要是从位于纽约的哥伦比亚大学艾弗里建筑和艺术图书馆与位于罗马的国际文物保护与修复研究中心（ICCROM）的藏书中选取的。这个清单可以作为关于具有代表性话题的书籍参考目录，同时包括了引用相对较少的期刊或个人论文。选择的会议论文包括那些已经被重要图书馆广泛收录或者应当被收录的论文。这个参考书目偏重于以罗曼斯语和——尤其是——英语写作的书籍。

建筑保护领域的文献可以被认为有两个主要方面：理论类（例如哲学、历史、历史编纂学、考古、文化的各个方面、重要性的各种概念、法律、道德、倡议、教育等）和技术类（例如保护科学，包括砖石保护、土质结构保护、混凝土、木材处理、结构加固、项目管理、技术规程和法律条例）。这个参考书目偏重前者，应当注意的是其并未打算成为囊括保护技术和案例研究相关的所有可得资源，后者可以通过互联网进行查询（参见附录B）。

的确，关于建筑保护的书籍有数千本，而关于建筑和文化的书籍则更是多达数十万本，并且每年还有新作出版。同样，与文化遗产保护相关的话题包括美学、环境心理学、规划、人口分析和遗产经济学。为了确定文化遗产保护领域的普遍性参数，并使其成为读者通过他们的参考书目从而了解到更加专业化的主题的一种方式，这里选取的书目展示了上述话题中的一部分以及建筑保护领域中更具技术性的方面。无数额外的有益论文也在本书部分篇章末尾的“相关阅读”中有所罗列。

与艺术和建筑保护相关的最佳出版物总体分类当属ICCROM，截止2007年，这里收录的超过40种语言的9万本书籍都被进行了分类。这里还收录了更加专业化的、印刷数量极为有限的面世很短的作品和文章。这类书目中的许多都能在更加完备的图书馆藏品中找到，例如盖提文物保护中心（洛杉矶）、哥伦比亚大学艾弗里建筑和艺术图书馆（纽约市）和其他机构及大学图书馆。

大量其他资源只能通过互联网进行查询。四个主要的网络资源数据库可参见附录B：文献和研究数据库。

Agnew, Neville, ed. *Conservation of Ancient Sites on the Silk Road: Proceedings of an International Conference on the Conservation of Grotto Sites*. Conference proceedings, held at Mogao Grottoes, Dunhuang, China, October 3–8, 1993. Los Angeles: Getty Conservation Institute, 1997. A lucid description of the process of determining the significance of a historic cultural resource as a basis for formulating a conservation plan.

Ahunbay, Zeynep. *Tarihi Çevre Koruma ve Restorasyon*. Istanbul: YEM Yayen, 1996. A textbook in architectural conservation by a prominent Turkish conservation architect.

Alfrey, Judith, and Tim Putnam. *The Industrial Heritage: Managing Resources and Uses*. London: Routledge, 1992. A presentation of the issues faced in conserving industrial heritage sites, including discussions on determining significance, conservation planning, creating constituencies, documentation, and bringing projects to fruition.

Amery, Colin, with Brian Curran. *Vanishing Histories: 100 Endangered Sites from the World Monuments Watch™*. New York: Abrams in association with the World Monuments Fund, 2001. A description of the World Monuments Fund's accomplishments during the first five years of its World Monuments Watch™ List of 100 Most Endangered Sites program. A comprehensive and balanced, though somewhat narrow, view of global conservation activities of this influential, private not-for-profit organization.

Aplin, Graeme. *Heritage: Identification, Conservation, and Management*. South Melbourne, Australia: Oxford University Press, 2002. A rich information source on conserving both natural and cultural heritage from an Australian perspective.

Appleyard, Donald, ed. *The Conservation of European Cities*. Cambridge, MA: MIT Press, 1979. An edited collection of twenty-three case studies and topical essays on conservation programs in European cities, including Venice; Istanbul; Bath, England; Brussels; the Plaka in Athens; Split, Croatia; and inner-city neighborhoods in Amsterdam and London.

________, ed. *Urban Conservation in Europe and America: Planning, Conflict and Participation in the Inner City*. Proceedings of a conference held in Rome, 1975. Rome: European Regional Conference of Fulbright Commissions, 1975. Conference proceedings that address: "Living and Historical Monuments in Athens, Split and Istanbul"; "Physical versus Social Conservation in Venice, Rome and Grenoble"; "Planning, Legislation and Design in Amsterdam, Leuven, Stockholm…."; and "Citizen Participation…."

Ashurst, John, and Nicola Ashurst. *Practical Building Conservation: English Heritage Technical Handbook*, volumes 1–5. London: Gower Technical Press, 1988. A well-organized and richly detailed guide to the specific skills and technologies used in architectural conservation.

Baer, N. S., and F. Snickars, eds. *Rational Decision-Making in the Preservation of Cultural Property*. Berlin: Dahlem University Press, 2001. Addresses the choices faced in materials conservation from the viewpoint of the conservator.

Baker, David. *Living with the Past: The Historic Environment*. Bletsoe, Bedford, UK: D. Baker, 1983. The author makes the case for conserving entire historic environments, widely referred to today as "cultural landscapes."

Bakoš, Ján. "Monuments and Ideologies." *Centropia: A Journal of Central European Architecture and Related Arts* 1, no. 2 (May 2001): 101–7. Previously published by the Slovak Academy of Sciences in its journal *Human Affairs* 1, no. 2 (December 1991).

A highly insightful portrayal of the cult of museums and monuments at the end of the twentieth century, informed by and written in the manner of Alois Riegl.

Bell, D. *The Historic Scotland Guide to International Conservation Charters*. Edinburgh: Historic Scotland, 1997. A comprehensive analysis of some seventy national and international statements of conservation principles. It contains useful contextual material on why to conserve, what to conserve, definitions, comparisons of principles, and related matters.

Binney, Marcus. *Our Vanishing Heritage*. London: Arlington Books, 1984. Arranged according to building type, this is a personalized account of the writer—a significant figure in the history of architectural conservation—and of efforts by him and his circle to preserve Britain's vanishing architectural heritage.

Binney, Marcus, Francis Macin, and Ken Powell. *Bright Future: The Re-use of Industrial Buildings*. London: SAVE Britain's Heritage, 1990. A photo-illustrated booklet with evocative images of impressive industrial heritage sites and a case for their reuse and conservation.

Boito, Camillo. *I Restauratori*. Florence: G. Barbèra, 1884. In this work—a landmark in the literature of architectural conservation—Boito articulates his principles for architectural restoration.

Bonelli, Renato. *Scritti sul Restauro e sulla Critica Architettonica*. Introduction by Giovanni Carbonara. Series no. 14, produced by the Studio for the Restoration of Monuments, University of Rome "La Sapienza." Rome: Bonsignori Editore, 1995. The book reprints Renato Bonelli's critical writings, with illustrations by Bonelli and others, on theory, principles, archaeology, garden restoration, etc., relative to architectural conservation.

Boniface, Priscilla, and Peter J. Fowler. *Heritage and Tourism in "the Global Village."* London: Routledge, 1993. Eleven essays on heritage tourism within the overall tourism industry, which refers to the business in line one of the preface as being "the Greatest Show on Earth."

Brandi, Cesare. *Teoria del Restauro*. Rome: Edizioni di Storia e Letteratura, 1963. Translated by Cynthia Rockwell as *Theory of Restoration* (Rome: ICCROM, 2005). Contributions to theory with mention of specific conservation techniques and examples by one of Italy's most accomplished conservators and cultural heritage administrators.

Brown, G. Baldwin. *The Care of Ancient Monuments*. Cambridge: Cambridge University Press, 1905. Unusual for its day, this early work chronicled architectural conservation legislation in various European countries, North African countries, India, and the United States, as a basis for stimulating more effective legislation to protect monuments in Britain. A good source for the history of architectural conservation and a summary of the issues faced at the time.

Campbell, Krystyna. "Time to Leap the Fence." In *Managing Historic Sites and Buildings: Reconciling Presentation and Preservation*. Edited by Gill Chitty and David Baker. Issues in Heritage Management Series. London: Routledge, 1999. An engaging review of the picturesque in English landscape design tradition, followed by a discussion with examples of the choices one faces in preserving and presenting heritage landscape sites.

Carbonara, Giovanni. *Avvicinamento al Restauro: Teoria, Storia, Monumenti*. Naples: Liguori Editore, 1997. At 732 pages, it is surely the most comprehensive and massive architectural restoration textbook ever written. Its seven parts cover theory, history, restoration and science, and urban conservation issues, with nine appendices containing key conservation charters and declarations.

Ceschi, Carlo. *Teoria e Storia del Restauro*. Rome: M. Bulzoni Editore, 1970. Covering the evolution of architectural conservation principles and practices from the Renaissance through the 1960s, the book includes interesting examples of Renaissance treatments of historic buildings by Leon Battista Alberti, Andrea Palladio, and others.

Chitty, Gill, and David Baker, eds. *Managing Historic Sites and Buildings: Reconciling Presentation and Preservation*. Issues in Heritage Management Series. London: Routledge, 1999. A collection primarily of papers presented at a seminar entitled "Presentation and Preservation: Conflict or Collaboration," held in London in October 1997. It addresses in detail a number of issues, ranging from "community archaeology" and conservation issues at country houses and churches to conserving twentieth-century military installations.

Choay, Françoise. *The Invention of the Historic Monument*. Translated by Lauren M. O'Connell. Cambridge: Cambridge University Press, 2001. A deeply insightful presentation on the evolution of modern architectural practice from its roots in France in the late eighteenth century.

Christie, Trevor L. *Antiquities in Peril*. Philadelphia: Lippincott, 1967. Christie makes the case for conserving the great monuments of the world, with descriptions of conservation efforts of fourteen outstanding sites that were "rescued by modern scientific techniques for the enrichment of future generations."

Cleere, Henry, ed. *Archaeological Heritage Management in the Modern World*. London: Unwin Hyman, 1989. Thirty-one essays dealing with key aspects of archaeological heritage management from a global perspective.

Contorni, Gabriella. *Erre come Restauro: Terminologia degli interventi sul costruito,* Firenze Alinea Editrice, 1993. A highly useful reference to nomenclature used in architectural conservation. Written in Italian, it covers only Italian terms, with each translated into English, Spanish, and/or French. Includes an etymology of terms, references, and illustrated commentary.

Crosby, Theo. *The Necessary Monument: Its Future in the Civilized City*. Greenwich, CT: New York Graphic Society, 1970. The author makes the case that architects, planners, and others should obtain a greater appreciation of key monuments in urban contexts. Three representative chapters are "Tower Bridge, London—A Monument in the Balance," "Rebirth of the Paris Opera," and "The Death of Pennsylvania Station, New York."

De Angelis d'Ossat, Guglielmo. *Sul Restauro dei Monumenti Architettonici: Concetti, Operatività, Didattica*. Series no. 13, School for the Restoration of Monuments, University of Rome "La Sapienza." Rome: Bonsignori Editore, 1995. These writings, with supplements, are by a key figure in modern restoration education and practice in Italy. It includes a modest scale of possible levels of intervention, using Italian sites as examples.

Delafons, John. *Politics and Preservation: A Policy History of the Built Heritage, 1882–1996*. London: E. and F. N. Spon, 1997. A clear and fresh view of the political implications of architectural conservation in Britain, which addresses, among other things, the evolution of the field, planning considerations, formulation of policy, policy parameters, priorities, and sustainable conservation.

Denhez, Marc C. *The Heritage Strategy Planning Handbook: An International Primer*. Toronto: Dundurn Press, 1997. A comparison of systems of legal protection for cultural heritage conservation in various countries, followed by a presentation on planning strategies and related issues.

Denslagen, Wim. *Architectural Restoration in Western Europe: Controversy and Continuity*. Amsterdam: Architectura and Natura, 1994. A wide-ranging study of conservative versus radical (anti-scrape versus scrape) approaches to architectural conservation used in northern Europe from the mid-nineteenth through the mid-twentieth centuries, with insightful discussion of their implications.

Denslagen, Wim, and Niels Gutschow, eds. *Architectural Imitations: Reproductions and Pastiches in East and West*. Maastricht, Neth.: Shaker Publishing, 2005. The most comprehensive roundup to date of writings and thoughts on the issue of so-called Western and Eastern approaches to heritage conservation. The editors roundly question recent biases against reconstructions, and the book addresses the topic from both global and historical perspectives.

Domicelj, Jean, and Duncan Marshall. "Diversity, Place and the Ethics of Conservation." Discussion paper prepared for the Australian Heritage Commission on behalf of Australia ICOMOS, 1994. It includes "issues acknowledging the potential for conflict over diverse values associated with heritage places in a pluralist country such as Australia." The work addresses the question of different perspectives of culture, the challenges faced, examples, and a "Draft Code of Ethics of Coexistence in Conserving Significant Places."

Earl, John. *Building Conservation Philosophy*. Preface by Bernard Feilden. Reading, UK: College of Estate Management, 1996. A review of most, if not all, key philosophical issues encountered in Western architectural conservation, with clear explanations and appendices that include the more widely recognized charters.

Enders, Siegfried R. C. T., and Niels Gutschow. *Hozon: Architectural and Urban Conservation in Japan*. Stuttgart, Germany: Edition Axel Menges, 1998. The results of a Japanese-German collaborative effort at analyzing architectural conservation theory and practice in Japan, especially as it relates to the question of authenticity and the ancient Japanese practice of reconstructing and replicating buildings.

Erder, Cevat. *Our Architectural Heritage: From Consciousness to Conservation*. Museums and Monuments series. Paris: UNESCO, 1986. The first detailed and scopic history of architectural conservation in Europe, in which the author, a classical archaeologist, proves it had its roots in early antiquity. Organized both chronologically and geographically, this amply illustrated and very readable narrative traces architectural conservation's "prehistory" through the nascent years of today's profession. Appendices include "On Restoration," by Eugène-Emmanuel Viollet-Le-Duc, and the Madrid, Athens, and Venice conservation charters (1904, 1933, and 1964, respectively).

Fawcett, Jane, ed. *The Future of the Past: Attitudes to Conservation 1174–1974*. London: Thames and Hudson, 1976. Produced in conjunction with an exhibition organized by the Victorian Society from 1970 to 1971, this classic includes eight essays by key figures in the British architectural conservation field including John Betjeman, Mark Girouard, and Sir Nikolaus Pevsner. Pevsner's "Scrape and Anti-Scrape" remains the best overview of the famous nineteenth-century polemic regarding the use of conservative versus radical approaches to preserving historic buildings. Jane Fawcett's "A Restoration Tragedy," which concerns "restorations" of cathedrals in the eighteenth and nineteenth centuries, is a lucid description of treatments of historic buildings that, to a large degree, created the modern field of architectural conservation. The book's first chapter offers an illustrated history of preservation in Britain from the twelfth century on, and the penultimate chapter, "Conservation in America," reveals the breadth of this impressive collection of essays.

Feilden, Bernard M. *Between Two Earthquakes: Cultural Property in Seismic Zones*. Rome: ICCROM; Marina del Rey, CA: Getty Conservation Institute, 1987. A useful handbook on nearly all aspects of protecting historic buildings at risk from earthquakes. Contains thirteen appendices on topics including preventative measures, documentation systems, and proceedings of relevant international conferences.

________. *Conservation of Historic Buildings*. 3rd ed. Oxford: Architectural Press, 2003. First published in 1982 by Butterworth Scientific. This book in its various editions is a landmark in the field of professional architectural conservation science and practice, written by England's most renowned architectural conservation architect. It thoroughly covers sources of decay, problem types, and technical approaches, including specific formulas. *Conservation of Historic Buildings* remains the unmatched bible for the technically oriented, such as architects, conservators, chemists, and specialist builders.

Feilden, Bernard M., and Jukka Jokilehto. *Management Guidelines for World Cultural Heritage Sites*. Rome: ICCROM, 1993. Intended as a management guide for site protection, this book also explains the rationale for World Heritage listing.

Fitch, James Marston. *Historic Preservation: Curatorial Management of the Built World*. Charlottesville, VA: University Press of Virginia, 2001. First published in 1982 by McGraw-Hill. The first worldwide view of architectural conservation practice by the eminent leader in preservation education in the United States. Meant primarily as a textbook, Fitch offers in his inimitable writing style a description of the field in the 1980s and "the forces that shaped it."

Gamboni, Dario. *The Destruction of Art: Iconoclasm and Vandalism since the French Revolution*. London: Reaktion Books, 1997. In the first comprehensive examination of modern iconoclasm, the author reassesses the motives and circumstances behind deliberate attacks carried out on public buildings, religious buildings, sculpture, paintings, and other works of art in the nineteenth and twentieth centuries

Goulty, Sheena Mackellar. *Heritage Gardens: Care, Conservation, and Management*. London: Routledge, 1993. In her concise and clear overview of the subject, the author uses case studies to address the history of garden care, the conservation process, maintenance, and management.

Gratz, Roberta Brandes. *The Living City*. New York: Simon and Schuster, 1989. A call for commonsense appreciation of cities as living entities, which outlines socioeconomic, cultural, and physical assets that need to be taken more seriously by citizens, planning professionals, and municipal decision makers.

Haskell, Tony, ed. *Caring for Our Built Heritage: Conservation in Practice*. London: E. and F. N. Spon, 1993. "A review of conservation schemes carried out by County Councils and National Park Authorities in England and Wales…." A compendium of accomplishments in the form of case studies in archaeology, industrial archaeology, building conservation, town schemes, parks and gardens, and so on, with introductory remarks, citations of laws, and a list of sources.

Herbert, David T., ed. *Heritage, Tourism and Society*. London: Mansell, 1995. Eleven presentations on aspects of heritage tourism, ranging from its educational roles to its economic benefits.

Hunter, Michael, ed. *Preserving the Past: The Rise of Heritage in Modern Britain*. Stroud, Gloucestershire, UK: Alan Sutton, 1996. An excellent collection of writings, including an introduction by Michael Hunter, and chapters on the progress of heritage conservation in Britain from the mid-nineteenth century until the mid-1990s. Its contents address changing attitudes toward preserving the country house ensemble, the vital role of conservation societies, changing attitudes in urban development, and open-air museums and industrial museums. A bibliographical essay on important books pertaining to British heritage conservation and a chronology of key events in the history of architectural conservation in Britain round out this exemplar of British thought and commitment to heritage conservation practice.

ICOMOS. *The Monument for the Man: Records of the Second International Congress of Architects and Technicians of Historical Monuments, Venice, 25–31 May 1964.* Padua, Italy: Marsilio Editore, 1972. Summaries of 168 papers given at the most famous conference in the field of architectural conservation—the occasion of the drafting of the International Charter for the Conservation and Restoration of Monuments and Sites (the Venice Charter, 1964).

Insall, Donald W. *Living Buildings.* London: The Images Publishing Group, 2008. A review of fifty years of experience, rich with practical information from Donald Insall Associates, a top leader in British architectural conservation practice.

Jacobs, Jane. *The Death and Life of Great American Cities*. New York: Random House, 1961. A landmark in architectural conservation literature, its persuasive and influential arguments succeeded in pressuring public officials and developers to respond to popular demands for preservation.

Jokilehto, Jukka. *A History of Architectural Conservation*. Oxford: Butterworth-Heinemann, 1999. A simplified, updated, and better-illustrated version of Jokilehto's doctoral dissertation on the origins and evolution of conservation practice in Western Europe. Other parts of the world are also addressed, and the UNESCO/ICCROM institutional perspective on contemporary architectural conservation issues is well explicated here. Includes an extensive bibliography.

Journal of Architectural Conservation. London. Thrice-yearly publication that has, since 1995, presented up-to-date information addressing the practical and technical aspects of the field, including conference proceedings. Its purview includes historic buildings, monuments, places, and landscapes.

King, Thomas F., Patricia Parker Hickman, and Gary Berg. *Anthropology in Historic Preservation: Caring for Culture's Clutter*. Studies in Archaeology Series. New York: Academic Press, 1977. A useful sourcebook for both anthropologists and cultural heritage conservationists that explains to each how the other's profession works. Included are chapters on anthropology and historic preservation, a history of historic preservation in the United States, law and regulation, defining cultural significance, and survey techniques.

Larsen, Knut Einar. ed. *Nara Conference on Authenticity in Relation to the World Heritage Convention*. Conference proceedings, Nara, Japan, November 1–6, 1994. Trondheim, Norway: Tapir Publishers, 1995. The results of discussions and presentations by forty-five experts from twenty-six countries who specifically addressed the crucial topic of authenticity in heritage conservation.

Latham, Derek. *Creative Re-use of Buildings*. 2 vols. Shaftesbury, UK: Donhead Publishing, 2000. Two volumes, entitled "Principles and Practice" and "Building Types: Selected Examples," address numerous possibilities for the adaptive or extended use of existing buildings.

Lemaire, C. R. *La Restauration des Monuments Anciens*. Antwerp: De Sikkel, 1938. An early history of accomplishments in architectural restoration in Belgium in the wake of World War I.

Leniaud, Jean-Michel. *L'Utopie Française: Essai sur le Patrimoine*. Paris: Editions Mengès, 1992. A comprehensive description of the conservation of the French cultural patrimony, its special characteristics, and the roles that heritage plays in French society.

Ligen, Pierre-Yves. *Dangers and Perils: Analysis of Factors Which Constitute a Danger to Groups and Areas of Buildings of Historical or Artistic Interest.* Strasbourg, France: Council for Cultural Co-operation, 1968. A cogent explanation, rich with examples, of the myriad challenges faced in conserving Europe's historic built environment.

Logan, W. S. ed. *The Disappearing "Asia" City: Protecting Asia's Urban Heritage in a Globalizing World.* Oxford: Oxford University Press, 2002. An important collection of essays by leaders in the field on changes to representative cities in East and Southeast Asia.

Lowenthal, David. *The Past is a Foreign Country*. Cambridge: Cambridge University Press, 1985. A sweeping study, with provocative ideas on how humans have related to their tangible past.

Lowenthal, David, and Marcus Binney, eds. *Our Past Before Us: Why Do We Save It?* London: Temple Smith, 1981. A compilation of studies that evaluate reasons for, and examples of, conservation of historic sites in Great Britain. Issues addressed include changing views, conserving landscapes, workplaces, and historical identities, and the benefits and risks of heritage conservation becoming a widely popular concern.

Lynch, Kevin. *What Time Is This Place?* Cambridge, MA: MIT Press, 1972. A classic on the roles of history and historic preservation in cities, with insightful commentary from a planner's perspective.

MacLean, Margaret, ed. *Cultural Heritage in Asia and the Pacific: Conservation and Policy*. Proceedings of a symposium held in Honolulu, September 8–13, 1991. Marina del Rey, CA: Getty Conservation Institute, 1993. One of the first scopic reviews of the challenges faced in conserving the cultural heritage of East Asia and the Pacific region, with recommendations for conservation policies and various technical methodologies.

Marks, S. ed. *Concerning Buildings: Studies in Honor of Sir Bernard Feilden*. Oxford: Butterworth-Heinmann, 1996. A broad and rich array of ten essays mainly by England's top teachers in the field, which deal with the principles and problems of conserving historic buildings, including international perspectives.

Marquis-Kyle, Peter, and Meredith Walker. *The Illustrated Burra Charter: Making Good Decisions About the Care of Important Places*. Brisbane, Australia: Australia ICOMOS and the Australian Heritage Commission, 1992. New edition published as *The Illustrated Burra Charter: Good Practice for Heritage Places*. Sydney: Australia ICOMOS, 2004. The Burra Charter is a landmark in the history of efforts to articulate cultural heritage standards and practice, and this book is a clearly described, well illustrated and comprehensive companion to it.

Marconi, Paolo. *Arte e Cultura della Manutenzione dei Monumenti*. 2nd ed. Rome: Editori Laterza, 1990. The book contains observations on the performance of various exterior building materials, and it details their roles of providing both protection and ornamentation.

________. *Materia e Significato: La Questione del Restauro Architettonico*. Rome: Editori Laterza, 1999. A direct approach into some of the most difficult aspects of architectural restoration. It includes detailed discussions and illustrations of all manner of design and technical issues, many of which are the distinguished architect-professor's own projects.

McManamon, Francis P., and Alf Hatton, eds. *Cultural Resource Management in Contemporary Society: Perspectives on Managing and Presenting the Past*. London: Routledge, 2000. Proceedings from the third World Archaeological Congress in New Delhi, December 1994. Transcripts of twenty-four scholarly presentations that address a variety of global issues in cultural resource management ranging from the general and more philosophical (e.g., challenges in Africa, Cameroon, Lebanon, and the United States) to the more specific (e.g., rescue archaeology in Japan and "Teaching Archaeology at the Museum San Miguel de Azapa in Northernmost Chile"). A valuable reference for experts.

Nagar, Shanti Lal. *Protection, Conservation, and Preservation of Indian Monuments*. New Delhi: Aryan Books International, 1993. This book offers a valuable and rare historical perspective, with quotes from ancient literature pertaining to architectural and landscape restoration and preservation. Subsequent chapters discuss intervention possibilities, laws, and environmental conservation, followed by sixteen appendices.

Palmer, Marilyn, and Peter Neaverson, eds. *Managing the Industrial Heritage: Its Identification, Recording and Management*. Proceedings of a seminar held at Leicester University in July 1994. Leicester Archaeology Monographs no. 2. Leicester, UK: University of Leicester, 1995. Illustrated conference proceedings with twenty-four essays organized under topics of recording, site context, assessing priorities, and protection measures.

Pearce, David. *Conservation Today*. London: Routledge, 1989. A publication that accompanied an exhibition at the Royal Academy of Arts in London in 1989 in which the author argues that architectural conservation should be a creative process.

Pearson, Michael, and Sharon Sullivan. *Looking after Heritage Places: The Basics of Heritage Planning for Managers, Landowners and Administrators*. Carlton, Victoria, Australia: Melbourne University Press, 1995. A clear, detailed, and well-organized compendium addressing practically all issues relating to the work of managers at heritage places.

Pevsner, Nicolaus. *Ruskin and Viollet-le-Duc: Englishness and Frenchness in the Appreciation of Gothic Architecture*. London: Thames & Hudson, 1969. Views of the chief and most eloquent proponents of Gothic architecture in their day revealing their deep knowledge and passions on the matter and its treatments via either restoration or minimal conservation.

Poulot, Dominique, ed. *Patrimoine et Modernité*. Conference proceedings. Paris: L'Harmattan, 1998. Sixteen essays by leading thinkers in Western Europe on the evolving roles of cultural heritage over the past two centuries. Notions of Western European cultural heritage, its portrayal, government support for its protection, and its role in politics are principle themes.

Reynolds, Donald M. *Remove Not the Ancient Landmark: Public Monuments and Moral Values; Discourses and Comments in Tribute to Rudolf Wittkower*. Documenting the Image 3. Amsterdam: Gordon and Breach, 1996. Twenty-two essays by prominent art historians—including James Ackerman, James Beck, David Rosand, Oleg Grabar, and Stephen Murray—on the purpose, meaning, and the conservation of planned "monuments" throughout history in the Western world. Includes an essay on the etymology of the word *monument*.

Riegl, Alois. "The Modern Cult of Monuments: Its Character and Its Origin." Translated by Kurt W. Forster and Diane Ghirardo. *Oppositions* 25 (1982). The most famous of the writings on architectural restoration by the influential Viennese art historian, advocate, and philosopher. The best English translation of the classic *Der Moderne Denkmalkultus*.

Rodwell, Dennis. *Conservation and Sustainability in Historic Cities.* Oxford: Blackwell Publishing, 2007. A clear, concise, and well-illustrated coverage of conservation, re-use, design, and matters of sustainability pertaining mainly to European cities by the leading architect-planner specialist in the subject. Excellent bibliography.

Ruskin, John. "The Lamp of Memory," in *The Seven Lamps of Architecture* (London: Smith, Elder, 1849). In chapter 6, article 16, Ruskin declares that, after simple maintenance, it is better to pull down a building than to artificially extend its life since "The thing (restoration) is a Lie from beginning to end…"

Schmidt, Hartwig. *Wiederaufbau: Denkmalpflege an Archäologischen Stätten Band 2.* Stuttgart, Germany: Konrad Theiss, 1993. A comprehensive, and technical presentation of the history of archaeological monuments conservation in the Mediterranean region and the state of the art today.

Schuster, J. Mark, John de Monchaux, and Charles A. Riley, II, eds. *Preserving the Built Heritage: Tools for Implementation.* Salzburg Seminar series. Hanover, NH: University Press of New England, 1997. Proceedings of Salzburg Seminar no. 332, held in December 1995, entitled "Preserving the National Heritage: Policies, Partnerships, and Actions." The synthesis of a solutions-oriented symposium that involved mostly planners, senior policy makers, and the representatives of nongovernmental organizations from thirty-one countries. It includes insightful speculations on the optimum roles of government, nonprofit organizations, and the private sector in effectively conserving architectural heritage. An annotated bibliography and a guide to preservation resources online (by Katherine Mangle) are also provided.

Society for the Protection of Ancient Buildings (SPAB). *Repair Not Restoration.* London: SPAB, 1977. Printed for the centenary of SPAB. A reprinting of speeches and writings by John Ruskin, Auguste Rodin, W. R. Lethaby, and William Morris that eloquently argue against destructive, heavy-handed restorations.

Stanley-Price, Nicholas, ed. *Conservation on Archaeological Excavations with Particular Reference to the Mediterranean Area.* Rome: ICCROM, 1995. First published in 1984. Proceedings from a specialist symposium held in Cyprus in 1983 that dealt with aspects of conserving in situ archaeological remains ranging from "first aid" for finds to sheltering systems.

Stanley-Price, Nicholas, M. Kirby Talley, Jr., and Alessandro Melucco Vaccaro, eds. *Historical and Philosophical Issues in the Conservation of Cultural Heritage.* Readings in Conservation. Los Angeles: Getty Conservation Institute, 1996. A valuable compendium of selected writings on theory and principles in art and architectural conservation. In their own words, we hear from John Ruskin, Bernard Berenson, Kenneth Clark, Alois Riegl, and others on art and connoisseurship, the intent of artists, reintegration of loss, patina, and historiography. This book is the best handy reference for the key theories in architectural conservation, with writings by both mainstays through the early twentieth century and more recent figures such as Cesare Brandi, Paul Philippot, and Giovanni Carbonara.

Stipe, Robert ed. *A Richer Heritage: Historic Preservation in the Twenty-first Century.* Chapel Hill, NC: Historic Preservation Foundation of North Carolina and University of North Carolina Press, 2003. The best text and reference to date on historic preservation practice in the United States, consisting of essays by over a dozen leaders in the field.

Stipe, Robert E., and Antoinette J. Lee, eds. *The American Mosaic: Preserving a Nation's Heritage.* Washington, DC: US/ICOMOS, Preservation Press, National Trust for Historic Preservation, 1987. Written initially for the Eighth General Assembly of ICOMOS in Washington, DC, this book is organized into three parts: a description of the American preservation system; what is or should be preserved and why; and an appraisal of the field and recommendations for the future.

Stovel, Herb. *Risk Preparedness: A Management Manual for World Cultural Heritage.* Rome: ICCROM, 1998. A sourcebook for historic property managers and others on ways to mitigate the effects of human-caused and natural damage to cultural heritage through measures that should be taken before the damage occurs.

Strike, James. *Architecture in Conservation: Managing Development at Historic Sites.* London: Routledge, 1994. A detailed and well-illustrated discussion of considerations when planning new architecture for conservation projects.

Tomlan, Michael A., ed. *Preservation of What, for Whom? A Critical Look at Historical Significance.* Conference proceedings, Goucher College, Baltimore, Maryland, March 20–22, 1997. Ithaca, NY: National Council for Preservation Education, 1998. Eighteen papers reflecting various views on defining values and significance at historic cultural resources, and to its audiences.

Tschudi-Madsen, Stephan. *Restoration and Anti-Restoration: A Study in English Restoration Philosophy.* Oslo: Universitetsforlaget, 1976. A succinct, lucid, and well-researched analysis of the intense struggle in Great Britain for acceptable theories and methodologies in architectural conservation in the nineteenth century, with reference to its antecedents and later influences.

Tung, Anthony M. *Preserving the World's Great Cities: The Destruction and Renewal of the Historic Metropolis.* New York: Clarkson Potter, 2001. A comprehensive view, rich with insights, of the roles that architectural conservation and preservation planning have played (or have not played) in eighteen of the world's greatest historic cities.

Von Droste, Bernd, Harald Plachter, and Mechtild Rössler, eds. *Cultural Landscapes of Universal Value: Components of a Global Strategy.* Jena, Germany: Fischer Verlag in cooperation with UNESCO, 1995. A report on progress to date in defining, documenting, and placing cultural landscapes on the World Heritage List. This volume includes several case studies and references that were meant to form a baseline for launching a global strategy for protecting the world's most significant cultural landscapes.

Von Droste, Bernd, Mechtild Rössler, and Sarah Titchen, eds. *Linking Nature and Culture: Report of the Global Strategy, Natural and Cultural Heritage, Expert Meeting.* Held in Amsterdam, March 25–29, 1998. Conference proceedings that address the aims of UNESCO and partners to conserve both natural and cultural landscapes through the mechanism of the World Heritage List.

Warren, J., J. Worthington, and S. Taylor, eds. *Context: New Buildings in Historic Settings.* London: Architectural Press, 1998. Perspectives on new design for historic settings, o.e of the best in the genre on this topic.

Warren, John. *Conservation of Earthen Structures.* Oxford: Butterworth-Heinemann, 1999. A thorough examination of all issues related to conserving earthen structures, and their constituent parts, including construction techniques, pathologies, repair and conservation techniques, guiding principles, and related practical matters, such as protective shelters and cappings.

Watkin, David. *The Rise of Architectural History*. London: Architectural Press, 1980. A clear account of the history of architectural history that properly credits the role of historians in the architectural conservation movement.

Watt, David S. *Building Pathology: Principles and Practice*. Oxford: Blackwell Science, 1999. A well-illustrated, interdisciplinary approach to the study of building defects and appropriate remedial action.

World Monuments Fund (with US/ICOMOS). *Trails to Tropical Treasures: A Tour of ASEAN's Cultural Heritage*. New York: World Monuments Fund, 1992. An introduction to key historic buildings and sites in the Association of Southeast Asian Nations (ASEAN) and conservation practice in the region based on contributions by local authorities and experts. Its companion volume, *Trails to South American Treasures* (1997), remains the best overview of architectural conservation practice and the challenges that remain in the thirteen countries that comprise South America.

图片版权

作者想对慷慨地为《永垂不朽》一书提供照片材料的各个机构和个人表示感谢。在任何情况下，我已经尽了一切努力去与照片版权所有人联系，但依然可能存在任何错误或者疏忽，则出版商会在本书的再版过程中补充适当的说明。

我要向世界纪念性建筑基金会的董事和员工表示格外的感激，他们慷慨地让我使用了他们的影像图书馆。同时还应当向ICCROM的总干事表示感谢，他让我使用了他们的影像档案馆，并且他们的员工也为作者提供了善意帮助。

Frontispiece: Creative Commons Attribution-Share Alike license, v2.5

Chapter 1 opener: Photo Disc, Inc.

1-1: akg-images, Ltd.

1-2: Courtesy World Monuments Fund

1-3: GNU Free Documentation license, v1.2, http://www.gnu.org/copyleft/fdl.html

1-4: © ICCROM

1-5, 1-6: Courtesy World Monuments Fund

1-7, 1-8: Courtesy World Monuments Fund; Atotonilco, 1-8 by R. Ross for WMF, National Institute for Archaeology and History (INAH) heritage site

1-9: John H. Stubbs

1-10: Courtesy World Monuments Fund

1-11: John H. Stubbs

2-1: Courtesy World Monuments Fund

2-2: Courtesy World Monuments Fund

2-3, 2-4: Courtesy of the Mount Vernon Ladies' Association

2-5: John H. Stubbs

2-6: Creative Commons Attribution-Share Alike license, v2.5

3-8: Creative Commons Attribution-Share Alike license, v2.5

3-1: Creative Commons Attribution-Share Alike license, v2.5

3-2: Courtesy World Monuments Fund

3-3: Creative Commons Attribution-Share Alike license, v2.5

3-5: John H. Stubbs

4-1, 4-2: Courtesy World Monuments Fund

4-3, 4-4: © BlackStar/Mark Simon

4-5: Creative Commons Attribution-Share Alike license, v2.5

4-6: John H. Stubbs

4-7: Courtesy World Monuments Fund

5-1: Creative Commons Attribution-Share Alike license, v2.5

Chapter 6 opener: Hypnerotomachia Polyphili woodcut

6-2: Courtesy of Susanne K. Bennet and the Museum of African Art/Jerry L/ Thompson, photographer

6-7: Courtesy World Monuments Fund

6-8: Image courtesy of JPL/NASA

6-9: Courtesy World Monuments Fund

Part II opener: Courtesy World Monuments Fund

Chapter 7 opener: Corbis Digital stock

7-1, 7-2, 7-3: Courtesy World Monuments Fund

7-4a: John H. Stubbs

7-4b: Agence France Presse/CHOO Youn-Kong 2005

7-4c: Courtesy World Monuments Fund

7-4d: John H. Stubbs

7-5, 7-6: Courtesy World Monuments Fund

7-7: John H. Stubbs

7-8, 7-9, 7-10, 7-11, 7-12, 7-13: Courtesy World Monuments Fund

7-14: John H. Stubbs

7-15: Creative Commons Attribution-Share Alike license, v2.5

7-16, 7-17: Courtesy World Monuments Fund

Chapter 8 opener: Creative Commons Attribution-Share Alike license, v2.5

9-1: Photo courtesy of M. Walker and P. Marquis-Kyle, *The Illustrated Burra Charter: Good Practice for Heritage Places* (Burwood, Victoria: Australia ICOMOS Inc., 2004)

Chapter 10 opener: John H. Stubbs

Chapter 11 opener: John H. Stubbs

Part III opener (and 14-15): Courtesy World Monuments Fund

Chapter 12 divider (and 12-5): John H. Stubbs

12-1: Courtesy World Monuments Fund

12-2: Courtesy of State Antiquities and Heritage Organization, Baghdad

12-3: Prof. P. V. Glob

12-4: Creative Commons Attribution-Share Alike license, v2.5

12-5, 12-6: John H. Stubbs

12-7: © Georg Gerster/Panos Pictures

12-8: Creative Commons Attribution-Share Alike license, v2.5

12-9: Phototeca, the American Academy in Rome

12-10a, 12-10b: Creative Commons Attribution-Share Alike license, v2.5

12-11: Courtesy World Monuments Fund

12-12: John H. Stubbs

12-13: © ICCROM

12-14, 12-15, 12-17, 12-18: Courtesy World Monuments Fund

Chapter 13 divider (and 13-5): engraving, *Maison Carrée at Nîmes* by Clérisseau

13-2: John H. Stubbs

Chapter 14 opener: John H. Stubbs

14-2, 14-4, 14-5: John H. Stubbs

14-7: John H. Stubbs

14-9: Gustave LeGrey, Cathedral cloister at Le Puy en Vélay, 1851. Courtesy Avery Architectural and Fine Arts Library, Columbia University

14-13: akg-images, Ltd.

14-15: Courtesy World Monuments Fund

14-20: Courtesy of the Society for the Protection of Ancient Buildings

14-21: GNU Free Documentation license, v1.2, http://www.gnu.org/copyleft/fdl.html

14-22: Creative Commons Attribution-Share Alike license, v2.5

14-23: Creative Commons Attribution-Share Alike license, v2.5

14-24: Creative Commons Attribution-Share Alike license, v2.5

Part IV opener: Corbis Digital

Chapter 15 opener (and 15-3): Agence France Presse, 1966

15-1, 15-2: John H. Stubbs

15-4: Agence France Presse / RIA Novosti

15-5: Agence France Presse, 1966

15-6, 15-7, 15-8: Photos courtesy of Venice in Peril

15-9, 15-10: A. W. Van Buren, "Some Italian Sculptures in Italy during War Time." *Art and Archaeology* 7, no. 7 (July–August 1918): 225–31

15-11a, b: Courtesy Cristiana Peña, 2008

15-12: Courtesy World Monuments Fund

15-13: Photo courtesy of Ralph Feiner

15-14: Courtesy World Monuments Fund

15-15: Photo courtesy of Europa Nostra

15-16, 15-17, 15-18, 15-19, 15-20, 15-21: Courtesy World Monuments Fund

15-22: Image courtesy of ICOMOS China

15-23: Alexander Turnbull Library, Wellington, New Zealand

15-24: Creative Commons Attribution-Share Alike license, v2.5

15-25: Creative Commons Attribution-Share Alike license, v2.5

15-26: Courtesy World Monuments Fund

15-27: © UNESCO/R. Greenough

15-29: John H. Stubbs

Chapter 16 opener: John H. Stubbs

Chapter 17 opener: top: courtesy World Monuments Fund; courtesy of Byron Bell; middle: Creative Commons Attribution Share Alike license v.2.5; courtesy of and ©Raghu Rai, Magnum Pictures; courtesy World Monuments Fund; bottom: Creative Commons Attribution ShareAlike license v.2.5; courtesy of Susan Barr

17-1: Courtesy World Monuments Fund

17-2: John H. Stubbs

17-3: Courtesy of Europa Nostra

17-4, 17-5, 17-6, 17-7, 17-8: Courtesy World Monuments Fund

17-9: GNU Free Documentation license, v1.2, http://www.gnu.org/copyleft/fdl.html

17-10: Courtesy of Dr. Mounir Bouchenaki

17-11: Courtesy World Monuments Fund

17-12, 17-13: John H. Stubbs

17-14, 17-16: Courtesy World Monuments Fund

17-17, 17-18: John H. Stubbs

17-19, 17-20: Courtesy World Monuments Fund

17-21: By kind permission of the Trustees of the 9th Duke of Rutland's will

17-22: John H. Stubbs

17-24, 17-25: Courtesy World Monuments Fund

17-26, 17-27: GNU Free Documentation license, v1.2, http://www.gnu.org/copyleft/fdl.html

17-28: Courtesy of Faisal Ali Rajper, photographer

17-29: Creative Commons Attribution Share Alike license v.2 .5

17-30a, 17-30b: Courtesy of Meisha Hunter, photographer, 2007

17-31: Photo courtesy of Byron Bell

17-32, 17-33: Courtesy World Monuments Fund

17-34: © ICCROM

17-35, 17-36: Courtesy World Monuments Fund

17-37: Creative Commons Attribution Share Alike license v.2 .5

17-38: © Aga Khan Trust for Culture/Aga Khan Cultural Services-Egypt

17-39: John H. Stubbs

17-40: Courtesy of Byron Bell

17-41, 17-42: John H. Stubbs

17-43a, 17-43b: Courtesy of Werner Schmid (1999)

17-44: Courtesy World Monuments Fund

17-45: Courtesy of Byron Bell (1971)

17-46: Courtesy of © Edward Denison, 2003

17-47: Courtesy World Monuments Fund

17-48a: © ICCROM

17-48b: Courtesy of Ethiopian Embassy, London

17-49: Photo by Henry Todd

17-50: Courtesy of Byron Bell

17-51: Courtesy of Giorgios Toubekis

17-52a, 17-52b © ICCROM/ Rodolfo Luján Lunsford

17-53: Courtesy World Monuments Fund

17-54: Courtesy © Raghu Rai, Magnum Pictures

17-55: Courtesy World Monuments Fund

17-56: Creative Commons Attribution-Share Alike license, v2.5

17-57, 17-58, 17-59, 17-60: Courtesy World Monuments Fund

17-61: John H. Stubbs

17-62, 17-63, 17-64, 17-65, 17-66: Courtesy World Monuments Fund

17-67: Creative Commons Attribution-Share Alike license, v2.5

17-68: Courtesy World Monuments Fund

17-69: Creative Commons Attribution-Share Alike license, v2.5

17-70: Courtesy World Monuments Fund

17-71: Courtesy of Sean McLaughlin and Lubomir Chmelar

17-72, 17-73: Courtesy World Monuments Fund

17-74: Creative Commons Attribution-Share Alike license, v2.5

17-75, 17-76: Courtesy World Monuments Fund

17-77: Creative Commons Attribution-Share Alike license, v2.5

17-78: Australian Museum, AMS320 Frank Hurley Photographs; V4852

17-79: Courtesy US Air Force/Tech. Sgt. Shane A. Cuomo

17-80, 17-81: Photograph by Robert G. Bednarik, with permission

17-82: GNU Free Documentation license, v1.2, http://www.gnu.org/copyleft/fdl.html

17-83, 17-84: Courtesy of Bhupendra Kumar and photographer Manhar Vithal of Lomaitivi Studio, Levuka, Ovalau, Fiji

17-85: Creative Commons Attribution-Share Alike license, v2.5

17-86: Courtesy of Byron Bell

17-87, 17-88: Creative Commons Attribution-Share Alike license, v2.5

17-89, 17-90, 17-91: John H. Stubbs

17-92: Creative Commons Attribution-Share Alike license, v2.5

17-93: Courtesy of Presidio Trust, San Francisco

17-94: Creative Commons Attribution-Share Alike license, v2.5

17-95: Courtesy © 2008 The Christman Company/Gene Meadows, photographer

17-96: John H. Stubbs

17-97: Courtesy of Carlos Wester La Torre

17-98: Courtesy World Monuments Fund

17-99: John H. Stubbs

17-100: Creative Commons Attribution-Share Alike license, v2.5. A National Institute for Archaeology and History (INAH) heritage site

17-101: Courtesy of Byron Bell

17-102, 17-103, 17-104: World Monuments Fund

17-105: Courtesy Agustin Espinosa/Ricardo Castro Mendoza y Ciencia y Arte en Restauración S.A. de C. A National Institute for Archaeology and History (INAH) heritage site

17-106, 17-107: Courtesy World Monuments Fund

17-108: Creative Commons Attribution-Share Alike license, v2.5

17-109: Courtesy of © Antarctic Heritage Trust, http://www.nzaht.org/AHT

17-110: Courtesy World Monuments Fund

17-111: Courtesy of © M. D. Olynyk, Government of Yukon

17-112, 17-113: Courtesy of Susan Barr, photographer

17-114: Courtesy of © Antarctic Heritage Trust, http://www.nzaht.org

Chapter 18 opener: Courtesy of Andrea Bruno, Studio Bruno

Charts created by Ken Feisel